高等院校通识教育"十二五"规划教材

高等数学学习指南

（上册）

赵文才 郑艳琳 刘洪霞 秦婧 主 编
路荣武 包云霞 李晶晶 副主编

人民邮电出版社
北 京

图书在版编目（CIP）数据

高等数学学习指南. 上册 / 赵文才等主编. -- 北京：人民邮电出版社，2014.9（2020.8重印）
高等院校通识教育“十二五”规划教材
ISBN 978-7-115-36518-7

Ⅰ. ①高… Ⅱ. ①赵… Ⅲ. ①高等数学－高等学校－教学参考资料 Ⅳ. ①013

中国版本图书馆CIP数据核字(2014)第194426号

内容提要

本套教材是按照全国硕士研究生入学统一考试数学考试大纲的基本要求编写的，全套教材共分 12 章，次序安排与同济大学《高等数学》（第七版）相一致，每一节都包含学习目标、内容提要、典型例题与方法、教材习题解答 4 部分内容；每一章的最后是本章综合例题解析与同步测试题。

本书适合作为高等院校“高等数学”相关课程的辅导教材，也可供自学者阅读参考。

◆ 主　　编　赵文才　郑艳琳　刘洪霞　秦　婧
副 主 编　路荣武　包云霞　李晶晶
责任编辑　王亚娜
执行编辑　肖　稳
责任印制　张佳莹　杨林杰
◆ 人民邮电出版社出版发行　　北京市丰台区成寿寺路 11 号
邮编　100164　　电子邮件　315@ptpress.com.cn
网址　http://www.ptpress.com.cn
山东百润本色印刷有限公司印刷
◆ 开本：787×1092　1/16
印张：17.5　　2014 年 9 月第 1 版
字数：412 千字　　2020 年 8 月山东第 10 次印刷

定价：30.00 元

读者服务热线：(010)81055256　印装质量热线：(010)81055316
反盗版热线：(010)81055315

前言

高等数学是我国高等院校中的一门重要理论基础课。它不仅是理工科各专业的基础和工具，更是对培养学生的创新实践能力和科学精神具有重要作用，同时也是全国硕士研究生入学考试的统考科目。与初等数学相比，高等数学的理论更加抽象，逻辑推理更加严密。初学者往往对高等数学的概念和理论感到抽象难懂，解决问题缺少思路和方法。我们编写本书的目的就是帮助读者明确学习要求，理清知识脉络，启发解题思路和掌握计算方法，提高综合运用所学知识分析问题和解决问题的能力，为后继课程的学习和将来的考研打下坚实的基础。

本套教材是按照全国硕士研究生入学统一考试数学考试大纲的基本要求编写的，也是编者多年从事高等数学教学和考研辅导工作的结晶。全套教材共分 12 章，次序安排与同济大学《高等数学》(第七版)相一致，每一节包含学习目标、内容提要、典型例题与方法、教材习题解答 4 部分内容；每一章的最后是本章综合例题解析与同步测试题。

一、学习目标：旨在帮助读者了解考研大纲的具体要求，明确本节的重点、考点及应掌握的程度。

二、内容提要：主要对本节涉及的基本概念、基本定理进行系统梳理、凝练与归纳，便于读者回顾教材内容、掌握基本知识点。

三、典型例题与方法：将本节重点、难点、考点归结为基本题型，针对每一种基本题型给出丰富的例题，对例题进行详细的分析与解答，并对学习过程中易犯的错误进行分析，强调知识的细节与解题中注意的问题。

四、本章综合例题解析：选题强调综合性，力求涵盖各类题型，并有部分考研真题，着重分析解决问题的思路和方法，部分题目给出多种解法，以开拓思路，使读者全面理解和掌握本章的基本概念、基本理论和解决问题的基本方法。

五、同步测试题：每章均配有同步测试题及解答，方便读者自测。

六、习题选解：对配套教材同济大学《高等数学》(第七版)的部分较难习题给出详细解答。

作为高等数学这门课程的学习指南，本套教材在知识的归纳和例题的分析过程中，坚持由浅入深、循序渐进的原则，力求阐明重点，突出解题思路和方法，切合不同学习者的实际需要。

在编写过程中，我们参考了同济大学数学系编写的《高等数学》等许多书籍及文献，在此一并表示衷心的感谢。

由于编者水平有限，书中谬误之处在所难免，恳请广大读者批评指正。

编　者

2014 年 5 月

目录

第一章

函数与极限

第一节　映射与函数

1.1　学习目标

理解函数的概念，掌握函数的表示法，能够建立应用问题的函数关系；了解函数的有界性、单调性、周期性和奇偶性；理解复合函数及分段函数的概念；了解反函数及隐函数的概念；掌握基本初等函数的性质及其图形，了解初等函数的概念．

1.2　内容提要

1. 函数的概念

(1) 函数的定义

设数集 $D \subset R$，则称映射 $f: D \to R$ 为定义在 D 上的函数，通常简记为

$$y=f(x), x \in D.$$

其中 x 称为自变量，y 称为因变量，D 称为定义域，记作 D_f，即 $D_f=D$.

(2) 函数的两要素

构成函数的要素是定义域 D_f 及对应法则 f. 如果两个函数的定义域相同，对应法则也相同，那么这两个函数就是相同的，否则就是不同的．

(3) 函数的定义域

函数的定义域通常分为两种：具有实际意义的定义域和自然定义域．

(4) 单值函数和多值函数

在函数的定义中，对每个 $x \in D$，对应的函数值 y 总是唯一的，这样定义的函数称为单值函数．如果给定一个对应法则，按这个法则，对每个 $x \in D$，总有确定的 y 值与之对应，但这个函数值 y 不总是唯一的，称这种法则确定了一个多值函数．

(5) 函数的表示法

表示函数的主要方法有 3 种：表格法、图形法、解析法(公式法).

(6) 分段函数

在自变量的不同变化范围中,对应法则用不同式子来表示的函数称为分段函数.

2. 函数的几种特性

(1) 函数的有界性

设函数 $f(x)$ 的定义域为 D,数集 $X\subset D$. 如果存在数 K_1,使对任一 $x\in X$,有 $f(x)\leqslant K_1$,则称函数 $f(x)$ 在 X 上有上界. 如果存在数 K_2,使对任一 $x\in X$,有 $f(x)\geqslant K_2$,则称函数 $f(x)$ 在 X 上有下界. 如果存在正数 M,使对任一 $x\in X$,有 $|f(x)|\leqslant M$,则称函数 $f(x)$ 在 X 上有界;如果这样的 M 不存在,则称函数 $f(x)$ 在 X 上无界.

(2) 函数的单调性

设函数 $y=f(x)$ 在区间 I 上有定义,x_1 及 x_2 为区间 I 上任意两点,且 $x_1<x_2$,如果恒有 $f(x_1)<f(x_2)$,则称 $f(x)$ 在 I 上是单调增加的;如果恒有 $f(x_1)>f(x_2)$,则称 $f(x)$ 在 I 上是单调减少的. 单调增加和单调减少的函数统称为单调函数.

(3) 函数的奇偶性

设函数 $f(x)$ 的定义域 D 关于原点对称,如果在 D 上有 $f(-x)=f(x)$,则称 $f(x)$ 为偶函数;如果在 D 上有 $f(-x)=-f(x)$,则称 $f(x)$ 为奇函数.

(4) 函数的周期性

设函数 $f(x)$ 的定义域为 D,如果存在一个不为零的数 l,使得对于任一 $x\in D$,有 $(x\pm l)\in D$,且 $f(x+l)=f(x)$ 恒成立,则称 $f(x)$ 为周期函数,l 称为 $f(x)$ 的周期.

3. 反函数与复合函数

(1) 反函数

设函数 $f:D\to f(D)$ 是单射,则它存在逆映射

$$f^{-1}:f(D)\to D,$$

称此映射 f^{-1} 为函数 f 的反函数. 按习惯,$y=f(x),x\in D$ 的反函数记成

$$y=f^{-1}(x),x\in f(D).$$

(2) 复合函数

设函数 $y=f(u)$ 的定义域为 D_1,函数 $u=g(x)$ 在 D 上有定义且 $g(D)\subset D_1$,则由

$$y=f[g(x)],x\in D$$

确定的函数称为由函数 $u=g(x)$ 和函数 $y=f(u)$ 构成的复合函数,它的定义域为 D,变量 u 称为中间变量. 函数 g 与函数 f 构成的复合函数通常记为 $f\circ g$,即

$$(f\circ g)(x)=f[g(x)].$$

4. 函数的运算

设函数 $f(x)$,$g(x)$ 的定义域分别为 $D_1,D_2,D=D_1\cap D_2\neq\varnothing$,则可以定义这两个函数的和、差、积、商的运算.

5. 初等函数

由常数和基本初等函数经过有限次的四则运算和有限次的函数复合步骤所构成并可用一个式子表示的函数,称为初等函数.

五大类基本初等函数是指幂函数、指数函数、对数函数、三角函数、反三角函数.

幂函数: $y=x^\mu$ ($\mu\in\mathbf{R}$ 是常数);

指数函数: $y=a^x$ ($a>0$ 且 $a\neq1$);

对数函数：　$y=\log_a x$（$a>0$ 且 $a\neq1$），特别是当 $a=\mathrm{e}$ 时，记为 $y=\ln x$；

三角函数：　$y=\sin x$，$y=\cos x$，$y=\tan x$，$y=\cot x$，$y=\sec x$，$y=\csc x$；

反三角函数：$y=\arcsin x$，$y=\arccos x$，$y=\arctan x$，$y=\mathrm{arccot}\, x$.

1.3　典型例题与方法

基本题型Ⅰ：求复合函数的定义域

例 1　设 $y=f(x)$ 的定义域是 $(0,1]$，$\varphi(x)=1-\ln x$，则复合函数 $y=f[\varphi(x)]$ 的定义域为______.

解　由 $0<\varphi(x)\leqslant1$，即 $0<1-\ln x\leqslant1$ 可知，$0\leqslant\ln x<1$，故 $y=f[\varphi(x)]$ 的定义域为 $[1,\mathrm{e})$.

例 2　设 $f(x)$ 的定义域是 $[0,1]$，则 $f(\cos x)$ 的定义域为______.

解　由 $0\leqslant\cos x\leqslant1$ 可知，$2k\pi-\frac{\pi}{2}\leqslant x\leqslant2k\pi+\frac{\pi}{2}$，故 $f(\cos x)$ 的定义域为 $\left[2k\pi-\frac{\pi}{2},2k\pi+\frac{\pi}{2}\right]$.

【方法点击】　复合函数涉及一系列的初等函数，所以求复合函数的定义域时，要考察每个初等函数的定义域和值域，得到对应的不等式或不等式组，求解即可得到复合函数的定义域. 在这个过程中特别要注意内层函数的值域不能超过外层函数的定义域.

基本题型Ⅱ：求函数表达式

例 3　设 $\forall x$，$f(x)+2f(1-x)=x^2-2x$，则 $f(x)=$______.

解　在式 $f(x)+2f(1-x)=x^2-2x$ (1) 中，用 $1-x$ 代替 x，可得 $f(1-x)+2f(x)=(1-x)^2-2(1-x)$ (2)，由 $2\times$(2)$-$(1) 可得：$3f(x)=x^2+2x-2$，即 $f(x)=\frac{1}{3}x^2+\frac{2}{3}x-\frac{2}{3}$.

基本题型Ⅲ：求反函数

例 4　求分段函数

$$y=\begin{cases}x^2, & -1\leqslant x<0,\\ \ln x, & 0<x\leqslant1,\\ 2\mathrm{e}^{x-1}, & 1<x\leqslant2.\end{cases}$$

的反函数.

解　当 $-1\leqslant x<0$ 时，$y=x^2\in(0,1]$，则有 $x=-\sqrt{y}$，$y\in(0,1]$；当 $0<x\leqslant1$ 时，$y=\ln x\in(-\infty,0]$，则有 $x=\mathrm{e}^y$，$y\in(-\infty,0]$；当 $1<x\leqslant2$ 时，$y=2\mathrm{e}^{x-1}\in(2,2\mathrm{e}]$，则有 $x=1+\ln\frac{y}{2}$，$y\in(2,2\mathrm{e}]$. 于是反函数为

$$y=\begin{cases}\mathrm{e}^x, & x\leqslant0,\\ -\sqrt{x}, & 0<x\leqslant1,\\ 1+\ln\frac{x}{2}, & 2<x\leqslant2\mathrm{e}.\end{cases}$$

注意反函数的定义域

【方法点击】　反函数的求解方法比较固定，即由 $y=f(x)$ 解出 x 关于 y 的表达式，然后交换 x 与 y 的位置，即可求得反函数 $y=f^{-1}(x)$. 需要注意的是，反函数的定义域是原函

数的值域.

1.4 习题 1-1 解答

2. 下列各题中,函数 $f(x)$ 和 $g(x)$ 是否相同?为什么?

(1) $f(x)=\lg x^2, g(x)=2\lg x$;

(2) $f(x)=x, g(x)=\sqrt{x^2}$;

(3) $f(x)=\sqrt[3]{x^4-x^3}, g(x)=x\sqrt[3]{x-1}$;

(4) $f(x)=1, g(x)=\sec^2 x-\tan^2 x$.

解 (1) 不同,因为定义域不同.

(2)不同,因为对应法则不同,$g(x)=\sqrt{x^2}=\begin{cases}x, & x\geqslant 0,\\ -x, & x<0.\end{cases}$

(3) 相同,因为定义域、对应法则均相同.

(4)不同,因为定义域不同.

3. 设

$$\varphi(x)=\begin{cases}|\sin x|, & |x|<\dfrac{\pi}{3},\\ 0, & |x|\geqslant\dfrac{\pi}{3},\end{cases}$$

求 $\varphi\left(\dfrac{\pi}{6}\right),\varphi\left(\dfrac{\pi}{4}\right),\varphi\left(-\dfrac{\pi}{4}\right),\varphi(-2)$,并作出函数 $y=\varphi(x)$ 的图形.

解
$$\varphi\left(\frac{\pi}{6}\right)=\left|\sin\frac{\pi}{6}\right|=\frac{1}{2},\varphi\left(\frac{\pi}{4}\right)=\left|\sin\frac{\pi}{4}\right|=\frac{\sqrt{2}}{2},$$
$$\varphi\left(-\frac{\pi}{4}\right)=\left|\sin\left(-\frac{\pi}{4}\right)\right|=\frac{\sqrt{2}}{2},\varphi(-2)=0.$$

$y=\varphi(x)$ 的图形如图 1-1 所示.

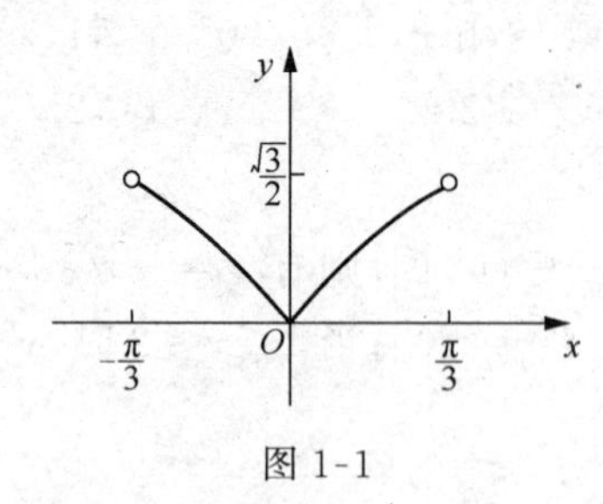

图 1-1

5. 设 $f(x)$ 为定义在 $(-l, l)$ 内的奇函数,若 $f(x)$ 在 $(0, l)$ 内单调增加,证明 $f(x)$ 在 $(-l, 0)$ 内也是单调增加的.

证 设 $x_1,x_2\in(-l,0)$ 且 $x_1<x_2$,则有 $-x_1,-x_2\in(0,l)$ 且 $-x_2<-x_1$. 因为 $f(x)$ 在 $(0,l)$ 内单调增加,所以 $f(-x_2)<f(-x_1)$. 又因为 $f(x)$ 为定义在 $(-l,l)$ 内的奇函数,所以 $f(-x_2)=-f(x_2)$,$f(-x_1)=-f(x_1)$. 则 $-f(x_2)<-f(x_1)$,即 $f(x_1)<f(x_2)$,故 $f(x)$ 在 $(-l,0)$ 内也是单调增加的.

6. 设下面所考虑的函数都是定义在区间$(-l,l)$上的，证明：

两个偶函数之和是偶函数，两个奇函数之和是奇函数．

证　设$f(x)$，$g(x)$均为偶函数，即$f(-x)=f(x)$，$g(-x)=g(x)$．令$F(x)=f(x)+g(x)$，则$F(-x)=f(-x)+g(-x)=f(x)+g(x)=F(x)$，所以$F(x)$为偶函数．

另一问题，同理可证(略)．

10. 设函数$f(x)$在数集X上有定义，试证：函数$f(x)$在X上有界的充分必要条件是它在X上既有上界又有下界．

证　(充分性)设$\forall x\in X$，$m\leqslant f(x)\leqslant M$，取$K=\max\{|m|,|M|\}$，则$|f(x)|\leqslant K$，故函数$f(x)$在$X$上有界．

(必要性)设$\forall x\in X$，$|f(x)|\leqslant K$(K为常数)，则$-K\leqslant f(x)\leqslant K$，故$f(x)$在$X$上既有上界$K$，又有下界$-K$．

13. 设$f(x)=\begin{cases}1, & |x|<1,\\ 0, & |x|=1,\\ -1, & |x|>1,\end{cases}$ $g(x)=e^x$，求$f[g(x)]$和$g[f(x)]$，并作出这两个函数的图形．

解　$f[g(x)]=\begin{cases}1, & |e^x|<1,\\ 0, & |e^x|=1,\\ -1, & |e^x|>1\end{cases}=\begin{cases}1, & x<0,\\ 0, & x=0,\\ -1, & x>0,\end{cases}$ 如图1-2所示；$g[f(x)]=\begin{cases}e, & |x|<1,\\ 1, & |x|=1,\\ e^{-1}, & |x|>1,\end{cases}$ 如图1-3所示．

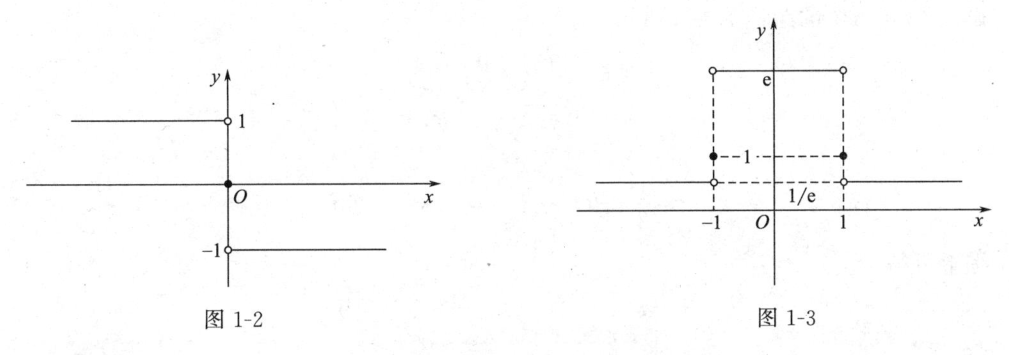

图1-2　　　　图1-3

17. 已知Rt△ABC中，直角边AC、BC的长度分别为20、15，动点P从C出发，沿三角形边界按$C\to B\to A$方向移动；动点Q从C出发，沿三角形边界按$C\to A\to B$方向移动，移动到两动点相遇时为止，且点Q移动的速度是点P移动的速度的2倍．设动点P移动的距离为x，△CPQ的面积为y，试求y与x之间的函数关系．

解　因为$AC=20$，$BC=15$，所以，$AB=\sqrt{20^2+15^2}=25$．

由$20<2\cdot 15<20+25$可知，点P、Q在斜边AB上相遇．

令$x+2x=15+20+25$，得$x=20$．即当$x=20$时，点P、Q相遇．因此，所求函数的定义域为$(0,20)$．

(1) 当 $0<x<10$ 时,点 P 在 CB 上,点 Q 在 CA 上(图 1-4).

由 $|CP|=x$,$|CQ|=2x$,得

$$y=x^2.$$

(2) 当 $10\leqslant x\leqslant 15$ 时,点 P 在 CB 上,点 Q 在 AB 上(图 1-5).

$$|CP|=x,|AQ|=2x-20.$$

设点 Q 到 BC 的距离为 h,则

$$\frac{h}{20}=\frac{|BQ|}{25}=\frac{45-2x}{25},$$

得 $h=\frac{4}{5}(45-2x)$. 故

$$y=\frac{1}{2}xh=\frac{2}{5}x(45-2x)=-\frac{4}{5}x^2+18x.$$

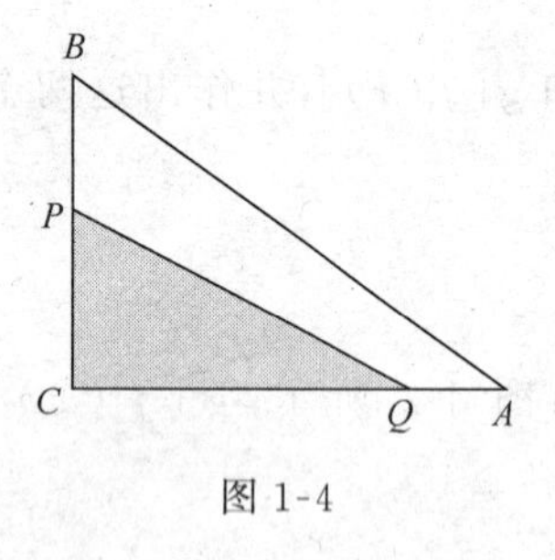

图 1-4

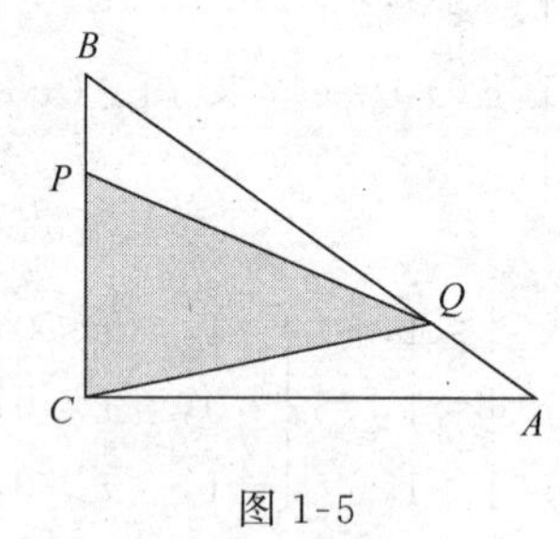

图 1-5

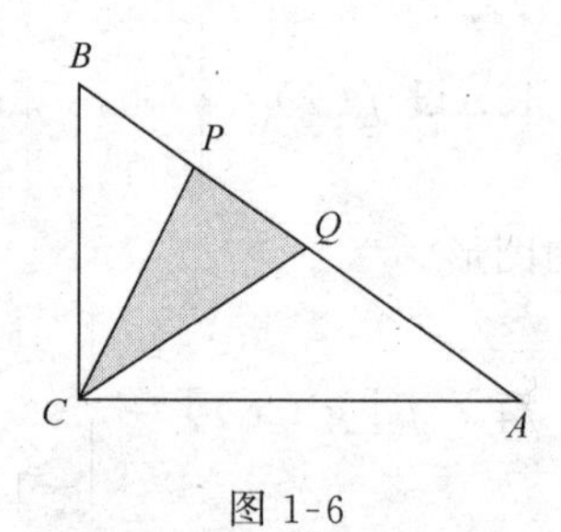

图 1-6

(3) 当 $15<x<20$ 时,点 P、Q 都在 AB 上(图 1-6).

$$|BP|=x-15,|AQ|=2x-20,|PQ|=60-3x.$$

设点 C 到 AB 的距离为 h',则

$$h'=\frac{15\cdot 20}{25}=12,$$

得

$$y=\frac{1}{2}|PQ|\cdot h'=-18x+360.$$

综上可得

$$y=\begin{cases}x^2, & 0<x<10,\\ -\frac{4}{5}x^2+18x, & 10\leqslant x\leqslant 15,\\ -18x+360, & 15<x<20.\end{cases}$$

第二节 数列的极限

2.1 学习目标

理解数列极限的概念,掌握收敛数列的性质.

2.2　内容提要

1. 数列极限的 $\varepsilon-N$ 定义

设$\{x_n\}$为一数列，如果存在常数 a，对于任意给定的正数 ε（不论它多么小），总存在正整数 N，使得当$n>N$时，不等式$|x_n-a|<\varepsilon$ 都成立，则称常数 a 是数列$\{x_n\}$的极限，或者称数列$\{x_n\}$收敛于 a，记为

$$\lim_{n\to\infty}x_n=a \text{ 或 } x_n\to a\ (n\to\infty).$$

2. 数列极限的几何意义

对于常数 a 任意给定的 ε 邻域$(a-\varepsilon,a+\varepsilon)$，存在 $N\in\mathbf{N}^+$，当 $n<N$ 时，点 x_n一般落在邻域$(a-\varepsilon,a+\varepsilon)$外，当 $n>N$ 时，点 x_n全都落在邻域$(a-\varepsilon,a+\varepsilon)$内．

3. 收敛数列的性质

(1) 极限的唯一性：如果数列$\{x_n\}$收敛，那么它的极限是唯一的．

(2) 收敛数列的有界性：如果数列$\{x_n\}$收敛，那么数列$\{x_n\}$一定有界．

(3) 收敛数列的保号性：如果数列$\{x_n\}$收敛于 a，且 $a>0$（或 $a<0$），那么存在正整数 N，当 $n>N$ 时，则有 $x_n>0$（或 $x_n<0$）．

2.3　典型例题与方法

基本题型Ⅰ：判断数列的收敛与发散

例 1　判断下面数列是收敛数列还是发散数列．对于收敛数列，通过观察$\{x_n\}$的变化趋势，写出其极限．

(1) $x_n=2+\dfrac{1}{n^2}$；　(2) $[(-1)^n+1]\dfrac{n+1}{n}$.

解　(1) 数列的前几项依次是 $3,2\dfrac{1}{4},2\dfrac{1}{9},2\dfrac{1}{16},\cdots$，所以数列为收敛，且极限为 2；

(2) 数列的前几项依次是 $0,3,0,2\dfrac{1}{2},0,2\dfrac{1}{3},0,2\dfrac{1}{4},\cdots$，奇数项都是 0，即收敛于 0，偶数项收敛于 2，所以数列为发散．

【方法点击】　在刚接触数列极限时，求解方法比较有限，主要是通过观察数列的前几项，判断数列的发展趋势，从而做出收敛还是发散的判断．

例 2　设 $a_n=\left(1+\dfrac{1}{n}\right)\sin\dfrac{n\pi}{2}$，证明数列$\{a_n\}$为发散．

【分析】　观察数列的前几项，可以发现有正数项、负数项，还有零项，且其发展的趋势并不相同．根据性质(1)，要证明该数列为发散，只要找到数列中的两个子列分别收敛到不同的值即可．

解　设 k 为整数，若 $n=4k$，则 $a_{4k}=\left(1+\dfrac{1}{4k}\right)\sin\dfrac{4k\pi}{2}=\left(1+\dfrac{1}{4k}\right)\sin 2k\pi=0$；

若 $n=4k+1$，则 $a_{4k+1}=\left(1+\dfrac{1}{4k+1}\right)\sin\dfrac{4k\pi+\pi}{2}=\left(1+\dfrac{1}{4k+1}\right)\sin\left(2k\pi+\dfrac{\pi}{2}\right)$

$$=\left(1+\frac{1}{4k+1}\right)\to 1\ (k\to\infty).$$

因此，数列$\{a_n\}$为发散．

【方法点击】 在证明数列发散时,可采用两种方法:①找两个极限不相等的子数列;②找一个发散的子数列.

基本题型Ⅱ:利用数列极限的定义证明极限存在

例 3 根据数列极限的定义证明:$\lim\limits_{n\to\infty}\frac{1}{n^2}=0$.

证 $\forall\varepsilon>0$,要使$|x_n-0|=\left|\frac{1}{n^2}\right|<\varepsilon$恒成立,只要$n>\frac{1}{\sqrt{\varepsilon}}$,取$N=\left[\frac{1}{\sqrt{\varepsilon}}\right]$,当$n>N$时,总有$|x_n-0|=\left|\frac{1}{n^2}\right|<\varepsilon$,所以$\lim\limits_{n\to\infty}\frac{1}{n^2}=0$.

【方法点击】 利用数列极限的定义证明$\lim\limits_{n\to\infty}x_n=a$是本节的难点.其关键在于给了$\varepsilon$,求对应的$N=N(\varepsilon)$.这往往通过解不等式来实现,有时可直接解出$N$,有时要利用一些技巧将不等式放缩才能找到合适的$N$.

2.4 习题 1-2 解答

3. 下列关于数列$\{x_n\}$的极限是a的定义,哪些是对的,哪些是错的?如果是对的,试说明理由;如果是错的,试给出一个反例.

(1) 对于任意给定的$\varepsilon>0$,存在$N\in\mathbf{N}_+$,当$n>N$时,不等式$x_n-a<\varepsilon$成立;

(2) 对于任意给定的$\varepsilon>0$,存在$N\in\mathbf{N}_+$,当$n>N$时,有无穷多项x_n,使不等式$|x_n-a|<\varepsilon$成立;

(3) 对于任意给定的$\varepsilon>0$,存在$N\in\mathbf{N}_+$,当$n>N$时,不等式$|x_n-a|<c\varepsilon$成立,其中c为某个正常数;

(4) 对于任意给定的$m\in\mathbf{N}_+$,存在$N\in\mathbf{N}_+$,当$n>N$时,不等式$|x_n-a|<\frac{1}{m}$成立.

解 (1) 错误.如对数列$\left\{(-1)^n+\frac{1}{n}\right\}$,$a=1$.对任给的$\varepsilon>0$(设$\varepsilon<1$),存在$N=\left[\frac{1}{\varepsilon}\right]$,当$n>N$时,$(-1)^n+\frac{1}{n}-1\leqslant\frac{1}{n}<\varepsilon$,但$\left\{(-1)^n+\frac{1}{n}\right\}$的极限不存在.

(2) 错误.如对数列

$$x_n=\begin{cases}n, & n=2k-1,\\ 1-\frac{1}{n}, & n=2k,\end{cases}\quad k\in\mathbf{N}_+,a=1.$$

对任给的$\varepsilon>0$(设$\varepsilon<1$),存在$N=\left[\frac{1}{\varepsilon}\right]$,当$n>N$且$n$为偶数时,$|x_n-a|=\frac{1}{n}<\varepsilon$成立,但$\{x_n\}$的极限不存在.

(3)正确.对任给的$\varepsilon>0$,取$\frac{1}{c}\varepsilon>0$,按假设,存在$N\in\mathbf{N}_+$,当$n>N$时,不等式$|x_n-a|<c\cdot\frac{1}{c}\varepsilon=\varepsilon$成立.

(4)正确.对任给的$\varepsilon>0$,取$m\in\mathbf{N}_+$,使$\frac{1}{m}<\varepsilon$.按假设,存在$N\in\mathbf{N}_+$,当$n>N$时,不

等式 $|x_n-a|<\frac{1}{m}<\varepsilon$ 成立．

4. 设数列 $\{x_n\}$ 的一般项 $x_n=\frac{1}{n}\cos\frac{n\pi}{2}$．问 $\lim\limits_{n\to\infty}x_n=$？求出 N，使当 $n>N$ 时，x_n 与其极限之差的绝对值小于正数 ε．当 $\varepsilon=0.001$ 时，求出数 N．

解　$\lim\limits_{n\to\infty}x_n=0$．

因为 $|x_n-0|=\left|\frac{1}{n}\cos\frac{n\pi}{2}\right|\leqslant\frac{1}{n}$，对 $\forall\varepsilon>0$，要使 $|x_n-0|<\varepsilon$，只要 $\left|\frac{1}{n}\right|<\varepsilon$，即 $n>\frac{1}{\varepsilon}$．取 $N=\left[\frac{1}{\varepsilon}\right]$，当 $n>N$ 时，$|x_n-0|<\varepsilon$ 成立．

当 $\varepsilon=0.001$ 时，有 $N=1\ 000$．

5. 根据数列极限的定义证明：(3) $\lim\limits_{n\to\infty}\frac{\sqrt{n^2+a^2}}{n}=1$．

证　(3)因为 $|x_n-1|=\left|\frac{\sqrt{n^2+a^2}}{n}-1\right|=\left|\frac{\sqrt{n^2+a^2}-n}{n}\right|\leqslant\frac{n+|a|-n}{n}=\frac{|a|}{n}$，$\forall\varepsilon>0$，取 $N=\left[\frac{|a|}{\varepsilon}\right]+1$，当 $n>N$ 时，恒有 $|x_n-1|=\left|\frac{\sqrt{n^2+a^2}-n}{n}\right|\leqslant\frac{|a|}{n}<\varepsilon$，故 $\lim\limits_{n\to\infty}\frac{\sqrt{n^2+a^2}}{n}=1$．

6. 若 $\lim\limits_{n\to\infty}u_n=a$，证明 $\lim\limits_{n\to\infty}|u_n|=|a|$．并举例说明：如果数列 $\{|x_n|\}$ 有极限，但数列 $\{x_n\}$ 未必有极限．

证　因为 $||u_n|-|a||\leqslant|u_n-a|$，对 $\forall\varepsilon>0$，只要使 $|u_n-a|<\varepsilon$ 即可．

由 $\lim\limits_{n\to\infty}u_n=a$ 可知，对 $\forall\varepsilon>0$，$\exists N$，当 $n>N$ 时，$|u_n-a|<\varepsilon$ 成立，从而 $||u_n|-|a||<\varepsilon$，即 $\lim\limits_{n\to\infty}|u_n|=|a|$．反之，未必成立．例如 $u_n=(-1)^n$，显然 $\lim\limits_{n\to\infty}|u_n|=1$，但 $\lim\limits_{n\to\infty}u_n$ 不存在．

7. 设数列 $\{x_n\}$ 有界，又 $\lim\limits_{n\to\infty}y_n=0$，证明：$\lim\limits_{n\to\infty}x_ny_n=0$．

证　因为 $\{x_n\}$ 有界，所以存在常数 $M\geqslant0$，使得 $|x_n|\leqslant M$；又 $\lim\limits_{n\to\infty}y_n=0$，对 $\forall\varepsilon>0$，$\exists N$，当 $n>N$ 时，$|y_n|<\frac{\varepsilon}{M}$，于是 $|x_ny_n-0|=|x_n||y_n|<M\cdot\frac{\varepsilon}{M}=\varepsilon$，故 $\lim\limits_{n\to\infty}x_ny_n=0$．

8. 对于数列 $\{x_n\}$，若 $x_{2k-1}\to a(k\to\infty)$，$x_{2k}\to a(k\to\infty)$，证明：$x_n\to a(n\to\infty)$．

证　对 $\forall\varepsilon>0$，因为 $x_{2k-1}\to a$，所以 $\exists N_1$，当 $2k-1>2N_1-1$ 时，总有 $|x_{2k-1}-a|<\varepsilon$；又因为 $x_{2k}\to a$，所以 $\exists N_2$，当 $2k>2N_2$ 时，总有 $|x_{2k}-a|<\varepsilon$．取 $N=\max\{2N_1-1,2N_2\}$，则当 $n>N$ 时，$|x_n-a|<\varepsilon$ 恒成立．因此 $\lim\limits_{n\to\infty}x_n=a$．

第三节　函数的极限

3.1　学习目标

理解函数极限的概念；理解函数左极限与右极限的概念，以及函数极限与其左极限、右极限之间的关系;掌握函数极限的性质.

3.2 内容提要

1. 函数极限的定义

(1) 自变量趋于有限值时函数的极限

设函数 $f(x)$在点 x_0 的某一去心邻域内有定义.如果存在常数 A,对于任意给定的正数 ε(不论它多么小),总存在正数 δ,使得当 x 满足不等式 $0<|x-x_0|<\delta$ 时,对应的函数值 $f(x)$都满足不等式$|f(x)-A|<\varepsilon$,那么常数 A 就叫作函数 $f(x)$当 $x\to x_0$ 时的极限,记为

$$\lim_{x\to x_0} f(x)=A \text{ 或 } f(x)\to A(x\to x_0).$$

若当 $x\to x_0^-$ 时,$f(x)$无限接近于某常数 A,则常数 A 叫作函数 $f(x)$当 $x\to x_0$ 时的左极限,记为

$$\lim_{x\to x_0^-} f(x)=A \text{ 或 } f(x_0^-)=A.$$

类似地可定义右极限:若当 $x\to x_0^+$ 时,$f(x)$无限接近于某常数 A,则常数 A 叫作函数 $f(x)$当 $x\to x_0$时的右极限,记为

$$\lim_{x\to x_0^+} f(x)=A \text{ 或 } f(x_0^+)=A.$$

(2) 自变量趋于无穷大时函数的极限

如果当$|x|$无限增大时,$f(x)$无限接近于某一常数 A,则常数 A 叫作函数 $f(x)$当 $x\to\infty$时的极限,记为

$$\lim_{x\to\infty} f(x)=A.$$

2. 函数极限的性质

(1) 函数极限的唯一性:如果当 $x\to x_0$ 时,$f(x)$的极限存在,那么该极限是唯一的.

(2) 函数极限的局部有界性:如果 $f(x)\to A(x\to x_0)$,那么 $f(x)$在点 x_0 的某一去心邻域内有界.

(3) 函数极限的局部保号性:如果 $f(x)\to A(x\to x_0)$,而且 $A>0$(或 $A<0$),那么在点 x_0 的某一去心邻域内,有 $f(x)>0$(或 $f(x)<0$).

推论:如果在点 x_0 的某一去心邻域内 $f(x)\geqslant 0$(或 $f(x)\leqslant 0$),而且 $f(x)\to A(x\to x_0)$,那么 $A\geqslant 0$(或 $A\leqslant 0$).

(4) 函数极限与数列极限的关系:如果当 $x\to x_0$时,$f(x)$的极限存在,$\{x_n\}$为 $f(x)$的定义域内任一收敛于 x_0的数列,且满足 $x_n\neq x_0(n\in\mathbf{N}^+)$,那么相应的函数值数列$\{f(x_n)\}$必收敛,且

$$\lim_{n\to\infty} f(x_n)=\lim_{x\to x_0} f(x).$$

3.3 典型例题与方法

基本题型Ⅰ:利用函数极限的定义证明极限存在

例 1 利用极限定义证明:

$$\lim_{x\to+\infty}\frac{\sin x^2}{\sqrt{x}}=0.$$

证　任意给定 $\varepsilon>0$，由于 $\left|\frac{\sin x^2}{\sqrt{x}}-0\right|=\frac{|\sin x^2|}{\sqrt{x}}\leqslant\frac{1}{\sqrt{x}}$，故要使 $\left|\frac{\sin x^2}{\sqrt{x}}-0\right|<\varepsilon$，只要 $\frac{1}{\sqrt{x}}<\varepsilon$，即 $x>\frac{1}{\varepsilon^2}$，因此取 $X=\frac{1}{\varepsilon^2}$，则当 $x>X$ 时，就有 $\left|\frac{\sin x^2}{\sqrt{x}}-0\right|<\varepsilon$，这就证明了

$$\lim_{x\to+\infty}\frac{\sin x^2}{\sqrt{x}}=0.$$

【方法点击】　利用函数极限的定义证明 $\lim\limits_{x\to\infty}f(x)=A$ 的关键在于给了 ε，求对应的 $X=X(\varepsilon)$.

例 2　若 $\lim\limits_{x\to x_0}f(x)=A$，证明 $\lim\limits_{x\to x_0}|f(x)|=|A|$；并举例说明，若当 $x\to x_0$ 时 $|f(x)|$ 有极限，$f(x)$ 未必有极限.

证　对任意给定的 $\varepsilon>0$，由 $\lim\limits_{x\to x_0}f(x)=A$ 知，存在 $\delta>0$，当 $0<|x-x_0|<\delta$ 时，恒有 $|f(x)-A|<\varepsilon$. 由不等式 $\|f(x)|-|A\|\leqslant|f(x)-A|$，可知 $\|f(x)|-|A\|<\varepsilon$，故 $\lim\limits_{x\to x_0}|f(x)|=|A|$ 得证.

但若 $\lim\limits_{x\to x_0}|f(x)|=|A|$，却未必有 $\lim\limits_{x\to x_0}f(x)$ 存在. 例如设 $f(x)=\begin{cases}1, x\geqslant0,\\-1, x<0,\end{cases}$ 则 $\lim\limits_{x\to0}|f(x)|=1$，而 $\lim\limits_{x\to0}f(x)$ 却不存在.

例 3　证明 $\lim\limits_{x\to1}\ln x=0$.

证　对任意给定的 $\varepsilon>0$，要使 $|\ln x-0|=|\ln x|<\varepsilon$，只要 $-\varepsilon<\ln x<\varepsilon$，即 $e^{-\varepsilon}<x<e^{\varepsilon}$，也即 $e^{-\varepsilon}-1<x-1<e^{\varepsilon}-1$. 取 $\delta=1-e^{-\varepsilon}$，则当 $0<|x-1|<\delta$ 时，有 $|\ln x-0|<\varepsilon$，故

$$\lim_{x\to1}\ln x=0.$$

注意
$e^{\varepsilon}-1>1-e^{-\varepsilon}>0$

【方法点击】　与例 1 类似，利用函数极限的定义证明 $\lim\limits_{x\to x_0}f(x)=A$ 的关键在于给了 ε，由不等式 $|f(x)-A|<\varepsilon$ 直接或经过一系列的放大，求对应的 $\delta=\delta(\varepsilon)$.

3.4　习题 1-3 解答

4. 求 $f(x)=\frac{x}{x}$、$\varphi(x)=\frac{|x|}{x}$ 当 $x\to0$ 时的左、右极限，并说明它们在 $x\to0$ 时的极限是否存在.

解　因为 $f(x)=\frac{x}{x}=1$，所以 $\lim\limits_{x\to0^+}f(x)=\lim\limits_{x\to0^-}f(x)=1$，故当 $x\to0$ 时，$f(x)=\frac{x}{x}$ 的极限存在.

$\varphi(x)=\frac{|x|}{x}=\begin{cases}1, x>0,\\-1, x<0,\end{cases}$ 所以

$$\lim_{x\to0^+}\varphi(x)=\lim_{x\to0^+}1=1,\ \lim_{x\to0^-}\varphi(x)=\lim_{x\to0^-}(-1)=-1,$$

因而 $\lim\limits_{x\to0^+}\varphi(x)\neq\lim\limits_{x\to0^-}\varphi(x)$，故当 $x\to0$ 时，$\varphi(x)=\frac{|x|}{x}$ 的极限不存在.

5. 根据函数极限的定义证明：

(1) $\lim\limits_{x\to 3}(3x-1)=8$；(2)$\lim\limits_{x\to 2}(5x+2)=12$；(3) $\lim\limits_{x\to -2}\left(\dfrac{x^2-4}{x+2}\right)=-4$.

(1)【分析】 $\forall \varepsilon>0$，要找 $\delta>0$，使得当 $|x-3|<\delta$ 时，有 $|3x-1-8|<\varepsilon$，即 $|x-3|<\dfrac{\varepsilon}{3}$.

证 $\forall \varepsilon>0$，$\exists \delta=\dfrac{\varepsilon}{3}$，使得当 $|x-3|<\delta$ 时，有 $|3x-1-8|<\varepsilon$，故

$$\lim_{x\to 3}(3x-1)=8.$$

(2)【分析】 $\forall \varepsilon>0$，要找 $\delta>0$，使得当 $|x-2|<\delta$ 时，有 $|5x+2-12|<\varepsilon$，即 $|x-2|<\dfrac{\varepsilon}{5}$.

证 $\forall \varepsilon>0$，$\exists \delta=\dfrac{\varepsilon}{5}$，使得当 $|x-2|<\delta$ 时，有 $|5x+2-12|<\varepsilon$，故

$$\lim_{x\to 2}(5x+2)=12.$$

(3) 【分析】 $\forall \varepsilon>0$，要找 $\delta>0$，使得当 $|x+2|<\delta$ 时，有 $\left|\dfrac{x^2-4}{x+2}+4\right|<\varepsilon$，即 $|x+2|<\varepsilon$.

证 $\forall \varepsilon>0$，$\exists \delta=\varepsilon$，使得当 $|x+2|<\delta$ 时，有 $\left|\dfrac{x^2-4}{x+2}+4\right|<\varepsilon$，故

$$\lim_{x\to -2}\left(\frac{x^2-4}{x+2}\right)=-4.$$

6. 根据函数极限的定义证明：

$$\lim_{x\to\infty}\frac{1+x^3}{2x^3}=\frac{1}{2}.$$

证 $\forall \varepsilon>0$，$\exists M=\sqrt[3]{\dfrac{1}{2\varepsilon}}>0$，使得当 $|x|>M$ 时，有 $\left|\dfrac{1+x^3}{2x^3}-\dfrac{1}{2}\right|=\dfrac{1}{2|x^3|}<\dfrac{1}{2M^3}=\varepsilon$，故有

$$\lim_{x\to\infty}\frac{1+x^3}{2x^3}=\frac{1}{2}.$$

7. 当 $x\to 2$ 时，$y=x^2\to 4$. 问 δ 等于多少，使当 $|x-2|<\delta$ 时，$|y-4|<0.001$?

解 由于 $x\to 2$，不妨设 $|x-2|<1$，即 $1<x<3$. 所以

$$|x^2-4|=|x+2|\,|x-2|<5|x-2|<0.001.$$

取 $\delta=\dfrac{0.001}{5}=0.000\,2$，当 $0<|x-2|<\delta$ 时，有 $|x^2-4|<0.001$.

8. 当 $x\to\infty$ 时，$y=\dfrac{x^2-1}{x^2+3}\to 1$. 问 X 等于多少，使当 $|x|>X$ 时，$|y-1|<0.01$?

解 因为 $\left|\dfrac{x^2-1}{x^2+3}-1\right|=\dfrac{4}{x^2+3}$，要使 $|y-1|<0.01$，只需 $\dfrac{4}{x^2+3}<0.01$，即 $|x|>\sqrt{\dfrac{4}{0.01}-3}=\sqrt{397}$. 取 $X=\sqrt{397}$，当 $|x|>X$ 时，有 $|y-1|<0.01$.

9. 证明函数 $f(x)=|x|$ 当 $x\to 0$ 时极限为零.

证　$\forall\varepsilon>0$，$\exists\delta=\varepsilon$，使得当 $0<|x|<\delta$ 时，有 $|f(x)-0|<\varepsilon$，故

$$\lim_{x\to 0}f(x)=0.$$

第四节　无穷小与无穷大

4.1　学习目标

理解无穷小量、无穷大量的概念；掌握无穷小量的比较方法；会用等价无穷小量求极限.

4.2　内容提要

1. 无穷小

(1) 无穷小的定义

定义 1： 如果函数 $f(x)$ 当 $x\to x_0$（或 $x\to\infty$）时的极限为零，那么称函数 $f(x)$ 为当 $x\to x_0$（或 $x\to\infty$）时的无穷小.

(2) 无穷小与函数极限的关系

定理 1： 在自变量的同一变化过程 $x\to x_0$（或 $x\to\infty$）中，函数 $f(x)$ 具有极限 A 的充分必要条件是 $f(x)=A+\alpha$，其中 α 是无穷小.

2. 无穷大

(1) 无穷大的定义

定义 2： 如果当 $x\to x_0$（或 $x\to\infty$）时，对应的函数值的绝对值 $|f(x)|$ 无限增大，那么称函数 $f(x)$ 为 $x\to x_0$（或 $x\to\infty$）时的无穷大，记为

$$\lim_{x\to x_0}f(x)=\infty\left(\text{或}\lim_{x\to\infty}f(x)=\infty\right).$$

正无穷大与负无穷大：

$$\lim_{\substack{x\to x_0\\(x\to\infty)}}f(x)=+\infty,\ \lim_{\substack{x\to x_0\\(x\to\infty)}}f(x)=-\infty.$$

(2) 铅直渐近线

如果 $\lim\limits_{x\to x_0}f(x)=\infty$，则称直线 $x=x_0$ 是函数 $y=f(x)$ 图象的铅直渐近线.

(3) 无穷大与无穷小之间的关系

定理 2： 在自变量的同一变化过程中，如果 $f(x)$ 为无穷大，则 $\dfrac{1}{f(x)}$ 为无穷小；反之，如果 $f(x)$ 为无穷小，且 $f(x)\neq 0$，则 $\dfrac{1}{f(x)}$ 为无穷大.

4.3　典型例题与方法

基本题型 Ⅰ：对无穷小和无穷大的认识

例 1　很小的数是否是无穷小？0 是否为无穷小？很大的数是否为无穷大？无界的函数是否一定为无穷大？

答　无穷小是指极限为零的变量. 任何很小的数（零除外）都不是无穷小，但 0 是无穷

小;同样,很大的数也不是无穷大.无穷大一定无界,但反之,无界函数不一定是无穷大.例如函数 $y=x\cos x$ 在$(-\infty,+\infty)$内无界,但它不是 $x\to+\infty$时的无穷大.

基本题型Ⅱ:利用无穷小求函数极限

例 2 求极限$\lim\limits_{x\to\infty}\dfrac{1+x^3}{2x^3}$.

【分析】 对函数表达式作适当变形,就可利用无穷小与无穷大的关系解题.

解 因为$\dfrac{1+x^3}{2x^3}=\dfrac{1}{2x^3}+\dfrac{1}{2}$,而$\lim\limits_{x\to\infty}\dfrac{1}{2x^3}=0$,所以$\lim\limits_{x\to\infty}\dfrac{1+x^3}{2x^3}=\dfrac{1}{2}$.

【方法点击】 本节只是初步学习了无穷小的概念,下一节将介绍无穷小的性质,而无穷小的比较和等价无穷小的极限运算法则是本章第七节的重点内容,这几部分可以综合起来处理一些更为复杂的有关无穷小的极限计算问题.

基本题型Ⅲ:求图形的渐近线

例 3 求曲线 $y=\dfrac{1+e^{-x^2}}{1-e^{-x^2}}$的渐近线.

解 因为$\lim\limits_{x\to\infty}\dfrac{1+e^{-x^2}}{1-e^{-x^2}}=1$,所以 $y=1$ 是曲线的水平渐近线.

又因为$\lim\limits_{x\to0}(1-e^{-x^2})=0$,$\lim\limits_{x\to0}(1+e^{-x^2})=2$,所以$\lim\limits_{x\to0}\dfrac{1+e^{-x^2}}{1-e^{-x^2}}=\infty$,即 $x=0$ 为铅直渐近线.

【方法点击】 求水平渐近线时需要考察的极限是$\lim\limits_{x\to\infty}f(x)=y_0$,求铅直渐近线时需要考察的极限是$\lim\limits_{x\to x_0}f(x)=\infty$.

4.4 习题 1-4 解答

4. 求下列极限并说明理由:

(1) $\lim\limits_{x\to\infty}\dfrac{2x+1}{x}$; (2) $\lim\limits_{x\to0}\dfrac{1-x^2}{1-x}$.

解 (1) $\dfrac{2x+1}{x}=2+\dfrac{1}{x}$,当 $x\to\infty$时,$\dfrac{1}{x}$为无穷小,故

$$\lim_{x\to\infty}\frac{2x+1}{x}=2.$$

(2) $\dfrac{1-x^2}{1-x}=1+x$,当 $x\to0$ 时,x 为无穷小,故

$$\lim_{x\to0}\frac{1-x^2}{1-x}=1.$$

6. 函数 $y=x\cos x$ 在$(-\infty,+\infty)$内是否无界?这个函数是否为 $x\to+\infty$时的无穷大?为什么?

解 对$\forall M>0$,在区间$(-\infty,+\infty)$内,总能找到 $x=2k\pi(k=0,\pm1,\pm2,\cdots)$,得到

$$|x\cos x|=|2k\pi\cos 2k\pi|=|2k\pi|>M,$$

只要$|k|>\dfrac{M}{2\pi}$,函数 $y=x\cos x$ 无界.

另外,取 $x=2k\pi+\dfrac{\pi}{2}(k=0,\pm1,\pm2,\cdots)$,有 $y(x)=0$,所以当 $k\to\infty$时,有 $x\to\infty$,但 y

不是无穷大．

7. 证明：函数 $y=\frac{1}{x}\sin\frac{1}{x}$ 在区间 $(0,1]$ 上无界，但这个函数不是 $x\to 0^+$ 时的无穷大．

证　对 $\forall M>0$，在区间 $(0,1]$ 内，总能找到 $x_n=\frac{1}{2n\pi+\frac{\pi}{2}}(n=0,1,2,\cdots)$，使得 $y(x_n)=2n\pi+\frac{\pi}{2}>M$，只要 $n>\frac{M-\frac{\pi}{2}}{2\pi}$，就有 $y=\frac{1}{x}\sin\frac{1}{x}$ 无界．

另外，若取 $x_n=\frac{1}{2n\pi}(n=1,2,3,\cdots)$，则 $y(x_n)=0$. 所以当 $n\to\infty$ 时，有 $x_n\to 0^+$，而 y 不是无穷大．

8. 求函数 $f(x)=\frac{4}{2-x^2}$ 的图形的渐近线．

解　因为 $\lim\limits_{x\to\infty}f(x)=\lim\limits_{x\to\infty}\frac{4}{2-x^2}=0$，所以直线 $y=0$ 是函数曲线的水平渐近线．

因为 $\lim\limits_{x\to\sqrt{2}}f(x)=\lim\limits_{x\to\sqrt{2}}\frac{4}{2-x^2}=\infty$，$\lim\limits_{x\to-\sqrt{2}}f(x)=\lim\limits_{x\to-\sqrt{2}}\frac{4}{2-x^2}=\infty$，所以直线 $x=\pm\sqrt{2}$ 为函数曲线的两条铅直渐近线．

第五节　极限运算法则

5.1　学习目标

掌握极限的四则运算法则及复合函数的极限运算法则；利用无穷小的性质求极限；利用极限运算法则求函数的极限；掌握有理函数的极限的求法．

5.2　内容提要

1. 无穷小的性质

(1) **定理 1**：有限个无穷小的和也是无穷小．

(2) **定理 2**：有界函数与无穷小的乘积是无穷小．

推论 1：常数与无穷小的乘积是无穷小．

推论 2：有限个无穷小的乘积是无穷小．

2. 极限的四则运算法则

(1) 函数极限的四则运算

定理 3：如果　$\lim f(x)=A$，$\lim g(x)=B$，那么

(ⅰ) $\lim[f(x)\pm g(x)]=\lim f(x)\pm\lim g(x)=A\pm B$；

(ⅱ) $\lim[f(x)\cdot g(x)]=\lim f(x)\cdot\lim g(x)=A\cdot B$；

(ⅲ) $\lim\frac{f(x)}{g(x)}=\frac{\lim f(x)}{\lim g(x)}=\frac{A}{B}(B\neq 0)$.

推论 1：如果 $\lim f(x)$ 存在，c 为常数，则 $\lim[c\cdot f(x)]=c\cdot\lim f(x)$.

推论 2:如果 $\lim f(x)$存在,n 是正整数,则 $\lim[f(x)]^n=[\lim f(x)]^n$.

(2) 数列极限的四则运算法则

定理 4:设有数列$\{x_n\}$和$\{y_n\}$,如果

$$\lim_{n\to\infty}x_n=A,\quad \lim_{n\to\infty}y_n=B,$$

那么,

(ⅰ) $\lim\limits_{n\to\infty}(x_n\pm y_n)=\lim\limits_{n\to\infty}x_n\pm\lim\limits_{n\to\infty}y_n=A\pm B$;

(ⅱ) $\lim\limits_{n\to\infty}x_n\cdot y_n=\lim\limits_{n\to\infty}x_n\cdot\lim\limits_{n\to\infty}y_n=A\cdot B$;

(ⅲ) $\lim\limits_{n\to\infty}\dfrac{x_n}{y_n}=\dfrac{\lim\limits_{n\to\infty}x_n}{\lim\limits_{n\to\infty}y_n}=\dfrac{A}{B}(B\neq0)$.

(3) 有理函数的极限

(ⅰ) $\lim\limits_{x\to x_0}\dfrac{P(x)}{Q(x)}$

当 $Q(x_0)\neq0$ 时,$\lim\limits_{x\to x_0}\dfrac{P(x)}{Q(x)}=\dfrac{P(x_0)}{Q(x_0)}$;

当 $Q(x_0)=0$ 但 $P(x_0)\neq0$ 时,$\lim\limits_{x\to x_0}\dfrac{P(x)}{Q(x)}=\infty$;

当 $Q(x_0)=0$ 且 $P(x_0)=0$ 时,约去分子、分母的零因子.

(ⅱ) $\lim\limits_{x\to\infty}\dfrac{a_0x^m+a_1x^{m-1}+\cdots+a_m}{b_0x^n+b_1x^{n-1}+\cdots+b_n}=\begin{cases}\dfrac{a_0}{b_0},n=m,\\0,n>m,\\\infty,n<m.\end{cases}$

3. 函数极限的比较定理

定理 5:如果 $a(x)\geqslant\psi(x)$,而$\lim Q(x)=A$,$\lim\psi(x)=B$,那么 $A\geqslant B$.

4. 复合函数的极限运算法则

定理 6:设函数 $y=f[g(x)]$是由函数 $y=f(u)$与函数 $u=g(x)$复合而成的,$f[g(x)]$在点 x_0 的某一去心邻域内有定义. 若 $g(x)\to u_0(x\to x_0)$,$f(u)\to A(u\to u_0)$,且在点 x_0 的某一去心邻域内 $g(x)\neq u_0$,则

$$\lim_{x\to x_0}f[g(x)]=\lim_{u\to u_0}f(u)=A.$$

5.3 典型例题与方法

基本题型Ⅰ:利用无穷小的性质求极限

例 1 求$\lim\limits_{x\to\infty}\dfrac{\sin x}{x}$.

【分析】 注意到 $\sin x$ 为有界函数,而$\dfrac{1}{x}$为当 $x\to\infty$时的无穷小.

解 因为$|\sin x|\leqslant1$,且$\lim\limits_{x\to\infty}\dfrac{1}{x}=0$,由定理 2 可知,$\lim\limits_{x\to\infty}\dfrac{\sin x}{x}=0$.

基本题型Ⅱ:利用极限的四则运算法则求极限

例 2　求$\lim\limits_{x\to 2}\dfrac{x^3-1}{x^2-5x+3}$.

【分析】　注意到此时有理分式的分母极限不为 0.

解　$\lim\limits_{x\to 2}\dfrac{x^3-1}{x^2-5x+3}=\dfrac{\lim\limits_{x\to 2}(x^3-1)}{\lim\limits_{x\to 2}(x^2-5x+3)}=\dfrac{2^3-1}{2^2-10+3}=-\dfrac{7}{3}$.

基本题型Ⅲ:有理函数的极限

例 3　求$\lim\limits_{x\to 3}\dfrac{x-3}{x^2-9}$.

【分析】　注意到有理分式的分子和分母的极限均为 0,这是因为同时存在一个 $x-3$ 的因式.

解　$\lim\limits_{x\to 3}\dfrac{x-3}{x^2-9}=\lim\limits_{x\to 3}\dfrac{x-3}{(x-3)(x+3)}=\lim\limits_{x\to 3}\dfrac{1}{x+3}=\dfrac{1}{6}$.

例 4　求$\lim\limits_{x\to 1}\dfrac{2x-3}{x^2-5x+4}$.

【分析】　当 $x\to 1$ 时,有理函数的分母为 0,但分子不为 0.

解　因为$\lim\limits_{x\to 1}\dfrac{x^2-5x+4}{2x-3}=\dfrac{1^2-5\times 1+4}{2\times 1-3}=0$,因此$\lim\limits_{x\to 1}\dfrac{2x-3}{x^2-5x+4}=\infty$.

无穷小与无穷大的关系

例 5　求$\lim\limits_{x\to\infty}\dfrac{3x^3+4x^2+2}{7x^3+5x^2-3}$.

【分析】　分子、分母同时除以x^3,再取极限.

解　$\lim\limits_{x\to\infty}\dfrac{3x^3+4x^2+2}{7x^3+5x^2-3}=\lim\limits_{x\to\infty}\dfrac{3+4\cdot\dfrac{1}{x}+2\cdot\dfrac{1}{x^3}}{7+5\cdot\dfrac{1}{x}-3\cdot\dfrac{1}{x^3}}=\dfrac{3}{7}$.

【方法点击】　当 $n=m$ 时,

$$\lim_{x\to\infty}\frac{a_0x^m+a_1x^{m-1}+\cdots+a_m}{b_0x^n+b_1x^{n-1}+\cdots+b_n}=\frac{a_0}{b_0}.$$

例 6　求$\lim\limits_{x\to\infty}\dfrac{3x^2-2x-1}{2x^3-x^2+5}$.

【分析】　分子、分母同时除以x^3,再取极限.

解　$\lim\limits_{x\to\infty}\dfrac{3x^2-2x-1}{2x^3-x^2+5}=\lim\limits_{x\to\infty}\dfrac{3\cdot\dfrac{1}{x}-2\cdot\dfrac{1}{x^2}-1\cdot\dfrac{1}{x^3}}{2-\dfrac{1}{x}+5\cdot\dfrac{1}{x^3}}=0$.

【方法点击】　当 $n>m$ 时,

$$\lim_{x\to\infty}\frac{a_0x^m+a_1x^{m-1}+\cdots+a_m}{b_0x^n+b_1x^{n-1}+\cdots+b_n}=0.$$

例 7 求$\lim\limits_{x\to\infty}\dfrac{2x^3-x^2+5}{3x^2-2x-1}$.

解 因为$\lim\limits_{x\to\infty}\dfrac{3x^2-2x-1}{2x^3-x^2+5}=0$,因此$\lim\limits_{x\to\infty}\dfrac{2x^3-x^2+5}{3x^2-2x-1}=\infty$.

【方法点击】 当 $n<m$ 时,

$$\lim_{x\to\infty}\frac{a_0x^m+a_1x^{m-1}+\cdots+a_m}{b_0x^n+b_1x^{n-1}+\cdots+b_n}=\infty.$$

基本题型Ⅳ:求复合函数的极限

例 8 求$\lim\limits_{x\to3}\sqrt{\dfrac{x^2-9}{x-3}}$.

解 因为 $y=\sqrt{\dfrac{x^2-9}{x-3}}$ 是由 $y=\sqrt{u}$ 以及 $u=\dfrac{x^2-9}{x-3}$ 复合而成的,而$\lim\limits_{x\to3}\dfrac{x^2-9}{x-3}=6$,因此

$$\lim_{x\to3}\sqrt{\frac{x^2-9}{x-3}}=\lim_{u\to6}\sqrt{u}=\sqrt{6}.$$

例 9 求$\lim\limits_{x\to1}\dfrac{x-1}{\sqrt{x}-1}$.

解 $\lim\limits_{x\to1}\dfrac{x-1}{\sqrt{x}-1}=\lim\limits_{x\to1}\dfrac{(\sqrt{x}-1)(\sqrt{x}+1)}{\sqrt{x}-1}=\lim\limits_{x\to1}(\sqrt{x}+1)=2$.

基本题型Ⅴ:求数列的极限

例 10 求$\lim\limits_{n\to\infty}\left(\dfrac{1}{n^2}+\dfrac{2}{n^2}+\dfrac{3}{n^2}+\cdots+\dfrac{n}{n^2}\right)$.

【分析】 先写出数列的通项表达式,再求极限.

解 原式$=\lim\limits_{n\to\infty}\dfrac{\frac{1}{2}n(n+1)}{n^2}=\lim\limits_{n\to\infty}\dfrac{1}{2}\left(1+\dfrac{1}{n}\right)=\dfrac{1}{2}$.

$1+2+\cdots+n=\dfrac{1}{2}n(n+1)$

【方法点击】 注意,无限个无穷小的和不一定是无穷小,因此以下求解过程是错误的:

$$\text{原式}=\lim_{n\to\infty}\frac{1}{n^2}+\lim_{n\to\infty}\frac{2}{n^2}+\cdots+\lim_{n\to\infty}\frac{n}{n^2}=0.$$

5.4 习题 1-5 解答

1. 计算下列极限:

(1) $\lim\limits_{x\to2}\dfrac{x^2+5}{x-3}$; (3) $\lim\limits_{x\to1}\dfrac{x^2-2x+1}{x^2-1}$;

(5) $\lim\limits_{h\to0}\dfrac{(x+h)^2-x^2}{h}$; (7) $\lim\limits_{x\to\infty}\dfrac{x^2-1}{2x^2-x-1}$;

(9) $\lim\limits_{x\to4}\dfrac{x^2-6x+8}{x^2-5x+4}$; (11) $\lim\limits_{n\to\infty}\left(1+\dfrac{1}{2}+\dfrac{1}{4}+\cdots+\dfrac{1}{2^n}\right)$;

(13) $\lim\limits_{n\to\infty}\dfrac{(n+1)(n+2)(n+3)}{5n^3}$.

解 (1) 原式$=\dfrac{\lim\limits_{x\to2}(x^2+5)}{\lim\limits_{x\to2}(x-3)}=\dfrac{9}{-1}=-9$.

(3) 原式$=\lim\limits_{x\to 1}\dfrac{(x-1)^2}{(x-1)(x+1)}=\lim\limits_{x\to 1}\dfrac{x-1}{x+1}=0.$

(5) 原式$=\lim\limits_{h\to 0}\dfrac{(2x+h)h}{h}=\lim\limits_{h\to 0}(2x+h)=2x.$

(7) 原式$=\lim\limits_{x\to\infty}\dfrac{(x-1)(x+1)}{(x-1)(2x+1)}=\lim\limits_{x\to\infty}\dfrac{x+1}{2x+1}=\lim\limits_{x\to\infty}\dfrac{1+\dfrac{1}{x}}{2+\dfrac{1}{x}}=\dfrac{1}{2}.$

(9) 原式$=\lim\limits_{x\to 4}\dfrac{(x-2)(x-4)}{(x-1)(x-4)}=\lim\limits_{x\to 4}\dfrac{x-2}{x-1}=\dfrac{2}{3}.$

(11) 原式$=\lim\limits_{n\to\infty}\dfrac{1-\dfrac{1}{2^{n+1}}}{1-\dfrac{1}{2}}=\lim\limits_{n\to\infty}\left(2-\dfrac{1}{2^n}\right)=2.$

(13) 原式$=\lim\limits_{n\to\infty}\dfrac{1}{5}\left(1+\dfrac{1}{n}\right)\left(1+\dfrac{2}{n}\right)\left(1+\dfrac{3}{n}\right)=\dfrac{1}{5}.$

2. 计算下列极限：

$$\lim_{x\to\infty}\frac{x^2}{2x+1}.$$

解　因为$\lim\limits_{x\to\infty}\dfrac{2x+1}{x^2}=0$，所以$\lim\limits_{x\to\infty}\dfrac{x^2}{2x+1}=\infty.$

3. 计算下列极限：

$$\lim_{x\to 0}x^2\sin\frac{1}{x}.$$

解　因为 x^2 是 $x\to 0$ 时的无穷小，而 $\sin\dfrac{1}{x}$ 为有界函数，因此$\lim\limits_{x\to 0}x^2\sin\dfrac{1}{x}=0.$

第六节　极限存在准则　两个重要极限

6.1　学习目标

掌握极限存在的两个准则，并会利用它们求极限；掌握利用两个重要极限求极限的方法 .

6.2　内容提要

1. 准则Ⅰ及第一个重要极限

(1) 准则Ⅰ：如果数列$\{x_n\}$、$\{y_n\}$及$\{z_n\}$满足下列条件：

(ⅰ) $y_n\leqslant x_n\leqslant z_n(n=1,2,3\cdots)$，　(ⅱ) $\lim\limits_{n\to\infty}y_n=a$，$\lim\limits_{n\to\infty}z_n=a$，

那么数列$\{x_n\}$的极限存在，且$\lim\limits_{n\to\infty}x_n=a$.

(2) 准则Ⅰ′：如果函数 $f(x)$、$g(x)$及 $h(x)$满足下列条件：

(ⅰ) $g(x)\leqslant f(x)\leqslant h(x)$，　(ⅱ) $\lim g(x)=A$，$\lim h(x)=A$，

那么函数 $f(x)$的极限 $\lim f(x)$存在，且 $\lim f(x)=A$.

(3) 第一个重要极限

$$\lim_{x\to 0}\frac{\sin x}{x}=1.$$

2. 准则Ⅱ及第二个重要极限

(1) 准则Ⅱ:单调有界数列必有极限.

(2) 第二个重要极限

$$\lim_{x\to\infty}\left(1+\frac{1}{x}\right)^{x}=\mathrm{e}.$$

注意如下几个形式的极限:

$$\lim_{x\to 0}(1+x)^{\frac{1}{x}}=\mathrm{e},$$

$$\lim_{n\to\infty}\left(1+\frac{1}{n}\right)^{n}=\mathrm{e}.$$

6.3 典型例题与方法

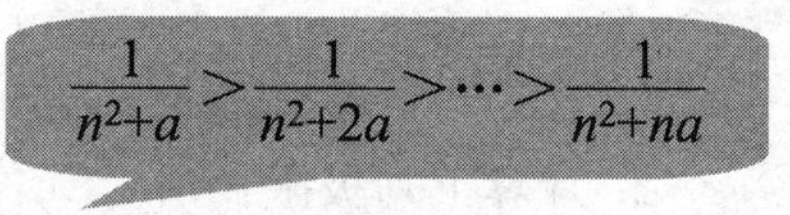

基本题型Ⅰ:利用夹逼准则求函数或数列的极限

例 1 利用夹逼准则证明极限$\lim\limits_{n\to\infty}n\left(\frac{1}{n^2+a}+\frac{1}{n^2+2a}+\cdots+\frac{1}{n^2+na}\right)=1(a\geqslant 0)$.

证 记 $x_n=n\left(\frac{1}{n^2+a}+\frac{1}{n^2+2a}+\cdots+\frac{1}{n^2+na}\right)$,则有$\frac{n^2}{n^2+na}<x_n<\frac{n^2}{n^2+a}$.
当 $n\to\infty$时,$\frac{n^2}{n^2+na}$和$\frac{n^2}{n^2+a}$的极限均为 1. 故由夹逼准则,知$\lim\limits_{n\to\infty}x_n=1$.

【方法点击】 利用夹逼准则时,对函数或数列的放缩要适度,使得不等式左右两侧极限相同.

基本题型Ⅱ:两个重要极限的应用

例 2 求$\lim\limits_{x\to 0}\frac{\tan x}{x}$.

【分析】 考虑到 $\tan x=\frac{\sin x}{\cos x}$,再利用第一个重要极限.

解 $\lim\limits_{x\to 0}\frac{\tan x}{x}=\lim\limits_{x\to 0}\frac{\sin x}{x}\cdot\frac{1}{\cos x}=\lim\limits_{x\to 0}\frac{\sin x}{x}\cdot\lim\limits_{x\to 0}\frac{1}{\cos x}=1\cdot 1=1.$

注意是$x\to 0$

【方法点击】 注意以下两个极限的区别:

$$\lim_{x\to 0}\frac{\sin x}{x}=1,$$

$$\lim_{x\to\infty}\frac{\sin x}{x}=0.$$

第一个极限是两个重要极限之一,第二个极限利用的是有界函数与无穷小的乘积仍是无穷小.

例 3 求$\lim\limits_{x\to 0}\frac{1-\cos x}{x^2}$.

【分析】 利用第一个重要极限．

解 $\lim\limits_{x\to 0}\dfrac{1-\cos x}{x^2}=\lim\limits_{x\to 0}\dfrac{2\sin^2\dfrac{x}{2}}{x^2}=\dfrac{1}{2}\lim\limits_{x\to 0}\left(\dfrac{\sin\dfrac{x}{2}}{\dfrac{x}{2}}\right)^2=\dfrac{1}{2}\cdot 1^2=\dfrac{1}{2}.$

【方法点击】 注意第一个重要极限的常见形式：

$$\lim_{\alpha(x)\to 0}\frac{\sin\alpha(x)}{\alpha(x)}=1.$$

例 4 求极限 $\lim\limits_{x\to\infty}\left(1-\dfrac{1}{x}\right)^x$.

【分析】 利用第二个重要极限．

解 令 $t=-x$，则 $x\to\infty$ 时，$t\to\infty$. 于是有

$$\lim_{x\to\infty}\left(1-\frac{1}{x}\right)^x=\lim_{t\to\infty}\left(1+\frac{1}{t}\right)^{-t}=\lim_{t\to\infty}\left[\left(1+\frac{1}{t}\right)^t\right]^{-1}=e^{-1}.$$

例 5 求极限 $\lim\limits_{x\to 0}(1+\sin x)^{\frac{1}{x}}$

【分析】 利用第二个重要极限．

利用复合函数的极限运算法则

解 $\lim\limits_{x\to 0}(1+\sin x)^{\frac{1}{x}}=\lim\limits_{x\to 0}(1+\sin x)^{\frac{1}{\sin x}\cdot\frac{\sin x}{x}}=[\lim\limits_{x\to 0}(1+\sin x)^{\frac{1}{\sin x}}]^{\lim\limits_{x\to 0}\frac{\sin x}{x}}=e.$

【方法点击】 注意第二个重要极限的常见形式：

$$\lim_{\alpha(x)\to 0}[1+\alpha(x)]^{\frac{1}{\alpha(x)}}=e.$$

6.4 习题 1-6 解答

1. 计算下列极限：

(1) $\lim\limits_{x\to 0}\dfrac{\sin\omega x}{x}$；　(3) $\lim\limits_{x\to 0}\dfrac{\sin 2x}{\sin 5x}$；　(5) $\lim\limits_{x\to 0}\dfrac{1-\cos 2x}{x\sin x}$.

解 (1) 原式 $=\lim\limits_{x\to 0}\omega\cdot\dfrac{\sin\omega x}{\omega x}=\omega.$

(3) 原式 $=\dfrac{2}{5}\lim\limits_{x\to 0}\left(\dfrac{\sin 2x}{2x}\cdot\dfrac{5x}{\sin 5x}\right)=\dfrac{2}{5}\lim\limits_{x\to 0}\dfrac{\sin 2x}{2x}\cdot\lim\limits_{x\to 0}\dfrac{5x}{\sin 5x}=\dfrac{2}{5}.$

(5) 原式 $=\lim\limits_{x\to 0}\dfrac{2\sin^2 x}{x\sin x}=\lim\limits_{x\to 0}\dfrac{2\sin x}{x}=2.$

2. 计算下列极限：

(1) $\lim\limits_{x\to 0}(1-x)^{\frac{1}{x}}$；　(2) $\lim\limits_{x\to 0}(1+2x)^{\frac{1}{x}}$；

(3) $\lim\limits_{x\to\infty}\left(\dfrac{1+x}{x}\right)^{2x}$；　(4) $\lim\limits_{x\to\infty}\left(1-\dfrac{1}{x}\right)^{kx}$（$k$ 为正整数）.

解 (1) 原式 $=\lim\limits_{x\to 0}\{[1+(-x)]^{\frac{1}{-x}}\}^{-1}=\dfrac{1}{e}.$

(2) 原式 $=\lim\limits_{x\to 0}\{[1+(2x)]^{\frac{1}{2x}}\}^2=e^2.$

(3) 原式 $=\lim\limits_{x\to\infty}\left[\left(1+\dfrac{1}{x}\right)^x\right]^2=e^2.$

(4) 原式$=\lim\limits_{x\to\infty}\left[\left(1+\dfrac{1}{-x}\right)^{-x}\right]^{-k}=e^{-k}$.

4. 利用极限存在准则证明：

(2) $\lim\limits_{n\to\infty}n\left(\dfrac{1}{n^2+\pi}+\dfrac{1}{n^2+2\pi}+\cdots+\dfrac{1}{n^2+n\pi}\right)=1$；

(4) $\lim\limits_{x\to 0}\sqrt[n]{1+x}=1$；　　(5) $\lim\limits_{x\to 0^+}x\left[\dfrac{1}{x}\right]=1$.

证 (2) 因为$\dfrac{1}{n^2+\pi}>\dfrac{1}{n^2+2\pi}>\cdots>\dfrac{1}{n^2+n\pi}$，

所以
$$n\cdot\frac{n}{n^2+\pi}>n\left(\frac{1}{n^2+\pi}+\frac{1}{n^2+2\pi}+\cdots+\frac{1}{n^2+n\pi}\right)>n\cdot\frac{n}{n^2+n\pi}.$$

而
$$\lim_{n\to\infty}n\cdot\frac{n}{n^2+n\pi}=\lim_{n\to\infty}\frac{1}{1+\frac{\pi}{n}}=1,\lim_{n\to\infty}n\cdot\frac{n}{n^2+\pi}=\lim_{n\to\infty}\frac{1}{1+\frac{\pi}{n^2}}=1,$$

所以
$$\lim_{n\to\infty}n\left(\frac{1}{n^2+\pi}+\frac{1}{n^2+2\pi}+\cdots+\frac{1}{n^2+n\pi}\right)=1.$$

(4) 因为$1-|x|\leqslant\sqrt[n]{1+x}\leqslant 1+|x|$，且$\lim\limits_{x\to 0}(1-|x|)=\lim\limits_{x\to 0}(1+|x|)=1$，

所以由夹逼准则得
$$\lim_{x\to 0}\sqrt[n]{1+x}=1.$$

(5) 当$x\in(0,1)$时，有$\dfrac{1}{x}-1<\left[\dfrac{1}{x}\right]\leqslant\dfrac{1}{x}$. 又因为$\lim\limits_{x\to 0^+}x\left(\dfrac{1}{x}-1\right)=1$，$\lim\limits_{x\to 0^+}x\cdot\dfrac{1}{x}=1$，所以$\lim\limits_{x\to 0^+}x\left[\dfrac{1}{x}\right]=1$.

第七节　无穷小的比较

7.1　学习目标

掌握无穷小量的比较方法；会用等价无穷小量求极限．

7.2　内容提要

1. 无穷小的阶

设α及β为同一个自变量的变化过程中的无穷小，

如果$\lim\dfrac{\beta}{\alpha}=0$，就说$\beta$是比$\alpha$高阶的无穷小，记作$\beta=o(\alpha)$；

如果$\lim\dfrac{\beta}{\alpha}=\infty$，就说$\beta$是比$\alpha$低阶的无穷小；

如果$\lim\dfrac{\beta}{\alpha}=c\neq 0$，就说$\beta$与$\alpha$是同阶无穷小；

如果$\lim\dfrac{\beta}{\alpha^k}=c\neq 0,k>0$，就说$\beta$是关于$\alpha$的$k$阶无穷小；

如果 $\lim \frac{\beta}{\alpha}=1$，就说 β 与 α 是等价无穷小，记作 $\alpha \sim \beta$.

2. 关于等价无穷小的定理

定理1：β 与 α 是等价无穷小的充分必要条件为

$$\beta=\alpha+o(\alpha).$$

定理2：设 $\alpha \sim \alpha'$，$\beta \sim \beta'$，且 $\lim \frac{\beta'}{\alpha'}$ 存在，则

$$\lim \frac{\beta}{\alpha}=\lim \frac{\beta'}{\alpha'}.$$

3. 常用等价无穷小

当 $x \to 0$ 时，$\sin x \sim x$，$\tan x \sim x$，$\arcsin x \sim x$，$\arctan x \sim x$，$1-\cos x \sim \frac{x^2}{2}$，$e^x-1 \sim x$，

$$a^x-1 \sim x\ln a,\ \ln(1+x) \sim x,\ (1+x)^\alpha-1 \sim \alpha x.$$

7.3 典型例题与方法

基本题型Ⅰ：利用等价无穷小量求极限

例1 求 $\lim\limits_{x \to 0} \frac{\sin x}{x^3+3x}$.

解 当 $x \to 0$ 时，$\sin x \sim x$，因此 $\lim\limits_{x \to 0} \frac{\sin x}{x^3+3x}=\lim\limits_{x \to 0} \frac{x}{x^3+3x}=\lim\limits_{x \to 0} \frac{1}{x^2+3}=\frac{1}{3}$.

例2 求 $\lim\limits_{x \to 0} \frac{\tan x-\sin x}{x^3}$.

【分析】 注意等价无穷小代换的前提，乘除可直接代换，加减一般不能代换.

解 $\lim\limits_{x \to 0} \frac{\tan x-\sin x}{x^3}=\lim\limits_{x \to 0} \frac{\tan x(1-\cos x)}{x^3}=\lim\limits_{x \to 0} \frac{x \cdot \frac{x^2}{2}}{x^3}=\frac{1}{2}$.

原式 $\neq \lim\limits_{x \to 0} \frac{x-x}{x^3}$

例3 利用等价无穷小求下列极限：

(1) $\lim\limits_{x \to 0} \frac{\sqrt{1+\sin x}-\sqrt{1-\sin x}}{e^x-1}$；

(2) $\lim\limits_{x \to 1} \frac{\ln(1+\sqrt[3]{x-1})}{\arcsin \sqrt[3]{x^2-1}}$；

(3) $\lim\limits_{x \to 0} \frac{\sqrt[3]{1+2x}-1}{\ln(2-\cos x+\sin x)}$；

(4) $\lim\limits_{x \to a} \frac{x^x-a^a}{x-a}$.

解 (1) $\lim\limits_{x \to 0} \frac{\sqrt{1+\sin x}-\sqrt{1-\sin x}}{e^x-1}=\lim\limits_{x \to 0} \frac{2\sin x}{(e^x-1)(\sqrt{1+\sin x}+\sqrt{1-\sin x})}$

$$=\lim_{x \to 0} \frac{2x}{x(\sqrt{1+\sin x}+\sqrt{1-\sin x})}$$

$$=\lim_{x \to 0} \frac{2}{\sqrt{1+\sin x}+\sqrt{1-\sin x}}$$

$$=1.$$

(2) 当 $x\to1$ 时,$\ln(1+\sqrt[3]{x-1})\sim\sqrt[3]{x-1}$,$\arcsin\sqrt[3]{x^2-1}\sim\sqrt[3]{x^2-1}$,所以

$$\lim_{x\to1}\frac{\ln(1+\sqrt[3]{x-1})}{\arcsin\sqrt[3]{x^2-1}}=\lim_{x\to1}\frac{\sqrt[3]{x-1}}{\sqrt[3]{x^2-1}}=\lim_{x\to1}\frac{1}{\sqrt[3]{x+1}}=\frac{1}{\sqrt[3]{2}}.$$

(3) 当 $x\to0$ 时,$\sqrt[3]{1+2x}-1\sim\frac{2x}{3}$,

$$\ln(2-\cos x+\sin x)=\ln[1+(1-\cos x)+\sin x]\sim1-\cos x+\sin x,$$

$$\lim_{x\to0}\frac{1-\cos x+\sin x}{x}=\lim_{x\to0}\left(\frac{1-\cos x}{x}+\frac{\sin x}{x}\right)=1,$$

所以 $1-\cos x+\sin x\sim x$,从而有

$$\lim_{x\to0}\frac{\sqrt[3]{1+2x}-1}{\ln(2-\cos x+\sin x)}=\lim_{x\to0}\frac{\frac{2}{3}x}{x}=\frac{2}{3}.$$

(4) $$\lim_{x\to a}\frac{x^x-a^a}{x-a}=\lim_{x\to a}\frac{(x^x-a^x)+(a^x-a^a)}{x-a}=\lim_{x\to a}\left(\frac{x^x-a^x}{x-a}+\frac{a^x-a^a}{x-a}\right)$$

$$=\lim_{x\to a}\left\{\frac{a^x\left[\left(\frac{x}{a}\right)^x-1\right]}{x-a}+\frac{a^a(a^{x-a}-1)}{x-a}\right\}.$$

由于 $$\lim_{x\to a}\frac{a^x\left[\left(\frac{x}{a}\right)^x-1\right]}{x-a}=\lim_{x\to a}\frac{a^x(e^{x\ln\frac{x}{a}}-1)}{x-a}=\lim_{x\to a}\frac{a^x\cdot x\ln\frac{x}{a}}{x-a}=\lim_{x\to a}\frac{a^x\cdot x\ln\left(1+\frac{x-a}{a}\right)}{x-a}$$

$$=\lim_{x\to a}\frac{a^x\cdot x\cdot\frac{x-a}{a}}{x-a}=\lim_{x\to a}xa^{x-1}=a^a,$$

$$\lim_{x\to a}\frac{a^a(a^{x-a}-1)}{x-a}=\lim_{x\to a}\frac{a^a(x-a)\ln a}{x-a}=a^a\ln a,$$

所以 $\lim\limits_{x\to a}\frac{x^x-a^a}{x-a}=a^a+a^a\ln a=a^a(1+\ln a)$.

【方法点击】 求极限时,如果函数中含有根号,首先想到有理化,用它们的共轭根式分别乘分子、分母,消去共有的因式,再用其他方法去处理. 另外,在利用无穷小性质计算极限时,经常结合因式分解、添项、减项、拆项等策略.

基本题型Ⅱ:无穷小量的比较

例 4 设 $f(x)=\sin(\sin^2x)\cos x$,$g(x)=3x^2+4x^3$,讨论当 $x\to0$ 时,$f(x)$ 与 $g(x)$ 无穷小的关系.

解 因为 $\lim\limits_{x\to0}\frac{f(x)}{g(x)}=\lim\limits_{x\to0}\frac{\sin(\sin^2x)\cos x}{3x^2+4x^3}=\lim\limits_{x\to0}\frac{x^2}{3x^2+4x^3}=\frac{1}{3}$,

所以 $f(x)$ 与 $g(x)$ 是同阶但非等价无穷小.

【方法点击】 解此类题目的一般方法是求两个无穷小比值的极限,再根据无穷小阶的概念加以判断.

7.4 习题 1-7 解答

2. 当 $x\to0$ 时,$(1-\cos x)^2$ 与 $\sin^2x$ 相比,哪一个是高阶无穷小?

解　因为$\lim\limits_{x\to0}(1-\cos x)^2=0$，$\lim\limits_{x\to0}\sin^2 x=0$，

$$\lim_{x\to0}\frac{(1-\cos x)^2}{\sin^2 x}=\lim_{x\to0}\frac{\left(\frac{1}{2}x^2\right)^2}{x^2}=0,$$

4.(2) 证明：当$x\to0$时，有$\sec x-1\sim\frac{x^2}{2}$.

证　$\lim\limits_{x\to0}\dfrac{\sec x-1}{\frac{x^2}{2}}=\lim\limits_{x\to0}\dfrac{1-\cos x}{\frac{x^2}{2}\cdot\cos x}=\lim\limits_{x\to0}\dfrac{2\sin^2\frac{x}{2}}{\frac{x^2}{2}}\cdot\dfrac{1}{\cos x}=\lim\limits_{x\to0}\dfrac{\sin^2\frac{x}{2}}{\left(\frac{x}{2}\right)^2}=1.$

5. 利用等价无穷小的性质，求下列极限：

(2) $\lim\limits_{x\to0}\dfrac{\sin(x^n)}{(\sin x)^m}$（$n$、$m$为正整数）；　(3) $\lim\limits_{x\to0}\dfrac{\tan x-\sin x}{\sin^3 x}$；

(4) $\lim\limits_{x\to0}\dfrac{\sin x-\tan x}{(\sqrt[3]{1+x^2}-1)(\sqrt{1+\sin x}-1)}$.

解　(2) 当$x\to0$时，$\sin(x^n)\sim x^n$，$\sin x\sim x$，所以

$$\lim_{x\to0}\frac{\sin(x^n)}{(\sin x)^m}=\lim_{x\to0}\frac{x^n}{x^m}=\lim_{x\to0}x^{n-m}=\begin{cases}0, n>m,\\1, n=m,\\\infty, n<m.\end{cases}$$

(3) $\lim\limits_{x\to0}\dfrac{\tan x-\sin x}{\sin^3 x}=\lim\limits_{x\to0}\dfrac{\sin x\left(\frac{1}{\cos x}-1\right)}{\sin^3 x}=\lim\limits_{x\to0}\dfrac{1-\cos x}{\cos x\cdot\sin^2 x}=\lim\limits_{x\to0}\dfrac{1}{\cos x}\cdot\dfrac{\frac{x^2}{2}}{x^2}=\dfrac{1}{2}.$

(4) 原式$=\lim\limits_{x\to0}\dfrac{\tan x(\cos x-1)(\sqrt[3]{(1+x^2)^2}+\sqrt[3]{1+x^2}+1)(\sqrt{1+\sin x}+1)}{x^2\cdot\sin x}$

$$=\lim_{x\to0}\frac{x\left(-\frac{x^2}{2}\right)\cdot3\cdot2}{x^2\cdot\sin x}=-3.$$

第八节　函数的连续性与间断点

8.1　学习目标

理解函数连续性的概念，理解左连续与右连续的概念；会判别函数间断点的类型．

8.2　内容提要

1. 函数的连续性

(1) 函数连续性的定义

设函数$y=f(x)$在点x_0的某一个邻域内有定义，如果

$$\lim_{\Delta x\to0}\Delta y=0 \text{ 或 } \lim_{x\to x_0}f(x)=f(x_0),$$

那么就称函数$y=f(x)$在点x_0处连续．

(2) 左连续、右连续

如果 $\lim\limits_{x\to x_0^-} f(x)=f(x_0)$，则称 $y=f(x)$ 在点 x_0 处左连续；

如果 $\lim\limits_{x\to x_0^+} f(x)=f(x_0)$，则称 $y=f(x)$ 在点 x_0 处右连续．

函数 $y=f(x)$ 在点 x_0 处连续 $\Leftrightarrow$ 函数 $y=f(x)$ 在点 x_0 处左连续且右连续．

(3) 连续函数的定义

在区间上每一点都连续的函数，叫作该区间上的连续函数，或者说函数在该区间上连续.

2. 函数的间断点

(1) 间断点的定义

设函数 $f(x)$ 在点 x_0 的某一去心邻域内有定义．在此前提下，如果函数 $f(x)$ 有下列 3 种情形之一：

(ⅰ) 在 x_0 处没有定义；

(ⅱ) 虽在 x_0 处有定义，但 $\lim\limits_{x\to x_0} f(x)$ 不存在；

(ⅲ) 虽在 x_0 处有定义，且 $\lim\limits_{x\to x_0} f(x)$ 存在，但 $\lim\limits_{x\to x_0} f(x)\neq f(x_0)$；

则函数 $f(x)$ 在点 x_0 处不连续，点 x_0 称为函数 $f(x)$ 的不连续点或间断点.

(2) 间断点分类

如果 x_0 是 $f(x)$ 的间断点，但左极限 $f(x_0^-)$ 及右极限 $f(x_0^+)$ 都存在，那么 x_0 称为 $f(x)$ 的第一类间断点．不是第一类间断点的任何间断点，称为第二类间断点．

在第一类间断点中，左、右极限相等者称为可去间断点，不相等者称为跳跃间断点．无穷间断点和振荡间断点是第二类间断点．

8.3 典型例题与方法

基本题型Ⅰ:讨论函数的连续性

例 1 当 a 为何值时，函数 $f(x)=\begin{cases} x+a, & x\leqslant 0, \\ \cos x, & x>0 \end{cases}$ 在 $x=0$ 点连续？

解 $\lim\limits_{x\to 0^-} f(x)=f(0)=a$，$\lim\limits_{x\to 0^+} f(x)=\lim\limits_{x\to 0^+}\cos x=1$.

又因为已知 $f(x)$ 在 $x=0$ 处连续，所以其左、右极限存在并且等于 $f(0)$.

故有 $\lim\limits_{x\to 0^-} f(x)=f(0)=a=\lim\limits_{x\to 0^+} f(x)=1$，即 $a=1$.

【方法点击】 本题属于分段函数讨论其区间分界点处的连续性问题．因为函数在 $x=0$ 左、右两侧的表达式不同，所以必须用左、右极限来讨论．

例 2 欲使函数 $f(x)=\begin{cases} \dfrac{\sin 2x+\mathrm{e}^{2ax}-1}{x}, & x\neq 0, \\ a, & x=0 \end{cases}$ 在 $x=0$ 点连续，问:a 如何取值？

解
$$\lim_{x\to 0} f(x)=\lim_{x\to 0}\frac{\sin 2x+\mathrm{e}^{2ax}-1}{x}=\lim_{x\to 0}\left(\frac{\sin 2x}{x}+\frac{\mathrm{e}^{2ax}-1}{x}\right)$$
$$=\lim_{x\to 0}\frac{2x}{x}+\lim_{x\to 0}\frac{2ax}{x}=2+2a.$$

又因为 $f(0)=a$，要使函数 $f(x)$ 在点 $x=0$ 处连续，只需 $\lim\limits_{x\to 0}f(x)=f(0)$，即

$$2+2a=a，得 a=-2.$$

【方法点击】 本题和例 1 的区别在于，虽然也是分段函数，但是区间分界点 $x=0$ 两边的表达式是相同的，所以不需要用左、右极限，而直接使用连续性的定义讨论即可．

基本题型Ⅱ：判断间断点的类型

例 3 下列函数在指出的点处间断，说明这些间断点属于哪一类．

（1）$y=\tan x$ 在 $x=\dfrac{\pi}{2}$ 处；（2）$y=\sin\dfrac{1}{x}$ 在 $x=0$ 处；

（3）$y=\dfrac{x^2-1}{x-1}$ 在 $x=1$ 处；（4）$f(x)=\begin{cases}x-1, & x<1,\\ 0, & x=1,\\ x+1, & x>1\end{cases}$ 在 $x=1$ 处．

解 （1）$\lim\limits_{x\to\frac{\pi}{2}}\tan x=\infty$，因此 $x=\dfrac{\pi}{2}$ 是 $y=\tan x$ 的无穷间断点；

（2）当 $x\to 0$ 时，函数值在 -1 与 $+1$ 之间变动无限多次，所以点 $x=0$ 是 $y=\sin\dfrac{1}{x}$ 的振荡间断点；

（3）$\lim\limits_{x\to 1}\dfrac{x^2-1}{x-1}=2$，因此 $x=1$ 是 $y=\dfrac{x^2-1}{x-1}$ 的可去间断点；

（4）$\lim\limits_{x\to 1^-}f(x)=0$，$\lim\limits_{x\to 1^+}f(x)=2$，因此 $x=1$ 是 $f(x)$ 的一个跳跃间断点．

8.4 习题 1-8 解答

3. 下列函数在指出的点处间断，说明这些间断点属于哪一类．如果是可去间断点，则补充或改变函数的定义使它连续：

（1）$y=\dfrac{x^2-1}{x^2-3x+2}$，$x=1$，$x=2$；

（2）$y=\dfrac{x}{\tan x}$，$x=k\pi$，$x=k\pi+\dfrac{\pi}{2}(k=0,\pm1,\pm2,\cdots)$；

（3）$y=\cos^2\dfrac{1}{x}$，$x=0$；

（4）$y=\begin{cases}x-1, x\leqslant 1,\\ 3-x, x>1,\end{cases}$ $x=1$.

解 （1）因为 $y=f(x)=\dfrac{(x+1)(x-1)}{(x-1)(x-2)}$，所以 $\lim\limits_{x\to 1}f(x)=\lim\limits_{x\to 1}\dfrac{x+1}{x-2}=-2$，

$\lim\limits_{x\to 2}f(x)=\lim\limits_{x\to 2}\dfrac{x+1}{x-2}=\infty$. 所以 $x=1$ 为可去间断点（第一类），$x=2$ 为无穷间断点（第二类）．如果令 $f(1)=-2$，则 $y=f(x)$ 在 $x=1$ 处连续．

（2）因为 $\lim\limits_{x\to 0}\dfrac{x}{\tan x}=1$，$\lim\limits_{x\to k\pi(k\neq 0)}\dfrac{x}{\tan x}=\infty$，$\lim\limits_{x\to k\pi+\frac{\pi}{2}}\dfrac{x}{\tan x}=0$，

所以 $x=k\pi(k\neq 0)$ 为无穷间断点；$x=k\pi+\dfrac{\pi}{2}(k\in \mathrm{Z})$，$x=0$ 为可去间断点．

在可去间断点处补充定义 $y=\begin{cases}\dfrac{x}{\tan x}, x\neq k\pi+\dfrac{\pi}{2}, \text{且 } x\neq 0,\\ 0, \quad x=k\pi+\dfrac{\pi}{2} \quad (k\in \mathbf{Z}),\\ 1, \quad x=0.\end{cases}$

(3) $x=0$ 为函数 $y=\cos^2\dfrac{1}{x}$ 的振荡间断点,属于第二类间断点.

(4) $\lim\limits_{x\to 1^+} y=\lim\limits_{x\to 1^+}(3-x)=2$, $\lim\limits_{x\to 1^-} y=\lim\limits_{x\to 1^-}(x-1)=0$,

$x=1$ 为函数的跳跃间断点,属于第一类间断点.

4. 讨论函数 $f(x)=\lim\limits_{n\to\infty}\dfrac{1-x^{2n}}{1+x^{2n}}x$ 的连续性,若有间断点,判别其类型.

解 因为 $f(x)=\lim\limits_{n\to\infty}\dfrac{1-x^{2n}}{1+x^{2n}}x=\begin{cases}-x, & |x|>1,\\ 0, & |x|=1,\\ x, & |x|<1,\end{cases}$ 所以

在 $x=-1$ 处,有 $\lim\limits_{x\to -1^-} f(x)=\lim\limits_{x\to -1^-}(-x)=1$, $\lim\limits_{x\to -1^+} f(x)=\lim\limits_{x\to -1^+} x=-1$,故左、右极限都存在但不相等,所以 $x=-1$ 为 $f(x)$ 的跳跃间断点.

在 $x=1$ 处,有 $\lim\limits_{x\to 1^-} f(x)=\lim\limits_{x\to 1^-} x=1$, $\lim\limits_{x\to 1^+} f(x)=\lim\limits_{x\to 1^+}(-x)=-1$,故左、右极限都存在但不相等,所以 $x=1$ 为 $f(x)$ 的跳跃间断点.

6. 证明:若函数 $f(x)$ 在点 x_0 连续且 $f(x_0)\neq 0$,则存在 x_0 的某一邻域 $U(x_0)$,当 $x\in U(x_0)$ 时, $f(x)\neq 0$.

证 设 $f(x_0)=A\neq 0$,不妨设 $A>0$. 因为 $f(x)$ 在 x_0 处连续,所以 $\lim\limits_{x\to x_0} f(x)=f(x_0)=A>0$. 由函数极限的局部保号性定理知,存在 x_0 的某一邻域 $U(x_0)$,使得当 $x\in U(x_0)$ 时, $f(x)>0$,即 $f(x)\neq 0$.

第九节 连续函数的运算与初等函数的连续性

9.1 学习目标

了解连续函数的性质和初等函数的连续性;会用连续函数的性质求极限.

9.2 内容提要

1. 连续函数的和、差、积、商的连续性

定理 1:设函数 $f(x)$ 和 $g(x)$ 在点 x_0 处连续,则函数

$$f(x)\pm g(x), f(x)\cdot g(x), \frac{f(x)}{g(x)} (\text{当 } g(x_0)\neq 0 \text{ 时})$$

在点 x_0 处也连续.

2. 反函数与复合函数的连续性

定理 2:如果函数 $f(x)$ 在区间 I_x 上单调增加(或减少)且连续,那么它的反函数 $x=f^{-1}(y)$ 在区间 $I_y=\{y\,|\,y=f(x), x\in I_x\}$ 上也是单调增加(或减少)且是连续的.

定理4:设函数 $y=f[g(x)]$ 由函数 $y=f(u)$ 与函数 $u=g(x)$ 复合而成,$U(x_0)\subset D_{f\circ g}$. 若函数 $u=g(x)$ 在 $x=x_0$ 处连续,且 $g(x_0)=u_0$,而函数 $y=f(u)$ 在 $u=u_0$ 处连续,则复合函数 $y=f[g(x)]$ 在 $x=x_0$ 处也连续.

3. 初等函数的连续性

基本初等函数在其定义域内连续;一切初等函数在其定义区间内都是连续的.

9.3 典型例题与方法

基本题型Ⅰ:利用连续性求极限

例1 求 $\lim\limits_{x\to 0}\dfrac{\sqrt{1+x^2}-1}{x}$.

【分析】 利用分子有理化去掉零因子,就可以利用初等函数的连续性来计算极限.

解 $\lim\limits_{x\to 0}\dfrac{\sqrt{1+x^2}-1}{x}=\lim\limits_{x\to 0}\dfrac{(\sqrt{1+x^2}-1)(\sqrt{1+x^2}+1)}{x(\sqrt{1+x^2}+1)}=\lim\limits_{x\to 0}\dfrac{x}{\sqrt{1+x^2}+1}=0.$

【方法点击】 除了分子有理化外,常用的还有分母有理化,以去掉有理分式的零因子.

例2 求 $\lim\limits_{x\to 0}\dfrac{a^x-1}{x}$.

解 令 $a^x-1=t$,则 $x=\log_a(1+t)$,$x\to 0$ 时 $t\to 0$. 于是

$$\lim_{x\to 0}\frac{a^x-1}{x}=\lim_{t\to 0}\frac{t}{\log_a(1+t)}=\lim_{t\to 0}\frac{1}{\log_a(1+t)^{\frac{1}{t}}}=\frac{1}{\log_a \mathrm{e}}=\ln a.$$

$a^x-1\sim x\ln a$

【方法点击】 本题也可以利用等价无穷小来求极限.

9.4 习题1-9解答

2. 设函数 $f(x)$ 与 $g(x)$ 在点 x_0 处连续,证明函数

$$\varphi(x)=\max\{f(x),g(x)\},\ \phi(x)=\min\{f(x),g(x)\}$$

在点 x_0 处也连续.

证 因为 $\lim\limits_{x\to x_0}f(x)=f(x_0)$,$\lim\limits_{x\to x_0}g(x)=g(x_0)$,且

$$\varphi(x)=\frac{1}{2}[f(x)+g(x)+|f(x)-g(x)|],$$

$$\phi(x)=\frac{1}{2}[f(x)+g(x)-|f(x)-g(x)|],$$

所以
$$\lim_{x\to x_0}\varphi(x)=\frac{1}{2}[f(x_0)+g(x_0)+|f(x_0)-g(x_0)|]=\varphi(x_0),$$

$$\lim_{x\to x_0}\phi(x)=\frac{1}{2}[f(x_0)+g(x_0)-|f(x_0)-g(x_0)|]=\phi(x_0),$$

因而 $\varphi(x)$,$\phi(x)$ 在 $x=x_0$ 处也连续.

3. 求下列极限:

(3) $\lim\limits_{x\to\frac{\pi}{6}}\ln(2\cos 2x)$;　　(4) $\lim\limits_{x\to 0}\dfrac{\sqrt{x+1}-1}{x}$.

解 (3) $\lim\limits_{x\to\frac{\pi}{6}}\ln(2\cos 2x)=\ln\left(2\cos\dfrac{\pi}{3}\right)=\ln 1=0.$

(4) $\lim\limits_{x\to 0}\dfrac{\sqrt{x+1}-1}{x}=\lim\limits_{x\to 0}\dfrac{(\sqrt{x+1}-1)(\sqrt{x+1}+1)}{x(\sqrt{x+1}+1)}=\lim\limits_{x\to 0}\dfrac{1}{\sqrt{x+1}+1}=\dfrac{1}{2}.$

4. 求下列极限:

(5) $\lim\limits_{x\to\infty}\left(\dfrac{3+x}{6+x}\right)^{\frac{x-1}{2}}$　　(6) $\lim\limits_{x\to 0}\dfrac{\sqrt{1+\tan x}-\sqrt{1+\sin x}}{x\sqrt{1+\sin^2 x}-x}$

(7) $\lim\limits_{x\to e}\dfrac{\ln x-1}{x-e}$　　(8) $\lim\limits_{x\to 0}\dfrac{e^{3x}-e^{2x}-e^{x}+1}{\sqrt[3]{(1-x)(1+x)}-1}$

解 (5) $\lim\limits_{x\to\infty}\left(\dfrac{3+x}{6+x}\right)^{\frac{x-1}{2}}=\lim\limits_{x\to\infty}\left[\left(1-\dfrac{3}{6+x}\right)^{-\frac{6+x}{3}}\right]^{-\frac{3}{2}}\cdot\lim\limits_{x\to\infty}\left(1-\dfrac{3}{6+x}\right)^{-\frac{7}{2}}=e^{-\frac{3}{2}}.$

(6) $$\begin{aligned}\lim_{x\to 0}\frac{\sqrt{1+\tan x}-\sqrt{1+\sin x}}{x\sqrt{1+\sin^2 x}-x}&=\lim_{x\to 0}\frac{\tan x-\sin x}{x(\sqrt{1+\sin^2 x}-1)(\sqrt{1+\tan x}+\sqrt{1+\sin x})}\\&=\lim_{x\to 0}\left(\frac{\sin x}{x}\cdot\frac{\sec x-1}{\sqrt{1+\sin^2 x}-1}\cdot\frac{1}{\sqrt{1+\tan x}+\sqrt{1+\sin x}}\right)\\&=\lim_{x\to 0}\frac{\sin x}{x}\cdot\lim_{x\to 0}\frac{\frac{1}{2}x^2}{\frac{1}{2}\sin^2 x}\cdot\lim_{x\to 0}\frac{1}{\sqrt{1+\tan x}+\sqrt{1+\sin x}}\\&=1\cdot 1\cdot\frac{1}{2}=\frac{1}{2}.\end{aligned}$$

(7) $\lim\limits_{x\to e}\dfrac{\ln x-1}{x-e}\xlongequal{x-e=t}\lim\limits_{t\to 0}\dfrac{\ln(e+t)-\ln e}{t}=\lim\limits_{t\to 0}\dfrac{\ln\left(1+\frac{t}{e}\right)}{t}=\dfrac{1}{e}.$

(8) $\lim\limits_{x\to 0}\dfrac{e^{3x}-e^{2x}-e^{x}+1}{\sqrt[3]{(1-x)(1+x)}-1}=\lim\limits_{x\to 0}\dfrac{(e^{2x}-1)(e^{x}-1)}{(1-x^2)^{\frac{1}{3}}-1}=\lim\limits_{x\to 0}\dfrac{2x\cdot x}{-\frac{1}{3}x^2}=-6.$

6. 设函数 $f(x)=\begin{cases}e^{x}, & x<0,\\ a+x, & x\geqslant 0,\end{cases}$ 应当怎样选择数 a,使得 $f(x)$成为在$(-\infty,+\infty)$内的连续函数?

解 在 $x=0$ 处,$f(0)=a$,且 $\lim\limits_{x\to 0^-}f(x)=\lim\limits_{x\to 0^-}e^{x}=1$,$\lim\limits_{x\to 0^+}f(x)=\lim\limits_{x\to 0^+}(a+x)=a$,所以,当 $a=1$ 时,$f(x)$在 $x=0$ 处连续,从而保证在$(-\infty,+\infty)$内也是连续的.

第十节　闭区间上连续函数的性质

10.1　学习目标

理解闭区间上连续函数的性质;会应用有界性、最大值和最小值定理、介值定理.

10.2　内容提要

1. 有界性、最大值和最小值定理

(1) 最大值与最小值

对于在区间 I 上有定义的函数 $f(x)$，如果有 $x_0\in I$，使得对于任一 $x\in I$，都有
$$f(x)\leqslant f(x_0)(\text{或 } f(x)\geqslant f(x_0)),$$
则称 $f(x_0)$ 是函数 $f(x)$ 在区间 I 上的最大值(或最小值).

(2) 有界性最大值和最小值定理

定理 1：在闭区间上连续的函数在该区间上有界且一定能取得它的最大值和最小值.

2. 零点定理与介值定理

(1) 零点定理

定理 2：设函数 $f(x)$ 在闭区间 $[a,b]$ 上连续，且 $f(a)$ 与 $f(b)$ 异号，那么在开区间 (a,b) 内至少有一点 ξ，使 $f(\xi)=0$.

(2) 介值定理

定理 3：设函数 $f(x)$ 在闭区间 $[a,b]$ 上连续，且 $f(a)\neq f(b)$，那么，对于 $f(a)$ 与 $f(b)$ 之间的任意一个数 C，在开区间 (a,b) 内至少有一点 ξ，使 $f(\xi)=C$.

推论：在闭区间上连续的函数必取得介于最大值 M 与最小值 m 之间的任何值.

10.3　典型例题与方法

基本题型Ⅰ：证明方程 $f(x)=0$ 存在实根

例 1　证明：方程 $x=a+b\sin x$（其中 $a>0,b>0$）至少有一个正根，并且它不超过 $a+b$.

证　设 $f(x)=x-(a+b\sin x)$，则 $f(x)$ 在 $[0,a+b]$ 上连续，且
$$f(0)=-a<0,f(a+b)=(a+b)-[a+b\sin(a+b)]=b[1-\sin(a+b)]\geqslant 0.$$
若 $f(a+b)=0$，则结论已得证，因为取 $\xi=a+b$ 就是一个符合题意的正根；

若 $f(a+b)>0$，则由零点定理知，必存在 $\xi\in(0,a+b)$，使得
$$f(\xi)=0.$$

对$f(a+b)=0$的讨论很容易被忽略

例 2　证明方程 $x^3-4x^2+1=0$ 在区间 $(0,1)$ 内至少有一个根.

证　设 $f(x)=x^3-4x^2+1$，则 $f(x)$ 在闭区间 $[0,1]$ 上连续，并且
$$f(0)=1>0,f(1)=-2<0.$$
根据零点定理，在 $(0,1)$ 内至少有一点 ξ，使得 $f(\xi)=0$，即 $x^3-4x^2+1=0$.

这说明方程 $x^3-4x^2+1=0$ 在区间 $(0,1)$ 内至少有一个根是 ξ.

【方法点击】　闭区间上连续函数的介值定理、零点定理以及最大值和最小值定理，是非常重要的 3 个定理，在讨论方程的实根、函数的有界性等方面经常用到，其关键是找到或构造满足条件的辅助函数.

10.4　习题 1-10 解答

3. 证明方程 $x=a\sin x+b$，其中 $a>0,b>0$，至少有一个正根，并且它不超过 $a+b$.

【分析】　参照例 1.

证　令 $f(x)=x-a\sin x-b$，则 $f(0)=-b<0,f(a+b)=a[1-\sin(a+b)]\geqslant 0$.

若 $f(a+b)=0$,则 $x=a+b$ 就是原方程的根;否则,$f(a+b)>0$,由介值定理,有 $\xi\in(0,a+b)$,使 $f(\xi)=0$. 即原方程有一个根介于 0 与 $a+b$ 之间.

任取 $\varepsilon_0>0$,都有 $f(a+b+\varepsilon_0)=a[1-\sin(a+b+\varepsilon_0)]+\varepsilon_0>0$,这说明当 $x>a+b$ 时,$f(x)$无零点,原方程的根不超过 $a+b$.

5. 若 $f(x)$在$[a,b]$上连续,$a<x_1<x_2<\cdots<x_n<b\quad(n\geqslant 3)$,则在$(x_1,x_n)$内至少有一点 ξ,使 $f(\xi)=\dfrac{f(x_1)+f(x_2)+\cdots+f(x_n)}{n}$.

证 因为 $f(x)$在$[a,b]$上连续,$[x_1,x_n]\subset[a,b]$,所以 $f(x)$在$[x_1,x_n]$上连续. 设

$$M=\max_{x_1\leqslant x\leqslant x_n}f(x),\ m=\min_{x_1\leqslant x\leqslant x_n}f(x),$$

则 $m\leqslant f(x_i)\leqslant M(i=1,2,\cdots,n)$,从而 $nm\leqslant\sum_{i=1}^{n}f(x_i)\leqslant nM$,即 $m\leqslant\dfrac{1}{n}\sum_{i=1}^{n}f(x_i)\leqslant M$.

由介值定理,在(x_1,x_n)内至少有一点 ξ,使 $f(\xi)=\dfrac{f(x_1)+f(x_2)+\cdots+f(x_n)}{n}$.

6. 设函数 $f(x)$对于闭区间$[a,b]$上的任意两点 x,y,恒有 $|f(x)-f(y)|\leqslant L|x-y|$,其中 L 为正常数,且 $f(a)\cdot f(b)<0$. 证明:至少有一点 $\xi\in(a,b)$,使得 $f(\xi)=0$.

证 设 x_0 是$[a,b]$上任意一点,$x\in(a,b)$,$|f(x)-f(x_0)|\leqslant L|x-x_0|$.

对 $\forall\varepsilon>0$,取 $\delta=\dfrac{\varepsilon}{L}$,当 $|x-x_0|<\delta$ 时,有 $|f(x)-f(x_0)|\leqslant L\cdot\dfrac{\varepsilon}{L}=\varepsilon$,

所以 $f(x)$在 x_0 处连续,从而 $f(x)$在$[a,b]$上连续. 又 $f(a)\cdot f(b)<0$,由零点定理,至少存在一点 $\xi\in(a,b)$,使得 $f(\xi)=0$.

7. 证明:若 $f(x)$在$(-\infty,+\infty)$内连续,且$\lim\limits_{x\to\infty}f(x)$存在,则 $f(x)$必在$(-\infty,+\infty)$内有界.

证 设$\lim\limits_{x\to\infty}f(x)=A$,则对 $\varepsilon_0=0.1$,$\exists X$,当 $|x|>X$ 时,有 $|f(x)-A|<0.1$,且 $|f(x)|=|f(x)-A+A|\leqslant|f(x)-A|+|A|<0.1+|A|$. $f(x)$在$(-\infty,+\infty)$内连续,则在闭区间$[-X,X]$上,$f(x)$也连续. 从而存在 M_1,当 $|x|\leqslant X$ 时,有 $|f(x)|<M_1$. 取 $M=\max\{0.1+|A|,M_1\}$,当 $x\in(-\infty,+\infty)$时,有 $|f(x)|<M$.

本章综合例题解析

例 1 $f(x)=\begin{cases}e^x+2x, & x>0,\\ x+a, & x\leqslant 0\end{cases}$ 在 $x=0$ 处连续,则 $a=$________.

解 $f(0^-)=a$,$f(0^+)=1$,由连续的定义可知,$a=1$.

例 2 $\lim\limits_{x\to 0}\dfrac{\ln(1+x)}{e^{2x}-1}=(\quad)$.

A. 0　　B. $\dfrac{1}{2}$　　C. 1　　D. 3

解 利用等价无穷小的替换法则,有

$$\lim_{x\to 0}\frac{\ln(1+x)}{e^{2x}-1}=\lim_{x\to 0}\frac{x}{2x}=\frac{1}{2},\text{故选 B.}$$

例 3　证明方程 $x^5+x-1=0$ 至少有一个正根．

证　令 $f(x)=x^5+x-1$，则 $f(x)$ 在 $[0,1]$ 上连续（此区间是根据题意定的，只要函数值在区间端点异号即可），且 $f(0)=-1<0$，$f(1)=1>0$，所以，在 $(0,1)$ 内至少存在一点 ξ，使得 $f(\xi)=0$. 故方程 $x^5+x-1=0$ 至少有一个正根．

例 4　求 $\lim\limits_{x\to-\infty}(\sqrt{x^2+x}-\sqrt{x^2-x})$ 及 $\lim\limits_{x\to+\infty}(\sqrt{x^2+x}-\sqrt{x^2-x})$.

解　(1)
$$\lim_{x\to-\infty}(\sqrt{x^2+x}-\sqrt{x^2-x})=\lim_{x\to-\infty}\frac{(\sqrt{x^2+x}-\sqrt{x^2-x})(\sqrt{x^2+x}+\sqrt{x^2-x})}{\sqrt{x^2+x}+\sqrt{x^2-x}}$$
$$=\lim_{x\to-\infty}\frac{2x}{\sqrt{x^2+x}+\sqrt{x^2-x}}$$
$$=\lim_{x\to-\infty}\frac{2}{-\sqrt{1+\frac{1}{x}}-\sqrt{1-\frac{1}{x}}}=-1.$$

(2)
$$\lim_{x\to+\infty}(\sqrt{x^2+x}-\sqrt{x^2-x})=\lim_{x\to+\infty}\frac{(\sqrt{x^2+x}-\sqrt{x^2-x})(\sqrt{x^2+x}+\sqrt{x^2-x})}{\sqrt{x^2+x}+\sqrt{x^2-x}}$$
$$=\lim_{x\to+\infty}\frac{2x}{\sqrt{x^2+x}+\sqrt{x^2-x}}$$
$$=\lim_{x\to+\infty}\frac{2}{\sqrt{1+\frac{1}{x}}+\sqrt{1-\frac{1}{x}}}=1.$$

由此可见，$\lim\limits_{x\to\infty}(\sqrt{x^2+x}-\sqrt{x^2-x})$ 是不存在的．

例 5　求 $\lim\limits_{x\to0}\dfrac{\sqrt{1+\sin x}-\sqrt{1+\tan x}}{x^3}$.

解　原式
$$=\lim_{x\to0}\frac{\tan x(\cos x-1)}{x^3(\sqrt{1+\sin x}+\sqrt{1+\tan x})}=\lim_{x\to0}\frac{x\left(-\frac{1}{2}x^2\right)}{x^3(\sqrt{1+\sin x}+\sqrt{1+\tan x})}=-\frac{1}{4}.$$

例 6　求 $\lim\limits_{x\to0}\dfrac{1}{x}\left(\dfrac{1}{\sin x}-\dfrac{1}{\tan x}\right)$.

解
$$\lim_{x\to0}\frac{1}{x}\left(\frac{1}{\sin x}-\frac{1}{\tan x}\right)=\lim_{x\to0}\frac{1}{x}\cdot\frac{1-\cos x}{\sin x}=\lim_{x\to0}\frac{\frac{1}{2}x^2}{x^2}=\frac{1}{2}.$$

例 7　求 $\lim\limits_{x\to0^+}\dfrac{\ln x+\cos\frac{1}{x}}{\ln x+\sin\frac{1}{x}}$.

解
$$\lim_{x\to0^+}\frac{\ln x+\cos\frac{1}{x}}{\ln x+\sin\frac{1}{x}}=\lim_{x\to0^+}\frac{1+\frac{1}{\ln x}\cos\frac{1}{x}}{1+\frac{1}{\ln x}\sin\frac{1}{x}}=1.$$

注意此处用到“无穷小与有界函数的乘积仍然是无穷小”

例 8　$\lim\limits_{x\to0}\left[\tan\left(\dfrac{\pi}{4}-x\right)\right]^{\cot x}$.

解 $\lim\limits_{x\to 0}\left[\tan\left(\frac{\pi}{4}-x\right)\right]^{\cot x}=\lim\limits_{x\to 0}\frac{\left[(1-\tan x)^{-\frac{1}{\tan x}}\right]^{-1}}{(1+\tan x)^{\frac{1}{\tan x}}}=\mathrm{e}^{-2}$.

例 9 设函数 $f(x)=\begin{cases}a+x\sin\frac{1}{x}, & x<0,\\ 2, & x=0,\\ (1+bx)^{\frac{1}{x}}, & x>0,\end{cases}$ 问:a,b 为何值时,$f(x)$是$(-\infty,+\infty)$上的连续函数?

解 由题意得 $f(x)$在 $x=0$ 点连续,即 $f(0^-)=f(0^+)=f(0)$.

$f(0^-)=\lim\limits_{x\to 0^-}f(x)=\lim\limits_{x\to 0^-}\left(a+x\sin\frac{1}{x}\right)=a$,$f(0^+)=\lim\limits_{x\to 0^+}f(x)=\lim\limits_{x\to 0^+}\left[(1+bx)^{\frac{1}{bx}}\right]^b=\mathrm{e}^b$,$f(0)=2$,故 $a=2$,$b=\ln 2$.

例 10 设 $x_1=10$,$x_{n+1}=\sqrt{6+x_n}\,(n=1,2,\cdots)$,试证数列$\{x_n\}$存在极限,并求此极限.

证 $x_1=10$,$x_2=4$,所以 $x_2<x_1$. 假设 $x_k<x_{k-1}$成立,则 $x_{k+1}=\sqrt{6+x_k}<\sqrt{6+x_{k-1}}=x_k$,故$\{x_n\}$单调减少. 又因为 $x_n\geqslant 0$,所以有下界. 故极限存在,设其极限为 A. 对递推公式两边取极限,得 $A=\sqrt{A+6}$,则 $A=3$($A=-2$ 舍掉).

例 11 求函数 $f(x)=\begin{cases}\sin\frac{1}{x^2-1}, & x<0,\\ \frac{x^2-1}{\cos\frac{\pi}{2}x}, & x\geqslant 0\end{cases}$ 的间断点,并判断其类型.

解 间断点为$-1,1,3,5,\cdots$,$x=0$ 处有可能是间断点.

(1) $x=-1$ 时,

因为$\lim\limits_{x\to -1}\sin\frac{1}{x^2-1}$不存在,所以 $x=-1$ 为第二类中的振荡间断点;

(2) $x=1$ 时,

$$\lim_{x\to 1}f(x)=\lim_{x\to 1}\frac{x^2-1}{\cos\frac{\pi}{2}x}=\lim_{x\to 1}\frac{2x}{-\sin\frac{\pi}{2}x\cdot\frac{\pi}{2}}=-\frac{4}{\pi},$$

$x=1$ 为第一类中的可去间断点;

(3) $x=3,5,\cdots$时,

$\lim\limits_{\substack{x\to(2k+1)\\ k\neq 0}}\frac{x^2-1}{\cos\frac{\pi}{2}x}=\infty$, $x=3,5,\cdots$为第二类中的无穷间断点;

(4) $x=0$ 时

$\lim\limits_{x\to 0^+}\frac{x^2-1}{\cos\frac{\pi}{2}x}=-1$,$\lim\limits_{x\to 0^-}\sin\frac{1}{x^2-1}=-\sin 1$,$x=0$ 是第一类中的跳跃间断点.

总习题一解答

7. 把半径为 R 的一圆形铁皮,自中心处剪去中心角为 α 的一扇形后围成一无底圆锥.

试将这圆锥的体积表示为 α 的函数．

解　设圆锥的底面圆半径为 r，高为 h，则 $2\pi r=2\pi R-\alpha R$，即 $r=R-\frac{\alpha}{2\pi}R$，所以圆锥体积为

$$V=\frac{1}{3}\pi r^2\cdot h=\frac{1}{3}\pi R^2\left(1-\frac{\alpha}{2\pi}\right)^2\cdot\sqrt{R^2-r^2}$$
$$=\frac{R^3}{24\pi^2}(2\pi-\alpha)^2\cdot\sqrt{4\pi\alpha-\alpha^2}\ (0<\alpha<2\pi).$$

9．求下列极限：

(5) $\lim\limits_{x\to0}\left(\frac{a^x+b^x+c^x}{3}\right)^{\frac{1}{x}}(a>0,b>0,c>0)$；(6) $\lim\limits_{x\to\frac{\pi}{2}}(\sin x)^{\tan x}$．

解　(5) $\lim\limits_{x\to0}\left(\frac{a^x+b^x+c^x}{3}\right)^{\frac{1}{x}}=\lim\limits_{x\to0}\left(1+\frac{a^x+b^x+c^x-3}{3}\right)^{\frac{1}{x}}$

$$=\lim_{x\to0}\left[\left(1+\frac{a^x+b^x+c^x-3}{3}\right)^{\frac{3}{a^x+b^x+c^x-3}}\right]^{\frac{a^x+b^x+c^x-3}{3x}}$$
$$=e^{\frac{1}{3}\lim\limits_{x\to0}\left(\frac{a^x-1}{x}+\frac{b^x-1}{x}+\frac{c^x-1}{x}\right)}$$
$$=e^{\frac{1}{3}(\ln a+\ln b+\ln c)}=\sqrt[3]{abc}.$$

(6) $\lim\limits_{x\to\frac{\pi}{2}}(\sin x)^{\tan x}=\lim\limits_{x\to\frac{\pi}{2}}[1+(\sin x-1)]^{\tan x}$

$$=\lim_{x\to\frac{\pi}{2}}\{[1+(\sin x-1)]^{\frac{1}{\sin x-1}}\}^{\tan x(\sin x-1)}$$
$$=e^{\lim\limits_{x\to\frac{\pi}{2}}\tan x(\sin x-1)}.$$

令 $x=\frac{\pi}{2}-t$，则 $\lim\limits_{x\to\frac{\pi}{2}}\tan x(\sin x-1)=\lim\limits_{t\to0}\tan\left(\frac{\pi}{2}-t\right)\left[\sin\left(\frac{\pi}{2}-t\right)-1\right]=\lim\limits_{t\to0}\frac{\cos t-1}{\tan t}=\lim\limits_{t\to0}\frac{-\frac{1}{2}t^2}{t}=0$. 所以原式 $=e^0=1$.

10．设 $f(x)=\begin{cases}x\sin\frac{1}{x}, & x>0,\\ a+x^2, & x\leqslant0,\end{cases}$ 要使 $f(x)$ 在 $(-\infty,+\infty)$ 上连续，应当怎样选择数 a？

解　因为 $f(x)$ 在 $(-\infty,+\infty)$ 上连续，则在 $x=0$ 处 $f(x)$ 连续．又因 $f(0)=a$，且 $\lim\limits_{x\to0^-}f(x)=\lim\limits_{x\to0^-}(a+x^2)=a$，$\lim\limits_{x\to0^+}f(x)=\lim\limits_{x\to0^+}x\sin\frac{1}{x}=0$，所以 $a=0$.

11．设

$$f(x)=\lim_{n\to\infty}\frac{1+x}{1+x^{2n}},$$

求 $f(x)$ 的间断点，并说明间断点所属类型．

解　$f(x)=\lim\limits_{n\to\infty}\frac{1+x}{1+x^{2n}}=\begin{cases}1+x, & \text{当}|x|>1\text{时},\\ 0, & \text{当}|x|>1\text{或}x=-1\text{时},\\ 1, & \text{当}x=1\text{时}.\end{cases}$

$x=\pm 1$ 为分段函数的分段点. $x=-1$ 处,因为 $f(-1^-)=f(-1^+)=f(-1)=0$,所以 $x=-1$ 为连续点;$x=1$ 处,因为 $f(1^-)=2, f(1^+)=0, f(1^-)\neq f(1^+)$,所以 $x=1$ 为 $f(x)$ 的间断点,属第一类间断点,是跳跃间断点.

12. 证明 $\lim\limits_{n\to\infty}\left(\dfrac{1}{\sqrt{n^2+1}}+\dfrac{1}{\sqrt{n^2+2}}+\cdots+\dfrac{1}{\sqrt{n^2+n}}\right)=1$.

证 因为 $\dfrac{1}{\sqrt{n^2+n}}\leqslant\dfrac{1}{\sqrt{n^2+i}}\leqslant\dfrac{1}{\sqrt{n^2+1}}$,所以 $\dfrac{n}{\sqrt{n^2+n}}\leqslant\sum\limits_{i=1}^{n}\dfrac{1}{\sqrt{n^2+i}}\leqslant\dfrac{n}{\sqrt{n^2+1}}$.

而 $\lim\limits_{n\to\infty}\dfrac{n}{\sqrt{n^2+n}}=1$, $\lim\limits_{n\to\infty}\dfrac{n}{\sqrt{n^2+1}}=1$,所以 $\lim\limits_{n\to\infty}\left(\dfrac{1}{\sqrt{n^2+1}}+\dfrac{1}{\sqrt{n^2+2}}+\cdots+\dfrac{1}{\sqrt{n^2+n}}\right)=1$.

13. 证明方程 $\sin x+x+1=0$ 在开区间 $\left(-\dfrac{\pi}{2},\dfrac{\pi}{2}\right)$ 内至少有一个根.

证 设 $f(x)=\sin x+x+1$,显然,$f(x)$ 在 $\left[-\dfrac{\pi}{2},\dfrac{\pi}{2}\right]$ 上连续. 有

$$f\left(-\frac{\pi}{2}\right)=-\frac{\pi}{2}<0,\quad f\left(\frac{\pi}{2}\right)=2+\frac{\pi}{2}>0.$$

由零点定理,存在 $\xi\in\left(-\dfrac{\pi}{2},\dfrac{\pi}{2}\right)$,使得 $f(\xi)=0$,则 ξ 就是方程 $\sin x+x+1=0$ 的根.

14. 如果存在直线 $L: y=kx+b$,使得当 $x\to\infty$(或 $x\to+\infty, x\to-\infty$)时,曲线 $y=f(x)$ 上的动点 $M(x,y)$ 到直线 L 的距离 $d(M,L)\to 0$,则称 L 为曲线 $y=f(x)$ 的渐近线. 当直线 L 的斜率 $k\neq 0$ 时,称 L 为斜渐近线.

(1) 证明:直线 $L: y=kx+b$ 为曲线 $y=f(x)$ 的渐近线的充分必要条件是

$$k=\lim_{\substack{x\to\infty\\ \left(\substack{x\to+\infty\\ x\to-\infty}\right)}}\frac{f(x)}{x},\quad b=\lim_{\substack{x\to\infty\\ \left(\substack{x\to+\infty\\ x\to-\infty}\right)}}[f(x)-kx];$$

(2) 求曲线 $y=(2x-1)e^{\frac{1}{x}}$ 的斜渐近线.

证 (1) 必要性:已知 $y=kx+b$ 是曲线 $y=f(x)$ 的渐近线. 设 $[x,f(x)]$ 是曲线上任意一点,到直线 L 的距离为 $d=\dfrac{|kx-f(x)+b|}{\sqrt{1+k^2}}$,则有 $\lim\limits_{x\to\infty}d=0$,故

$$\lim_{x\to\infty}[kx-f(x)+b]=0,$$

从而 $b=\lim\limits_{x\to\infty}[f(x)-kx]$, $\lim\limits_{x\to\infty}\left[\dfrac{f(x)}{x}-k\right]=0$,则 $k=\lim\limits_{x\to\infty}\dfrac{f(x)}{x}$.

充分性:由 $\lim\limits_{x\to\infty}[kx-f(x)]=b$,知 $\lim\limits_{x\to\infty}[kx-f(x)-b]=0$,

则
$$\lim_{x\to\infty}d=\lim_{x\to\infty}\frac{|kx-f(x)+b|}{\sqrt{1+k^2}}=0.$$

故 $y=kx+b$ 是曲线 $y=f(x)$ 的渐近线.

(2) 因为 $\lim\limits_{x\to\infty}\dfrac{f(x)}{x}=\lim\limits_{x\to\infty}\dfrac{(2x-1)e^{\frac{1}{x}}}{x}=2=k$,

$\lim\limits_{x\to\infty}[(2x-1)e^{\frac{1}{x}}-2x]=\lim\limits_{x\to\infty}[2x(e^{\frac{1}{x}}-1)-e^{\frac{1}{x}}]=\lim\limits_{x\to\infty}\left(2x\cdot\dfrac{1}{x}-1\right)=1$,故渐近线为 $y=2x+1$.

第一章同步测试题

一、填空题(每小题 4 分,共 20 分)

1. 设 $f(x)=\begin{cases}1+x, & x<0,\\ 1, & x\geqslant 0,\end{cases}$ 则 $f[f(x)]=$________.

2. $\lim\limits_{x\to 0}\left(x\sin\dfrac{1}{x}+\dfrac{1}{x}\sin x\right)=$________.

3. $\lim\limits_{x\to 0}\dfrac{x^2\sin\dfrac{1}{x^2}}{\sin x}$的值为________.

4. 设 $f(x)=\dfrac{e^{\frac{1}{x}}-1}{e^{\frac{1}{x}}+1}$,则 $x=0$ 是 $f(x)$的第______类中的______间断点.

5. $\lim\limits_{x\to 1}\left(\dfrac{2x}{x+1}\right)^{\frac{2x}{x-1}}=$______.

二、单项选择题(每小题 4 分,共 20 分)

1. 当 $x\to 0$ 时,变量$\dfrac{1}{x^2}\sin\dfrac{1}{x}$是(　　).

A. 无穷小　　B. 无穷大

C. 有界但不是无穷小　　D. 无界但不是无穷大

2. 设 $f(x)=2x\ln(1-x)$,$g(x)=\sin^2 x$,则当 $x\to 0$ 时,$f(x)$是 $g(x)$的(　　).

A. 等价无穷小　　B. 同阶但非等价无穷小

C. 高阶无穷小　　D. 低阶无穷小

3. 当 $x\to+\infty$时,下列变量中与$\dfrac{1}{x}$等价的无穷小是(　　).

A. $\dfrac{1+x}{1+x^3}$　　B. $\dfrac{1}{x^2}\sin\dfrac{1}{x}$　　C. $\sqrt{x+1}-\sqrt{x}$　　D. $\ln\dfrac{x+1}{x}$

4. 函数 $f(x)=\begin{cases}x^2\sin\dfrac{1}{x}, & x\neq 0,\\ 0, & x=0\end{cases}$ 在 $x=0$ 处(　　).

A. 连续,且可导　　B. 连续,不可导　　C. 不连续　　D. 导数连续

5. 设 $f(x)=\begin{cases}\dfrac{1}{x}\sin x, x<0,\\ x\sin\dfrac{1}{x}+1, x>0,\end{cases}$ 则 $x=0$ 是 $f(x)$的(　　).

A. 可去间断点　　B. 跳跃间断点　　C. 无穷间断点　　D. 振荡间断点

三、计算题(每小题 5 分,共 30 分)

1. $\lim\limits_{x\to 0}\dfrac{(\sqrt{1+x}-1)\sin x}{1-\cos x}$;　　2. $\lim\limits_{x\to 0}\dfrac{e^x-e^{\sin x}}{x-\sin x}$;　　3. $\lim\limits_{x\to 0}(\sec^2 x)^{\frac{1}{x^2}}$;

4. $\lim\limits_{x\to 0}\left(\dfrac{a^x+b^x+c^x}{3}\right)^{\frac{1}{x}}$　$(a>0,b>0,c>0)$;

5. 当$|x|<1$时,求$\lim\limits_{n\to\infty}(1+x)(1+x^2)(1+x^4)\cdots(1+x^{2^n})$;

6. 设$x_n=1+\dfrac{1}{1+2}+\dfrac{1}{1+2+3}+\cdots+\dfrac{1}{1+2+\cdots+n}$,求$\lim\limits_{n\to\infty}x_n$.

四、解答题(每小题10分,共20分)

1. 设$f(x)=\lim\limits_{n\to\infty}\dfrac{1-x}{1+x^{2n}}$,讨论$f(x)$在其定义域内的连续性. 若有间断点,指出其类型.

2. 求极限$\lim\limits_{t\to x}\left(\dfrac{\sin t}{\sin x}\right)^{\frac{x}{\sin t-\sin x}}$,记此极限为$f(x)$,求函数$f(x)$的表达式,并指明$x=0$为$f(x)$的哪种类型的间断点.

五、证明题(10分)

设$f(x)$在(a,b)内为非负连续函数,$a<x_1<x_2<\cdots<x_n<b$,证明:在(a,b)内存在点ξ,使得$f(\xi)=\sqrt[n]{f(x_1)f(x_2)\cdots f(x_n)}$.

第一章同步测试题答案

一、填空题

1. $f[f(x)]=\begin{cases}2+x, & x<-1,\\ 1, & x\geqslant-1\end{cases}$; 2. 1; 3. 0; 4. 一,跳跃;

5. e.

二、单项选择题

1. D; 2. B; 3. D; 4. A; 5. A.

三、计算题

1. 解 $\lim\limits_{x\to0}\dfrac{(\sqrt{1+x}-1)\sin x}{1-\cos x}=\lim\limits_{x\to0}\dfrac{\frac{1}{2}x\cdot x}{\frac{1}{2}x^2}=1$;

2. 解 $\lim\limits_{x\to0}\dfrac{e^x-e^{\sin x}}{x-\sin x}=\lim\limits_{x\to0}\dfrac{e^x(1-e^{\sin x-x})}{x-\sin x}=\lim\limits_{x\to0}\dfrac{-e^x(\sin x-x)}{x-\sin x}=\lim\limits_{x\to0}e^x=1$;

3. 解 $\lim\limits_{x\to0}(\sec^2x)^{\frac{1}{x^2}}=\lim\limits_{x\to0}\left[(1+\sec^2x-1)^{\frac{1}{\sec^2x-1}}\right]^{\frac{\sec^2x-1}{x^2}}$

$$=\left[\lim_{x\to0}(1+\sec^2x-1)^{\frac{1}{\sec^2x-1}}\right]^{\lim\limits_{x\to0}\frac{\sec^2x-1}{x^2}}=e;$$

4. 解

$$\lim_{x\to0}\left(\frac{a^x+b^x+c^x}{3}\right)^{\frac{1}{x}}=\lim_{x\to0}\left[\left(1+\frac{a^x+b^x+c^x-3}{3}\right)^{\frac{3}{a^x+b^x+c^x-3}}\right]^{\frac{a^x+b^x+c^x-3}{3x}}=e^{\lim\limits_{x\to0}\frac{a^x+b^x+c^x-3}{3x}},$$

$$\lim_{x\to0}\frac{a^x+b^x+c^x-3}{3x}=\lim_{x\to0}\frac{1}{3}\left(\frac{a^x-1}{x}+\frac{b^x-1}{x}+\frac{c^x-1}{x}\right)=\frac{1}{3}(\ln a+\ln b+\ln c)=\frac{1}{3}\ln abc,$$

所以原极限$=\sqrt[3]{abc}$;

5. 解

$$原式=\lim_{n\to\infty}\frac{(1-x)(1+x)(1+x^2)(1+x^4)\cdots(1+x^{2^n})}{1-x}=\lim_{n\to\infty}\frac{(1-x^{2^n})(1+x^{2^n})}{1-x}=\frac{1}{1-x};$$

6. 解

$$\lim_{n\to\infty}x_n=\lim_{n\to\infty}\sum_{k=1}^{n}\frac{2}{k(k+1)}=2\lim_{n\to\infty}\left[\frac{1}{1\times2}+\frac{1}{2\times3}+\cdots+\frac{1}{n(n+1)}\right]=2\lim_{n\to\infty}\left(1-\frac{1}{n+1}\right)=2.$$

四、解答题

1. 解　根据数列极限可得 $f(x)=\begin{cases}0, & x<-1,\\ 1, & x=-1,\\ 1-x, & -1<x<1,\\ 0, & x\geqslant1,\end{cases}$ 它是分段函数，所以可能的间断点是区间的分界点 $x=1,x=-1$.

当 $x=1$ 时，$\lim\limits_{x\to1^-}f(x)=\lim\limits_{x\to1^-}(1-x)=0$，$\lim\limits_{x\to1^+}f(x)=f(1)=0$，左、右极限相等并且等于 $x=1$ 时的函数值，故 $x=1$ 是连续点；

当 $x=-1$ 时，$\lim\limits_{x\to-1^-}f(x)=\lim\limits_{x\to-1^-}0=0$，$\lim\limits_{x\to-1^+}f(x)=\lim\limits_{x\to-1^+}(1-x)=2$，左、右极限存在但不相等，故 $x=-1$ 是第一类中的跳跃间断点．

2. 解　$f(x)=\lim\limits_{t\to x}\left(\dfrac{\sin t}{\sin x}\right)^{\frac{x}{\sin t-\sin x}}=\lim\limits_{t\to x}\left[\left(1+\dfrac{\sin t-\sin x}{\sin x}\right)^{\frac{\sin x}{\sin t-\sin x}}\right]^{\frac{x}{\sin x}}=e^{\frac{x}{\sin x}}$，

因为 $\lim\limits_{x\to0}e^{\frac{x}{\sin x}}=e$，故 $x=0$ 是第一类中的可去间断点．

五、证明题

证　设 $F(x)=\ln f(x)$，$F(x)$ 在 $[x_1,x_n]$ 上连续且有最小值 m 和最大值 M，即有

$$m\leqslant F(x_1)\leqslant M,m\leqslant F(x_2)\leqslant M,\cdots,m\leqslant F(x_n)\leqslant M,$$

$$m\leqslant\frac{F(x_1)+F(x_2)+\cdots+F(x_n)}{n}\leqslant M.$$

由介值定理，知存在 $\xi\in[x_1,x_2]\subset(a,b)$，使得 $F(\xi)=\dfrac{F(x_1)+F(x_2)+\cdots+F(x_n)}{n}$，即 $\ln[f(\xi)]=\ln\sqrt[n]{f(x_1)f(x_2)\cdots f(x_n)}$，从而 $f(\xi)=\sqrt[n]{f(x_1)f(x_2)\cdots f(x_n)}$ 成立．

第二章

导数与微分

第一节　导数概念

1.1　学习目标

理解导数的概念，理解导数的几何意义，会求平面曲线的切线方程和法线方程，了解导数的物理意义，会用导数描述一些物理量，理解函数的可导性与连续性之间的关系．

1.2　内容提要

1．导数的概念

（1）导数的定义

设函数 $y=f(x)$ 在 x_0 的某个邻域内有定义，当自变量 x 在 x_0 处取得增量 Δx（点 $x_0+\Delta x$ 仍在该邻域中）时，相应的函数取得增量 $\Delta y=f(x_0+\Delta x)-f(x_0)$，如果极限 $\lim\limits_{\Delta x\to 0}\frac{\Delta y}{\Delta x}=\lim\limits_{\Delta x\to 0}\frac{f(x_0+\Delta x)-f(x_0)}{\Delta x}$ 存在，则称函数 $y=f(x)$ 在点 x_0 处可导，该极限值为 $y=f(x)$ 在点 x_0 处的导数，记为 $f'(x_0)$ 或 $\left.\frac{\mathrm{d}y}{\mathrm{d}x}\right|_{x=x_0}$ 或 $y'|_{x=x_0}$．

（2）导函数的定义

若函数 $f(x)$ 在区间 (a,b) 内每一点处都可导，则构成导函数，简称导数．

$$f'(x)=\lim_{\Delta x\to 0}\frac{f(x+\Delta x)-f(x)}{\Delta x}.$$

（3）单侧导数的定义

左导数 $f'_-(x_0)=\lim\limits_{\Delta x\to 0^-}\frac{f(x_0+\Delta x)-f(x_0)}{\Delta x}$，

右导数 $f'_+(x_0)=\lim\limits_{\Delta x\to 0^+}\frac{f(x_0+\Delta x)-f(x_0)}{\Delta x}$．

函数在一点可导即导数存在的充分必要条件为左、右导数都存在且相等．

2．函数的可导性与连续性的关系

若函数 $y=f(x)$ 在点 x_0 处可导，则函数 $y=f(x)$ 在该点处一定连续，但反之却不成立．

3．导数的几何意义

曲线 $y=f(x)$ 在 x_0 处的切线的斜率为 $f'(x_0)$，从而过 $(x_0,f(x_0))$ 的切线方程为

$$y-f(x_0)=f'(x_0)(x-x_0),$$

法线方程为

$$y-f(x_0)=-\frac{1}{f'(x_0)}(x-x_0).$$

1.3　典型例题与方法

基本题型Ⅰ：根据导数的定义求函数的导数

例1　设 $f(x)$ 在 $x=1$ 处连续，且 $\lim\limits_{x\to1}\dfrac{f(x)}{x-1}=2$，求 $f'(1)$．

【分析】　本题是一个常见题目，证明函数在一点处可导，一般用定义求．但是题目缺少一个条件，就是 $f(x)$ 在 $x=1$ 点的函数值．只要把这个条件求出来，问题即可解决．

解　由 $\lim\limits_{x\to1}\dfrac{f(x)}{x-1}=2$，且 $f(x)$ 在 $x=1$ 处连续，知 $f(1)=0$，

所以 $f'(1)=\lim\limits_{x\to1}\dfrac{f(x)-f(1)}{x-1}=\lim\limits_{x\to1}\dfrac{f(x)}{x-1}=2.$

例2　设函数 $f(x)$ 在 $x=a$ 处可导，且 $\lim\limits_{h\to0}\dfrac{h}{f(a-2h)-f(a)}=\dfrac{1}{4}$，求 $f'(a)$．

【分析】　利用导数定义及已知极限即可求解．

解　根据导数定义，有

$$\begin{aligned}f'(a)&=\lim_{\Delta x\to0}\frac{f(a+\Delta x)-f(a)}{\Delta x}\\&=\lim_{h\to0}\frac{f(a-2h)-f(a)}{-2h}\quad(\Delta x=-2h)\\&=-\frac{1}{2}\lim_{h\to0}\frac{f(a-2h)-f(a)}{h}\\&=-2.\end{aligned}$$

例3　设 $f(x)=\begin{cases}\dfrac{1-e^{-x^2}}{x}, & x\neq0,\\ 0, & x=0,\end{cases}$ 求 $f'(0)$．

【分析】　这是一个分段函数在分段点处的导数的问题，要用导数的定义来求．

解　$f'(0)=\lim\limits_{x\to0}\dfrac{f(x)-f(0)}{x-0}=\lim\limits_{x\to0}\dfrac{\dfrac{1-e^{-x^2}}{x}-0}{x-0}=\lim\limits_{x\to0}\dfrac{x^2}{x^2}=1.$

【方法点击】　函数在某一点处的导数的计算一般利用定义，并根据具体的题目灵活应用导数定义的三种形式：

$$f'(x_0)=\lim_{\Delta x\to 0}\frac{\Delta y}{\Delta x}=\lim_{\Delta x\to 0}\frac{f(x_0+\Delta x)-f(x_0)}{\Delta x}=\lim_{x\to x_0}\frac{f(x)-f(x_0)}{x-x_0}.$$

基本题型Ⅱ:利用导数的定义求待定参数

例4 设 $f(x)=\begin{cases}x^2+2x, x\geqslant 0,\\ \ln(1+ax), x<0\end{cases}$ 在 $x=0$ 处可导,则 a 等于(　　).

A. -2　　B. 2　　C. -1　　D. 1

【分析】 本题是讨论分段函数在分段点处的可导性问题,分段点左、右两侧表达式不同,故应利用左、右导数的定义.

$\ln(1+x)\sim x(x\to 0)$

解 $f'_-(0)=\lim\limits_{x\to 0^-}\dfrac{f(x)-f(0)}{x-0}=\lim\limits_{x\to 0^-}\dfrac{\ln(1+ax)}{x}=a$,

$f'_+(0)=\lim\limits_{x\to 0^+}\dfrac{f(x)-f(0)}{x-0}=\lim\limits_{x\to 0^+}\dfrac{x^2+2x}{x}=2.$

由 $f'_-(0)=f'_+(0)$,知 $a=2$,故应选 B.

例5 $f(x)=\begin{cases}e^{ax}, & x\leqslant 0,\\ (1+2x)b, & x>0,\end{cases}$ 试确定 a、b,使 $f(x)$ 在 $x=0$ 处可导.

【分析】 本题仍是讨论分段函数在分段点处的可导性问题.因为要求两个未知量,所以需要两个方程,可以用函数在一点处可导的必要条件.

解 因为函数 $f(x)$ 在 $x=0$ 处可导,所以函数 $f(x)$ 在 $x=0$ 处连续,从而左、右连续,有

$$\lim_{x\to 0^-}f(x)=\lim_{x\to 0^+}f(x)=f(0).$$

而

$$\lim_{x\to 0^-}f(x)=\lim_{x\to 0^-}e^{ax}=1,\lim_{x\to 0^+}f(x)=\lim_{x\to 0^+}(1+2x)b=b,f(0)=1,$$

所以

$$b=1.$$

等价无穷小替换

又

$$f'_-(0)=\lim_{x\to 0^-}\frac{f(x)-f(0)}{x-0}=\lim_{x\to 0^-}\frac{e^{ax}-1}{x}=\lim_{x\to 0^-}\frac{ax}{x}=a,$$

$$f'_+(0)=\lim_{x\to 0^+}\frac{f(x)-f(0)}{x-0}=\lim_{x\to 0^+}\frac{(1+2x)-1}{x}=2,$$

由函数 $f(x)$ 在 $x=0$ 处可导,得 $f'_-(0)=f'_+(0)$,所以 $a=2$.

【方法点击】 (1) 一般来说,题设在某一点处可导,往往要利用导数在该点的定义.

(2) 对于分段函数在一点处的导数一般要用左、右导数的定义讨论.

基本题型Ⅲ:利用导数的定义求极限

例6 设 $f(x)$ 在 $x=x_0$ 处可导,求极限 $\lim\limits_{h\to 0}\dfrac{f(x_0+2h)-f(x_0-3h)}{h}$.

【分析】 所给的极限可看成函数增量与自变量增量之比当自变量增量趋于零时的极限,且由条件 $f(x)$ 在点 $x=x_0$ 处可导,可考虑按导数定义来求此极限.为了利用导数定义,应先将表达式变形.

解 $\lim\limits_{h\to 0}\dfrac{f(x_0+2h)-f(x_0-3h)}{h}$

$=\lim\limits_{h\to 0}\dfrac{f(x_0+2h)-f(x_0)-[f(x_0-3h)-f(x_0)]}{h}$

$=\lim\limits_{h\to 0}\left[2\cdot\dfrac{f(x_0+2h)-f(x_0)}{2h}-(-3)\cdot\dfrac{f(x_0-3h)-f(x_0)}{-3h}\right]$

$=2f'(x_0)+3f'(x_0)$　注意四则运算法则使用的条件

$=5f'(x_0)$.

【方法点击】 (1) 该极限可以拆成两个极限的和差的原因是，函数在 $x=x_0$ 处可导，即两个极限都存在．如果没有这个条件，一定不能拆，因为拆开后不一定成立．

(2) 结论：设 $f'(x_0)$ 存在，则 $\lim\limits_{\Delta x\to 0}\dfrac{f(x_0+a\Delta x)-f(x_0+b\Delta x)}{\Delta x}=(a-b)f'(x_0)$.

基本题型Ⅳ：导数的几何意义的应用

例 7 求曲线 $y=x^2$ 的切线方程，使此切线与 $y=x+1$ 平行．

【分析】 题目中没有切点坐标，故本题求解关键是求出切点坐标．

解 设切点为 (x_0,y_0)，则 $y_0=x_0^2$.

由已知条件得，切线斜率与 $y=x+1$ 相同，则 $y'|_{x_0}=1$，即 $2x_0=1$.

可解得 $x_0=\dfrac{1}{2}$，$y_0=\dfrac{1}{4}$.

切线方程为 $y-\dfrac{1}{4}=x-\dfrac{1}{2}$，即 $y=x-\dfrac{1}{4}$.

【方法点击】 曲线的切线问题通常用导数的几何意义来解决．

1.4　习题 2-1 解答

8. 设 $f(x)$ 可导，$F(x)=f(x)(1+|\sin x|)$，则 $f(0)=0$ 是 $F(x)$ 在 $x=0$ 处可导的(　　).

A. 充分必要条件　　B. 充分条件但非必要条件

C. 必要条件但非充分条件　　D. 既非充分条件又非必要条件

解

$$F'_-(0)=\lim_{x\to 0^-}\frac{F(x)-F(0)}{x-0}=\lim_{x\to 0^-}\frac{f(x)(1-\sin x)-f(0)}{x}$$

$$=\lim_{x\to 0^-}\left[\frac{f(x)-f(0)}{x}-f(x)\frac{\sin x}{x}\right]=f'(0)-f(0),$$

$$F'_+(0)=\lim_{x\to 0^+}\frac{F(x)-F(0)}{x-0}=\lim_{x\to 0^+}\frac{f(x)(1+\sin x)-f(0)}{x}$$

$$=\lim_{x\to 0^+}\left[\frac{f(x)-f(0)}{x}+f(x)\frac{\sin x}{x}\right]=f'(0)+f(0).$$

可见，$F'(0)$ 存在 $\Leftrightarrow F'_-(0)=F'_+(0)\Leftrightarrow f'(0)-f(0)=f'(0)+f(0)\Leftrightarrow f(0)=0$. 因此正确选项为 A.

11. 如果 $f(x)$ 为偶函数，且 $f'(0)$ 存在，证明 $f'(0)=0$.

证 因为 $f(x)$ 为偶函数，所以 $f(-x)=f(x)$，从而

$$f'(0)=\lim_{x\to 0}\frac{f(x)-f(0)}{x-0}=\lim_{x\to 0}\frac{f(-x)-f(0)}{x-0}=-\lim_{-x\to 0}\frac{f(-x)-f(0)}{-x-0}=-f'(0),$$

所以 $2f'(0)=0$，即 $f'(0)=0$.

13. 求曲线 $y=\cos x$ 上点 $\left(\frac{\pi}{3},\frac{1}{2}\right)$ 处的切线方程和法线方程.

解 因为 $y'=-\sin x$，所以 $y'\big|_{x=\frac{\pi}{3}}=-\sin\frac{\pi}{3}=-\frac{\sqrt{3}}{2}$.

故在点 $\left(\frac{\pi}{3},\frac{1}{2}\right)$ 处，切线方程为 $y-\frac{1}{2}=-\frac{\sqrt{3}}{2}\left(x-\frac{\pi}{3}\right)$，

法线方程为 $y-\frac{1}{2}=\frac{2\sqrt{3}}{3}\left(x-\frac{\pi}{3}\right)$.

14. 求曲线 $y=e^x$ 在点(0,1)处的切线方程.

解 $y'=e^x$，$y'\big|_{x=0}=e^0=1$，

故曲线在(0,1)处的切线方程为 $y-1=1\cdot(x-0)$，即 $y=x+1$.

15. 在抛物线 $y=x^2$ 上取横坐标为 $x_1=1$ 及 $x_2=3$ 的两点，作过这两点的割线. 问该抛物线上哪一点的切线平行于这条割线?

解 令 $y=f(x)$，则割线的斜率为 $k=\frac{f(3)-f(1)}{3-1}=\frac{9-1}{2}=4$.

$y'=2x$，令 $2x=4$，得 $x=2$，又得 $f(2)=4$.

因此抛物线 $y=x^2$ 在点(2,4)处的切线平行于这条割线.

16. 讨论下列函数在 $x=0$ 处的连续性与可导性.

(1) $y=|\sin x|$;

(2) $y=\begin{cases}x^2\sin\frac{1}{x}, & x\neq 0,\\ 0, & x=0.\end{cases}$

解 (1) 令 $y=f(x)$，则 $f(0)=0$.

因为 $\lim\limits_{x\to 0^-}f(x)=\lim\limits_{x\to 0^-}|\sin x|=\lim\limits_{x\to 0^-}(-\sin x)=0$，

$\lim\limits_{x\to 0^+}f(x)=\lim\limits_{x\to 0^+}|\sin x|=\lim\limits_{x\to 0^+}\sin x=0$，

所以函数在 $x=0$ 处连续.

因为

$$f'_-(0)=\lim_{x\to 0^-}\frac{f(x)-f(0)}{x-0}=\lim_{x\to 0^-}\frac{|\sin x|-|\sin 0|}{x-0}=\lim_{x\to 0^-}\frac{-\sin x-0}{x-0}=\lim_{x\to 0^-}\frac{-\sin x}{x}=-1,$$

$$f'_+(0)=\lim_{x\to 0^+}\frac{f(x)-f(0)}{x-0}=\lim_{x\to 0^+}\frac{|\sin x|-|\sin 0|}{x-0}=\lim_{x\to 0^+}\frac{\sin x-0}{x-0}=\lim_{x\to 0^+}\frac{\sin x}{x}=1,$$

所以 $f'_-(0)\neq f'_+(0)$. 所以函数在 $x=0$ 处不可导.

(2) 令 $y=f(x)$，则 $f(0)=0$.

因为 $\lim\limits_{x\to 0}f(x)=\lim\limits_{x\to 0}x^2\sin\frac{1}{x}=0$，所以函数在 $x=0$ 处连续.

因为

$$\lim_{x\to 0}\frac{f(x)-f(0)}{x-0}=\lim_{x\to 0}\frac{x^2\sin\frac{1}{x}-0}{x}=\lim_{x\to 0}x\sin\frac{1}{x}=0,$$

所以函数在点 $x=0$ 处可导，且 $f'(0)=0$.

17. 设函数

$$f(x)=\begin{cases}x^2, & x\leqslant 1,\\ ax+b, & x>1.\end{cases}$$

为了使函数 $f(x)$ 在 $x=1$ 处连续且可导，a、b 应取什么值？

解　因为

$$\lim_{x\to 1^-}f(x)=\lim_{x\to 1^-}x^2=1,$$
$$\lim_{x\to 1^+}f(x)=\lim_{x\to 1^+}(ax+b)=a+b,$$
$$f(1)=1,$$

所以要使函数在 $x=1$ 处连续，必须满足 $a+b=1$.

又因为当 $a+b=1$ 时，

$$f'_-(1)=\lim_{x\to 1^-}\frac{x^2-1}{x-1}=2,$$

$$f'_+(1)=\lim_{x\to 1^+}\frac{ax+b-1}{x-1}=\lim_{x\to 1^+}\frac{a(x-1)+(a+b-1)}{x-1}\doteq\lim_{x\to 1^+}\frac{a(x-1)}{x-1}=a,$$

所以要使函数在 $x=1$ 处可导，必须满足 $a=2$，此时 $b=-1$.

18. 已知 $f(x)=\begin{cases}x^2, & x\geqslant 0,\\ -x, & x<0.\end{cases}$ 求 $f'_+(0)$ 及 $f'_-(0)$，又 $f'(0)$ 是否存在？

解　因为

$$f'_+(0)=\lim_{x\to 0^+}\frac{f(x)-f(0)}{x}=\lim_{x\to 0^+}\frac{x^2}{x}=0,\ f'_-(0)=\lim_{x\to 0^-}\frac{f(x)-f(0)}{x}=\lim_{x\to 0^-}\frac{-x}{x}=-1,$$

所以 $f'_-(0)\neq f'_+(0)$，所以 $f'(0)$ 不存在．

19. 已知 $f(x)=\begin{cases}\sin x, & x<0,\\ x, & x\geqslant 0,\end{cases}$ 求 $f'(x)$.

解　当 $x<0$ 时，$f(x)=\sin x$，$f'(x)=\cos x$；

当 $x>0$ 时，$f(x)=x$，$f'(x)=1$；

因为

$$f'_-(0)=\lim_{x\to 0^-}\frac{f(x)-f(0)}{x-0}=\lim_{x\to 0^-}\frac{\sin x}{x}=1,$$
$$f'_+(0)=\lim_{x\to 0^+}\frac{f(x)-f(0)}{x-0}=\lim_{x\to 0^+}\frac{x}{x}=1,$$

所以 $f'(0)=1$.

从而

$$f'(x)=\begin{cases}\cos x, & x<0,\\ 1, & x\geqslant 0.\end{cases}$$

20. 证明：双曲线 $xy=a^2$ 上任一点处的切线与两坐标轴构成的三角形的面积都等

于 $2a^2$.

证 由 $xy=a^2$,得 $y=\frac{a^2}{x}$. 双曲线在任一点处的切线的斜率 $k=y'=-\frac{a^2}{x^2}$.

设 (x_0,y_0) 为曲线上任一点,则过该点的切线方程为

$$y-y_0=-\frac{a^2}{x_0^2}(x-x_0).$$

令 $y=0$,则 $-y_0=-\frac{a^2}{x_0^2}(x-x_0)$,解得 $x=\frac{y_0x_0^2}{a^2}+x_0$. 因为 (x_0,y_0) 为曲线上的点,所以满足 $x_0y_0=a^2$,得到 $x=2x_0$,即为切线在 x 轴上的截距.

同理,令 $x=0$,解得 $y=\frac{a^2}{x_0}+y_0=2y_0$,即为切线在 y 轴上的截距.

所以此切线与两坐标轴构成的三角形的面积为

$$S=\frac{1}{2}|2x_0||2y_0|=2|x_0y_0|=2a^2.$$

第二节 函数的求导法则

2.1 学习目标

掌握导数的四则运算法则和复合函数求导的法则,掌握基本初等函数的导数公式;会求函数的导数.

2.2 内容提要

1. 导数的四则运算法则

若函数 $u(x)$,$v(x)$ 都可导,则有

(1) $(u(x)\pm v(x))'=u'(x)\pm v'(x)$,

(2) $(u(x)v(x))'=u'(x)v(x)+u(x)v'(x)$,

(3) $\left(\frac{u(x)}{v(x)}\right)'=\frac{u'(x)v(x)-u(x)v'(x)}{v^2(x)}$.

特别地,$(uvw)'=u'vw+uv'w+uvw'$.

2. 反函数的求导法则

设 $x=g(y)$ 为单调连续函数,在点 y 处可导,且 $g'(y)\neq 0$,则其反函数 $y=f(x)$ 在对应的点 x 处也可导,且有 $\frac{\mathrm{d}y}{\mathrm{d}x}=\frac{1}{\frac{\mathrm{d}x}{\mathrm{d}y}}$,即 $f'(x)=\frac{1}{g'(y)}$.

3. 复合函数的求导法则

若函数 $u=g(x)$ 在点 x_0 处可导,$y=f(u)$ 在相应点 u_0 处亦可导,则复合函数 $y=f[g(x)]$ 在点 x_0 处亦可导,且有 $y'|_{x=x_0}=f'(u)|_{u=u_0}\cdot g'(x)|_{x=x_0}$.

4. 常数和基本初等函数的导数公式

$C'=0$ $\qquad$ $(x^\mu)'=\mu x^{\mu-1}$

$(\sin x)'=\cos x$　　$(\cos x)'=-\sin x$

$(\tan x)'=\sec^2 x$　　$(\cot x)'=-\csc^2 x$

$(\sec x)'=\sec x\tan x$　　$(\csc x)'=-\csc x\cot x$

$(a^x)'=a^x\ln a$　　$(e^x)'=e^x$

$(\log_a x)'=\dfrac{1}{x\ln a}$　　$(\ln x)'=\dfrac{1}{x}$

$(\arcsin x)'=\dfrac{1}{\sqrt{1-x^2}}$　　$(\arccos x)'=-\dfrac{1}{\sqrt{1-x^2}}$

$(\arctan x)'=\dfrac{1}{1+x^2}$　　$(\operatorname{arccot} x)'=-\dfrac{1}{1+x^2}$

2.3　典型例题与方法

基本题型Ⅰ:利用四则运算法则及初等函数求导法则求函数的导数

例 1　设 $y=\arctan e^x-\ln\sqrt{\dfrac{e^{2x}}{e^{2x}+1}}$,则$\left.\dfrac{dy}{dx}\right|_{x=1}=$________.

解　$y=\arctan e^x-\dfrac{1}{2}[\ln e^{2x}-\ln(e^{2x}+1)]=\arctan e^x-x+\dfrac{1}{2}\ln(e^{2x}+1)$,

故$\dfrac{dy}{dx}=\dfrac{e^x}{e^{2x}+1}-1+\dfrac{e^{2x}}{e^{2x}+1}=\dfrac{e^x-1}{e^{2x}+1}$,　　计算一定要准确

从而$\left.\dfrac{dy}{dx}\right|_{x=1}=\dfrac{e-1}{e^2+1}$,故应填$\dfrac{e-1}{e^2+1}$.

【方法点击】　一般初等函数在求导前应先化简,将函数化为最简单形式后再求导,可使求导过程大大简化,避免出错.

基本题型Ⅱ:复合函数求导

例 2　求下列函数的导数:

(1) $y=e^{-\sin^2\frac{3}{x}}$;　　(2) $y=x\ln x+\dfrac{1-\ln x}{1+\ln x}$.

解　(1) $y'=e^{-\sin^2\frac{3}{x}}\cdot\left(-2\sin\dfrac{3}{x}\right)\cdot\cos\dfrac{3}{x}\cdot\left(-\dfrac{3}{x^2}\right)=\dfrac{3}{x^2}e^{-\sin^2\frac{3}{x}}\sin\dfrac{6}{x}$;

(2) $y'=\ln x+1+\dfrac{-\dfrac{1}{x}(1+\ln x)-\dfrac{1}{x}(1-\ln x)}{(1+\ln x)^2}=\ln x+1-\dfrac{2}{x(1+\ln x)^2}$.

例 3　设函数 $f(x)$可导,$y=f(\sin x)+\sin[f(x)]$,求$\dfrac{dy}{dx}$.

解　根据抽象复合函数的求导法则,$\dfrac{dy}{dx}=\cos x\cdot f'(\sin x)+f'(x)\cdot\cos[f(x)]$.

例 4　已知 $y=f\left(\dfrac{3x-2}{3x+2}\right)$,又 $f'(x)=\operatorname{arccot} x^2$,求$\left.\dfrac{dy}{dx}\right|_{x=0}$.

解　$\left.\dfrac{dy}{dx}\right|_{x=0}=\left[f'\left(\dfrac{3x-2}{3x+2}\right)\cdot\dfrac{3(3x+2)-3(3x-2)}{(3x+2)^2}\right]_{x=0}$

$$=\left[\text{arccot}\left(\frac{3x-2}{3x+2}\right)^2\cdot\frac{12}{(3x+2)^2}\right]_{x=0}$$

$$=\frac{3\pi}{4}.$$

arccot1$=\frac{\pi}{4}$

【方法点击】 复合函数求导的关键在于弄清楚复合关系，从外层的基本初等函数开始，逐层向里求导，一直求到对自变量求导为止．

基本题型Ⅲ：反函数求导问题

例 5 设 $x=g(y)$是 $f(x)=\ln x+\arctan x$ 的反函数，求 $g'\left(\frac{\pi}{4}\right)$.

【分析】 首先利用函数的导数与其反函数的导数互为倒数，求出 $g'(y)$，然后代入具体数值．

解 当 $x=1$ 时，$y=f(1)=\frac{\pi}{4}$，

arctan1$=\frac{\pi}{4}$

$$f'(x)=(\ln x+\arctan x)'=\frac{1}{x}+\frac{1}{1+x^2},$$

得 $f'(1)=\frac{3}{2}$，所以 $g'\left(\frac{\pi}{4}\right)=\frac{1}{f'(1)}=\frac{2}{3}$.

2.4 习题 2-2 解答

3. 求下列函数在给定点处的导数：

(1) $y=\sin x-\cos x$，求 $y'|_{x=\frac{\pi}{6}}$ 和 $y'|_{x=\frac{\pi}{4}}$.

(2) $\rho=\theta\sin\theta+\frac{1}{2}\cos\theta$，求 $\left.\frac{d\rho}{d\theta}\right|_{\theta=\frac{\pi}{4}}$.

(3) $f(x)=\frac{3}{5-x}+\frac{x^2}{5}$，求 $f'(0)$和 $f'(2)$.

解 (1) $y'=(\sin x)'-(\cos x)'=\cos x+\sin x$，

$$y'|_{x=\frac{\pi}{6}}=\cos\frac{\pi}{6}+\sin\frac{\pi}{6}=\frac{\sqrt{3}}{2}+\frac{1}{2}=\frac{\sqrt{3}+1}{2},$$

$$y'|_{x=\frac{\pi}{4}}=\cos\frac{\pi}{4}+\sin\frac{\pi}{4}=\frac{\sqrt{2}}{2}+\frac{\sqrt{2}}{2}=\sqrt{2}.$$

(2) $\frac{d\rho}{d\theta}=\sin\theta+\theta\cos\theta-\frac{1}{2}\sin\theta=\frac{1}{2}\sin\theta+\theta\cos\theta$，

$$\left.\frac{d\rho}{d\theta}\right|_{\theta=\frac{\pi}{4}}=\frac{1}{2}\sin\frac{\pi}{4}+\frac{\pi}{4}\cos\frac{\pi}{4}=\frac{1}{2}\cdot\frac{\sqrt{2}}{2}+\frac{\pi}{4}\cdot\frac{\sqrt{2}}{2}=\frac{\sqrt{2}}{4}\left(1+\frac{\pi}{2}\right).$$

(3) $f'(x)=\frac{3}{(5-x)^2}+\frac{2}{5}x$，$f'(0)=\frac{3}{25}$，$f'(2)=\frac{17}{15}$.

6. 求下列函数的导数：

(7) $y=\tan x^2$；　　(8) $y=\arctan(e^x)$；

(9) $y=(\arcsin x)^2$；　　(10) $y=\ln\cos x$.

解　(7) $y'=\sec^2 x^2\cdot(x^2)'=2x\sec^2 x^2$.

(8) $y'=\dfrac{1}{1+(e^x)^2}\cdot(e^x)'=\dfrac{e^x}{1+e^{2x}}$.

(9) $y'=2\arcsin x\cdot(\arcsin x)'=\dfrac{2\arcsin x}{\sqrt{1-x^2}}$.

(10) $y'=\dfrac{1}{\cos x}\cdot(\cos x)'=\dfrac{1}{\cos x}(-\sin x)=-\tan x$.

7. 求下列函数的导数：

(1) $y=\arcsin(1-2x)$；　(2) $y=\dfrac{1}{\sqrt{1-x^2}}$；　(3) $y=e^{-\frac{x}{2}}\cos 3x$；

(4) $y=\arccos\dfrac{1}{x}$；　(5) $y=\dfrac{1-\ln x}{1+\ln x}$；　(6) $y=\dfrac{\sin 2x}{x}$；

(7) $y=\arcsin\sqrt{x}$；　(8) $y=\ln(x+\sqrt{a^2+x^2})$；

(9) $y=\ln(\sec x+\tan x)$；　(10) $y=\ln(\csc x-\cot x)$.

解　(1) $y'=\dfrac{1}{\sqrt{1-(1-2x)^2}}\cdot(1-2x)'=\dfrac{-2}{\sqrt{1-(1-2x)^2}}=-\dfrac{1}{\sqrt{x-x^2}}$.

(2) $y'=[(1-x^2)^{-\frac{1}{2}}]'=-\dfrac{1}{2}(1-x^2)^{-\frac{1}{2}-1}\cdot(1-x^2)'$

$$=-\frac{1}{2}(1-x^2)^{-\frac{3}{2}}\cdot(-2x)=\frac{x}{(1-x^2)\sqrt{1-x^2}}.$$

(3) $y'=(e^{-\frac{x}{2}})'\cos 3x+e^{-\frac{x}{2}}(\cos 3x)'=e^{-\frac{x}{2}}\left(-\dfrac{x}{2}\right)'\cos 3x+e^{-\frac{x}{2}}(-\sin 3x)(3x)'$

$$=-\frac{1}{2}e^{-\frac{x}{2}}\cos 3x-3e^{-\frac{x}{2}}\sin 3x=-\frac{1}{2}e^{-\frac{x}{2}}(\cos 3x+6\sin 3x).$$

(4) $y'=-\dfrac{1}{\sqrt{1-\left(\dfrac{1}{x}\right)^2}}\left(\dfrac{1}{x}\right)'=-\dfrac{1}{\sqrt{1-\left(\dfrac{1}{x}\right)^2}}\left(-\dfrac{1}{x^2}\right)=\dfrac{|x|}{x^2\sqrt{x^2-1}}$.

(5) $y'=\dfrac{(1-\ln x)'(1+\ln x)-(1-\ln x)(1+\ln x)'}{(1+\ln x)^2}$

$$=\frac{-\frac{1}{x}(1+\ln x)-(1-\ln x)\frac{1}{x}}{(1+\ln x)^2}$$

$$=-\frac{2}{x(1+\ln x)^2}.$$

(6) $y'=\dfrac{(\sin 2x)'\cdot x-\sin 2x\cdot(x)'}{x^2}=\dfrac{\cos 2x\cdot(2x)'\cdot x-\sin 2x\cdot 1}{x^2}$

$$=\frac{\cos 2x\cdot 2\cdot x-\sin 2x}{x^2}=\frac{2x\cos 2x-\sin 2x}{x^2}.$$

(7) $y'=\dfrac{1}{\sqrt{1-(\sqrt{x})^2}}\cdot(\sqrt{x})'=\dfrac{1}{\sqrt{1-(\sqrt{x})^2}}\cdot\dfrac{1}{2\sqrt{x}}=\dfrac{1}{2\sqrt{x-x^2}}$.

(8) $y'=\frac{1}{x+\sqrt{a^2+x^2}}\cdot(x+\sqrt{a^2+x^2})'=\frac{1}{x+\sqrt{a^2+x^2}}\cdot\left[1+\frac{1}{2\sqrt{a^2+x^2}}(a^2+x^2)'\right]$

$=\frac{1}{x+\sqrt{a^2+x^2}}\cdot\left[1+\frac{1}{2\sqrt{a^2+x^2}}(2x)\right]=\frac{1}{\sqrt{a^2+x^2}}.$

(9) $y'=\frac{1}{\sec x+\tan x}\cdot(\sec x+\tan x)'=\frac{\sec x\tan x+\sec^2 x}{\sec x+\tan x}=\sec x.$

(10) $y'=\frac{1}{\csc x-\cot x}\cdot(\csc x-\cot x)'=\frac{-\csc x\cot x+\csc^2 x}{\csc x-\cot x}=\csc x.$

8. 求下列函数的导数:

(1) $y=\left(\arcsin\frac{x}{2}\right)^2$;　(2) $y=\ln\tan\frac{x}{2}$;　(3) $y=\sqrt{1+\ln^2 x}$;

(4) $y=e^{\arctan\sqrt{x}}$;　(5) $y=\sin^n x\cos nx$;　(6) $y=\arctan\frac{x+1}{x-1}$;

(7) $y=\frac{\arcsin x}{\arccos x}$;　(8) $y=\ln\ln\ln x$;　(9) $y=\frac{\sqrt{1+x}-\sqrt{1-x}}{\sqrt{1+x}+\sqrt{1-x}}$;

(10) $y=\arcsin\sqrt{\frac{1-x}{1+x}}$.

解　(1) $y'=2\arcsin\frac{x}{2}\cdot\left(\arcsin\frac{x}{2}\right)'=2\arcsin\frac{x}{2}\cdot\frac{1}{\sqrt{1-\left(\frac{x}{2}\right)^2}}\cdot\left(\frac{x}{2}\right)'$

$=2\arcsin\frac{x}{2}\cdot\frac{1}{\sqrt{1-\left(\frac{x}{2}\right)^2}}\cdot\frac{1}{2}=\frac{2\arcsin\frac{x}{2}}{\sqrt{4-x^2}}.$

(2) $y'=\frac{1}{\tan\frac{x}{2}}\cdot\left(\tan\frac{x}{2}\right)'=\frac{1}{\tan\frac{x}{2}}\cdot\sec^2\frac{x}{2}\cdot\left(\frac{x}{2}\right)'=\frac{1}{\tan\frac{x}{2}}\cdot\sec^2\frac{x}{2}\cdot\frac{1}{2}=\csc x.$

(3) $y'=[(1+\ln^2 x)^{\frac{1}{2}}]'=\frac{1}{2}(1+\ln^2 x)^{-\frac{1}{2}}\cdot(1+\ln^2 x)'=\frac{1}{2\sqrt{1+\ln^2 x}}\cdot 2\ln x\cdot(\ln x)'$

$=\frac{1}{2\sqrt{1+\ln^2 x}}\cdot 2\ln x\cdot\frac{1}{x}=\frac{\ln x}{x\sqrt{1+\ln^2 x}}.$

(4) $y'=e^{\arctan\sqrt{x}}\cdot(\arctan\sqrt{x})'=e^{\arctan\sqrt{x}}\cdot\frac{1}{1+(\sqrt{x})^2}\cdot(\sqrt{x})'$

$=e^{\arctan\sqrt{x}}\cdot\frac{1}{1+(\sqrt{x})^2}\cdot\frac{1}{2\sqrt{x}}=\frac{e^{\arctan\sqrt{x}}}{2\sqrt{x}(1+x)}.$

(5) $y'=(\sin^n x)'\cdot\cos nx+\sin^n x\cdot(\cos nx)'$

$=n\sin^{n-1}x\cdot(\sin x)'\cdot\cos nx+\sin^n x\cdot(-\sin nx)\cdot(nx)'$

$=n\sin^{n-1}x\cdot(\cos x)\cdot\cos nx+\sin^n x\cdot(-\sin nx)\cdot n$

$=n\sin^{n-1}x\cdot(\cos x\cdot\cos nx-\sin x\cdot\sin nx)=n\sin^{n-1}x\cos(n+1)x.$

(6) $y'=\frac{1}{1+\left(\frac{x+1}{x-1}\right)^2}\cdot\left(\frac{x+1}{x-1}\right)'=\frac{1}{1+\left(\frac{x+1}{x-1}\right)^2}\cdot\frac{(x-1)-(x+1)}{(x-1)^2}=-\frac{1}{1+x^2}$.

(7) $y'=\frac{\frac{1}{\sqrt{1-x^2}}\cdot\arccos x+\arcsin x\cdot\frac{1}{\sqrt{1-x^2}}}{(\arccos x)^2}=\frac{1}{\sqrt{1-x^2}}\cdot\frac{\arccos x+\arcsin x}{(\arccos x)^2}$

$=\frac{\pi}{2\sqrt{1-x^2}(\arccos x)^2}$.

(8) $y'=\frac{1}{\ln\ln x}\cdot(\ln\ln x)'=\frac{1}{\ln\ln x}\cdot\frac{1}{\ln x}\cdot(\ln x)'=\frac{1}{\ln\ln x}\cdot\frac{1}{\ln x}\cdot\frac{1}{x}=\frac{1}{x\ln x\cdot\ln\ln x}$.

(9) $y'=\frac{\left(\frac{1}{2\sqrt{1+x}}+\frac{1}{2\sqrt{1-x}}\right)(\sqrt{1+x}+\sqrt{1-x})-(\sqrt{1+x}-\sqrt{1-x})\left(\frac{1}{2\sqrt{1+x}}-\frac{1}{2\sqrt{1-x}}\right)}{(\sqrt{1+x}+\sqrt{1-x})^2}$

$=\frac{1}{\sqrt{1-x^2}+1-x^2}$.

(10) $y'=\frac{1}{\sqrt{1-\frac{1-x}{1+x}}}\cdot\frac{\frac{-(1+x)-(1-x)}{(1+x)^2}}{2\sqrt{\frac{1-x}{1+x}}}=-\frac{1}{(1+x)\sqrt{2x(1-x)}}$.

9. 设函数 $f(x)$和 $g(x)$可导,且 $f^2(x)+g^2(x)\neq0$,试求函数 $y=\sqrt{f^2(x)+g^2(x)}$的导数.

解 $y'=[\sqrt{f^2(x)+g^2(x)}]'$

$=\frac{1}{2}\cdot\frac{1}{\sqrt{f^2(x)+g^2(x)}}\cdot[f^2(x)+g^2(x)]'$

$=\frac{2f(x)\cdot f'(x)+2g(x)g'(x)}{2\sqrt{f^2(x)+g^2(x)}}$

$=\frac{f(x)\cdot f'(x)+g(x)g'(x)}{\sqrt{f^2(x)+g^2(x)}}$.

10. 设 $f(x)$可导,求下列函数的导数$\frac{dy}{dx}$:

(1) $y=f(x^2)$; (2) $y=f(\sin^2x)+f(\cos^2x)$.

解 (1) $\frac{dy}{dx}=\frac{d(f(x^2))}{dx}=f'(x^2)\cdot(x^2)'=2x\cdot f'(x^2)$.

(2) $\frac{dy}{dx}=f'(\sin^2x)\cdot(\sin^2x)'+f'(\cos^2x)(\cos^2x)'$

$=2\sin x\cos xf'(\sin^2x)+2\cos x\cdot(-\sin x)\cdot f'(\cos^2x)$

$=2\sin x\cos x[f'(\sin^2x)-f'(\cos^2x)]$

$=\sin2x[f'(\sin^2x)-f'(\cos^2x)]$.

11. 求下列函数的导数:

(1) $y=\mathrm{e}^{-x}(x^2-2x+3)$； (2) $y=\sin^2 x\cdot\sin(x^2)$； (3) $y=\left(\arctan\dfrac{x}{2}\right)^2$；

(4) $y=\dfrac{\ln x}{x^n}$； (5) $y=\dfrac{\mathrm{e}^t-\mathrm{e}^{-t}}{\mathrm{e}^t+\mathrm{e}^{-t}}$； (6) $y=\ln\cos\dfrac{1}{x}$；

(7) $y=\mathrm{e}^{-\sin^2\frac{1}{x}}$； (8) $y=\sqrt{x+\sqrt{x}}$； (9) $y=x\arcsin\dfrac{x}{2}+\sqrt{4-x^2}$；

(10) $y=\arcsin\dfrac{2t}{1+t^2}$.

解 (1) $y'=(\mathrm{e}^{-x})'\cdot(x^2-2x+3)+\mathrm{e}^{-x}\cdot(x^2-2x+3)'$

$=\mathrm{e}^{-x}\cdot(-x)'\cdot(x^2-2x+3)+\mathrm{e}^{-x}\cdot(2x-2)$

$=-\mathrm{e}^{-x}\cdot(x^2-2x+3)+\mathrm{e}^{-x}(2x-2)=-\mathrm{e}^{-x}\cdot(x^2-4x+5)$.

(2) $y'=(\sin^2x)'\cdot\sin(x^2)+\sin^2x\cdot[\sin(x^2)]'$

$=2\sin x\cdot(\sin x)'\cdot\sin(x^2)+\sin^2x\cdot\cos(x^2)\cdot(x^2)'$

$=2\sin x\cdot\cos x\cdot\sin(x^2)+\sin^2x\cdot\cos(x^2)\cdot 2x$

$=\sin 2x\cdot\sin(x^2)+2x\cdot\sin^2x\cdot\cos(x^2)$.

(3) $y'=2\arctan\dfrac{x}{2}\cdot\left(\arctan\dfrac{x}{2}\right)'=2\arctan\dfrac{x}{2}\cdot\dfrac{1}{1+\dfrac{x^2}{4}}\cdot\dfrac{1}{2}=\dfrac{4}{x^2+4}\arctan\dfrac{x}{2}$.

(4) $y'=\dfrac{\dfrac{1}{x}\cdot x^n-\ln x\cdot nx^{n-1}}{x^{2n}}=\dfrac{1-n\ln x}{x^{n+1}}$.

(5) $y'=\dfrac{(\mathrm{e}^t+\mathrm{e}^{-t})(\mathrm{e}^t+\mathrm{e}^{-t})-(\mathrm{e}^t-\mathrm{e}^{-t})(\mathrm{e}^t-\mathrm{e}^{-t})}{(\mathrm{e}^t+\mathrm{e}^{-t})^2}=\dfrac{4\mathrm{e}^{2t}}{(\mathrm{e}^{2t}+1)^2}$或$y'=\dfrac{1}{\left(\dfrac{\mathrm{e}^t+\mathrm{e}^{-t}}{2}\right)^2}=\dfrac{1}{\mathrm{ch}^2t}$.

(6) $y'=\sec\dfrac{1}{x}\cdot\left(\cos\dfrac{1}{x}\right)'=\sec\dfrac{1}{x}\cdot\left(-\sin\dfrac{1}{x}\right)\cdot\left(-\dfrac{1}{x^2}\right)=\dfrac{1}{x^2}\tan\dfrac{1}{x}$.

(7) $y'=\mathrm{e}^{-\sin^2\frac{1}{x}}\cdot\left(-\sin^2\dfrac{1}{x}\right)'=\mathrm{e}^{-\sin^2\frac{1}{x}}\cdot\left(-2\sin\dfrac{1}{x}\right)\cdot\cos\dfrac{1}{x}\cdot\left(-\dfrac{1}{x^2}\right)$

$=\dfrac{1}{x^2}\cdot\sin\dfrac{2}{x}\cdot\mathrm{e}^{-\sin^2\frac{1}{x}}$.

(8) $y'=\dfrac{1}{2\sqrt{x+\sqrt{x}}}\cdot(x+\sqrt{x})'=\dfrac{1}{2\sqrt{x+\sqrt{x}}}\cdot\left(1+\dfrac{1}{2\sqrt{x}}\right)=\dfrac{2\sqrt{x}+1}{4\sqrt{x}\cdot\sqrt{x+\sqrt{x}}}$.

(9) $y'=\arcsin\dfrac{x}{2}+x\cdot\dfrac{1}{\sqrt{1-\dfrac{x^2}{4}}}\cdot\dfrac{1}{2}+\dfrac{1}{2\sqrt{4-x^2}}\cdot(-2x)=\arcsin\dfrac{x}{2}$.

(10) $y'=\dfrac{1}{\sqrt{1-\left(\dfrac{2t}{1+t^2}\right)^2}}\cdot\left(\dfrac{2t}{1+t^2}\right)'=\dfrac{1}{\sqrt{1-\left(\dfrac{2t}{1+t^2}\right)^2}}\cdot\dfrac{2\cdot(1+t^2)-2t\cdot(2t)}{(1+t^2)^2}$

$=\dfrac{1+t^2}{\sqrt{(1-t^2)^2}}\cdot\dfrac{2(1-t^2)}{(1+t^2)^2}=\dfrac{2(1-t^2)}{|1-t^2|(1+t^2)}=\begin{cases}\dfrac{2}{1+t^2}, & t^2<1,\\ -\dfrac{2}{1+t^2}, & t^2>1.\end{cases}$

第三节　高阶导数

3.1　学习目标

了解高阶导数的概念，会求简单函数的高阶导数．

3.2　内容提要

1. 高阶导数

二阶及二阶以上的导数统称为高阶导数．

2. 常用初等函数的 n 阶导数公式

$(a^x)^{(n)}=a^x\ln^n a$，　$(\sin x)^{(n)}=\sin\left(x+\dfrac{n\pi}{2}\right)$，　$(\cos x)^{(n)}=\cos\left(x+\dfrac{n\pi}{2}\right)$，

$[\ln(1+x)]^{(n)}=(-1)^{n-1}\dfrac{(n-1)!}{(1+x)^n}$，$[(1+x)^m]^{(n)}=m(m-1)\cdots(m-n+1)(1+x)^{m-n}$．

3. 莱布尼兹公式

设 $u(x)$，$v(x)$都可导，则 $(uv)^{(n)}=\sum\limits_{k=0}^{n}C_n^k u^{(n-k)}v^{(k)}$．

3.3　典型例题与方法

基本题型Ⅰ：求函数的高阶导数

例 1　设 $y=\ln\sqrt{\dfrac{1-x}{1+x^2}}$，则 $y''|_{x=0}=$________．

解　$y=\dfrac{1}{2}[\ln(1-x)-\ln(1+x^2)]$，　先化简，再求导

则 $y'=\dfrac{1}{2}\left(\dfrac{-1}{1-x}-\dfrac{2x}{1+x^2}\right)$，$y''=\dfrac{1}{2}\left[-\dfrac{1}{(1-x)^2}-\dfrac{2(1-x^2)}{(1+x^2)^2}\right]$，

$y''|_{x=0}=-\dfrac{3}{2}$，故应填$-\dfrac{3}{2}$.

例 2　设 $f(x)=\sin^4 x-\cos^4 x$，求 $f^{(n)}(x)$.

解　方法一：

$f'(x)=4\sin^3 x\cos x+4\cos^3 x\sin x=4\sin x\cos x=2\sin 2x$，

$f''(x)=2^2\cos 2x=2^2\sin\left(2x+\dfrac{\pi}{2}\right)$，

$f'''(x)=2^3\cos\left(2x+\dfrac{\pi}{2}\right)=2^3\sin\left(2x+\dfrac{2\pi}{2}\right)$，

$\cdots$

$f^{(n)}(x)=2^n\sin\left(2x+\dfrac{n-1}{2}\pi\right)$.

方法二：

$$f(x)=\sin^4 x-\cos^4 x=(\sin^2 x+\cos^2 x)(\sin^2 x-\cos^2 x)=-\cos 2x,$$

$$f'(x)=2\sin 2x=-2\cos\left(2x+\frac{\pi}{2}\right),$$

$$f''(x)=-2^2\cos\left(2x+\frac{2\pi}{2}\right),$$

$$f'''(x)=-2^3\cos\left(2x+\frac{3\pi}{2}\right),$$

$$\cdots$$

$$f^{(n)}(x)=-2^n\cos\left(2x+\frac{n\pi}{2}\right).$$

例 3 已知 $y=e^x\cos x$，求 $y^{(4)}$.

解 方法一：$y'=e^x\cos x+e^x(-\sin x)=e^x(\cos x-\sin x)$，

$$y''=e^x(\cos x-\sin x)+e^x(-\sin x-\cos x)=-2e^x\sin x,$$

$$y'''=-2(e^x\sin x+e^x\cos x)=-2e^x(\sin x+\cos x),$$

$$y^{(4)}=-2e^x(\sin x+\cos x)-2e^x(\cos x-\sin x)=-4e^x\cos x.$$

方法二：令 $u=e^x$，$v=\cos x$，则有

$$u'=u''=u'''=u^{(4)}=e^x,$$

$$v'=-\sin x,\ v''=-\cos x,\ v'''=\sin x,\ v^{(4)}=\cos x.$$

由莱布尼兹公式得

$$\begin{aligned}y^{(4)}&=u^{(4)}\cdot v+C_4^1u'''\cdot v'+C_4^2u''\cdot v''+C_4^3u'\cdot v'''+u\cdot v^{(4)}\\&=e^x\cdot\cos x+4e^x\cdot(-\sin x)+6e^x\cdot(-\cos x)+4e^x\cdot\sin x+e^x\cdot\cos x\\&=-4e^x\cos x.\end{aligned}$$

【方法点击】 (1) 求 $f(x)$的 n 阶导数时，一般先求出前几阶导数，从中找出规律，从而得出 $f(x)$的 n 阶导数表达式.

(2) 某些复杂函数求高阶导数，需要化简、变形，化为常见函数，再求其 n 阶导数.

(3) 求两个函数乘积的高阶导数，可考虑使用莱布尼兹公式.

3.4 习题 2-3 解答

1. 求下列函数的二阶导数：

(9) $y=(1+x^2)\arctan x$； (10) $y=\dfrac{e^x}{x}$；

(11) $y=xe^{x^2}$； (12) $y=\ln(x+\sqrt{1+x^2})$.

解 (9) $y'=2x\arctan x+(1+x^2)\cdot\dfrac{1}{1+x^2}=2x\arctan x+1$，

$$y''=2\arctan x+\frac{2x}{1+x^2}.$$

(10) $y'=\dfrac{e^x\cdot x-e^x\cdot 1}{x^2}=\dfrac{e^x(x-1)}{x^2}$，

$$y''=\frac{[e^x(x-1)+e^x]\cdot x^2-e^x(x-1)\cdot 2x}{x^4}=\frac{e^x(x^2-2x+2)}{x^3}.$$

(11) $y'=\mathrm{e}^{x^2}+x\cdot\mathrm{e}^{x^2}\cdot(2x)=\mathrm{e}^{x^2}(1+2x^2)$,

$y''=\mathrm{e}^{x^2}\cdot 2x\cdot(1+2x^2)+\mathrm{e}^{x^2}\cdot 4x=2x\mathrm{e}^{x^2}(3+2x^2)$.

(12) $y'=\dfrac{1}{x+\sqrt{1+x^2}}\cdot(x+\sqrt{1+x^2})'=\dfrac{1}{x+\sqrt{1+x^2}}\cdot\left(1+\dfrac{2x}{2\sqrt{1+x^2}}\right)=\dfrac{1}{\sqrt{1+x^2}}$,

$y''=-\dfrac{1}{1+x^2}\cdot(\sqrt{1+x^2})'=-\dfrac{1}{1+x^2}\cdot\dfrac{2x}{2\sqrt{1+x^2}}=-\dfrac{x}{(1+x^2)^{\frac{3}{2}}}$.

3. 若 $f''(x)$存在,求下列函数的二阶导数$\dfrac{\mathrm{d}^2y}{\mathrm{d}x^2}$:

(1) $y=f(x^2)$;　　　　(2) $y=\ln[f(x)]$.

解　(1) $y'=f'(x^2)\cdot(x^2)'=2xf'(x^2)$,

$y''=2f'(x^2)+2xf''(x^2)(x^2)'=2f'(x^2)+4x^2f''(x^2)$.

(2) $y'=\dfrac{1}{f(x)}f'(x)$,

$$y''=\frac{f''(x)f(x)-f'(x)f'(x)}{[f(x)]^2}=\frac{f''(x)f(x)-[f'(x)]^2}{[f(x)]^2}.$$

4. 试从$\dfrac{\mathrm{d}x}{\mathrm{d}y}=\dfrac{1}{y'}$导出:

(1) $\dfrac{\mathrm{d}^2x}{\mathrm{d}y^2}=-\dfrac{y''}{(y')^3}$;　　　(2) $\dfrac{\mathrm{d}^3x}{\mathrm{d}y^3}=\dfrac{3(y'')^2-y'y'''}{(y')^5}$.

注意y'为x的函数

解　(1) $\dfrac{\mathrm{d}^2x}{\mathrm{d}y^2}=\dfrac{\mathrm{d}}{\mathrm{d}y}\left(\dfrac{\mathrm{d}x}{\mathrm{d}y}\right)=\dfrac{\mathrm{d}}{\mathrm{d}y}\left(\dfrac{1}{y'}\right)=\dfrac{\mathrm{d}}{\mathrm{d}x}\left(\dfrac{1}{y'}\right)\cdot\dfrac{\mathrm{d}x}{\mathrm{d}y}=\dfrac{-y''}{(y')^2}\cdot\dfrac{1}{y'}=-\dfrac{y''}{(y')^3}$.

(2) $\dfrac{\mathrm{d}^3x}{\mathrm{d}y^3}=\dfrac{\mathrm{d}}{\mathrm{d}y}\left[-\dfrac{y''}{(y')^3}\right]=\dfrac{\mathrm{d}}{\mathrm{d}x}\left[-\dfrac{y''}{(y')^3}\right]\cdot\dfrac{\mathrm{d}x}{\mathrm{d}y}=-\dfrac{y'''(y')^3-y''\cdot 3(y')^2y''}{(y')^6}\cdot\dfrac{1}{y'}$

$=\dfrac{3(y'')^2-y'y'''}{(y')^5}$.

6. 密度大的陨星进入大气层时,当它离地心为 s 千米时的速度与$\sqrt{s}$成反比. 试证明陨星的加速度与 s^2 成反比.

证　设陨星的速度为 v,则有 $v=\dfrac{\mathrm{d}s}{\mathrm{d}t}$.

又因陨星离地心为 s 千米时的速度与$\sqrt{s}$成反比,所以不妨假设 $v\sqrt{s}=k$(k 为常数),即$\dfrac{\mathrm{d}s}{\mathrm{d}t}=\dfrac{k}{\sqrt{s}}$. 对此式继续关于 t 求导,得

$$\frac{\mathrm{d}^2s}{\mathrm{d}t^2}=-\frac{k}{2s\sqrt{s}}\cdot\frac{\mathrm{d}s}{\mathrm{d}t}=-\frac{kv}{2s\sqrt{s}}=-\frac{kv\sqrt{s}}{2s^2}=-\frac{k^2}{2s^2}.$$

而陨星的加速度为$\dfrac{\mathrm{d}^2s}{\mathrm{d}t^2}$,则$\dfrac{\mathrm{d}^2s}{\mathrm{d}t^2}\cdot s^2=\left(-\dfrac{k^2}{2s^2}\right)\cdot s^2=-\dfrac{1}{2}k^2$,

所以陨星的加速度与 s^2 成反比.

10. 求下列函数所指定的阶的导数:

(2) $y=x^2\sin 2x$,求 $y^{(50)}$.

解　(2) 令 $u=x^2$，$v=\sin 2x$，则有

$$u'=2x,u''=2,u'''=0,$$

$$v^{(48)}=2^{48}\sin\left(2x+48\cdot\frac{\pi}{2}\right)=2^{48}\sin 2x,$$

$$v^{(49)}=2^{49}\cos 2x,v^{(50)}=-2^{50}\sin 2x.$$

由莱布尼兹公式得

$$\begin{aligned}y^{(50)}&=u^{(50)}\cdot v+C_{50}^{1}u^{(49)}\cdot v'+C_{50}^{2}u^{(48)}\cdot v''+\cdots+C_{50}^{48}u''\cdot v^{(48)}+C_{50}^{49}u'\cdot v^{(49)}+u\cdot v^{(50)}\\&=C_{50}^{48}u''\cdot v^{(48)}+C_{50}^{49}u'\cdot v^{(49)}+u\cdot v^{(50)}\\&=\frac{50\cdot 49}{2}\cdot 2\cdot 2^{48}\sin 2x+50\cdot 2x\cdot 2^{49}\cos 2x+x^2\cdot(-2^{50}\sin 2x)\\&=2^{50}\left(-x^2\sin 2x+50x\cos 2x+\frac{1\ 225}{2}\sin 2x\right).\end{aligned}$$

第四节　隐函数及由参数方程所确定的函数的导数 相关变化率

4.1　学习目标

会求隐函数、由参数方程所确定的函数的导数．

4.2　内容提要

1. 隐函数的导数

若函数 $y=f(x)$ 是由方程 $F(x,y)=0$ 所确定的可导函数，则 $f'(x)$ 可由隐函数的求导方法求出．同时，$f(x)$ 的高阶导数也可以用上述方法求出．

其步骤为：(1)确定方程所确定的隐函数的自变量和因变量；(2)等式两边同时对自变量求导数；(3)解出导数或高阶导数．

2. 幂指函数和复杂根式连乘积的导数

对于幂指函数，或者表达式中含有复杂根式的连乘积的形式，对等式两边同时取自然对数，采用对数求导数的方法更为简单一些．

3. 参数方程所确定函数的导数

若函数 $f(x)$ 是由参数方程 $\begin{cases}x=x(t)\\y=y(t)\end{cases}$ 所确定的函数，则函数的导数用参数方程可以表示为

$$y'(x)=\frac{\mathrm{d}y}{\mathrm{d}x}=\frac{y'(t)}{x'(t)},$$

其二阶导数为

$$y''(x)=\frac{y''(t)x'(t)-x''(t)y'(t)}{[x'(t)]^3}.$$

4.3　典型例题与方法

基本题型Ⅰ:隐函数求导

例 1　设函数 $y=y(x)$ 由方程 $2^{xy}=x+y$ 所确定,求 $\left.\dfrac{dy}{dx}\right|_{x=0}$.

【分析】　该题为隐函数求导,属于基本题.方程两边同时求导,然后将 $x=0$ 代入.

解　把 $x=0$ 代入 $2^{xy}=x+y$,得 $y=1$.

对方程两边关于 x 求导,得

$$2^{xy}\cdot\ln2\cdot(y+xy')=1+y'.$$

令 $x=0,y=1$,得 $\left.\dfrac{dy}{dx}\right|_{x=0}=\ln2-1$.

例 2　求由方程 $x-y+\dfrac{1}{2}\sin y=0$ 所确定的隐函数 $y=f(x)$ 的二阶导数 $\dfrac{d^2y}{dx^2}$.

解　方法一:方程两边对 x 求导,得

$$1-y'+\frac{y'}{2}\cos y=0,$$

解得

$$y'=\frac{2}{2-\cos y}.$$

由此得 $\dfrac{d^2y}{dx^2}=\dfrac{d}{dx}\left(\dfrac{2}{2-\cos y}\right)=\dfrac{-2\sin y\cdot y'}{(2-\cos y)^2}=\dfrac{-4\sin y}{(2-\cos y)^3}$.

方法二:方程两边对 x 求导,得

$$1-y'+\frac{y'}{2}\cos y=0.\qquad(1)$$

y, y′均为x的函数

(1)式两端继续对 x 求导,得

$$-y''+\frac{1}{2}(y''\cos y-y'\sin y\cdot y')=0,$$

解得

$$y''=\frac{-\frac{1}{2}y'^2\sin y}{1-\frac{1}{2}\cos y}=\frac{-y'^2\sin y}{2-\cos y}=\frac{-\left(\frac{2}{2-\cos y}\right)^2\sin y}{2-\cos y}=\frac{-4\sin y}{(2-\cos y)^3}.$$

【方法点击】　求隐函数的二阶导数,一般有两种解法:

(1) 方程两边同时对自变量求导,先求出一阶导数 y',再用复合函数求导法则求出二阶导数;

(2) 方程两边同时对自变量求导两次,然后解出 y''.

基本题型Ⅱ:幂指函数与连乘积、乘方、开方形式的求导

例 3　求 $y=\sqrt[x]{x}\,(x>0)$ 的导数.

解　方法一:等式两边取自然对数,得 $\ln y=\dfrac{1}{x}\ln x$.

故
$$y'\cdot\frac{1}{y}=-\frac{1}{x^2}\ln x+\frac{1}{x}\cdot\frac{1}{x}.$$

解得 $y'=\sqrt[x]{x}\cdot\frac{1-\ln x}{x^2}$.

方法二:将 y 变形为 $y=e^{\ln\sqrt[x]{x}}=e^{\frac{1}{x}\ln x}$,故
$$\frac{dy}{dx}=e^{\frac{1}{x}\ln x}\cdot\left(-\frac{1}{x^2}\ln x+\frac{1}{x^2}\right)=\frac{1-\ln x}{x^2}\cdot e^{\frac{1}{x}\ln x}=\frac{1-\ln x}{x^2}\cdot\sqrt[x]{x}.$$

例 4 设 $y=\frac{\sqrt[3]{x-1}}{(1+x)^2\sqrt[3]{2x-5}}$,求 y'.

解 对函数两边取自然对数,得
$$\ln y=\frac{1}{3}\ln(x-1)-2\ln(1+x)-\frac{1}{3}\ln(2x-5),$$
两边同时对自变量 x 求导,得
$$\frac{1}{y}y'=\frac{1}{3(x-1)}-\frac{2}{x+1}-\frac{2}{3(2x-5)},$$
所以
$$y'(x)=\frac{\sqrt[3]{x-1}}{(1+x)^2\sqrt[3]{2x-5}}\left[\frac{1}{3(x-1)}-\frac{2}{x+1}-\frac{2}{3(2x-5)}\right].$$

【方法点击】 对于此类函数求导,通常等式两端先取自然对数,然后求导.对函数取对数后可以减轻求导的计算量.

基本题型Ⅲ:参数方程求导

例 5 求下列参数方程所确定的函数的二阶导数 $\frac{d^2y}{dx^2}$.

(1) $\begin{cases}x=\ln(1+t^2),\\ y=t-\arctan t.\end{cases}$ (2) $\begin{cases}x=f'(t),\\ y=tf'(t)-f(t),\end{cases}$ $f''(t)$存在且 $f''(t)\neq0$.

【分析】 本题为参数方程所确定函数的高阶导数,利用公式求解即可.但是一定要注意是对哪一个变量求的导数,是中间变量还是自变量.

解 (1) $\frac{dy}{dx}=\frac{(t-\arctan t)'}{[\ln(1+t^2)]'}=\frac{1-\frac{1}{1+t^2}}{\frac{2t}{1+t^2}}=\frac{1}{2}t,$

$\frac{dy}{dx}$整理到最简的形式

$$\frac{d^2y}{dx^2}=\frac{d}{dt}\left(\frac{dy}{dx}\right)\cdot\frac{dt}{dx}=\frac{\frac{d}{dt}\left(\frac{dy}{dx}\right)}{\frac{dx}{dt}}=\frac{\frac{1}{2}}{\frac{2t}{1+t^2}}=\frac{1+t^2}{4t}.$$

(2) $\frac{dy}{dx}=\frac{dy}{dt}\cdot\frac{dt}{dx}=\frac{y'(t)}{x'(t)}=\frac{f'(t)+tf''(t)-f'(t)}{f''(t)}=t,$

$$\frac{d^2y}{dx^2}=\frac{d}{dt}\left(\frac{dy}{dx}\right)\cdot\frac{dt}{dx}=\frac{\frac{d}{dt}\left(\frac{dy}{dx}\right)}{\frac{dx}{dt}}=\frac{1}{f''(t)}.$$

例 6　求曲线$\begin{cases} x=e^t\sin 2t, \\ y=e^t\cos t \end{cases}$在点(0,1)处的法线方程．

【分析】　利用参数方程所确定函数的求导法则求出函数的导数，由导数的几何意义确定法线斜率，写出法线方程．

解　$\frac{dy}{dx}=\frac{dy/dt}{dx/dt}=\frac{e^t\cos t-e^t\sin t}{e^t\sin 2t+2e^t\cos 2t}=\frac{\cos t-\sin t}{\sin 2t+2\cos 2t}$,

当 $x=0, y=1$ 时，$t=0$，从而$\left.\frac{dy}{dx}\right|_{t=0}=\frac{1}{2}$,

曲线的切线斜率与法线斜率互为负倒数

所以法线斜率为

$$k=-2,$$

则曲线在(0,1)处法线方程为

$$y=1-2x.$$

【方法点击】　参数方程所确定的函数的一阶导数一般都是参变量 t 的函数，注意所求函数的二阶导数$\frac{d^2y}{dx^2}$是一阶导数$\frac{dy}{dx}$再对 x 求导，而不是对参变量 t 求导．

基本题型Ⅳ：相关变化率问题

例 7　有一倒圆锥形的蓄水器，其高为 $H=10$ m，上圆半径为 $R=4$ m. 现向容器中以每分钟 1 m^3 的速度注水，求水面上升至 5 m 时水面上升的速度．

解　设在 t 时刻，蓄水器内水位的高度为 $y(t)$. 根据位移与速度的关系，$y'(t)$就是所要求的速率，由题意得

$$V=\frac{1}{3}\pi r^2 y=\frac{1}{3}\pi\left(\frac{Ry}{H}\right)^2 y=\frac{\pi R^2}{3H^2}y^3,$$

所以 $V=\frac{4\pi}{75}y^3$. 两边对 t 求导数，得

$$\frac{dV}{dt}=\frac{4\pi}{25}y^2\cdot y'(t).$$

将$\frac{dV}{dt}=1, y=5$ 代入得　$1=\frac{4\pi}{25}\cdot 25\cdot y'(t)$.

$$\left.y'(t)\right|_{y=5}=\frac{1}{4\pi}\approx 0.08 \text{ m/min}.$$

所以，当水平面升至 5 m 时，水面上升的速度约为 0.08 m/min.

【方法点击】　本题是一个相关变化率的问题．此类问题大部分是实际问题，解题时关键是要把实际问题用数学语言表述出来，即写出问题的函数表达式，然后求相应的导数即可．

4.4　习题 2-4 解答

2. 求曲线 $x^{\frac{2}{3}}+y^{\frac{2}{3}}=a^{\frac{2}{3}}$ 在点$\left(\frac{\sqrt{2}}{4}a, \frac{\sqrt{2}}{4}a\right)$处的切线方程和法线方程．

解　对方程两边求导数，得

$$\frac{2}{3}x^{-\frac{1}{3}}+\frac{2}{3}y^{-\frac{1}{3}}y'=0,$$

化简,得

$$y'=-\frac{x^{-\frac{1}{3}}}{y^{-\frac{1}{3}}},$$

则在点$\left(\frac{\sqrt{2}}{4}a,\frac{\sqrt{2}}{4}a\right)$处,

$$y'=-1.$$

所求切线方程为

$$y-\frac{\sqrt{2}}{4}a=-\left(x-\frac{\sqrt{2}}{4}a\right),\text{即 } x+y-\frac{\sqrt{2}}{2}a=0.$$

所求法线方程为

$$y-\frac{\sqrt{2}}{4}a=\left(x-\frac{\sqrt{2}}{4}a\right),\text{即 } x-y=0.$$

4. 用对数求导法求下列函数的导数:

(1) $y=\left(\frac{x}{1+x}\right)^x$;　　(2) $y=\sqrt[5]{\frac{x-5}{\sqrt[5]{x^2+2}}}$;

(3) $y=\frac{\sqrt{x+2}(3-x)^4}{(x+1)^5}$;　　(4) $y=\sqrt{x\sin x\sqrt{1-\mathrm{e}^x}}$.

解 (1) 两边取对数得

$$\ln y=x\ln x-x\ln(1+x),$$

两边求导得

$$\frac{1}{y}y'=\ln x+x\cdot\frac{1}{x}-\ln(1+x)-x\cdot\frac{1}{1+x},$$

于是

$$y'=\left(\frac{x}{1+x}\right)^x\left[\ln\frac{x}{1+x}+\frac{1}{1+x}\right].$$

(2) 不妨设 $x>5$,两边取对数得

$$\ln y=\frac{1}{5}\ln(x-5)-\frac{1}{25}\ln(x^2+2),$$

两边求导得

$$\frac{1}{y}y'=\frac{1}{5}\cdot\frac{1}{x-5}-\frac{1}{25}\cdot\frac{2x}{x^2+2},$$

于是

$$y'=\frac{1}{5}\sqrt[5]{\frac{x-5}{\sqrt[5]{x^2+2}}}\cdot\left[\frac{1}{x-5}-\frac{2x}{5(x^2+2)}\right].$$

当 $x<5$ 时,用同样的方法可得到与上面相同的结果.

(3) 不妨设 $-1<x<3$,两边取对数得

$$\ln y=\frac{1}{2}\ln(x+2)+4\ln(3-x)-5\ln(x+1),$$

两边求导得

$$\frac{1}{y}y'=\frac{1}{2(x+2)}-\frac{4}{3-x}-\frac{5}{x+1},$$

于是
$$y'=\frac{\sqrt{x+2}(3-x)^4}{(x+1)^5}\left[\frac{1}{2(x+2)}+\frac{4}{x-3}-\frac{5}{x+1}\right].$$

当 $-2<x<-1$ 或 $x>3$ 时，用同样的方法可得到与上面相同的结果．

(4) 该函数的定义域为 $x\leqslant 0$，且 $\sin x\leqslant 0$，两边取对数得

$$\ln y=\frac{1}{2}\ln(-x)+\frac{1}{2}\ln(-\sin x)+\frac{1}{4}\ln(1-e^x),$$

两边求导得

$$\frac{1}{y}y'=\frac{1}{2x}+\frac{1}{2}\cot x-\frac{e^x}{4(1-e^x)},$$

于是

$$y'=\sqrt{x\sin x\sqrt{1-e^x}}\left[\frac{1}{2x}+\frac{1}{2}\cot x-\frac{e^x}{4(1-e^x)}\right]$$
$$=\frac{1}{2}\sqrt{x\sin x\sqrt{1-e^x}}\left[\frac{1}{x}+\cot x+\frac{e^x}{2(e^x-1)}\right].$$

8. 求下列参数方程所确定的函数的二阶导数 $\frac{d^2y}{dx^2}$：

(1) $\begin{cases}x=\frac{t^2}{2},\\ y=1-t;\end{cases}$　　(2) $\begin{cases}x=a\cos t,\\ y=b\sin t;\end{cases}$

(3) $\begin{cases}x=3e^{-t},\\ y=2e^t;\end{cases}$

解 (1) $\frac{dy}{dx}=\frac{y'_t}{x'_t}=\frac{-1}{t}, \frac{d^2y}{dx^2}=\frac{(y'_x)'_t}{x'_t}=\frac{\frac{1}{t^2}}{t}=\frac{1}{t^3}.$

(2) $\frac{dy}{dx}=\frac{y'_t}{x'_t}=\frac{b\cos t}{-a\sin t}=-\frac{b}{a}\cot t, \frac{d^2y}{dx^2}=\frac{(y'_x)'_t}{x'_t}=\frac{\frac{b}{a}\csc^2 t}{-a\sin t}=-\frac{b}{a^2\sin^3 t}=-\frac{b}{a^2}\csc^3 t.$

(3) $\frac{dy}{dx}=\frac{y'_t}{x'_t}=\frac{2e^t}{-3e^{-t}}=-\frac{2}{3}e^{2t}, \frac{d^2y}{dx^2}=\frac{(y'_x)'_t}{x'_t}=\frac{-\frac{2}{3}\cdot 2e^{2t}}{-3e^{-t}}=\frac{4}{9}e^{3t}.$

10. 落在平静水面上的石头，产生同心波纹．若最外一圈波半径的增大速率总是 6 m/s，问在 2 秒末扰动水面面积增大的速率为多少？

解 设最外一圈波的半径为 r，时间为 t．由已知条件知 $\frac{dr}{dt}=6$ m/s．设对应圆的面积为 S，则 $S=\pi r^2$．两边同时对 t 求导得

$$\frac{dS}{dt}=\pi\cdot 2r\cdot\frac{dr}{dt}=12\pi r.$$

当 $t=2$ 时，$r=6\times 2=12$．

所以

$$\frac{\mathrm{d}S}{\mathrm{d}t}=12\pi\cdot 12=144\pi(\mathrm{m}^2/\mathrm{s}).$$

11. 注水入深 8 m 上顶直径 8 m 的正圆锥形容器中,其速率为 4 m^3/min,当水深为 5 m 时,其表面上升的速率为多少?

解 水深为 h 时,水面半径为 $r=\frac{1}{2}h$,水面面积为 $S=\frac{1}{4}h^2\pi$,水的体积为

$$V=\frac{1}{3}Sh=\frac{1}{3}\cdot\frac{1}{4}h^2\pi\cdot h=\frac{\pi}{12}h^3.$$

对体积关于 t 求导,得

$$\frac{\mathrm{d}V}{\mathrm{d}t}=\frac{\pi}{12}\cdot 3h^2\cdot\frac{\mathrm{d}h}{\mathrm{d}t},$$

由此解得

$$\frac{\mathrm{d}h}{\mathrm{d}t}=\frac{4}{\pi h^2}\cdot\frac{\mathrm{d}V}{\mathrm{d}t}.$$

由已知条件知 $\frac{\mathrm{d}V}{\mathrm{d}t}=4(\mathrm{m}^3/\mathrm{min})$. 当水深为 5 m,即 $h=5(\mathrm{m})$ 时,

$$\frac{\mathrm{d}h}{\mathrm{d}t}=\frac{4}{\pi h^2}\cdot\frac{\mathrm{d}V}{\mathrm{d}t}=\frac{4}{25\pi}\cdot 4=\frac{16}{25\pi}(\mathrm{m}/\mathrm{min}).$$

12. 溶液自深 18 cm 顶直径 12 cm 的正圆锥形漏斗中漏入一直径为 10 cm 的圆柱形筒中,开始时漏斗中盛满了溶液. 已知当溶液在漏斗中深为 12 cm 时,其表面下降的速率为 1 cm/min. 问此时圆柱形筒中溶液表面上升的速率为多少?

解 设在 t 时刻漏斗中的水深为 y,水面半径为 r,圆柱形筒中水深为 h. 于是有

$$\frac{1}{3}\cdot 6^2\pi\cdot 18-\frac{1}{3}\pi r^2y=5^2\pi h.$$

由已知条件知 $\frac{r}{6}=\frac{y}{18}$,得 $r=\frac{y}{3}$. 代入上式得

$$\frac{1}{3}\cdot 6^2\cdot 18-\frac{1}{3^3}y^3=5^2h.$$

两边关于 t 求导得

$$-\frac{1}{3^2}y^2\cdot\frac{\mathrm{d}y}{\mathrm{d}t}=5^2\cdot\frac{\mathrm{d}h}{\mathrm{d}t}.$$

当 $y=12$ 时,$\frac{\mathrm{d}y}{\mathrm{d}t}=-1$,代入上式得

$$\frac{\mathrm{d}h}{\mathrm{d}t}=\frac{-\frac{1}{3^2}\cdot 12^2\cdot(-1)}{5^2}=\frac{16}{25}(\mathrm{cm}/\mathrm{min}).$$

第五节 函数的微分

5.1 学习目标

理解微分的概念,理解导数和微分的关系,了解微分的四则运算法则和一阶微分形式不

变性，会求函数的微分．

5.2　内容提要

1. 函数在一点可微分的定义

设函数 $y=f(x)$ 在 x 的某个邻域内有定义，给自变量一个增量 Δx，若函数因变量的增量可以表示为 $\Delta y=A\Delta x+o(\Delta x)$，其中 A 是与 Δx 无关的一个常数，则称函数在点 x 是可微分的，并称线性主部 $A\Delta x$ 为函数在该点的微分，记为 $\mathrm{d}y=A\Delta x$.

2. 可导与可微的关系

若函数 $y=f(x)$ 在点 x 可微，则其在该点一定可导；反之亦成立．且 $\mathrm{d}y=f'(x)\mathrm{d}x$.

3. 微分的运算法则

设 $u(x),v(x)$ 均为可微函数，则

$$\mathrm{d}(u\pm v)=\mathrm{d}u\pm\mathrm{d}v,$$
$$\mathrm{d}(uv)=v\mathrm{d}u+u\mathrm{d}v,$$
$$\mathrm{d}\left(\frac{u}{v}\right)=\frac{v\mathrm{d}u-u\mathrm{d}v}{v^2}.$$

4. 一阶微分形式不变性

对某一函数求一阶微分的时候，微分形式前面是对哪个变量的导数，后面就应该是哪个自变量的微分形式，这是固定不变的．微分的这一性质称为一阶微分的形式不变性．

5. 微分的应用

(1) 近似计算公式：

$$\Delta y\approx\mathrm{d}y=y'|_{x=x_0}\cdot\Delta x;$$
$$f(x)\approx f(x_0)+f'(x_0)\cdot(x-x_0).$$

(2) 误差估计：在实际问题中，由于精确值很难知道，常常使用误差界来进行误差分析．设 x 的绝对误差界为 δ_x，则变量 y 的绝对误差界为 $\delta_y=|f'(x_0)|\cdot\delta_x$，相对误差界为 $\frac{\delta_y}{|y|}=\left|\frac{y'}{y}\right|\cdot\delta_x$.

5.3　典型例题与方法

基本题型Ⅰ：求函数的微分

例 1　求下列函数的微分 $\mathrm{d}y$

(1) $y=x\ln(\sec x+\tan x)$；　　(2) $y=\ln(1+\mathrm{e}^{x^2})$.

解　(1) $y'=\ln(\sec x+\tan x)+x\cdot\dfrac{\sec x\cdot\tan x+\sec^2x}{\sec x+\tan x}$,

所以

$$\mathrm{d}y=y'\mathrm{d}x=\left[\ln(\sec x+\tan x)+x\cdot\frac{\sec x\cdot\tan x+\sec^2x}{\sec x+\tan x}\right]\mathrm{d}x$$
$$=\left[\ln(\sec x+\tan x)+\frac{x}{\cos x}\right]\mathrm{d}x.$$

$\sec x=\dfrac{1}{\cos x}$

(2) $dy=\frac{1}{1+e^{x^2}}d(1+e^{x^2})=\frac{1}{1+e^{x^2}}\cdot e^{x^2}\cdot dx^2=\frac{2xe^{x^2}}{1+e^{x^2}}dx$.

例 2 设 $y=y(x)$ 由方程 $\sin(xy)+\ln(y-x)=x$ 确定，求 $dy|_{x=0}$.

解 方法一：用微分法则，等式两端求微分得

$$\cos xy\cdot(y dx+x dy)+\frac{1}{y-x}(dy-dx)=dx.$$

又 $x=0$ 时，$y=1$ ，代入上式得

$$dx+(dy-dx)=dx.$$

所以 $dy|_{x=0}=dx$.

方法二：方程 $\sin(xy)+\ln(y-x)=x$ 两边同时对 x 求导，得

$$\cos xy\cdot(y+xy')+\frac{1}{y-x}(y'-1)=1.$$

代入 $x=0,y=1$，得 $y'(0)=1$.

所以 $dy|_{x=0}=y'(0)dx=dx$.

【方法点击】 求函数的微分有两种方法：

(1) 先求出函数的导数，然后代入 $dy=f'(x)dx$；

(2) 直接用微分的计算公式.

基本题型Ⅱ：微分的应用

例 3 计算反三角函数 arccos 0.499 5 值的近似值.

解 已知 $f(x+\Delta x)\approx f(x)+f'(x)\Delta x$，当 $f(x)=\arccos x$ 时，有

$$\arccos(x+\Delta x)\approx\arccos x-\frac{1}{\sqrt{1-x^2}}\cdot\Delta x,$$

所以

$$\arccos 0.4995=\arccos(0.5-0.0005)\approx\arccos 0.5-\frac{1}{\sqrt{1-0.5^2}}\cdot(-0.0005)$$

$$=\frac{\pi}{3}+\frac{2}{\sqrt{3}}\cdot 0.0005\approx 60°2'.$$

5.4 习题 2-5 解答

1. 已知 $y=x^3-x$，计算在 $x=2$ 处当 Δx 分别等于 1，0.1，0.01 时的 Δy 及 dy.

解 $\Delta y|_{x=2,\Delta x=1}=[(2+1)^3-(2+1)]-(2^3-2)=18$,

$dy|_{x=2,\Delta x=1}=(3x^2-1)\Delta x|_{x=2,\Delta x=1}=11$;

$\Delta y|_{x=2,\Delta x=0.1}=[(2+0.1)^3-(2+0.1)]-(2^3-2)=1.161$,

$dy|_{x=2,\Delta x=0.1}=(3x^2-1)\Delta x|_{x=2,\Delta x=0.1}=1.1$;

$\Delta y|_{x=2,\Delta x=0.01}=[(2+0.01)^3-(2+0.01)]-(2^3-2)=0.110601$,

$dy|_{x=2,\Delta x=0.01}=(3x^2-1)\Delta x|_{x=2,\Delta x=0.01}=0.11$.

8. 计算下列反三角函数值的近似值：

(1) arcsin 0.500 2.

解 (1) 已知 $f(x+\Delta x)\approx f(x)+f'(x)\Delta x$，当 $f(x)=\arcsin x$ 时，有

$$\arcsin(x+\Delta x)\approx\arcsin x+\frac{1}{\sqrt{1-x^2}}\cdot\Delta x,$$

所以

$$\arcsin 0.500\,2=\arcsin(0.5+0.000\,2)\approx\arcsin 0.5+\frac{1}{\sqrt{1-0.5^2}}\cdot 0.000\,2$$

$$=\frac{\pi}{6}+\frac{2}{\sqrt{3}}\cdot 0.000\,2\approx 30°47''.$$

9. 当 $|x|$ 较小时，证明下列近似公式：

(1) $\tan x\approx x$（x 是角的弧度值）；　(2) $\ln(1+x)\approx x$；　(3) $\dfrac{1}{1+x}\approx 1-x$，

并计算 $\tan 45'$ 和 $\ln 1.002$ 的近似值 .

证　(1) 当 $|\Delta x|$ 较小时，$f(x_0+\Delta x)\approx f(x_0)+f'(x_0)\Delta x$. 取 $f(x)=\tan x, x_0=0$，$\Delta x=x$，则有

$$\tan x=\tan(0+x)\approx\tan 0+\sec^2 0\cdot x=\sec^2 0\cdot x=x.$$

(2) 当 $|\Delta x|$ 较小时，$f(x_0+\Delta x)\approx f(x_0)+f'(x_0)\Delta x$. 取 $f(x)=\ln x, x_0=1, \Delta x=x$，则有

$$\ln(1+x)\approx\ln 1+(\ln x)'\big|_{x=1}\cdot x=x.$$

(3) 当 $|\Delta x|$ 较小时，$f(x_0+\Delta x)\approx f(x_0)+f'(x_0)\Delta x$. 取 $f(x)=\dfrac{1}{x}, x_0=1, \Delta x=x$，

则有

$$\frac{1}{1+x}\approx 1+\left(\frac{1}{x}\right)'\bigg|_{x=1}\cdot x=1-x.$$

$$\tan 45'\approx 45'\approx 0.013\,09.$$

$$\ln 1.002=\ln(1+0.002)\approx 0.002.$$

本章综合例题解析

例 1　设 $f(0)=0$，则 $f(x)$ 在点 $x=0$ 可导的充要条件为(　　).

A. $\lim\limits_{h\to 0}\dfrac{1}{h^2}f(1-\cos h)$ 存在　　B. $\lim\limits_{h\to 0}\dfrac{1}{h}f(1-e^h)$ 存在

C. $\lim\limits_{h\to 0}\dfrac{1}{h^2}f(h-\sin h)$ 存在　　D. $\lim\limits_{h\to 0}\dfrac{1}{h}[f(2h)-f(h)]$ 存在

【分析】　当 $f(0)=0$ 时，$f(x)$ 在点 $x=0$ 可导的充要条件是极限 $\lim\limits_{x\to 0}\dfrac{f(x)}{x}$ 存在，因此关键是找出四个选项中哪一个选项与这个极限存在等价 .

解　$\lim\limits_{h\to 0}\dfrac{1}{h}f(1-e^h)=\lim\limits_{h\to 0}\dfrac{f(1-e^h)}{e^h-1}=-\lim\limits_{x\to 0}\dfrac{f(x)}{x}$，　令 $x=e^h-1$

故 $f(x)$ 在点 $x=0$ 可导的充要条件是极限 $\lim\limits_{h\to 0}\dfrac{1}{h}f(1-e^h)$ 存在，应选 B.

A、C、D 均为必要而非充分条件，可举反例说明不成立 .

比如,$f(x)=|x|$在$x=0$处不可导,但

$$\lim_{h\to 0}\frac{1}{h^2}f(1-\cos h)=\lim_{h\to 0}\frac{|1-\cos h|}{h^2}=\lim_{h\to 0}\frac{\frac{1}{2}h^2}{h^2}=\frac{1}{2},\text{排除 A};$$

注意:
$h-\sin h\sim\frac{1}{6}h^3(h\to 0)$

$$\lim_{h\to 0}\frac{1}{h^2}f(h-\sin h)=\lim_{h\to 0}\frac{|h-\sin h|}{h^2}=\lim_{h\to 0}\left|\frac{\sin h-h}{h^3}\right|\cdot|h|=0,\text{排除 C};$$

又如 $f(x)=\begin{cases}1,x\neq 0,\\0,x=0\end{cases}$ 在点$x=0$处不可导,但$\lim\limits_{h\to 0}\frac{1}{h}[f(2h)-f(h)]=\lim\limits_{h\to 0}\frac{1-1}{h}=0$,可排除 D.

【注】 当$f(x)$在点$x=0$可导时,有$\lim\limits_{h\to 0}\frac{1}{h}[f(2h)-f(h)]=f'(0)$.

例 2 设函数$f(x)=\lim\limits_{n\to\infty}\sqrt[n]{1+|x|^{3n}}$,则$f(x)$在$(-\infty,+\infty)$内(　　).

A. 处处可导　　B. 恰有一个不可导点

C. 恰有两个不可导点　　D. 至少有三个不可导点

【分析】 先求出$f(x)$的表达式,再讨论其可导情形.

解 当$|x|<1$时,$f(x)=\lim\limits_{n\to\infty}\sqrt[n]{1+|x|^{3n}}=1$;

当$|x|=1$时,$f(x)=\lim\limits_{n\to\infty}\sqrt[n]{1+1}=1$;

当$|x|>1$时,$f(x)=\lim\limits_{n\to\infty}|x|^3\cdot\left(\frac{1}{|x|^{3n}}+1\right)^{\frac{1}{n}}=|x|^3$.

即 $f(x)=\begin{cases}-x^3, & x<-1,\\ 1, & -1\leqslant x\leqslant 1,\\ x^3, & x>1,\end{cases}$ 可见$f(x)$仅在$x=\pm 1$时不可导,故应选 C.

【注】 本题综合考查了数列极限的计算与分段函数在分段点的导数问题.

例 3 讨论函数 $f(x)=\begin{cases}\dfrac{x}{1-e^{\frac{1}{x}}},x\neq 0,\\ 0,x=0\end{cases}$ 在$x=0$处的连续性与可导性.

【分析】 分段函数在分段点处的连续性与可导性的判断应该用定义,而且如果在此分段点两侧函数表达式不同,则分别考虑函数在该点的左、右极限及左、右导数.本题中,虽然$f(x)$在$x=0$两侧的表达式相同,但由于$\lim\limits_{x\to 0^-}e^{\frac{1}{x}}\neq\lim\limits_{x\to 0^+}e^{\frac{1}{x}}$,所以也应分别计算函数在$x=0$处的左、右导数.

解 因为

$$\lim_{x\to 0^-}e^{\frac{1}{x}}=0,\lim_{x\to 0^+}e^{\frac{1}{x}}=+\infty,$$

所以

$$\lim_{x\to 0^-}f(x)=\lim_{x\to 0^-}\frac{x}{1-e^{\frac{1}{x}}}=0,\lim_{x\to 0^+}f(x)=\lim_{x\to 0^+}\frac{x}{1-e^{\frac{1}{x}}}=0.$$

于是$\lim\limits_{x\to 0}f(x)=0=f(0)$,故函数$f(x)$在$x=0$处连续.又因为

$$f'_-(0)=\lim_{x\to0^-}\frac{f(x)-f(0)}{x-0}=\lim_{x\to0^-}\frac{1}{1-e^{\frac{1}{x}}}=1,$$

$$f'_+(0)=\lim_{x\to0^+}\frac{f(x)-f(0)}{x-0}=\lim_{x\to0^+}\frac{1}{1-e^{\frac{1}{x}}}=0,$$

则 $f'_-(0)\neq f'_+(0)$，所以函数 $f(x)$ 在 $x=0$ 处不可导．

例 4　设函数 $f(x)=\begin{cases}x^\alpha\sin\dfrac{1}{x}, & x\neq0,\\ 0, & x=0.\end{cases}$

求(1) 当 α 取何值时，$f(x)$ 在 $x=0$ 处连续；

(2) 当 α 取何值时，$f(x)$ 在 $x=0$ 处可导；

(3) 当 α 取何值时，$f(x)$ 在 $x=0$ 处导函数连续；

(4) 当 α 取何值时，$f(x)$ 在 $x=0$ 处二阶可导．

无穷小量乘有界变量仍然是无穷小

解　(1) 因为 $\lim\limits_{x\to0}f(x)=\lim\limits_{x\to0}x^\alpha\sin\dfrac{1}{x}=\begin{cases}0=f(0),\alpha>0,\\ 不存在,\alpha\leqslant0,\end{cases}$

所以，当 $\alpha>0$ 时，$f(x)$ 在 $x=0$ 处连续．

(2) 因为

$$f'(0)=\lim_{x\to0}\frac{f(x)-f(0)}{x-0}=\lim_{x\to0}x^{\alpha-1}\sin\frac{1}{x}=\begin{cases}0,\alpha-1>0,\\ 不存在,\alpha-1\leqslant0,\end{cases}$$

所以，当 $\alpha>1$ 时，$f(x)$ 在 $x=0$ 处可导．

(3) $f'(x)=\begin{cases}\alpha x^{\alpha-1}\sin\dfrac{1}{x}-x^{\alpha-2}\cos\dfrac{1}{x},x\neq0,\\ 0,x=0.\end{cases}$

因为

$$\lim_{x\to0}f'(x)=\lim_{x\to0}\left(\alpha x^{\alpha-1}\sin\frac{1}{x}-x^{\alpha-2}\cos\frac{1}{x}\right)=\begin{cases}0=f'(0),\alpha-2>0,\\ 不存在,\alpha-2\leqslant0,\end{cases}$$

所以，当 $\alpha>2$ 时，$f'(x)$ 在 $x=0$ 处连续．

(4) 因为

$$f''(0)=\lim_{x\to0}\frac{f'(x)-f'(0)}{x-0}=\lim_{x\to0}\left(\alpha x^{\alpha-2}\sin\frac{1}{x}-x^{\alpha-3}\cos\frac{1}{x}\right),$$

所以，当 $\alpha>3$ 时，$f(x)$ 在 $x=0$ 处二阶可导．

例 5　设 $f(x)=(e^x-1)(e^{2x}-2)\cdots(e^{nx}-n)$，其中 n 为正整数，则 $f'(0)=($　　$)$.

A. $(-1)^{n-1}(n-1)!$　　B. $(-1)^n(n-1)!$　　C. $(-1)^{n-1}n!$　　D. $(-1)^n n!$

解　根据导数的定义，

$$f'(0)=\lim_{x\to0}\frac{f(x)-f(0)}{x-0}=\lim_{x\to0}\frac{(e^x-1)(e^{2x}-2)\cdots(e^{nx}-n)}{x}=\lim_{x\to0}(e^{2x}-2)\cdots(e^{nx}-n)$$

$$=(-1)\times(-2)\times\cdots\times[-(n-1)]=(-1)^{n-1}(n-1)!,$$

故选 A.

例 6　设连续曲线 $y=f(x)$ 与 $y=e^x-1$ 在原点相切，求 $\lim\limits_{n\to\infty}\left[nf\left(\dfrac{2}{n}\right)\right]^2$.

【分析】　两曲线在点(0,0)处相切，则两曲线都过该点，且在该点处的切线斜率相等，即在该点处的导数相等.

解 由题设得

$$f(0)=\mathrm{e}^0-1=0,\quad f'(0)=(\mathrm{e}^x-1)'\big|_{x=0}=1.$$

由导数定义,得

$$f'(0)=\lim_{x\to0}\frac{f(x)-f(0)}{x-0}=\lim_{x\to0}\frac{f(x)}{x}=1.$$

故当 $x\to0$ 时,$f(x)$ 与 x 为等价无穷小,从而当 $n\to\infty$ 时,$f\left(\frac{2}{n}\right)$ 与 $\frac{2}{n}$ 为等价无穷小,则

$$\lim_{n\to\infty}\left[nf\left(\frac{2}{n}\right)\right]^2=\lim_{n\to\infty}\left[\frac{\frac{2}{n}}{\frac{1}{n}}\right]^2=4.$$

例 7 设 $f(x)=\begin{cases}\mathrm{e}^x, x<0,\\ ax^2+bx+c, x\geqslant0\end{cases}$ 在 $x=0$ 处二阶可导,即 $f''(0)$ 存在,试确定常数 a,b,c 的值.

【分析】 本题函数 $f(x)$ 为分段函数,所以应从 $f(x)$ 及其一、二阶导数在分段点处的性质入手求出 a,b,c 的值.因为 $f''(0)$ 存在,所以函数 $f(x)$ 和 $f'(x)$ 在 $x=0$ 处连续.而分段函数 $f(x)$ 的导数应分段计算,且分段点处的导数一般用导数的定义求.

解 因为 $f''(0)$ 存在,所以函数 $f(x)$ 和 $f'(x)$ 在 $x=0$ 处连续.由于

$$\lim_{x\to0^-}f(x)=\lim_{x\to0^-}\mathrm{e}^x=1,\quad \lim_{x\to0^+}(ax^2+bx+c)=c,\quad f(0)=c,$$

因此由 $f(x)$ 在 $x=0$ 处连续,可得 $c=1$.

$x<0$ 时,$f'(x)=\mathrm{e}^x$;$x>0$ 时,$f'(x)=2ax+b$.所以

$$\lim_{x\to0^-}f'(x)=\lim_{x\to0^-}\mathrm{e}^x=1,\quad \lim_{x\to0^+}f'(x)=\lim_{x\to0^+}(2ax+b)=b.$$

则由 $f'(x)$ 在 $x=0$ 处连续,可得 $b=1$,并且 $f'(0)=1$.另外

$$f''_-(0)=\lim_{x\to0^-}\frac{f'(x)-f'(0)}{x-0}=\lim_{x\to0^-}\frac{\mathrm{e}^x-1}{x}=1,$$

$$f''_+(0)=\lim_{x\to0^+}\frac{f'(x)-f'(0)}{x-0}=\lim_{x\to0^+}\frac{(2ax+1)-1}{x}=2a.$$

由 $f''(0)$ 存在可得 $f''_-(0)=f''_+(0)$,即 $2a=1$,亦即 $a=\frac{1}{2}$.

例 8 设以 2 为周期的函数 $f(x)$ 在 $(-\infty,+\infty)$ 上可导,且 $\lim\limits_{x\to0}\frac{f(1)-f(1-x)}{2x}=-1$,求曲线 $y=f(x)$ 在点 $(3,f(3))$ 处的切线的斜率.

解 $\lim\limits_{x\to0}\frac{f(1)-f(1-x)}{2x}=\frac{1}{2}\lim\limits_{x\to0}\frac{f[1+(-x)]-f(1)}{-x}=\frac{1}{2}f'(1)=-1,$

即

$$f'(1)=-2.$$

又因为 $f(x+2)=f(x)$,所以 $f'(x+2)=f'(x)$,从而

$$f'(3)=f'(1)=-2.$$

【注】 可导的周期函数,其导数仍为周期函数,且周期相同.

例 9　已知曲线的方程为 $x^3+y^3+(x+1)\cos\pi y+9=0$，求曲线在 $x=-1$ 处的法线方程.

【分析】　本题是隐函数求导和导数的几何意义结合的题目，求出法线的斜率，写出法线方程即可 .

解　由曲线的方程知，当 $x=-1$ 时，$y=-2$. 根据隐函数求导的方法，方程两端同时求导得

$$3x^2+3y^2(x)y'(x)+\cos\pi y(x)+(x+1)[-\sin\pi y(x)]\pi y'(x)=0.$$

将 $x=-1$，$y=-2$ 代入上式，解得 $y'(-1)=-\dfrac{1}{3}$，

也可先解出$y'(x)$，再代入数值，但容易出错

从而法线的斜率 $k=3$.

所以，过 $x=-1$ 点的法线的方程为 $y-(-2)=3[x-(-1)]$，即 $3x-y+1=0$.

例 10　设函数 $f(x)$在 $x=2$ 的某邻域内可导，且 $f'(x)=e^{f(x)}$，$f(2)=1$，求 $f'''(2)$.

解　由 $f'(x)=e^{f(x)}$，得

$$f''(x)=e^{f(x)}f'(x)=[e^{f(x)}]^2,$$

$$\begin{aligned}f'''(x)&=e^{f(x)}[f'(x)]^2+e^{f(x)}f''(x)=e^{f(x)}[e^{f(x)}]^2+e^{f(x)}[e^{f(x)}]^2\\&=2[e^{f(x)}]^3.\end{aligned}$$

所以

$$f'''(2)=2[e^{f(2)}]^3=2e^3.$$

例 11　已知函数 $y=y(x)$由方程 $e^y+6xy+x^2-1=0$ 确定，求 $y''(0)$.

解　方程两边同时对 x 求导，视 y 为 x 的函数，得

$$e^y y'+6xy'+6y+2x=0. \qquad (1)$$

方程两边再对 x 求导，得

$$e^y y''+e^y(y')^2+6xy''+12y'+2=0. \qquad (2)$$

当 $x=0$ 时，由原方程知 $y=0$. 将 $x=0$，$y=0$ 代入(1)，得 $y'(0)=0$；

再代入(2)，得 $y''(0)=-2$.

例 12　设 $y=x\varphi(x)$，其中 $\varphi(x)$在 $x=0$ 点连续，求$y'(x)\big|_{x=0}$.

解　令 $y=f(x)=x\varphi(x)$，

$$y'(x)\big|_{x=0}=\lim_{x\to 0}\frac{f(x)-f(0)}{x-0}=\lim_{x\to 0}\frac{x\varphi(x)}{x}=\lim_{x\to 0}\varphi(x)=\varphi(0).$$

【注】　本题不能使用乘积的求导公式，因为 $\varphi'(0)$的存在性得不到保证 .

例 13　设 $f(x)=\lim\limits_{n\to\infty}\left(\dfrac{2n^2+3xn}{2n^2}\right)^{-n}$，求 $f'(x)$.

【分析】　先求出 $f(x)$的表达式，在这一过程中，n 是变量，x 是常量，再求 $f(x)$的导数 .

解　当 $x=0$ 时，$f(x)=1$

当 $x\neq 0$ 时，$f(x)=\lim\limits_{n\to\infty}\left(\dfrac{2n^2+3xn}{2n^2}\right)^{-n}=\lim\limits_{n\to\infty}\left[\left(1+\dfrac{1}{\frac{2n}{3x}}\right)^{\frac{2n}{3x}}\right]^{-\frac{3x}{2}}=e^{-\frac{3x}{2}}$，

综之　$f(x)=e^{-\frac{3}{2}x}$，$-\infty<x<+\infty$

所以，

$$f'(x)=(e^{-\frac{3x}{2}})'=-\frac{3}{2}e^{-\frac{3x}{2}}.$$

总习题二解答

7. 讨论函数

$$f(x)=\begin{cases} x\sin\dfrac{1}{x}, & x\neq 0 \\ 0, & x=0 \end{cases}$$

在 $x=0$ 处的连续性与可导性.

解 因为 $f(0)=0,\lim\limits_{x\to 0}f(x)=\lim\limits_{x\to 0}x\sin\dfrac{1}{x}=0=f(0)$,所以 $f(x)$ 在 $x=0$ 处连续.

因为极限 $\lim\limits_{x\to 0}\dfrac{f(x)-f(0)}{x}=\lim\limits_{x\to 0}\dfrac{x\sin\dfrac{1}{x}-0}{x}=\lim\limits_{x\to 0}\sin\dfrac{1}{x}$ 不存在,所以 $f(x)$ 在 $x=0$ 处不可导.

8. 求下列函数的导数:

(1) $y=\arcsin(\sin x)$;　　(2) $y=\arctan\dfrac{1+x}{1-x}$;

(3) $y=\ln\tan\dfrac{x}{2}-\cos x\cdot\ln\tan x$;　　(4) $y=\ln(e^x+\sqrt{1+e^{2x}})$;

(5) $y=x^{\frac{1}{x}}(x>0)$.

解 (1) $y'=\dfrac{1}{\sqrt{1-\sin^2 x}}\cdot(\sin x)'=\dfrac{1}{\sqrt{1-\sin^2 x}}\cdot\cos x=\dfrac{\cos x}{|\cos x|}$.

(2) $y'=\dfrac{1}{1+\left(\dfrac{1+x}{1-x}\right)^2}\cdot\left(\dfrac{1+x}{1-x}\right)'=\dfrac{1}{1+\left(\dfrac{1+x}{1-x}\right)^2}\cdot\dfrac{(1-x)+(1+x)}{(1-x)^2}=\dfrac{1}{1+x^2}$.

(3) $y'=\dfrac{1}{\tan\dfrac{x}{2}}\cdot\left(\tan\dfrac{x}{2}\right)'+\sin x\cdot\ln\tan x-\cos x\cdot\dfrac{1}{\tan x}\cdot(\tan x)'$

$=\dfrac{1}{\tan\dfrac{x}{2}}\cdot\sec^2\dfrac{x}{2}\cdot\dfrac{1}{2}+\sin x\cdot\ln\tan x-\cos x\cdot\dfrac{1}{\tan x}\cdot\sec^2 x=\sin x\cdot\ln\tan x$.

(4) $y'=\dfrac{1}{e^x+\sqrt{1+e^{2x}}}\cdot(e^x+\sqrt{1+e^{2x}})'=\dfrac{1}{e^x+\sqrt{1+e^{2x}}}\cdot\left(e^x+\dfrac{2e^{2x}}{2\sqrt{1+e^{2x}}}\right)=\dfrac{e^x}{\sqrt{1+e^{2x}}}$.

(5) $\ln y=\dfrac{1}{x}\ln x,\dfrac{1}{y}y'=-\dfrac{1}{x^2}\ln x+\dfrac{1}{x}\cdot\dfrac{1}{x},y'=x^{\frac{1}{x}}\left(-\dfrac{1}{x^2}\ln x+\dfrac{1}{x^2}\right)=x^{\frac{1}{x}-2}(1-\ln x)$.

9. 求下列函数的二阶导数:

(1) $y=\cos^2 x\cdot\ln x$;　　(2) $y=\dfrac{x}{\sqrt{1-x^2}}$.

解 (1) $y'=-2\cos x\sin x\cdot\ln x+\cos^2 x\cdot\dfrac{1}{x}=-\sin 2x\cdot\ln x+\dfrac{1}{x}\cdot\cos^2 x$,

$$y''=-2\cos2x\cdot\ln x-\frac{1}{x}\cdot\sin2x-2\cdot\frac{1}{x}\cdot\cos x\cdot\sin x-\frac{1}{x^2}\cdot\cos^2 x$$
$$=-2\cos2x\cdot\ln x-\frac{2\sin2x}{x}-\frac{\cos^2 x}{x^2}.$$

(2) $y'=\dfrac{\sqrt{1-x^2}-x\cdot\dfrac{-x}{\sqrt{1-x^2}}}{1-x^2}=(1-x^2)^{-\frac{3}{2}}$,

$y''=-\dfrac{3}{2}(1-x^2)^{-\frac{5}{2}}\cdot(-2x)=\dfrac{3x}{(1-x^2)^{\frac{5}{2}}}$.

11. 设函数 $y=y(x)$ 由方程 $e^y+xy=e$ 所确定,求 $y''(0)$.

解 对方程两边求导得

$$e^y y'+y+xy'=0,$$

解得 $y'=-\dfrac{y}{x+e^y}$.

继续求导,得 $y''=\left(-\dfrac{y}{x+e^y}\right)'=-\dfrac{y'(x+e^y)-y(1+e^y y')}{(x+e^y)^2}$.

当 $x=0$ 时,由原方程得 $y(0)=1$,代入一阶导数的式子得 $y'(0)=-\dfrac{1}{e}$,代入二阶导数的式子得 $y''(0)=\dfrac{1}{e^2}$.

12. 求下列由参数方程所确定的函数的一阶导数 $\dfrac{dy}{dx}$ 及二阶导数 $\dfrac{d^2y}{dx^2}$:

(1) $\begin{cases}x=a\cos^3\theta,\\ y=a\sin^3\theta;\end{cases}$ (2) $\begin{cases}x=\ln\sqrt{1+t^2},\\ y=\arctan t.\end{cases}$

解 (1) $\dfrac{dy}{dx}=\dfrac{(a\sin^3\theta)'}{(a\cos^3\theta)'}=\dfrac{3a\sin^2\theta\cos\theta}{3a\cos^2\theta(-\sin\theta)}=-\tan\theta$,

$\dfrac{d^2y}{dx^2}=\dfrac{(-\tan\theta)'}{(a\cos^3\theta)'}=\dfrac{-\sec^2\theta}{-3a\cos^2\theta\sin\theta}=\dfrac{1}{3a}\sec^4\theta\cdot\csc\theta$.

(2) $\dfrac{dy}{dx}=\dfrac{(\arctan t)'}{(\ln\sqrt{1+t^2})'}=\dfrac{\frac{1}{1+t^2}}{\frac{t}{1+t^2}}=\dfrac{1}{t}$,

$$\frac{d^2y}{dx^2}=\frac{\left(\frac{1}{t}\right)'}{(\ln\sqrt{1+t^2})'}=\frac{-\frac{1}{t^2}}{\frac{t}{1+t^2}}=-\frac{1+t^2}{t^3}.$$

13. 求曲线 $\begin{cases}x=2e^t,\\ y=e^{-t}\end{cases}$ 在 $t=0$ 相应的点处的切线方程及法线方程.

解 $\dfrac{dy}{dx}=\dfrac{(e^{-t})'}{(2e^t)'}=\dfrac{-e^{-t}}{2e^t}=-\dfrac{1}{2e^{2t}}$.

当 $t=0$ 时,$\dfrac{dy}{dx}=-\dfrac{1}{2}$,$x=2$,$y=1$.

所以所求的切线方程为 $y-1=-\frac{1}{2}(x-2)$，即 $x+2y-4=0$.

所求的法线方程为 $2x-y-3=0$.

14. 已知 $f(x)$ 是周期为 5 的连续函数，它在 $x=0$ 的某个邻域内满足关系式

$$f(1+\sin x)-3f(1-\sin x)=8x+o(x),$$

且 $f(x)$ 在 $x=1$ 处可导，求曲线 $y=f(x)$ 在点 $(6,f(6))$ 处的切线方程.

解 $f(x)$ 是连续函数，对关系式两边取极限得

$$\lim_{x\to 0}[f(1+\sin x)-3f(1-\sin x)]=\lim_{x\to 0}[8x+o(x)],$$

得 $f(1)-3f(1)=0$，所以 $f(1)=0$.

对关系式两边同时除以 x，再取极限，有

$$\lim_{x\to 0}\frac{f(1+\sin x)-3f(1-\sin x)}{x}=\lim_{x\to 0}\frac{8x+o(x)}{x}=8,$$

而

$$\begin{aligned}&\lim_{x\to 0}\frac{f(1+\sin x)-3f(1-\sin x)}{x}\\&=\lim_{x\to 0}\frac{f(1+\sin x)-3f(1-\sin x)}{\sin x}\cdot\frac{\sin x}{x}\\&=\left[\lim_{x\to 0}\frac{f(1+\sin x)-f(1)}{\sin x}+3\lim_{x\to 0}\frac{f(1-\sin x)-f(1)}{-\sin x}\right]\cdot\lim_{x\to 0}\frac{\sin x}{x}\\&=4f'(1),\end{aligned}$$

所以 $f'(1)=2$.

又因为 $f(x)$ 是周期为 5 的函数，所以 $f(6)=f(5+1)=f(1)=0$，

$$f'(6)=\lim_{\Delta x\to 0}\frac{f(6+\Delta x)-f(6)}{\Delta x}=\lim_{\Delta x\to 0}\frac{f(1+\Delta x)-f(1)}{\Delta x}=f'(1)=2.$$

所以曲线在点 $(6,f(6))$ 处的切线方程为 $y-0=2(x-6)$，即 $2x-y-12=0$.

16. 甲船以 6 km/h 的速率向东行驶，乙船以 8 km/h 的速率向南行驶．在中午 12 时整，乙船位于甲船之北 16 km 处．问下午 1 时整两船相离的速率为多少?

解 设从中午 12 时开始，经过 t h 两船之间的距离为 S，则有

$$S^2=(16-8t)^2+(6t)^2,$$

对两边求导，得 $2S\cdot\frac{\mathrm{d}S}{\mathrm{d}t}=-16(16-8t)+72t$，即 $\frac{\mathrm{d}S}{\mathrm{d}t}=\frac{-16(16-8t)+72t}{2S}$.

当 $t=1$ 时，$S=10$，

$$\left.\frac{\mathrm{d}S}{\mathrm{d}t}\right|_{t=1}=\frac{-128+72}{20}=-2.8(\mathrm{km/h}),$$

即下午 1 时整两船相离的速率为 -2.8 km/h.

第二章同步测试题

一、填空题(每小题 4 分，共 16 分)

1. $\mathrm{d}[\ln(\cos x^2)]=$__________.

2. 若 $f(1)=2, f'(1)=2$，则 $\lim\limits_{h\to 0}\dfrac{f^3(1+h)-f^3(1)}{h}=$__________.

3. 曲线 $y=\ln x$ 上与直线 $x+y=1$ 垂直的切线方程为________.

4. 已知函数 $y=y(x)$ 由方程 $e^x-e^y=\sin(xy)$ 确定，则 $y'(0)=$________.

二、选择题(每小题 4 分，共 16 分)

1. 设 $f'(x)=g(x)$，则 $\dfrac{d}{dx}f(\sin^2 x)=($　　$)$.

A. $2g(x)\sin x$　　B. $\sin 2x g(x)$　　C. $g(\sin^2 x)$　　D. $g(\sin^2 x)\sin 2x$

2. 设函数 $f(x)$ 在 $x=0$ 处连续，下列命题错误的是(　　).

A. 若 $\lim\limits_{x\to 0}\dfrac{f(x)}{x}$ 存在，则 $f(0)=0$　　B. 若 $\lim\limits_{x\to 0}\dfrac{f(x)+f(-x)}{x}$ 存在，则 $f(0)=0$

C. 若 $\lim\limits_{x\to 0}\dfrac{f(x)}{x}$ 存在，则 $f'(0)$ 存在　　D. 若 $\lim\limits_{x\to 0}\dfrac{f(x)-f(-x)}{x}$ 存在，则 $f'(0)$ 存在

3. 设 $f(x)=\begin{cases}\dfrac{1}{2}x^2, x\leqslant 2,\\ ax+b, x>2,\end{cases}$ 已知 $f(x)$ 在 $x=2$ 处可导，则必有(　　).

A. $a=b=2$　　B. $a=2, b=-2$　　C. $a=1, b=2$　　D. $a=3, b=2$

4. 设 $f(x)$ 可导，$F(x)=f(x)(1+|\sin x|)$，若 $F(x)$ 在 $x=0$ 处可导，则必有(　　).

A. $f(0)=0$　　B. $f'(0)=0$　　C. $f(0)+f'(0)=0$　　D. $f(0)-f'(0)=0$

三、计算题(共 68 分)

1. (8 分)设函数 $F(x)$ 在 $x=0$ 处可导且 $F(0)=0$，求 $\lim\limits_{x\to 0}\dfrac{F(1-\cos x)}{\tan x^2}$.

2. (8 分)已知函数 $y=f\left(\dfrac{2x-1}{2x+1}\right)$，$f'(x)=\arctan x^2$，求 $y'|_{x=0}$.

3. (8 分)设 $\begin{cases}x=a\cos^2 t,\\ y=\tan^2 t\end{cases}$ $(a\neq 0)$，求 $\dfrac{d^2 y}{dx^2}$.

4. (8 分)已知 $y=y(x)$ 由 $\sin xy+3x-y=1$ 所确定，求 $y''(0)$.

5. (10 分)求曲线 $x^2+2xy^2+3y^4=6$ 在点 $M(1,-1)$ 处的切线和法线方程.

6. (9 分)设 $y=x^3\ln x$，求 $y^{(n)}$.

7. (8 分)试求证曲线 $\sqrt{x}+\sqrt{y}=\sqrt{a}$ $(0<x<a)$ 上任意一点的切线在两条坐标轴上的截距之和为常数 a.

8. (9 分)试确定常数 a, b 的值，使函数 $f(x)=\begin{cases}1+\ln(1-2x), x\leqslant 0,\\ a+be^x, x>0\end{cases}$ 在 $x=0$ 处可导，并求出 $f'(x)$.

第二章同步测试题答案

一、填空题

1. $-2x\tan x^2 dx$；　2. 24；　3. $y=x-1$；　4. 1.

二、选择题

1. D;　2. D;　3. B;　4. A.

三、计算题

令$t=1-\cos x$

1. **解**　原式$=\lim\limits_{x\to 0}\dfrac{F(1-\cos x)}{1-\cos x}\cdot\dfrac{1-\cos x}{\tan x^2}=\lim\limits_{t\to 0}\dfrac{F(t)}{t}\cdot\lim\limits_{x\to 0}\dfrac{\frac{1}{2}x^2}{x^2}$

$$=\frac{1}{2}\lim_{t\to 0}\frac{F(t)-F(0)}{t-0}=\frac{1}{2}F'(0).$$

2. **解**　$y'(x)\big|_{x=0}=f'\left(\dfrac{2x-1}{2x+1}\right)\cdot\left(\dfrac{2x-1}{2x+1}\right)'\Bigg|_{x=0}=\arctan\left(\dfrac{2x-1}{2x+1}\right)^2\cdot\left[\dfrac{4}{(2x+1)^2}\right]\Bigg|_{x=0}$

$$=4\arctan 1=\pi.$$

3. **解**　$\dfrac{dy}{dx}=\dfrac{\frac{dy}{dt}}{\frac{dx}{dt}}=\dfrac{2\tan t\sec^2 t}{-a\sin 2t}=-\dfrac{1}{a}\sec^4 t,$

$$\frac{d^2y}{dx^2}=\frac{d}{dt}\left(-\frac{1}{a}\sec^4 t\right)\cdot\frac{dt}{dx}=-\frac{4}{a}\sec^4 t\tan t\cdot\frac{1}{-a\sin 2t}=\frac{2}{a^2}\sec^6 t.$$

4. **解**　等式两边对x求导,得

$$\cos(xy)[y+xy'(x)]+3-y'(x)=0,$$

代入$x=0,y=-1$,得$y'(0)=2$.

上式两边对x再求导数,得

$$-\sin(xy)(y+xy')^2+\cos(xy)(y'+y'+xy'')-y''=0,$$

代入$y(0)=-1,y'(0)=2$,得

$$y''(0)=4.$$

5. **解**　先求曲线的切线和法线的斜率,由方程两边求导数,得

$$2x+2y^2+4xyy'+12y^3y'=0,$$

解得$y'(x)=-\dfrac{x+y^2}{2xy+6y^3}$.

在$M(1,-1)$点,有$y'(x)\big|_{x=1}=-\dfrac{x+y^2}{2xy+6y^3}\Bigg|_{x=1}=\dfrac{1}{4}$,

所以,切线的斜率为$\dfrac{1}{4}$,法线的斜率为-4.

因此,切线方程为

$$x-4y-5=0,$$

法线方程为

$$4x+y-3=0.$$

6. **解**　$y'(x)=3x^2\ln x+x^2,y''(x)=6x\ln x+5x,y'''(x)=6\ln x+11,$

$$y^{(4)}(x)=\frac{6}{x},\cdots,y^{(n)}(x)=\frac{(-1)^n6(n-4)!}{x^{n-3}}.$$

7. **证**　设曲线上任意取一点$M(x,y)$,过该点的切线的方程为

$$Y-y=y'(x)(X-x),$$

其中$y(x)$是由方程$\sqrt{x}+\sqrt{y}=\sqrt{a}$所确定的$y=y(x)$,由隐函数的求导法求得

$$y'|_{x=x}=-\frac{\sqrt{y(x)}}{\sqrt{x}},$$

代入切线方程得到 x 轴上的截距为 $x+\sqrt{xy}$，y 轴上的截距为 $y+\sqrt{xy}$，二者相加为

$$x+y+2\sqrt{xy}=(\sqrt{x}+\sqrt{y})^2=a.$$

8. **解**　要使 $f(x)$ 在 $x=0$ 处可导，必有 $f(x)$ 在 $x=0$ 处连续，即

$$\lim_{x\to0^+}f(x)=\lim_{x\to0^-}f(x)=f(0)=1,$$

得

$$a+b=1,$$

即当 $a+b=1$ 时，$f(x)$ 在 $x=0$ 处连续．

由导数定义及 $a+b=1$，有

$$f'_-(0)=\lim_{x\to0^-}\frac{f(x)-f(0)}{x-0}=\lim_{x\to0^-}\frac{1+\ln(1-2x)-1}{x}=-2,$$

$$f'_+(0)=\lim_{x\to0^+}\frac{f(x)-f(0)}{x-0}=\lim_{x\to0^+}\frac{a+b\mathrm{e}^x-(a+b)}{x}=\lim_{x\to0^+}\frac{b(\mathrm{e}^x-1)}{x}=b.$$

由于 $f(x)$ 在 $x=0$ 处可导，则 $f'_-(0)=f'_+(0)$，得 $b=-2$.

于是 $a=3$，且有 $f'(0)=-2$，

故

$$f'(x)=\begin{cases}-\dfrac{2}{1-2x},x\leqslant0,\\ -2\mathrm{e}^x,x>0.\end{cases}$$

第三章

微分中值定理与导数的应用

第一节　微分中值定理

1.1　学习目标

理解并会用罗尔中值定理、拉格朗日中值定理，了解并会用柯西中值定理．

1.2　内容提要

1. 罗尔中值定理

若函数 $f(x)$ 满足：(1)在闭区间 $[a,b]$ 上连续，(2)在开区间 (a,b) 内可导，(3) $f(a)=f(b)$，则至少存在一点 $\xi\in(a,b)$，使得 $f'(\xi)=0$.

2. 拉格朗日中值定理

若函数 $f(x)$ 满足：(1)在闭区间 $[a,b]$ 上连续，(2)在开区间 (a,b) 内可导，则至少存在一点 $\xi\in(a,b)$，使得

$$f(b)-f(a)=f'(\xi)(b-a).$$

推论：若函数 $f(x)$ 在区间 I 上可导且 $f'(x)\equiv 0$，则函数 $f(x)$ 在区间 I 上是一个常值函数．

3. 柯西中值定理

若函数 $f(x)$，$F(x)$ 满足：(1)在闭区间 $[a,b]$ 上连续，(2)在开区间 (a,b) 内可导，(3)对任一 $x\in(a,b)$，$F'(x)\neq 0$，则在 (a,b) 内至少存在一点 ξ，使得 $\dfrac{f(b)-f(a)}{F(b)-F(a)}=\dfrac{f'(\xi)}{F'(\xi)}$.

1.3　典型例题与方法

基本题型Ⅰ：验证中值定理的正确性

例 1　验证拉格朗日中值定理对函数 $f(x)=\arctan x$ 在区间 $[0,1]$ 上的正确性．

【分析】　这个题目并不难，但是它代表一种类型，就是通过实际例子来验证定理的正确

性，使定理更形象、更有说服力．

证　给出的函数 $f(x)=\arctan x$ 在闭区间$[0,1]$上连续，在开区间$(0,1)$内可导，符合拉格朗日中值定理的条件．令 $f'(\xi)=\dfrac{f(1)-f(0)}{1-0}$，即 $f'(\xi)=\dfrac{1}{1+\xi^2}=\dfrac{f(1)-f(0)}{1-0}=\dfrac{\pi}{4}$，解得 $\xi=\pm\sqrt{\dfrac{4}{\pi}-1}\approx\pm0.52$．取 $\xi=0.52\in(0,1)$，即这样的 ξ 存在，所以定理成立．

【方法点击】　验证中值定理的正确性，主要有两步：

(1) 验证函数 $f(x)$满足中值定理的条件；

(2) 若条件满足，找出定理结论中的 ξ 值．

基本题型Ⅱ：关于中值定理的证明题

例 2　设函数 $f(x)$在$[a,b]$上连续，在(a,b)内可导，且 $f(a)=b$，$f(b)=a$．试证明：在(a,b)内至少存在一点 ξ，使得 $f'(\xi)=-\dfrac{f(\xi)}{\xi}$.

【分析】　要证明的结论 $f'(\xi)=-\dfrac{f(\xi)}{\xi}$可变形为$\xi f'(\xi)+f(\xi)=0$，即题目要证明的结论等价于$[xf'(x)+f(x)]|_{x=\xi}=0$，而 $xf'(x)+f(x)=[xf(x)]'$，即要证明的结论是$[xf(x)]'|_{x=\xi}=0$．因此令 $F(x)=xf(x)$，只要证明至少存在一点 $\xi\in(a,b)$，使得$F'(\xi)=0$ 即可．

证　设 $F(x)=xf(x)$，则由题设可知 $F(x)$在$[a,b]$上连续，在(a,b)内可导，且

$$F(a)=af(a)=ab,F(b)=bf(b)=ab,$$

即

$$F(a)=F(b).$$

因此 $F(x)$在$[a,b]$上满足罗尔定理的条件．由罗尔定理可知，至少存在一点 $\xi\in(a,b)$，使得 $F'(\xi)=0$，即

$$F'(\xi)=\xi f'(\xi)+f(\xi)=0,$$

即

$$f'(\xi)=-\frac{f(\xi)}{\xi}.$$

【方法点击】　在用罗尔中值定理时，关键是构造适当的辅助函数．辅助函数一般可以通过对所要证明的结论进行分析，逆推得到．例如，欲证 $f'(\xi)g(\xi)+f(\xi)g'(\xi)=0$，即证$[f(x)g(x)]'|_{x=\xi}=0$，令 $F(x)=f(x)g(x)$.

例 3　设函数 $f(x)$在$[0,1]$上连续，在$(0,1)$内可导，试证明：至少存在一点 $\xi\in(0,1)$，使得 $f'(\xi)=2\xi[f(1)-f(0)]$.

证　设 $g(x)=x^2$，则由题设可知 $f(x)$，$g(x)$在$[0,1]$上连续，在$(0,1)$内可导，且$g'(x)=2x\neq0$，$x\in(0,1)$．因此 $f(x)$，$g(x)$在$[0,1]$上满足柯西中值定理的条件．由柯西中值定理可知，至少存在一点 $\xi\in(0,1)$，使得

$$\frac{f'(\xi)}{g'(\xi)}=\frac{f(1)-f(0)}{g(1)-g(0)},$$

即

$$\frac{f'(\xi)}{2\xi}=\frac{f(1)-f(0)}{1-0},$$

亦即

$$f'(\xi)=2\xi[f(1)-f(0)].$$

基本题型Ⅲ:利用中值定理证明不等式

例 4 设 $a>b>0$,证明:

$$\frac{a-b}{a}<\ln\frac{a}{b}<\frac{a-b}{b}.$$

【分析】 根据要证明的不等式的形式,可考虑使用拉格朗日中值定理.

证 设 $f(x)=\ln x$,则 $f(x)$ 在区间 $[b,a]$ 上连续,在区间 (b,a) 内可导. 由拉格朗日中值定理,存在 $\xi\in(b,a)$,使 $f(b)-f(a)=f'(\xi)(b-a)$,即

$$\ln a-\ln b=\frac{1}{\xi}(a-b).$$

因为 $b<\xi<a$,所以 $\frac{1}{a}(a-b)<\ln a-\ln b<\frac{1}{b}(a-b)$,即

$$\frac{a-b}{a}<\ln\frac{a}{b}<\frac{a-b}{b}.$$

【方法点击】 利用中值定理证明不等式的步骤是:首先利用中值定理得到等式,根据中值定理中 ξ 的取值范围对所得的等式进行适当的放大或缩小即可得不等式.

基本题型Ⅳ:利用中值定理证明恒等式

例 5 证明恒等式:$\arctan x+\arctan\frac{1}{x}=\frac{\pi}{2}(x>0)$.

【分析】 题目要证明的是恒等式,因此考虑使用拉格朗日中值定理的推论.

证 令 $f(x)=\arctan x+\arctan\frac{1}{x}$,则

$$f'(x)=\frac{1}{1+x^2}+\frac{-\frac{1}{x^2}}{1+\frac{1}{x^2}}=\frac{1}{1+x^2}-\frac{1}{1+x^2}=0,$$

所以 $f(x)=c(x>0)$. 取 $x_0=1$,则 $f(1)=\arctan 1+\arctan 1=\frac{\pi}{2}$,

所以 $\arctan x+\arctan\frac{1}{x}=\frac{\pi}{2}(x>0)$.

取简单易算的特殊点

【方法点击】 利用中值定理证明恒等式的步骤是:

(1)通过移项构造辅助函数 $f(x),x\in I$;

(2)求出 $f'(x)$,由 $f'(x)=0$ 知 $f(x)\equiv c,x\in I$;

(3)在所给的区间 I 中取特殊值 x_0,求出 c,从而 $f(x)\equiv c,x\in I$.

1.4 习题 3-1 解答

2. 验证拉格朗日中值定理对函数 $y=4x^3-5x^2+x-2$ 在区间 $[0,1]$ 上的正确性.

证　由于 $y=4x^3-5x^2+x-2$ 在区间$[0,1]$上连续，在$(0,1)$内可导，由拉格朗日中值定理知，至少存在一点 $\xi\in(0,1)$，使 $y'(\xi)=\dfrac{y(1)-y(0)}{1-0}=0$. 令 $y'=12x^2-10x+1=0$，得 $x=\dfrac{5\pm\sqrt{13}}{12}\in(0,1)$，故有 $\xi=\dfrac{5\pm\sqrt{13}}{12}\in(0,1)$使 $y'(\xi)=\dfrac{y(1)-y(0)}{1-0}$.

3. 对函数 $f(x)=\sin x$ 及 $F(x)=x+\cos x$ 在区间$\left[0,\dfrac{\pi}{2}\right]$上验证柯西中值定理的正确性.

证　由于 $f(x)=\sin x$ 及 $F(x)=x+\cos x$ 在区间$\left[0,\dfrac{\pi}{2}\right]$上连续，在$\left(0,\dfrac{\pi}{2}\right)$可导，且 $F'(x)=1-\sin x\neq 0, x\in\left(0,\dfrac{\pi}{2}\right)$，所以由柯西中值定理知，至少存在一点 $\xi\in\left(0,\dfrac{\pi}{2}\right)$，使得 $\dfrac{f\left(\dfrac{\pi}{2}\right)-f(0)}{F\left(\dfrac{\pi}{2}\right)-F(0)}=\dfrac{f'(\xi)}{F'(\xi)}$. 令 $\dfrac{f'(x)}{F'(x)}=\dfrac{f\left(\dfrac{\pi}{2}\right)-f(0)}{F\left(\dfrac{\pi}{2}\right)-F(0)}$，即 $\dfrac{\cos x}{1-\sin x}=\dfrac{2}{\pi-2}$，

解得 $\sin x=\dfrac{8}{(\pi-2)^2+4}-1$. 易证 $0<\dfrac{8}{(\pi-2)^2+4}-1<1$，所以 $\sin x=\dfrac{8}{(\pi-2)^2+4}-1$ 在$\left(0,\dfrac{\pi}{2}\right)$内有解，即存在 $\xi\in\left(0,\dfrac{\pi}{2}\right)$，使得

$$\frac{f\left(\dfrac{\pi}{2}\right)-f(0)}{F\left(\dfrac{\pi}{2}\right)-F(0)}=\frac{f'(\xi)}{F'(\xi)}$$

4. 试证明对函数 $y=px^2+qx+r$ 应用拉格朗日中值定理时所求得的点 ξ 总是位于区间的正中间.

证　因为函数 $y=px^2+qx+r$ 在闭区间$[a,b]$上连续，在开区间(a,b)内可导，由拉格朗日中值定理可知，至少$\exists\,\xi\in(a,b)$，使得 $y(b)-y(a)=y'(\xi)(b-a)$，即

$$(pb^2+qb+r)-(pa^2+qa+r)=(2p\xi+q)(b-a),$$

整理得 $p(b-a)(b+a)=2p\xi(b-a)$，故 $\xi=\dfrac{a+b}{2}$.

5. 不用求出函数 $f(x)=(x-1)(x-2)(x-3)(x-4)$ 的导数，说明方程 $f'(x)=0$ 有几个实根，并指出它们所在的区间.

解　由于 $f(x)$在$[1,2]$上连续，在$(1,2)$内可导，且 $f(1)=f(2)=0$，所以由罗尔定理可知，至少$\exists\,\xi_1\in(1,2)$，使 $f'(\xi_1)=0$.

同理，$\exists\,\xi_2\in(2,3)$，使 $f'(\xi_2)=0$；$\exists\,\xi_3\in(3,4)$，使 $f'(\xi_3)=0$.

所以，$f'(x)=0$ 至少有三个不同的实根 ξ_1,ξ_2,ξ_3.

又因为方程 $f'(x)=0$ 是三次方程，至多只有 3 个实根.

综上所述，$f'(x)=0$ 有三个实根，它们分别位于区间：$(1,2)$、$(2,3)$、$(3,4)$.

6. 证明恒等式 $\arcsin x+\arccos x=\dfrac{\pi}{2}(-1\leqslant x\leqslant 1)$.

证　设 $f(x)=\arcsin x+\arccos x$，因为 $f'(x)=\dfrac{1}{\sqrt{1-x^2}}-\dfrac{1}{\sqrt{1-x^2}}=0,(-1<x<1)$

所以 $f(x)=C$(其中 C 为常数).

取 $x_0=0$,

此处可以取 $x_0=1$ 吗?

则 $f(0)=\arcsin 0+\arccos 0=\frac{\pi}{2}$,所以 $f(x)=\frac{\pi}{2}$,$(-1<x<1)$.

又因为 $f(1)=\frac{\pi}{2}$,$f(-1)=\frac{\pi}{2}$,所以 $\arcsin x+\arccos x=\frac{\pi}{2}(-1\leqslant x\leqslant 1)$.

7. 若方程 $a_0x^n+a_1x^{n-1}+\cdots+a_{n-1}x=0$ 有一个正根 $x=x_0$,证明方程 $a_0nx^{n-1}+a_1(n-1)x^{n-2}+\cdots+a_{n-1}=0$ 必有一个小于 x_0 的正根.

证 令 $f(x)=a_0x^n+a_1x^{n-1}+\cdots+a_{n-1}x$,

则 $f(x)$ 在 $[0,x_0]$ 上连续,在 $(0,x_0)$ 内可导,且由已知可得 $f(x_0)=f(0)=0$.

所以,在 $(0,x_0)$ 内至少存在一点 ξ,使得 $f'(\xi)=0$,即方程

$a_0nx^{n-1}+a_1(n-1)x^{n-2}+\cdots+a_{n-1}=0$ 必有一个小于 x_0 的正根.

8. 若函数 $f(x)$ 在 (a,b) 内具有二阶导数,且 $f(x_1)=f(x_2)=f(x_3)$,其中 $a<x_1<x_2<x_3<b$,证明:在 (x_1,x_3) 内至少有一点 ξ,使得 $f''(\xi)=0$.

证 由于 $f(x)$ 在 $[x_1,x_2]$ 上连续,在 (x_1,x_2) 内可导,且 $f(x_1)=f(x_2)$,根据罗尔定理,至少 $\exists\xi_1\in(x_1,x_2)$,使 $f'(\xi_1)=0$;同理,至少 $\exists\xi_2\in(x_2,x_3)$,使 $f'(\xi_2)=0$.

又由于 $f'(x)$ 在 $[\xi_1,\xi_2]$ 上连续,在 (ξ_1,ξ_2) 内可导,且 $f'(\xi_1)=f'(\xi_2)=0$,

由罗尔定理知,至少 $\exists\xi\in(\xi_1,\xi_2)\subset(x_1,x_3)$,使 $f''(\xi)=0$.

11. 证明下列不等式

(1) $|\arctan a-\arctan b|\leqslant|a-b|$.

证 (1)当 $a=b$ 时,显然成立,当 $a\neq b$ 时,设 $f(x)=\arctan x$,则 $f(x)$ 在 $[a,b]$ 或 $[b,a]$ 上连续,在 (a,b) 内或 (b,a) 内可导,由拉格朗日中值定理知,至少 $\exists\xi\in(a,b)$ 或 (b,a),使 $f(b)-f(a)=f'(\xi)(b-a)$,

即 $\arctan b-\arctan a=\frac{1}{1+\xi^2}(b-a)$,

所以 $|\arctan b-\arctan a|=\frac{1}{1+\xi^2}|b-a|\leqslant|b-a|$,

即 $|\arctan a-\arctan b|\leqslant|a-b|$.

12. 证明方程 $x^5+x-1=0$ 只有一个正根.

证 (1) 存在性

令 $f(x)=x^5+x-1$,则 $f(x)$ 在 $[0,1]$ 上连续,且 $f(0)=-1<0$,$f(1)=1>0$.

所以,在 $(0,1)$ 内至少存在一点 ξ,使得 $f(\xi)=0$. 故方程 $x^5+x-1=0$ 至少有一个正根.

(2) 唯一性(此处仅用反证法,读者可以考虑用单调性来证)

假设方程 $x^5+x-1=0$ 有两个不相等正根 $x_1,x_2(x_1<x_2)$,则 $f(x_1)=f(x_2)$.

又因为 $f(x)$ 在 $[x_1,x_2]$ 上连续,在 (x_1,x_2) 内可导,所以,在 (x_1,x_2) 内至少存在一点 ξ,使得 $f'(\xi)=0$,即 $5\xi^4+1=0$,显然矛盾. 所以,假设不成立,故方程至多有一个正根.

综上可得,方程 $x^5+x-1=0$ 只有一个正根.

13. 设 $f(x)$、$g(x)$ 在 $[a,b]$ 上连续,在 (a,b) 内可导,证明在 (a,b) 内有一点 ξ,使

$$\begin{vmatrix} f(a) & f(b) \\ g(a) & g(b) \end{vmatrix}=(b-a)\begin{vmatrix} f(a) & f'(\xi) \\ g(a) & g'(\xi) \end{vmatrix}.$$

证　设 $\varphi(x)=\begin{vmatrix} f(a) & f(x) \\ g(a) & g(x) \end{vmatrix}$,则 $\varphi(x)$ 在 $[a,b]$ 上连续,在 (a,b) 内可导．由拉格朗日中值定理,存在 $\xi\in(a,b)$,使 $\varphi(b)-\varphi(a)=\varphi'(\xi)(b-a)$,即

$$\begin{vmatrix} f(a) & f(b) \\ g(a) & g(b) \end{vmatrix}-\begin{vmatrix} f(a) & f(a) \\ g(a) & g(a) \end{vmatrix}=(b-a)\left[\begin{vmatrix} [f(a)]' & f(\xi) \\ [g(a)]' & g(\xi) \end{vmatrix}+\begin{vmatrix} f(a) & f'(\xi) \\ g(a) & g'(\xi) \end{vmatrix}\right].$$

因此 $\begin{vmatrix} f(a) & f(b) \\ g(a) & g(b) \end{vmatrix}=(b-a)\begin{vmatrix} f(a) & f'(\xi) \\ g(a) & g'(\xi) \end{vmatrix}$.

14. 证明:若函数 $f(x)$ 在 $(-\infty,+\infty)$ 内满足关系式 $f'(x)=f(x)$,且 $f(0)=1$,则

$$f(x)=\mathrm{e}^x.$$

证　令 $\varphi(x)=\dfrac{f(x)}{\mathrm{e}^x}$,则在 $(-\infty,+\infty)$ 内有

$$\varphi'(x)=\frac{f'(x)\mathrm{e}^x-f(x)\mathrm{e}^x}{\mathrm{e}^{2x}}=\frac{f(x)\mathrm{e}^x-f(x)\mathrm{e}^x}{\mathrm{e}^{2x}}=0.$$

因此在 $(-\infty,+\infty)$ 内,$\varphi(x)$ 为常数．故 $\varphi(x)=\varphi(0)=1$,从而 $f(x)=\mathrm{e}^x$.

第二节　洛必达法则

2.1　学习目标

掌握洛必达法则的条件和结论,能熟练运用洛必达法则求未定式的极限．

2.2　内容提要

1. 未定式

若当 $x\to a$(或 $x\to\infty$)时,函数 $f(x)$ 和 $g(x)$ 都趋于零(或无穷大),则极限 $\lim\limits_{\substack{x\to a\\(x\to\infty)}}\dfrac{f(x)}{g(x)}$ 可能存在、也可能不存在,通常称为 $\dfrac{0}{0}$ 型 $\left(\text{或}\dfrac{\infty}{\infty}\text{型}\right)$ 未定式．

2. 洛必达法则

(1) $\lim\limits_{\substack{x\to a\\(x\to\infty)}} f(x)=0(\infty)$, $\lim\limits_{\substack{x\to a\\(x\to\infty)}} g(x)=0(\infty)$;

(2) 在点 a 的某一去心邻域内(或 $|x|>X$),$f'(x)$,$g'(x)$ 存在,且 $g'(x)\neq 0$;

(3) $\lim\limits_{\substack{x\to a\\(x\to\infty)}}\dfrac{f'(x)}{g'(x)}$ 存在(或为无穷大),

则有 $\lim\limits_{\substack{x\to a\\(x\to\infty)}}\dfrac{f(x)}{g(x)}=\lim\limits_{\substack{x\to a\\(x\to\infty)}}\dfrac{f'(x)}{g'(x)}$.

【注】(1) 该定理中给出了两种自变量的双侧变化趋势,另外还有 4 种单侧的变化趋势;总之,该定理共有 12 种可能的形式．

(2) 当是其他形式的未定式,如 $0\cdot\infty$,$\infty-\infty$,0^0,1^∞,∞^0 等形式时,要先通过相应的

变换转化为“$\frac{0}{0}$”或“$\frac{\infty}{\infty}$”型的基本未定式．

2.3　典型例题与方法

基本题型Ⅰ:求未定式的极限

例1　求极限$\lim\limits_{x\to 0}\frac{x-\sin x}{x^2\cos x}$.

【分析】　这显然是一个“$\frac{0}{0}$”型未定式极限,很自然地会用洛必达法则直接求解．但是此法不是最简单的,因为分母在求导时项数会越求越多,所以在遇到这种情况时,尽量把有极限的积商因式隔离出来,再利用洛必达法则求极限．

解　$\lim\limits_{x\to 0}\frac{x-\sin x}{x^2\cos x}=\lim\limits_{x\to 0}\frac{1}{\cos x}\cdot\lim\limits_{x\to 0}\frac{x-\sin x}{x^2}=1\cdot\lim\limits_{x\to 0}\frac{1-\cos x}{2x}=\lim\limits_{x\to 0}\frac{\sin x}{2}=0.$

也可用等价无穷小替换

例2　求极限$\lim\limits_{x\to\frac{\pi}{2}}\frac{\ln\tan x}{\sec x}$.

【分析】　本题属于“$\frac{\infty}{\infty}$”型的未定式极限,直接用洛必达法则求解．

解　$\lim\limits_{x\to\frac{\pi}{2}}\frac{\ln\tan x}{\sec x}=\lim\limits_{x\to\frac{\pi}{2}}\frac{\frac{\sec^2 x}{\tan x}}{\sec x\tan x}=\lim\limits_{x\to\frac{\pi}{2}}\frac{\sec x}{\tan^2 x}=\lim\limits_{x\to\frac{\pi}{2}}\frac{\cos^2 x}{\cos x\ \sin^2 x}=\lim\limits_{x\to\frac{\pi}{2}}\frac{\cos x}{\sin^2 x}=0.$

切割化弦

例3　求极限$\lim\limits_{x\to+\infty}\left(\frac{2}{\pi}\arctan x\right)^x$.

【分析】　这是一个“1^∞”型的未定式极限,利用“指数抬高”或“取对数函数”的方法转化为基本未定式,然后应用洛必达法则．

解　方法一:$\lim\limits_{x\to+\infty}\left(\frac{2}{\pi}\arctan x\right)^x=\lim\limits_{x\to+\infty}e^{x\ln\frac{2}{\pi}\arctan x}=e^{\lim\limits_{x\to+\infty}\frac{\ln\frac{2}{\pi}+\ln\arctan x}{\frac{1}{x}}}$

$$=e^{\lim\limits_{x\to+\infty}\frac{\frac{1}{\arctan x}\cdot\frac{1}{1+x^2}}{-\frac{1}{x^2}}}=e^{-\lim\limits_{x\to+\infty}\frac{x^2}{1+x^2}\cdot\frac{1}{\arctan x}}=e^{-\frac{2}{\pi}}.$$

方法二:令 $y=\left(\frac{2}{\pi}\arctan x\right)^x$,则 $\ln y=x\ln\left(\frac{2}{\pi}\arctan x\right)$,

$$\lim_{x\to+\infty}x\ln\frac{2}{\pi}\arctan x=\lim_{x\to+\infty}\frac{\ln\frac{2}{\pi}+\ln\arctan x}{\frac{1}{x}}=\lim_{x\to+\infty}\frac{\frac{1}{\arctan x}\cdot\frac{1}{1+x^2}}{-\frac{1}{x^2}}$$

$$=\lim_{x\to+\infty}-\frac{x^2}{1+x^2}\cdot\frac{1}{\arctan x}=-\frac{2}{\pi}.$$

所以 $\lim\limits_{x\to+\infty}\left(\frac{2}{\pi}\arctan x\right)^x=e^{-\frac{2}{\pi}}$.

例 4　求极限 $\lim\limits_{x\to0}\left(\frac{1}{x^2}-\cot^2 x\right)$.

【分析】　本题属于"∞−∞"型的未定式，先通分转化为基本未定式，然后应用洛必达法则．

解

$$\lim_{x\to0}\left(\frac{1}{x^2}-\cot^2 x\right)=\lim_{x\to0}\frac{\sin^2 x-x^2\cos^2 x}{x^2\sin^2 x}$$

$$=\lim_{x\to0}\frac{(\sin x-x\cos x)(\sin x+x\cos x)}{x^4}$$

$$=\lim_{x\to0}\frac{\sin x-x\cos x}{x^3}\cdot\frac{\sin x+x\cos x}{x}$$

$$=\lim_{x\to0}\frac{\sin x-x\cos x}{x^3}\cdot\lim_{x\to0}\frac{\sin x+x\cos x}{x}$$

$$=\lim_{x\to0}\frac{\sin x-x\cos x}{x^3}\cdot\lim_{x\to0}\left(\frac{\sin x}{x}+\cos x\right)$$

$$=2\lim_{x\to0}\frac{\cos x-\cos x+x\sin x}{3x^2}$$

$\sin x\sim x$

$$=\frac{2}{3}.$$

【方法点击】　应用洛必达法则的注意事项：

(1) 如果 $\lim\limits_{x\to a}\frac{f'(x)}{F'(x)}$ 仍属于 $\frac{0}{0}$ 型，且 $f'(x)$ 和 $F'(x)$ 满足洛必达法则的条件，可继续使用洛必达法则，即 $\lim\limits_{x\to a}\frac{f(x)}{F(x)}=\lim\limits_{x\to a}\frac{f'(x)}{F'(x)}=\lim\limits_{x\to a}\frac{f''(x)}{F''(x)}=\cdots$，即可以连续使用洛必达法则，但每次用洛必达法则时都要注意验证条件；

(2) 在用洛必达法则求极限的过程中，恰当地运用等价无穷小替换及其他求极限的方法可大大地简化计算过程；

(3) 洛必达法则仅是充分条件；

(4) 对于未定式型的数列极限，需先将其转换为函数极限，然后使用洛必达法则，从而求出数列极限．

2.4　习题 3-2 解答

1. 用洛必达法则求下列极限：

(8) $\lim\limits_{x\to\frac{\pi}{2}}\frac{\tan x}{\tan 3x}$；　　(10) $\lim\limits_{x\to0}\frac{\ln(1+x^2)}{\sec x-\cos x}$；

(11) $\lim\limits_{x\to0}x\cot 2x$；　　(12) $\lim\limits_{x\to0}x^2e^{\frac{1}{x^2}}$；

(13) $\lim\limits_{x\to1}\left(\frac{2}{x^2-1}-\frac{1}{x-1}\right)$；　　(15) $\lim\limits_{x\to0^+}x^{\sin x}$.

解　(8) $\lim\limits_{x\to\frac{\pi}{2}}\dfrac{\tan x}{\tan 3x}=\lim\limits_{x\to\frac{\pi}{2}}\dfrac{\sec^2 x}{\sec^2 3x\cdot 3}=\dfrac{1}{3}\lim\limits_{x\to\frac{\pi}{2}}\dfrac{\cos^2 3x}{\cos^2 x}=\dfrac{1}{3}\lim\limits_{x\to\frac{\pi}{2}}\dfrac{2\cos 3x(-\sin 3x)\cdot 3}{2\cos x(-\sin x)}$

$$=-\lim_{x\to\frac{\pi}{2}}\frac{\cos 3x}{\cos x}=-\lim_{x\to\frac{\pi}{2}}\frac{-3\sin 3x}{-\sin x}=3.$$

注意x的变化趋势

(10) $\lim\limits_{x\to 0}\dfrac{\ln(1+x^2)}{\sec x-\cos x}=\lim\limits_{x\to 0}\dfrac{\cos x\ln(1+x^2)}{1-\cos^2 x}=\lim\limits_{x\to 0}\dfrac{x^2}{1-\cos^2 x}$

$=\lim\limits_{x\to 0}\dfrac{2x}{-2\cos x(-\sin x)}=\lim\limits_{x\to 0}\dfrac{x}{\sin x}=1.$

$\ln(1+x^2)\sim x^2$

(11) $\lim\limits_{x\to 0}x\cot 2x=\lim\limits_{x\to 0}\dfrac{x}{\tan 2x}=\lim\limits_{x\to 0}\dfrac{1}{\sec^2 2x\cdot 2}=\dfrac{1}{2}.$

(12) $\lim\limits_{x\to 0}x^2 e^{\frac{1}{x^2}}=\lim\limits_{x\to 0}\dfrac{e^{\frac{1}{x^2}}}{\frac{1}{x^2}}\overset{\frac{1}{x^2}=t}{=}\lim\limits_{x\to 0,t\to+\infty}\dfrac{e^t}{t}=\lim\limits_{t\to+\infty}\dfrac{e^t}{1}=+\infty.$

(13) $\lim\limits_{x\to 1}\left(\dfrac{2}{x^2-1}-\dfrac{1}{x-1}\right)=\lim\limits_{x\to 1}\dfrac{1-x}{x^2-1}=\lim\limits_{x\to 1}\dfrac{-1}{2x}=-\dfrac{1}{2}.$

(15) 因为 $\lim\limits_{x\to 0^+}x^{\sin x}=\lim\limits_{x\to 0^+}e^{\sin x\ln x}$，而

$$\lim_{x\to 0^+}\sin x\ln x=\lim_{x\to 0^+}\frac{\ln x}{\csc x}=\lim_{x\to 0^+}\frac{\frac{1}{x}}{-\csc x\cdot\cot x}=-\lim_{x\to 0^+}\frac{\sin^2 x}{x\cos x}=0,$$

所以 $\lim\limits_{x\to 0^+}x^{\sin x}=\lim\limits_{x\to 0^+}e^{\sin x\ln x}=e^0=1.$

3. 验证极限 $\lim\limits_{x\to 0}\dfrac{x^2\sin\frac{1}{x}}{\sin x}$ 存在，但不能用洛必达法则得出．

证　$\lim\limits_{x\to 0}\dfrac{x^2\sin\frac{1}{x}}{\sin x}=\lim\limits_{x\to 0}\dfrac{x}{\sin x}\cdot x\sin\dfrac{1}{x}=1\cdot 0=0$，极限 $\lim\limits_{x\to 0}\dfrac{x^2\sin\frac{1}{x}}{\sin x}$ 是存在的．

但 $\lim\limits_{x\to 0}\dfrac{\left(x^2\sin\frac{1}{x}\right)'}{(\sin x)'}=\lim\limits_{x\to 0}\dfrac{2x\sin\frac{1}{x}-\cos\frac{1}{x}}{\cos x}$ 不存在，不能用洛必达法则．

4. 讨论函数 $f(x)=\begin{cases}\left[\dfrac{(1+x)^{\frac{1}{x}}}{e}\right]^{\frac{1}{x}}, & x>0\\ e^{-\frac{1}{2}}, & x\leqslant 0\end{cases}$ 在点 $x=0$ 处的连续性．

解　$f(0)=e^{-\frac{1}{2}}$，$\lim\limits_{x\to 0^-}f(x)=\lim\limits_{x\to 0^-}e^{-\frac{1}{2}}=e^{-\frac{1}{2}}=f(0).$

因为 $$\lim_{x\to 0^+}f(x)=\lim_{x\to 0^+}\left[\frac{(1+x)^{\frac{1}{x}}}{e}\right]^{\frac{1}{x}}=\lim_{x\to 0^+}e^{\frac{1}{x}\left[\frac{1}{x}\ln(1+x)-1\right]},$$

而 $$\lim_{x\to 0^+}\frac{1}{x}\left[\frac{1}{x}\ln(1+x)-1\right]=\lim_{x\to 0^+}\frac{\ln(1+x)-x}{x^2}$$

$$=\lim_{x\to0^+}\frac{\frac{1}{1+x}-1}{2x}=\lim_{x\to0^+}\frac{-1}{2(1+x)}=-\frac{1}{2},$$

所以 $\lim\limits_{x\to0^+}f(x)=\lim\limits_{x\to0^+}\left[\frac{(1+x)^{\frac{1}{x}}}{\mathrm{e}}\right]^{\frac{1}{x}}=\lim\limits_{x\to0^+}\mathrm{e}^{\frac{1}{x}\left[\frac{1}{x}\ln(1+x)-1\right]}=\mathrm{e}^{-\frac{1}{2}}=f(0)$,

因此 $f(x)$ 在点 $x=0$ 处连续．

第三节　泰勒公式

3.1　学习目标

理解泰勒(Taylor)中值定理．

3.2　内容提要

1．泰勒公式

如果函数 $f(x)$ 在含有 x_0 的某个开区间 (a,b) 内具有直到 $(n+1)$ 阶的导数，则当 $x\in(a,b)$ 时，$f(x)$ 可以表示为关于 $(x-x_0)$ 的一个 n 次多项式与一个余项 $R_n(x)$ 之和，即 $f(x)=f(x_0)+f'(x_0)(x-x_0)+\frac{1}{2!}f''(x_0)(x-x_0)^2+\cdots+\frac{1}{n!}f^{(n)}(x_0)(x-x_0)^n+R_n(x)$，其中 $R_n(x)=\frac{f^{(n+1)}(\xi)}{(n+1)!}(x-x_0)^{n+1}$（$\xi$ 介于 x_0 与 x 之间）．

2．关于泰勒公式的说明

(1) $R_n(x)=\frac{f^{(n+1)}(\xi)}{(n+1)!}(x-x_0)^{n+1}$（$\xi$ 介于 x_0 与 x 之间）称为拉格朗日型余项；

(2) $R_n(x)=o((x-x_0)^n)$，该余项称为佩亚诺形式的余项；

(3) 当 $n=0$ 时，泰勒公式变成 $f(x)=f(x_0)+f'(\xi)(x-x_0)$（$\xi$ 介于 x_0 与 x 之间），即拉格朗日中值定理，因此泰勒中值定理是拉格朗日中值定理的推广．

3．麦克劳林公式

$x_0=0$ 时的泰勒公式称为麦克劳林(Maclaurin)公式，即

$$f(x)=f(0)+f'(0)x+\frac{f''(0)}{2!}x^2+\cdots+\frac{f^{(n)}(0)}{n!}x^n+R_n(x)$$

或

$$f(x)=f(0)+f'(0)x+\frac{f''(0)}{2!}x^2+\cdots+\frac{f^{(n)}(0)}{n!}x^n+o(x^n),$$

其中 $R_n(x)=\frac{f^{(n+1)}(\xi)}{(n+1)!}x^{n+1}$.

4．常见初等函数的麦克劳林展开式

(1) $\mathrm{e}^x=1+x+\frac{1}{2!}x^2+\frac{1}{3!}x^3+\cdots+\frac{1}{n!}x^n+\frac{\mathrm{e}^{\theta x}}{(n+1)!}x^{n+1}$；

(2) $\sin x=x-\frac{1}{3!}x^3+\frac{1}{5!}x^5-\cdots+(-1)^{m-1}\frac{1}{(2m-1)!}x^{2m-1}+(-1)^m\frac{\cos(\theta x)}{(2m+1)!}x^{2m+1}$；

(3) $\cos x=1-\frac{1}{2!}x^2+\frac{1}{4!}x^4-\cdots+(-1)^m\frac{1}{(2m)!}x^{2m}+(-1)^{m+1}\frac{\cos(\theta x)}{(2m+2)!}x^{2m+2}$;

(4) $\ln(1+x)=x-\frac{1}{2}x^2+\frac{1}{3}x^3-\cdots+(-1)^{n-1}\frac{1}{n}x^n+(-1)^n\frac{1}{(n+1)(1+\theta x)^{n+1}}x^{n+1}$;

(5) $(1+x)^\alpha=1+\alpha x+\frac{\alpha(\alpha-1)}{2!}x^2+\cdots+\frac{\alpha(\alpha-1)\cdots(\alpha-n+1)}{n!}x^n+\frac{\alpha(\alpha-1)\cdots(\alpha-n)}{(n+1)!}$
$(1+\theta x)^{\alpha-n-1}x^{n+1}$;

以上 θ 的范围均为 $0<\theta<1$.

3.3 典型例题与方法

基本题型Ⅰ:求函数的泰勒公式

例 1 把 $f(x)=\ln\frac{1+x}{1-x}$ 在 $x=0$ 处展开成带有佩亚诺型余项的泰勒公式.

解
$$\ln\frac{1+x}{1-x}=\ln(1+x)-\ln(1-x)$$
$$=\left[x-\frac{x^2}{2}+\frac{x^3}{3}+\cdots-\frac{x^{2n}}{2n}+o(x^{2n})\right]-\left[-x-\frac{x^2}{2}-\frac{x^3}{3}-\cdots-\frac{x^{2n}}{2n}+o(x^{2n})\right]$$
$$=2\left(x+\frac{x^3}{3}+\frac{x^5}{5}+\cdots+\frac{x^{2n-1}}{2n-1}\right)+o(x^{2n}).$$

【方法点击】 某些函数直接写出泰勒公式并不方便,但有时它可以通过若干基本初等函数的四则运算来表示,故可利用基本初等函数的泰勒公式间接求出原函数的泰勒公式.

基本题型Ⅱ:利用泰勒公式求极限

例 2 求 $\lim\limits_{x\to 0}\frac{\sqrt{1+x}+\sqrt{1-x}-2}{x^2}$.

解 用带佩亚诺型余项的麦克劳林公式,因为

$\sqrt{1+x}=1+\frac{x}{2}-\frac{x^2}{8}+o(x^2)$,

试一下用4阶麦克劳林展开式可以吗?

$\sqrt{1-x}=1-\frac{x}{2}-\frac{x^2}{8}+o(x^2)$,

故 $\lim\limits_{x\to 0}\frac{\sqrt{1+x}+\sqrt{1-x}-2}{x^2}=\lim\limits_{x\to 0}\frac{-\frac{x^2}{4}+o(x^2)}{x^2}=-\frac{1}{4}$.

【方法点击】 本题还可以用洛必达法则求解. 遇到分子、分母都是阶数较高无穷小的话,必须多次使用洛必达法则. 当分子、分母含有带根号的项时,越求导,形式越繁琐,而用泰勒公式则可一步到位.

3.4 习题 3-3 解答

1. 按 $(x-4)$ 的幂展开多项式 $f(x)=x^4-5x^3+x^2-3x+4$.

解 因为 $f(4)=-56$, $f'(4)=(4x^3-15x^2+2x-3)|_{x=4}=21$,

$f''(4)=(12x^2-30x+2)|_{x=4}=74$, $f'''(4)=(24x-30)|_{x=4}=66$, $f^{(4)}(4)=24$,

所以

$$f(x)=x^4-5x^3+x^2-3x+4$$
$$=f(4)+f'(4)(x-4)+\frac{f''(4)}{2!}(x-4)^2+\frac{f'''(4)}{3!}(x-4)^3+\frac{f^{(4)}(4)}{4!}(x-4)^4$$
$$=-56+21(x-4)+37(x-4)^2+11(x-4)^3+(x-4)^4.$$

2. 应用麦克劳林公式，按 x 的幂展开函数 $f(x)=(x^2-3x+1)^3$.

解　因为 $f'(x)=3(x^2-3x+1)^2(2x-3)$.

$f''(x)=6(x^2-3x+1)(2x-3)^2+6(x^2-3x+1)^2=30(x^2-3x+1)(x^2-3x+2)$,

$f'''(x)=30(x^2-3x+2)(2x-3)+30(x^2-3x+1)(2x-3)=30(2x^2-6x+3)(2x-3)$,

$f^{(4)}(x)=60(2x^2-6x+3)+30(2x-3)(4x-6)=360(x^2-3x+2)$,

$f^{(5)}(x)=360(2x-3), f^{(6)}(x)=720$,

$f(0)=1, f'(0)=-9, f''(0)=60, f'''(0)=-270, f^{(4)}(0)=720$,

$f^{(5)}(0)=-1\ 080, f^{(6)}(0)=720$,

所以

$$f(x)=f(0)+f'(0)x+\frac{f''(0)}{2!}x^2+\frac{f'''(0)}{3!}x^3+\frac{f^{(4)}(0)}{4!}x^4+\frac{f^{(5)}(0)}{5!}x^5+\frac{f^{(6)}(0)}{6!}x^6$$
$$=1-9x+30x^2-45x^3+30x^4-9x^5+x^6.$$

3. 求函数 $f(x)=\sqrt{x}$ 按 $(x-4)$ 的幂展开的带有拉格朗日型余项的 3 阶泰勒公式 .

解　因为

$$f(4)=\sqrt{4}=2, f'(4)=\frac{1}{2}x^{-\frac{1}{2}}\Big|_{x=4}=\frac{1}{4}, f''(4)=-\frac{1}{4}x^{-\frac{3}{2}}\Big|_{x=4}=-\frac{1}{32},$$
$$f'''(4)=\frac{3}{8}x^{-\frac{5}{2}}\Big|_{x=4}=\frac{3}{256}, f^{(4)}(x)=-\frac{15}{16}x^{-\frac{7}{2}},$$

所以

$$\sqrt{x}=f(4)+f'(4)(x-4)+\frac{f''(4)}{2!}(x-4)^2+\frac{f'''(4)}{3!}(x-4)^3+\frac{f^{(4)}(\xi)}{4!}(x-4)^4$$
$$=2+\frac{1}{4}(x-4)-\frac{1}{64}(x-4)^2+\frac{1}{512}(x-4)^3-\frac{1}{4!}\cdot\frac{15}{16\sqrt{[4+\theta(x-4)]^7}}(x-4)^4$$
$$(0<\theta<1).$$

4. 求函数 $f(x)=\ln x$ 按 $(x-2)$ 的幂展开的带有佩亚诺型余项的 n 阶泰勒公式 .

解　因为

$$f'(x)=x^{-1}, f''(x)=(-1)x^{-2}, f'''(x)=(-1)\cdot(-2)x^{-3},$$
$$f^{(n)}(x)=(-1)(-2)\cdots(-n+1)x^{-n}=\frac{(-1)^{n-1}(n-1)!}{x^n},$$
$$f^{(k)}(2)=\frac{(-1)^{k-1}(k-1)!}{2^k}(k=1,2,\cdots,n+1),$$

所以

$$\ln x=f(2)+f'(2)(x-2)+\frac{f''(2)}{2!}(x-2)^2+\cdots+\frac{f^{(n)}(2)}{n!}(x-2)^n+o[(x-2)^n]$$
$$=\ln 2+\frac{1}{2}(x-2)-\frac{1}{2\cdot 2^2}(x-2)^2+\cdots+\frac{(-1)^{n-1}}{n\cdot 2^n}(x-2)^n+o[(x-2)^n].$$

6. 求函数 $f(x)=\tan x$ 的带有佩亚诺型余项的3阶麦克劳林公式.

解 因为 $f'(x)=\sec^2 x$，$f''(x)=2\sec x\sec x\tan x=2\sec^2 x\tan x$，

$f'''(x)=4\sec x\sec x\tan^2 x+2\sec^4 x=4\sec^2 x\tan^2 x+2\sec^4 x$，

$f^{(4)}(x)=8\sec^2 x\cdot\tan^3 x+16\sec^4 x\cdot\tan x=\dfrac{8\sin x(\sin^2 x+2)}{\cos^5 x}$，

$f(0)=0$，$f'(0)=1$，$f''(0)=0$，$f'''(0)=2$，

所以 $\tan x=x+\dfrac{1}{3}x^3+o(x^3)$.

10. 利用泰勒公式求下列极限：

(1) $\lim\limits_{x\to+\infty}(\sqrt[3]{x^3+3x^2}-\sqrt[4]{x^4-2x^3})$；　　(2) $\lim\limits_{x\to0}\dfrac{\cos x-e^{-\frac{x^2}{2}}}{x^2[x+\ln(1-x)]}$；

(3) $\lim\limits_{x\to0}\dfrac{1+\frac{1}{2}x^2-\sqrt{1+x^2}}{(\cos x-e^{x^2})\sin x^2}$.

解

(1) $\lim\limits_{x\to+\infty}(\sqrt[3]{x^3+3x^2}-\sqrt[4]{x^4-2x^3})=\lim\limits_{x\to+\infty}\dfrac{\sqrt[3]{1+\frac{3}{x}}-\sqrt[4]{1-\frac{2}{x}}}{\frac{1}{x}}=\lim\limits_{t\to0^+}\dfrac{\sqrt[3]{1+3t}-\sqrt[4]{1-2t}}{t}$.

因为 $\sqrt[3]{1+3t}=1+t+o(t)$，$\sqrt[4]{1-2t}=1-\dfrac{1}{2}t+o(t)$，

令 $\frac{1}{x}=t$

所以

$$\lim_{x\to+\infty}(\sqrt[3]{x^3+3x^2}-\sqrt[4]{x^4-2x^3})$$

$$=\lim_{t\to0^+}\frac{[1+t+o(t)]-\left[1-\frac{1}{2}t+o(t)\right]}{t}=\lim_{t\to0^+}\left[\frac{3}{2}+\frac{o(t)}{t}\right]=\frac{3}{2}.$$

(2) $\lim\limits_{x\to0}\dfrac{\cos x-e^{-\frac{x^2}{2}}}{x^2[x+\ln(1-x)]}$

$$=\lim_{x\to0}\frac{\left[1-\frac{1}{2!}x^2+\frac{1}{4!}x^4+o(x^4)\right]-\left[1-\frac{1}{2}x^2+\frac{1}{2!}\cdot\frac{1}{4}x^4+o(x^4)\right]}{x^2\left[x-x-\frac{1}{2}x^2+o(x^2)\right]}$$

$$=\lim_{x\to0}\frac{-\frac{1}{12}x^4+o(x^4)}{-\frac{1}{2}x^4+o(x^4)}=\frac{1}{6}.$$

(3) $\lim\limits_{x\to0}\dfrac{1+\frac{1}{2}x^2-\sqrt{1+x^2}}{(\cos x-e^{x^2})\sin x^2}$

$$=\lim_{x\to 0}\frac{1+\frac{1}{2}x^2-\left[1+\frac{1}{2!}x^2-\frac{3}{4!}x^4+o(x^4)\right]}{\left\{\left[1-\frac{1}{2!}x^2+\frac{1}{4!}x^4+o(x^4)\right]-\left[1+x^2+\frac{1}{2!}x^4+o(x^4)\right]\right\}x^2}$$

$$=\lim_{x\to 0}\frac{\frac{3}{4!}x^4+o(x^4)}{-\frac{3}{2}x^4-\frac{11}{24}x^6+x^2\cdot o(x^4)}$$

$$=\lim_{x\to 0}\frac{\frac{3}{4!}+\frac{o(x^4)}{x^4}}{-\frac{3}{2}-\frac{11}{24}x^2+\frac{o(x^4)}{x^2}}=\frac{\frac{3}{4!}}{-\frac{3}{2}}=-\frac{1}{12}.$$

第四节　函数的单调性与曲线的凹凸性

4.1　学习目标

掌握用导数判断函数的单调性和凹凸性的方法，会求拐点．

4.2　内容提要

1. 函数单调性的判断

设函数 $f(x)$ 在 $[a,b]$ 上连续，在 (a,b) 内可导．

(1)若在 (a,b) 内 $f'(x)>0$，则 $f(x)$ 在 $[a,b]$ 上单调递增；

(2)若在 (a,b) 内 $f'(x)<0$，则 $f(x)$ 在 $[a,b]$ 上单调递减．

2. 曲线的凹凸性

(1)定义

设函数 $f(x)$ 在 I 上连续，如果对于 I 上任意两点 x_1，x_2 恒有 $f\left(\frac{x_1+x_2}{2}\right)<\frac{f(x_1)+f(x_2)}{2}$，那么称 $f(x)$ 在 I 上的图形是(向上)凹的(或凹弧)；

如果恒有 $f\left(\frac{x_1+x_2}{2}\right)>\frac{f(x_1)+f(x_2)}{2}$，那么称 $f(x)$ 在 I 上的图形是(向上)凸的(或凸弧)．

(2)判定定理

设函数 $f(x)$ 在闭区间 $[a,b]$ 上连续，在开区间 (a,b) 内具有一阶和二阶导数，那么

① 若在 (a,b) 内 $f''(x)>0$，则函数 $f(x)$ 在 $[a,b]$ 上的图形是凹的；

② 若在 (a,b) 内 $f''(x)<0$，则函数 $f(x)$ 在 $[a,b]$ 上的图形是凸的．

3. 拐点

一般地，设 $y=f(x)$ 在区间 I 上连续，x_0 是 I 的内点，如果曲线 $y=f(x)$ 在经过点 $(x_0,f(x_0))$ 时，曲线的凹凸性改变了，那么就称点 $(x_0,f(x_0))$ 为该曲线的拐点．

4.3 典型例题与方法

基本题型Ⅰ:证明函数的单调性

例 1 设 $f(x)$在$[0,+\infty)$上连续,且 $f(0)=0$,当 $x>0$ 时,$f'(x)$存在且单调增加,证明:当 $x>0$ 时,$\frac{f(x)}{x}$单调增加.

证 令 $F(x)=\frac{f(x)}{x}$,只需证明在$(0,+\infty)$内有 $F'(x)>0$.

$$F'(x)=\frac{xf'(x)-f(x)}{x^2},$$

整体求二阶导数太麻烦

要证 $F'(x)>0$,只要证明 $\varphi(x)=xf'(x)-f(x)>0$.

在$[0,x]$$(x>0)$上对 $f(x)$使用拉格朗日中值定理,有

$$f(x)-f(0)=f'(\xi)x\ (0<\xi<x).$$

$f'(x)$单调增加,且 $f(0)=0$,则 $f(x)=f'(\xi)x<f'(x)x$.

所以

$$\varphi(x)=xf'(x)-f(x)>0,$$

即

$$F'(x)>0,$$

所以当 $x>0$ 时,$\frac{f(x)}{x}$单调增加.

基本题型Ⅱ:证明函数的凹凸性,求凹凸区间和拐点

例 2 求曲线 $y=x^4-2x^3+1$ 的拐点及凹凸区间.

解 $y'=4x^3-6x^2$,

$y''=12x^2-12x=12x(x-1)$. 令 $y''=0$,得 $x=0$ 或 $x=1$,

x	$(-\infty,0)$	0	$(0,1)$	1	$(1,+\infty)$
y''	+	0	−	0	+
y	凹	1	凸	0	凹

由表可知,曲线 $y=x^4-2x^3+1$ 的凹区间为$(-\infty,0)\cup(1,+\infty)$,凸区间为$(0,1)$,拐点为$(0,1)$与$(1,0)$.

【方法点击】 求函数拐点的步骤:

(1) 求出 $f''(x)$;

(2) 找出使 $f''(x)=0$ 的点和二阶导数不存在的点;

(3) 利用充分条件判断上述点是否为拐点,若在该点的两侧二阶导函数同号,则不是拐点,若在该点的两侧二阶导函数异号,则是拐点.

基本题型Ⅲ:用单调性证明不等式

例 3 证明不等式 $2x\arctan x\geqslant\ln(1+x^2)$.

【分析】 题干中找不到函数 $f(x)=2x\arctan x-\ln(1+x^2)$的零点,且结论不等式要求

在整个实数域成立，那就需要找出零点，而且此点一般很容易观察出来．

证　令 $f(x)=2x\arctan x-\ln(1+x^2)$，

则 $f(0)=0$，且 $f'(x)=2\arctan x$．

当 $x>0$ 时，$f'(x)>0$，所以 $f(x)>f(0)=0$，即 $2x\arctan x\geqslant\ln(1+x^2)$；

当 $x<0$ 时，$f'(x)<0$，从而 $f(x)>f(0)=0$，即 $2x\arctan x\geqslant\ln(1+x^2)$；

所以，无论 x 取何值，都有 $2x\arctan x\geqslant\ln(1+x^2)$ 成立．

例 4　证明：$x\ln\dfrac{1+x}{1-x}+\cos x\geqslant 1+\dfrac{x^2}{2}\ (-1<x<1)$．

证　令 $f(x)=x\ln\dfrac{1+x}{1-x}+\cos x-1-\dfrac{x^2}{2}\ (-1<x<1)$，$f(0)=0$，

$$f'(x)=\ln\frac{1+x}{1-x}+x\cdot\left(\frac{1}{1+x}+\frac{1}{1-x}\right)-\sin x-x=\ln\frac{1+x}{1-x}+\frac{2x}{1-x^2}-\sin x-x,$$

$$f''(x)=\frac{4}{(1-x^2)^2}-(1+\cos x).$$

注意计算的准确性

当 $-1<x<1$ 时，$\dfrac{4}{(1-x^2)^2}\geqslant 4$，$1+\cos x\leqslant 2$，所以 $f''(x)>0$，

从而当 $-1<x<1$ 时，$f'(x)$ 单调增加．又知 $f'(0)=0$，

所以当 $-1<x<0$ 时，$f'(x)<0$；当 $0<x<1$ 时，$f'(x)>0$．

故 $f(0)=0$ 为 $f(x)$ 当 $-1<x<1$ 时的最小值，

即 $-1<x<1$，$f(x)\geqslant f(0)=0$，就是 $x\ln\dfrac{1+x}{1-x}+\cos x\geqslant 1+\dfrac{x^2}{2}$．

【方法点击】　利用单调性证明不等式时，直接移项构造辅助函数或做适当的变形后再构造辅助函数；如果辅助函数的一阶导数不能确定符号，需要二阶或者二阶以上的导数才能证明不等式．

4.4　习题 3-4 解答

3．确定下列函数的单调区间：

(4) $y=\ln(x+\sqrt{1+x^2})$；　　(6) $y=\sqrt[3]{(2x-a)(a-x)^2}\ (a>0)$；

(7) $y=x^n e^{-x}\ (n>0, x\geqslant 0)$．

解　(4) 因为 $y'=\dfrac{1}{x+\sqrt{1+x^2}}\left(1+\dfrac{2x}{2\sqrt{1+x^2}}\right)=\dfrac{1}{\sqrt{1+x^2}}>0$，所以函数在 $(-\infty,+\infty)$ 内单调增加．

(6) $y'=\dfrac{-6\left(x-\dfrac{2}{3}a\right)}{3\sqrt[3]{(2x-a)^2(a-x)}}$，驻点为 $x_1=\dfrac{2a}{3}$，不可导点为 $x_2=\dfrac{a}{2}$，$x_3=a$．

3 个分界点将整个实数域分成 4 个区间，分别判断其一阶导数的正负，可得

函数在 $\left(-\infty,\dfrac{2}{3}a\right]$，$(a,+\infty)$ 内单调增加，在 $\left[\dfrac{2a}{3},a\right]$ 内单调减少．

(7) $y'=e^{-x}x^{n-1}(n-x)$，驻点为 $x=n$．因为当 $0<x<n$ 时，$y'>0$；当 $x>n$ 时，$y'<0$，

所以函数在$[0,n]$上单调增加，在$[n,+\infty]$内单调减少．

5. 证明下列不等式

(4) 当$0<x<\dfrac{\pi}{2}$时，$\tan x>x+\dfrac{1}{3}x^3$；

(5) 当$x>4$时，$2^x>x^2$；

证 (4) 设$f(x)=\tan x-x-\dfrac{1}{3}x^3$，则$f(x)$在$\left(0,\dfrac{\pi}{2}\right)$内连续，

$$f'(x)=\sec^2x-1-x^2=\tan^2x-x^2=(\tan x-x)(\tan x+x).$$

因为当$0<x<\dfrac{\pi}{2}$时，$\tan x>x$，$\tan x+x>0$，所以$f'(x)>0$，从而$f(x)$在$\left(0,\dfrac{\pi}{2}\right)$内单调增加．

因此当$0<x<\dfrac{\pi}{2}$时，$f(x)>f(0)=0$，即$\tan x-x-\dfrac{1}{3}x^3>0$，故$\tan x>x+\dfrac{1}{3}x^3$.

(5) 设$f(x)=x\ln2-2\ln x$，则$f(x)$在$(4,+\infty)$内连续．$f'(x)=\ln2-\dfrac{2}{x}=\dfrac{\ln4}{2}-\dfrac{2}{x}>\dfrac{\ln e}{2}-\dfrac{2}{4}=0$，所以当$x>4$时，$f'(x)>0$，即$f(x)$单调增加．

因此当$x>4$时，$f(x)>f(4)=0$，即$x\ln2-2\ln x>0$，故$2^x>x^2(x>4)$.

6. 讨论方程$\ln x=ax$(其中$a>0$)有几个实根．

解 设$f(x)=\ln x-ax$，则$f(x)$在$(0,+\infty)$内连续，$f'(x)=\dfrac{1}{x}-a=\dfrac{1-ax}{x}$，驻点为$x=\dfrac{1}{a}$.

当$0<x<\dfrac{1}{a}$时，$f'(x)>0$，所以$f(x)$在$\left(0,\dfrac{1}{a}\right)$内单调增加；

当$x>\dfrac{1}{a}$时，$f'(x)<0$，所以$f(x)$在$\left(\dfrac{1}{a},+\infty\right)$内单调减少．从而$f\left(\dfrac{1}{a}\right)$为最大值．

又因为当$x\to0$及$x\to+\infty$时，$f(x)\to-\infty$，所以

(1)如果$f\left(\dfrac{1}{a}\right)=\ln\dfrac{1}{a}-1>0$，即$0<a<\dfrac{1}{e}$，则方程有且仅有两个实根；

(2)如果$f\left(\dfrac{1}{a}\right)=\ln\dfrac{1}{a}-1<0$，即$a>\dfrac{1}{e}$，则方程没有实根；

(3)如果$f\left(\dfrac{1}{a}\right)=\ln\dfrac{1}{a}-1=0$，即$a=\dfrac{1}{e}$，则方程仅有一个实根．

9. 判定下列曲线的凹凸性：

(1) $y=4x-x^2$.

解 (1) $y'=4-2x$，$y''=-2$.

因为$y''<0$，所以曲线在$(-\infty,+\infty)$内是凸的．

10. 求下列函数图形的拐点及凹或凸的区间：

(5) $y=e^{\arctan x}$；

(6) $y=x^4(12\ln x-7)$.

解　(5) $y'=e^{\arctan x}\cdot\frac{1}{1+x^2}$，$y''=\frac{e^{\arctan x}}{(1+x^2)^2}(1-2x)$. 令 $y''=0$，得 $x=\frac{1}{2}$.

当 $x<\frac{1}{2}$ 时，$y''>0$；当 $x>\frac{1}{2}$ 时，$y''<0$. 所以曲线 $y=e^{\arctan x}$ 在 $\left(-\infty,\frac{1}{2}\right]$ 内是凹的，在 $\left[\frac{1}{2},+\infty\right)$ 内是凸的，拐点是 $\left(\frac{1}{2},e^{\arctan\frac{1}{2}}\right)$.

(6) $y'=4x^3(12\ln x-7)+12x^3$，$y''=144x^2\ln x$. 令 $y''=0$，得 $x=1$.

当 $0<x<1$ 时，$y''<0$；当 $x>1$ 时，$y''>0$. 所以曲线在 $[1,+\infty)$ 内是凹的，在 $(0,1]$ 内是凸的，拐点是 $(1,-7)$.

11. 利用函数图形的凹凸性，证明下列不等式：

(3) $x\ln x+y\ln y>(x+y)\ln\frac{x+y}{2}$ $(x>0,y>0,x\neq y)$.

证　设 $f(t)=t\ln t$，则 $f'(t)=\ln t+1$，$f''(t)=\frac{1}{t}$. 当 $t>0$ 时，$f''(t)>0$，所以曲线 $f(t)=t\ln t$ 在区间 $(0,+\infty)$ 内是凹的. 由定义，对 $\forall x>0,y>0,x\neq y$，有 $\frac{1}{2}[f(x)+f(y)]>f\left(\frac{x+y}{2}\right)$，即 $x\ln x+y\ln y>(x+y)\ln\frac{x+y}{2}$.

13. 问 a、b 为何值时，点 $(1,3)$ 为曲线 $y=ax^3+bx^2$ 的拐点？

解　$y'=3ax^2+2bx$，$y''=6ax+2b$. 要使 $(1,3)$ 成为曲线 $y=ax^3+bx^2$ 的拐点，则 $y(1)=3$ 且 $y''(1)=0$，即 $a+b=3$ 且 $6a+2b=0$，解此方程组得 $a=-\frac{3}{2}$，$b=\frac{9}{2}$.

14. 试决定曲线 $y=ax^3+bx^2+cx+d$ 中的 a,b,c,d，使得 $x=-2$ 处曲线有水平切线，$(1,-10)$ 为拐点，且点 $(-2,44)$ 在曲线上.

解　$y'=3ax^2+2bx+c$，$y''=6ax+2b$，依条件有

$$\begin{cases}y(-2)=44,\\ y(1)=-10,\\ y'(-2)=0,\\ y''(1)=0,\end{cases}\quad 即\quad \begin{cases}-8a+4b-2c+d=44,\\ a+b+c+d=-10,\\ 12a-4b+c=0,\\ 6a+2b=0,\end{cases}$$

解之得 $a=1,b=-3,c=-24,d=16$.

15. 试决定 $y=k(x^2-3)^2$ 中 k 的值，使曲线的拐点处的法线通过原点.

解　$y'=4kx^3-12kx$，$y''=12k(x-1)(x+1)$. 令 $y''=0$，得 $x_1=-1$，$x_2=1$. 因为在 $x_1=-1$ 的两侧，y'' 是异号的，又当 $x_1=-1$ 时，$y=4k$，所以点 $(-1,4k)$ 是拐点. 因为 $y'(-1)=8k$，所以过拐点 $(-1,4k)$ 的法线方程为 $y-4k=-\frac{1}{8k}(x+1)$. 要使法线过原点，则 $(0,0)$ 应满足法线方程，即 $-4k=-\frac{1}{8k}$，$k=\pm\frac{\sqrt{2}}{8}$.

同理，因为在 $x_2=1$ 的两侧，y'' 是异号的，又当 $x_2=1$ 时，$y=4k$，所以点 $(1,4k)$ 也是拐点.

因为 $y'(1)=-8k$，所以过拐点 $(1,4k)$ 的法线方程为 $y-4k=\frac{1}{8k}(x-1)$. 要使法线过

原点,则(0,0)应满足法线方程,即$-4k=-\frac{1}{8k}$,$k=\pm\frac{\sqrt{2}}{8}$.

因此,当$k=\pm\frac{\sqrt{2}}{8}$时,该曲线的拐点处的法线通过原点.

16. 设$y=f(x)$在$x=x_0$的某邻域内具有三阶连续导数,如果$f''(x_0)=0$而$f'''(x_0)\neq 0$,试问$(x_0,f(x_0))$是否为拐点?为什么?

解 不妨设$f'''(x_0)>0$. 由$f'''(x)$的连续性知,存在x_0的某一邻域$(x_0-\delta,x_0+\delta)$,在该邻域内有$f'''(x)>0$. 由拉格朗日中值定理,有$f''(x)-f''(x_0)=f'''(\xi)(x-x_0)$($\xi$介于$x_0$与$x$之间),

即$f''(x)=f'''(\xi)(x-x_0)$.

当$x_0-\delta<x<x_0$时,$f''(x)<0$;当$x_0<x<x_0+\delta$时,$f''(x)>0$. 所以$(x_0,f(x_0))$是拐点.

第五节 函数的极值与最大值最小值

5.1 学习目标

理解函数极值的概念,掌握求函数极值的方法,掌握函数最大值和最小值的求法及其应用.

5.2 内容提要

1. 函数的极值及其判定条件

(1) 设函数$f(x)$在x_0的某邻域$U(x_0)$内有定义.

若对于去心邻域$\mathring{U}(x_0)$内的任一x,有$f(x)<f(x_0)$,则称x_0是函数$f(x)$的一个极大值点,$f(x_0)$是函数$f(x)$的一个极大值;若对于去心邻域$\mathring{U}(x_0)$内的任一x,有$f(x)>f(x_0)$,则称x_0是函数$f(x)$的一个极小值点,$f(x_0)$是函数$f(x)$的一个极小值.

极大值与极小值统称为极值.

(2) 函数取得极值的必要条件:设函数$f(x)$在x_0处可导,且在x_0处取得极值,那么$f'(x_0)=0$.

(3) 函数取得极值的充分条件

(i) 第一充分条件:设函数$f(x)$在x_0处连续,且在x_0的某去心邻域$\mathring{U}(x_0,\delta)$内可导.

① 若$x\in(x_0-\delta,x_0)$时,$f'(x)>0$,而$x\in(x_0,x_0+\delta)$时,$f'(x)<0$,则$f(x)$在x_0处取得极大值;

② 若$x\in(x_0-\delta,x_0)$时,$f'(x)<0$,而$x\in(x_0,x_0+\delta)$时,$f'(x)>0$,则$f(x)$在x_0处取得极小值;

③ 若$x\in\mathring{U}(x_0,\delta)$时,$f'(x)$的符号保持不变,则$f(x)$在$x_0$处没有极值.

(ii) 第二充分条件:设函数$f(x)$在x_0处具有二阶导数且$f'(x_0)=0$,$f''(x_0)\neq 0$,那么

① 当$f''(x_0)<0$时,函数$f(x)$在x_0处取得极大值;

② 当$f''(x_0)>0$时,函数$f(x)$在x_0处取得极小值.

2. 函数的最值

设函数$f(x)$在区间$[a,b]$上连续,根据连续函数的性质,函数$f(x)$在区间$[a,b]$上必

定存在并且取得最大值和最小值．

5.3　典型例题与方法

基本题型Ⅰ：求函数的极值与最值问题

例1　求函数 $y=x+2\cos x$ 在区间 $\left[0,\frac{\pi}{2}\right]$ 上的最大值．

解　令 $y'(x)=1-2\sin x$，故 $y'(x)=0$ 在 $\left[0,\frac{\pi}{2}\right]$ 上有唯一解 $x=\frac{\pi}{6}$.

而 $y(0)=2, y\left(\frac{\pi}{6}\right)=\frac{\pi}{6}+\sqrt{3}, y\left(\frac{\pi}{2}\right)=\frac{\pi}{2}$，由于 $\frac{\pi}{6}+\sqrt{3}>2>\frac{\pi}{2}$，

故函数 $y=x+2\cos x$ 在区间 $\left[0,\frac{\pi}{2}\right]$ 上的最大值为 $\frac{\pi}{6}+\sqrt{3}$.

【方法点击】　求 $f(x)$ 在区间 $[a,b]$ 上的最值，只需在它的两个边界值 $f(a)$，$f(b)$ 以及它在该区间上的极值中，选择一个最大值与最小值．

基本题型Ⅱ：求实际问题的最值

例2　在椭圆 $\frac{x^2}{a^2}+\frac{y^2}{b^2}=1(x\geqslant0, y\geqslant0, a, b>0)$ 上找一点，使得该点的切线与两坐标轴所围的三角形面积最小，并求此最小面积．

【分析】　这是一个几何问题，关键是建立目标函数，即面积函数，然后求其最小值．

解　过曲线上点 (x,y) 的切线方程为

建立点斜式切线方程

$$Y-y=-\frac{b^2x}{a^2y}(X-x).$$

此切线在 x,y 轴上的截距分别为

$$X=x+\frac{a^2y^2}{b^2x}=\frac{a^2}{x}, Y=y+\frac{b^2x^2}{a^2y}=\frac{b^2}{y},$$

故此切线与两坐标轴围成的三角形面积为

$$S(x)=\frac{1}{2}XY=\frac{a^2b^2}{2xy}=\frac{a^3b}{2x\sqrt{a^2-x^2}}.$$

下面求 $S(x)$ 的最小值点和最小值：

由 $S'(x)=\frac{a^3b}{2}\cdot\frac{2x^2-a^2}{x^2(a^2-x^2)^{\frac{3}{2}}}=0$ 求得 $(0,a)$ 内的唯一的驻点 $x=\frac{\sqrt{2}}{2}a$，

经判断可知，在 $x=\frac{\sqrt{2}}{2}a$ 处，$S(x)$ 取得极小值 $S\left(\frac{\sqrt{2}}{2}a\right)=ab$.

由于驻点是唯一的，所以此极小值也是最小值，所求点为 $\left(\frac{\sqrt{2}}{2}a,\frac{\sqrt{2}}{2}b\right)$，最小面积为 ab.

例3　设某产品的年销售量为 10^6 件，每批产品的生产准备费为 1 000 元，每件产品的库存费用为 0.05 元．若年销售量为均匀的，且销售完上批就生产下批，设一年分 x 批生产产

品,平均库存量为$\frac{10^6}{2x}$,问:分多少批生产,才能使得准备费用与库存费用之和最小?

【分析】 这是一个实际应用题,先要建立正确的模型并确定决策变量的变化范围,这是关键,然后再来解决.另外,对于实际问题的解决,还需要进行实际意义的讨论.

解 设一年分x批生产.由于销售量是均匀的,因此生产也是均匀的.年销售量为10^6件,因此每批的生产数量是$\frac{10^6}{x}$件,平均库存量为$\frac{1}{2}\cdot\frac{10^6}{x}$.设准备费用与库存费用之和为$S(x)$,则

$$S(x)=1\,000x+\frac{1}{2}\cdot\frac{10^6}{x}\cdot 0.05=1\,000x+\frac{25\,000}{x}(x>0),$$

标明定义域

则$S'(x)=1\,000-\frac{25\,000}{x^2}$.令$S'(x)=0$,解得$x_1=5,x_2=-5$(舍掉),又

$$S''(x)=\frac{50\,000}{x^3},S''(5)>0,$$

由极值的第二充分条件可知,$x=5$为$S(x)$的极小值点,且为唯一的极小值点.由实际意义易知$x=5$为最小值点.故分5批生产,才能使得准备费用与库存费用之和最小.

【方法点击】 解决实际的应用型问题,通常的步骤是:

(1) 列出目标函数$f(x)$,并标明定义域;

(2) 将实际问题转化为求目标函数的最值问题,进而求解;

(3) 值得注意的是,当$f(x)$在某个区间上可导且只有一个驻点x_0,并且这个驻点就是$f(x)$的极值点时,$f(x_0)$也为函数的最值.

5.4 习题3-5解答

1. 求下列函数的极值:

(3) $y=-x^4+2x^2$;　　(4) $y=x+\sqrt{1-x}$;　　(5) $y=\frac{1+3x}{\sqrt{4+5x^2}}$;

解 (3) 函数的定义域为$(-\infty,+\infty)$,$y'=-4x^3+4x=-4x(x^2-1)$,$y''=-12x^2+4$.令$y'=0$,得$x_1=0,x_2=-1,x_3=1$.$y''(0)=4>0$,$y''(-1)=-8<0$,$y''(1)=-8<0$,故$y(0)=0$是函数的极小值,$y(-1)=1$和$y(1)=1$是函数的极大值.

(4) 函数的定义域为$(-\infty,1]$,$y'=1-\frac{1}{2\sqrt{1-x}}=\frac{2\sqrt{1-x}-1}{2\sqrt{1-x}}=\frac{3-4x}{2\sqrt{1-x}(2\sqrt{1-x}+1)}$.令$y'=0$,得驻点$x=\frac{3}{4}$.当$x<\frac{3}{4}$时,$y'>0$,当$\frac{3}{4}<x<1$时,$y'<0$.故$y\left(\frac{3}{4}\right)=\frac{5}{4}$为函数的极大值.

(5) 函数的定义域为$(-\infty,+\infty)$,$y'=\frac{-5\left(x-\frac{12}{5}\right)}{\sqrt{(4+5x^2)^3}}$,驻点为$x=\frac{12}{5}$.当$x<\frac{12}{5}$时,$y'>0$;当$x>\frac{12}{5}$时,$y'<0$.故函数在$x=\frac{12}{5}$处取得极大值,极大值为$y\left(\frac{12}{5}\right)=\frac{\sqrt{205}}{10}$.

3. 试问 a 为何值时，函数 $f(x)=a\sin x+\frac{1}{3}\sin 3x$ 在 $x=\frac{\pi}{3}$ 处取得极值？它是极大值还是极小值？并求此极值.

解　$f'(x)=a\cos x+\cos 3x$，$f''(x)=-a\sin x-3\sin 3x$. 要使函数 $f(x)$ 在 $x=\frac{\pi}{3}$ 处取得极值，必有 $f'\left(\frac{\pi}{3}\right)=0$，即 $a\cdot\frac{1}{2}-1=0$，$a=2$. 当 $a=2$ 时，$f''\left(\frac{\pi}{3}\right)=-2\cdot\frac{\sqrt{3}}{2}<0$. 因此，当 $a=2$ 时，函数 $f(x)$ 在 $x=\frac{\pi}{3}$ 处取得极值，而且取得极大值，极大值为 $f\left(\frac{\pi}{3}\right)=\sqrt{3}$.

4. 设函数 $f(x)$ 在 x_0 处有 n 阶导数，且 $f'(x_0)=f''(x_0)=\cdots=f^{(n-1)}(x_0)=0$，$f^{(n)}(x_0)\neq 0$，证明：

(1) 当 n 为奇数时，$f(x)$ 在 x_0 处不取得极值；

(2) 当 n 为偶数时，$f(x)$ 在 x_0 处取得极值，且当 $f^{(n)}(x_0)<0$ 时，$f(x_0)$ 为极大值，当 $f^{(n)}(x_0)>0$ 时，$f(x_0)$ 为极小值.

证　由含佩亚诺余项的 n 阶泰勒公式及已知条件，得

$$f(x)=f(x_0)+\frac{f^{(n)}(x_0)}{n!}(x-x_0)^n+o((x-x_0)^n),$$

即 $f(x)-f(x_0)=\frac{f^{(n)}(x_0)}{n!}(x-x_0)^n+o((x-x_0)^n)$，由此式可知 $f(x)-f(x_0)$ 在 x_0 某邻域内的符号由 $\frac{f^{(n)}(x_0)}{n!}(x-x_0)^n$ 在 x_0 某邻域内的符号决定.

(1) 当 n 为奇数时，$(x-x_0)^n$ 在 x_0 两侧异号，所以 $\frac{f^{(n)}(x_0)}{n!}(x-x_0)^n$ 在 x_0 两侧异号，从而 $f(x)-f(x_0)$ 在 x_0 两侧异号，故 $f(x)$ 在 x_0 处不取得极值.

(2) 当 n 为偶数时，在 x_0 两侧 $(x-x_0)^n>0$，若 $f^{(n)}(x_0)<0$，则 $\frac{f^{(n)}(x_0)}{n!}(x-x_0)^n<0$，从而 $f(x)-f(x_0)<0$，即 $f(x)<f(x_0)$，故 $f(x_0)$ 为极大值；若 $f^{(n)}(x_0)>0$，则 $\frac{f^{(n)}(x_0)}{n!}(x-x_0)^n>0$，从而 $f(x)-f(x_0)>0$，即 $f(x)>f(x_0)$，故 $f(x_0)$ 为极小值.

5. 试利用习题 4 的结论，讨论函数 $f(x)=e^x+e^{-x}+2\cos x$ 的极值.

解　$f'(x)=e^x-e^{-x}-2\sin x$，$f''(x)=e^x+e^{-x}-2\cos x$，$f'''(x)=e^x-e^{-x}+2\sin x$，$f^{(4)}(x)=e^x+e^{-x}+2\cos x$，故 $f'(0)=f''(0)=f'''(0)=0$，$f^{(4)}(0)=4>0$，因此函数 $f(x)$ 在 $x=0$ 处有极小值，极小值为 4.

6. 求下列函数的最大值、最小值：

(1) $y=2x^3-3x^2$，$-1\leqslant x\leqslant 4$；

(2) $y=x^4-8x^2+2$，$-1\leqslant x\leqslant 3$.

解　(1) $y'=6x^2-6x=6x(x-1)$. 令 $y'=0$，得 $x_1=0$，$x_2=1$. $y(-1)=-5$，$y(0)=0$，$y(1)=-1$，$y(4)=80$，故函数的最小值为 $y(-1)=-5$，最大值为 $y(4)=80$.

(2) $y'=4x^3-16x=4x(x^2-4)$. 令 $y'=0$，得 $x_1=0$，$x_2=-2$(舍去)，$x_3=2$. $y(-1)=-5$，$y(0)=2$，$y(2)=-14$，$y(3)=11$，故函数的最小值为 $y(2)=-14$，最大值为 $y(3)=11$.

7. 问函数 $y=2x^3-6x^2-18x-7(1\leqslant x\leqslant 4)$在何处取得最大值？并求出它的最大值．

解 $y'=6x^2-12x-18=6(x-3)(x+1)$，函数 $f(x)$在$[1,4]$上的驻点为 $x=3$. $f(1)=-29$，$f(3)=-61$，$f(4)=-47$，故函数 $f(x)$在 $x=1$ 处取得最大值，最大值为 $f(1)=-29$.

8. 问函数 $y=x^2-\dfrac{54}{x}(x<0)$在何处取得最小值？

解 $y'=2x+\dfrac{54}{x^2}$，在$(-\infty,0)$内的驻点为 $x=-3$.

$y''=2-\dfrac{108}{x^3}$，$y''(-3)=2+\dfrac{108}{27}>0$，故函数在 $x=-3$ 处取得极小值．又因为驻点只有一个，所以这个极小值即为最小值，即函数在 $x=-3$ 处取得最小值，最小值为 $y(-3)=27$.

10. 某车间靠墙壁要盖一间长方形小屋，现有存砖只够砌 20m 长的墙壁，问应围成怎样的长方形才能使这间小屋的面积最大？

解 设宽为 x，长为 y，则 $2x+y=20$，$y=20-2x$，于是面积为

$$S=xy=x(20-2x)=20x-2x^2,x\in(0,10).$$

$$S'=20-4x=4(5-x),S''=-4.\text{ 令 }S'=0,\text{得唯一驻点 }x=5.$$

因为 $S''(5)=-4<0$，所以 $x=5$ 为极大值点，从而也是最大值点.即当宽为 5 m，长为 10 m时，这间小屋面积最大．

11. 要造一圆柱形油罐，体积为 V，问底半径 r 和高 h 等于多少时，才能使表面积最小？这时底直径与高的比是多少？

解 $V=\pi r^2h$，得 $h=V/\pi r^2$. 于是油罐表面积为

$S=2\pi r^2+2\pi rh=2\pi r^2+\dfrac{2V}{r}(x>0)$，$S'=4\pi r-\dfrac{2V}{r^2}$. 令 $S'=0$，得驻点 $r=\sqrt[3]{\dfrac{V}{2\pi}}$.

因为 $S''=4\pi+\dfrac{4V}{r^3}>0$，所以 S 在驻点 $r=\sqrt[3]{\dfrac{V}{2\pi}}$ 处取得极小值，也就是最小值．这时相应的高为 $h=\dfrac{V}{\pi r^2}=2\sqrt[3]{\dfrac{V}{2\pi}}$，底直径与高的比为 $2r:h=1:1$.

12. 某地区防空洞的截面拟建成矩形加半圆(见图 3-1)，截面的面积为 5 m²，问底宽 x 为多少时才能使截面的周长最小，从而使建造时所用的材料最省？

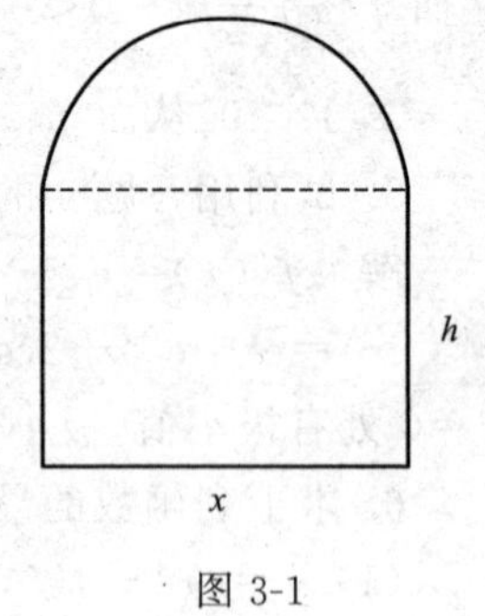

图 3-1

解 设矩形高为 h，截面的周长为 S，则 $xh+\dfrac{1}{2}\cdot\left(\dfrac{x}{2}\right)^2\pi=5$，

$h=\dfrac{5}{x}-\dfrac{\pi}{8}x$. 于是 $S=x+2h+\dfrac{x\pi}{2}=x+\dfrac{\pi}{4}x+\dfrac{10}{x}\left(0<x<\sqrt{\dfrac{40}{\pi}}\right)$，

则 $S'=1+\dfrac{\pi}{4}-\dfrac{10}{x^2}$. 令 $S'=0$，得唯一驻点 $x=\sqrt{\dfrac{40}{4+\pi}}$.

因为 $S''=\dfrac{20}{x^3}>0$，所以 $x=\sqrt{\dfrac{40}{4+\pi}}$ 为极小值点，同时也是最小值点．故底宽为 $x=\sqrt{\dfrac{40}{4+\pi}}$时所用的材料最省．

14. 有一杠杆，支点在它的一端.在距支点 0.1 m 处挂一质量为 49 kg 的物体.加力于杠杆的另一端使杠杆保持水平(见图 3-2).如果杠杆的线密度为 5 kg/m，求最省力的杆长.

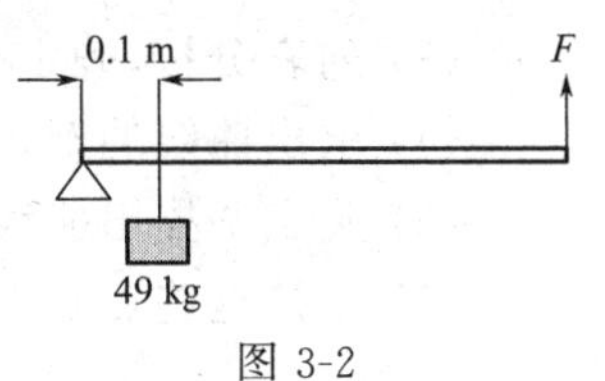

图 3-2

解　设杆长为 x(m)，加于杠杆一端的力为 F，则有

$$xF=\frac{1}{2}x\cdot 5x+49\times 0.1，即F=\frac{5}{2}x+\frac{4.9}{x}(x>0).$$

$F'=\frac{5}{2}-\frac{4.9}{x^2}$，驻点为 $x=1.4$. 由问题的实际意义知，F 的最小值一定在$(0,+\infty)$内取得，而 F 在$(0,+\infty)$内只有一个驻点 $x=1.4$，所以 F 一定在 $x=1.4$ 处取得最小值，即最省力的杆长为 1.4 m.

17. 一房地产公司有 50 套公寓要出租. 当月租金定为 1 000 元时，公寓会全部租出去. 当月租金每增加 50 元时，就会多一套公寓租不出去，而租出去的公寓每月需花费 100 元的维修费. 试问房租定为多少可获最大收入?

解　房租定为 x 元，纯收入为 R 元.

当 $x>1\,000$ 时，$R=x\left[50-\frac{1}{50}(x-1\,000)\right]-\left[50-\frac{1}{50}(x-1\,000)\right]\times 100=-\frac{1}{50}x^2+72x-7\,000$，$R'=-\frac{1}{25}x+72$. 令 $R'=0$，得$(1\,000,+\infty)$内唯一驻点 $x=1\,800$. 因为 $R''=-\frac{1}{25}<0$，所以 1 800 为极大值点，同时也是最大值点. 最大值为 $R=57\,800$.

因此，房租定为 1 800 元可获最大收入.

18. 已知制作一个背包的成本为 40 元. 如果每一个背包的售出价为 x 元，售出的背包数由 $n=\frac{a}{x-40}+b(80-x)$给出，其中 a、b 为正常数. 问什么样的售出价格能带来最大利润?

解　设利润函数为 $p(x)$，则

$$p(x)=(x-40)n=a+b(x-40)(80-x),$$
$$p'(x)=b(120-2x).$$

令 $p'(x)=0$，得 $x=60$(元).

由 $p''(x)=-2b<0$，知 $x=60$ 为极大值点. 又因为驻点唯一，故 $x=60$ 为最大值点，即售出价格为 60 元时能带来最大利润.

第六节　函数图形的描绘

6.1　学习目标

会求函数的水平、铅直和斜渐近线，会描绘函数的图形.

6.2　内容提要

描绘函数图形的一般步骤：

(1) 确定函数的定义域，并求函数的一阶和二阶导数；

(2) 求出一阶、二阶导数为零的点以及一阶、二阶导数不存在的点；

(3) 列表分析,确定函数的单调性和凹凸性;

(4) 求出曲线的渐近性;

(5) 确定并描出曲线上极值对应的点、拐点、与坐标轴的交点以及其他特殊点;

(6) 连接这些点画出函数的图形.

6.3 典型例题与方法

基本题型:描绘函数的图形

例 描绘函数 $y=\frac{1}{5}(x^4-6x^2+8x+7)$ 的图形.

解 (1) 定义域为 $(-\infty,+\infty)$.

(2) $y'=\frac{1}{5}(4x^3-12x+8)=\frac{4}{5}(x+2)(x-1)^2$,

$y''=\frac{4}{5}(3x^2-3)=\frac{12}{5}(x+1)(x-1)$.

令 $y'=0$,得 $x=-2$ 或 $x=1$. 令 $y''=0$,得 $x=1$ 或 $x=-1$.

(3) 列表:

x	$(-\infty,-2)$	-2	$(-2,-1)$	-1	$(-1,1)$	1	$(1,+\infty)$
y'	$-$	0	$+$	$+$	$+$	0	$+$
y''	$+$	$+$	$+$	0	$-$	0	$+$
y	↘∪	极小	↗∪	拐点	↗∩	拐点	↗∪

(4) 作图:见图 3-3.

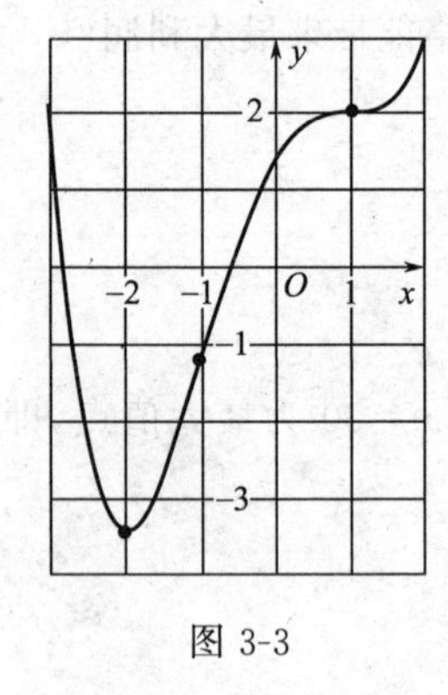

图 3-3

6.4 习题 3-6 解答

描绘下列函数的图形:

3. $y=e^{-(x-1)^2}$.

解 (1) 定义域为 $(-\infty,+\infty)$.

(2) $y'=-2(x-1)e^{-(x-1)^2}$, $y''=4e^{-(x-1)^2}\left[x-\left(1+\frac{\sqrt{2}}{2}\right)\right]\left[x-\left(1-\frac{\sqrt{2}}{2}\right)\right]$.

令 $y'=0$,得 $x=1$. 令 $y''=0$,得 $x=1+\frac{\sqrt{2}}{2}$,或 $x=1-\frac{\sqrt{2}}{2}$.

(3) 列表:

x	$\left(-\infty,1-\frac{\sqrt{2}}{2}\right)$	$1-\frac{\sqrt{2}}{2}$	$\left(1-\frac{\sqrt{2}}{2},1\right)$	1	$\left(1,1+\frac{\sqrt{2}}{2}\right)$	$1+\frac{\sqrt{2}}{2}$	$\left(1+\frac{\sqrt{2}}{2},+\infty\right)$
y'	$+$	$+$	$+$	0	$-$	$-$	$-$
y''	$+$	0	$-$	$-$	$-$	0	$+$
y	↗∪	拐点	↗∩	极大值	↘∩	拐点	↘∪

(4) 有水平渐近线 $y=0$.

(5) 作图:见图 3-4.

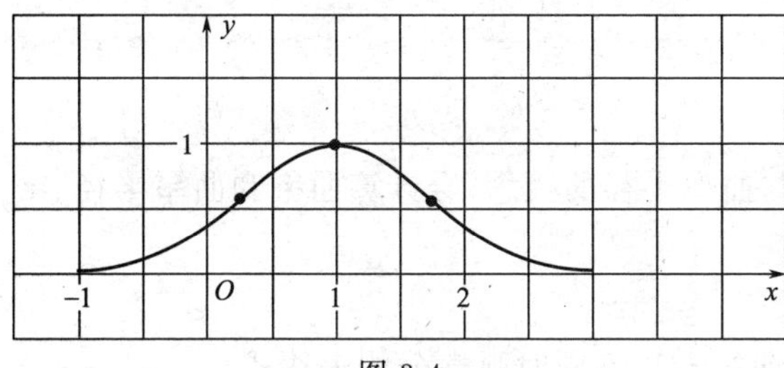

图 3-4

4. $y=x^2+\dfrac{1}{x}$.

解　(1) 定义域为 $(-\infty,0)\cup(0,+\infty)$.

(2) $y'=2x-\dfrac{1}{x^2}=\dfrac{2x^3-1}{x^2}$, $y''=2+\dfrac{2}{x^3}=\dfrac{2(x^3+1)}{x^3}$.

令 $y'=0$,得 $x=\dfrac{1}{\sqrt[3]{2}}$;令 $y''=0$,得 $x=-1$.

(3) 列表:

x	$(-\infty,-1)$	-1	$(-1,0)$	0	$\left(0,\frac{1}{\sqrt[3]{2}}\right)$	$\frac{1}{\sqrt[3]{2}}$	$\left(\frac{1}{\sqrt[3]{2}},+\infty\right)$
y'	$-$	$-$	$-$	无	$-$	0	$+$
y''	$+$	0	$-$	无	$+$	$+$	$+$
y	↘∪	拐点	↘∩	无	↘∪	极小	↗∪

(4) 有铅直渐近线 $x=0$.

(5) 作图:见图 3-5.

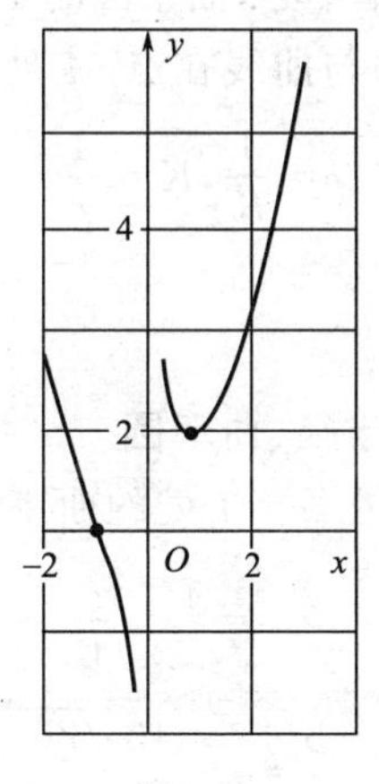

图 3-5

第七节　曲率

7.1　学习目标

了解曲率、曲率圆与曲率半径的概念,会计算曲率和曲率半径.

7.2　内容提要

1. 弧微分(以下为曲线方程不同时弧微分的表达式)

(1) 直角坐标方程:$y=y(x)$,$\mathrm{d}s=\sqrt{1+[y'(x)]^2}\,\mathrm{d}x$;

(2) 参数方程:$\begin{cases}x=x(t),\\ y=y(t),\end{cases}$ $\mathrm{d}s=\sqrt{[x'(t)]^2+[y'(t)]^2}\,\mathrm{d}t$;

(3) 极坐标方程:$r=r(\theta)$,$\mathrm{d}s=\sqrt{r^2(\theta)+[r'(\theta)]^2}\,\mathrm{d}\theta$.

2. 曲率

设曲线的直角坐标方程是 $y=f(x)$,且 $f(x)$ 具有二阶导数(这时 $f'(x)$ 连续,从而曲线是光滑的). 因为 $\tan\alpha=y'$,所以 $\sec^2\alpha\cdot\mathrm{d}\alpha=y''\mathrm{d}x$,

$$\mathrm{d}\alpha=\frac{y''}{\sec^2\alpha}\mathrm{d}x=\frac{y''}{1+\tan^2\alpha}\mathrm{d}x=\frac{y''}{1+y'^2}\mathrm{d}x.$$

又 $\mathrm{d}s=\sqrt{1+y'^2}\,\mathrm{d}x$,从而得曲率的计算公式

$$K=\left|\frac{\mathrm{d}\alpha}{\mathrm{d}s}\right|=\frac{|y''|}{(1+y'^2)^{3/2}}.$$

若曲线的参数方程为 $\begin{cases}x=\phi(t),\\ y=\psi(t),\end{cases}$ 则曲率 $K=\dfrac{|\phi'(t)\psi''(t)-\phi''(t)\psi'(t)|}{[\phi'^2(t)+\psi'^2(t)]^{3/2}}$.

3. 曲率圆与曲率半径

设曲线在点 $M(x,y)$ 处的曲率为 $K(K\neq0)$. 在点 M 处的曲线的法线上凹的一侧取一点 D,使 $|DM|=K^{-1}=\rho$,以 D 为圆心,ρ 为半径作圆,这个圆叫作曲线在点 M 处的曲率圆,曲率圆的圆心 D 叫作曲线在点 M 处的曲率中心,曲率圆的半径 ρ 叫作曲线在点 M 处的曲率半径.

曲线在点 M 处的曲率 $K(K\neq0)$ 与曲线在点 M 处的曲率半径 ρ 有如下关系:

$$\rho=\frac{1}{K},K=\frac{1}{\rho}.$$

7.3　典型例题与方法

基本题型:求曲线的曲率和曲率半径、曲率圆

例 1　求抛物线 $y=x^2+3x+2$ 在 $x=1$ 处的曲率及曲率半径.

解　$y'=2x+3$,$y''=2$,$y'|_{x=1}=5$,$y''|_{x=1}=2$.

所求曲率为 $K=\dfrac{|y''|}{[1+y'^2]^{\frac{3}{2}}}=\dfrac{2}{(1+5^2)^{\frac{3}{2}}}=\dfrac{1}{13\sqrt{26}}$,

曲率半径为 $\rho=\dfrac{1}{K}=13\sqrt{26}$.

例 2　曲线弧 $y=\sin x(0<x<\pi)$ 上哪一点处的曲率半径最小？求出该点处的曲率半径．

解　$y'=\cos x, y''=-\sin x, \rho(x)=\dfrac{(1+y'^2)^{3/2}}{|y''|}=\dfrac{(1+\cos^2 x)^{3/2}}{\sin x}(0<x<\pi)$，

$$\rho'(x)=\frac{\frac{3}{2}(1+\cos^2 x)^{\frac{1}{2}}(-2\cos x\sin x)\cdot\sin x-(1+\cos^2 x)^{\frac{3}{2}}\cos x}{\sin^2 x}$$

$$=\frac{-(1+\cos^2 x)^{\frac{1}{2}}\cos x(3\sin^2 x+\cos^2 x+1)}{\sin^2 x}.$$

在 $(0,\pi)$ 内，令 $\rho'(x)=0$，得驻点 $x=\dfrac{\pi}{2}$．

当 $0<x<\dfrac{\pi}{2}$ 时，$\rho'(x)<0$；当 $\dfrac{\pi}{2}<x<\pi$ 时，$\rho'(x)>0$．所以 $x=\dfrac{\pi}{2}$ 是极小值点，同时也是最小值点，最小值为 $\rho=\dfrac{\left(1+\cos^2\dfrac{\pi}{2}\right)^{3/2}}{\sin\dfrac{\pi}{2}}=1$．

【方法点击】　把曲率和最值结合起来，是本节常见的综合题目．这就要求对求最值的方法和步骤要牢记于心，能够把知识融会贯通，灵活应用．

7.4　习题 3-7 解答

1. 求椭圆 $4x^2+y^2=4$ 在点 $(0,2)$ 处的曲率．

解　两边对 x 求导数，得 $8x+2yy'=0$，

隐函数求导

$$y'=-\frac{4x}{y}, y''=-\frac{4y-4xy'}{y^2}, y'|_{x=0}=0, y''|_{x=0}=-2.$$

所求曲率为　$K=\dfrac{|y''|}{(1+y'^2)^{3/2}}=\dfrac{|-2|}{(1+0^2)^{3/2}}=2$．

2. 求曲线 $y=\ln\sec x$ 在点 (x,y) 处的曲率及曲率半径．

解　$y'=\dfrac{1}{\sec x}\cdot\sec x\cdot\tan x=\tan x, y''=\sec^2 x$．所求曲率为 $K=\dfrac{|y''|}{(1+y'^2)^{3/2}}=\dfrac{|\sec^2 x|}{(1+\tan^2 x)^{3/2}}=|\cos x|$，曲率半径为 $\rho=\dfrac{1}{K}=\dfrac{1}{|\cos x|}=|\sec x|$．

3. 求抛物线 $y=x^2-4x+3$ 在其顶点处的曲率及曲率半径．

解　$y'=2x-4, y''=2$．抛物线顶点的横坐标为 $x=2$．

$$y'|_{x=2}=0, y''|_{x=2}=2.$$

所求曲率为 $K=\dfrac{|y''|}{(1+y'^2)^{3/2}}=\dfrac{|2|}{(1+0^2)^{3/2}}=2$，曲率半径为 $\rho=\dfrac{1}{K}=\dfrac{1}{2}$．

4. 求曲线 $x=a\cos^3 t, y=a\sin^3 t$ 在 $t=t_0$ 处的曲率．

解　$y'=\dfrac{(a\sin^3 t)'}{(a\cos^3 t)'}=-\tan t$，

参数方程求导

$$y''=\frac{(-\tan t)'}{(a\cos^3 t)'}=\frac{1}{3a\sin t\cdot\cos^4 t}.$$

所求曲率为

$$K=\frac{|y''|}{(1+y'^2)^{3/2}}=\frac{\left|\frac{1}{3a\sin t\cdot\cos^4 t}\right|}{(1+\tan^2 t)^{3/2}}=\left|\frac{1}{3a\sin t\cos t}\right|=\frac{2}{3|a\sin 2t|},$$

$$K\big|_{t=t_0}=\frac{2}{3|a\sin 2t_0|}.$$

5. 对数曲线 $y=\ln x$ 上哪一点处的曲率半径最小？求出该点处的曲率半径．

解 $y'=\frac{1}{x}, y''=-\frac{1}{x^2}$.

$$K=\frac{|y''|}{(1+y'^2)^{3/2}}=\frac{\left|-\frac{1}{x^2}\right|}{\left(1+\frac{1}{x^2}\right)^{3/2}}=\frac{x}{(1+x^2)^{3/2}},$$

$$\rho=\frac{(1+x^2)^{\frac{3}{2}}}{x},$$

$$\rho'=\frac{\frac{3}{2}(1+x^2)^{\frac{1}{2}}\cdot 2x\cdot x-(1+x^2)^{\frac{3}{2}}}{x^2}=\frac{\sqrt{1+x^2}(2x^2-1)}{x^2}.$$

令 $\rho'=0$，得 $x_1=\frac{\sqrt{2}}{2}, x_2=-\frac{\sqrt{2}}{2}$(舍去).

当 $0<x<\frac{\sqrt{2}}{2}$ 时，$\rho'<0$；当 $x>\frac{\sqrt{2}}{2}$ 时，$\rho'>0$. 所以 $x=\frac{\sqrt{2}}{2}$ 是 $y=\ln x$ 的极小值点，同时也是最小值点．当 $x=\frac{\sqrt{2}}{2}$ 时，$y=\ln\frac{\sqrt{2}}{2}$，因此曲线在点 $\left(\frac{\sqrt{2}}{2},\ln\frac{\sqrt{2}}{2}\right)$ 处曲率半径最小，最小曲率半径为 $\rho=\frac{3\sqrt{3}}{2}$.

第八节 方程的近似解

8.1 学习目标

了解方程近似解的二分法及切线法．

8.2 内容提要

1. 二分法

设 $f(x)$ 在区间 $[a,b]$ 上连续，$f(a)\cdot f(b)<0$，且方程 $f(x)=0$ 在 (a,b) 内仅有一个实根 ξ，于是 $[a,b]$ 即是这个根的一个隔离区间．

作法：取 $[a,b]$ 的中点 $\xi_1=\frac{a+b}{2}$，计算 $f(\xi_1)$. 如果 $f(\xi_1)=0$，那么 $\xi=\xi_1$；

如果 $f(\xi_1)$ 与 $f(a)$ 同号，那么取 $a_1=\xi_1, b_1=b$，

由 $f(a_1)\cdot f(b_1)<0$，知 $a_1<\xi<b_1$，且 $b_1-a_1=\frac{1}{2}(b-a)$；

如果 $f(\xi_1)$ 与 $f(b)$ 同号，那么取 $a_1=a,b_1=\xi_1$，

也有 $a_1<\xi<b_1$ 及 $b_1-a_1=\frac{1}{2}(b-a)$；

总之，当 $\xi\neq\xi_1$ 时，可求得 $a_1<\xi<b_1$ 且 $b_1-a_1=\frac{1}{2}(b-a)$.

以 $[a_1,b_1]$ 作为新的隔离区间，重复上述作法，当 $\xi\neq\xi_2=\frac{1}{2}(a_1+b_1)$ 时，可求得 $a_2<\xi<b_2$ 且 $b_2-a_2=\frac{1}{2^2}(b-a)$.

如此重复 n 次，可求得 $a_n<\xi<b_n$ 且 $b_n-a_n=\frac{1}{2^n}(b-a)$.

所以，如果以 a_n 或 b_n 作为 ξ 的近似值，那么其误差小于 $\frac{1}{2^n}(b-a)$.

2. 切线法

设 $f(x)$ 在 $[a,b]$ 上具有二阶导数，$f(a)\cdot f(b)<0$，且 $f'(x)$ 及 $f''(x)$ 在 $[a,b]$ 上保持定号，则方程 $f(x)=0$ 在 (a,b) 内有唯一的实根 ξ，$[a,b]$ 是根的一个隔离区间 .

作法：在纵坐标与 $f''(x)$ 同号的那个端点（此端点记作 $(x_0,f(x_0))$）处作切线，该切线与 x 轴的交点的横坐标 x_1 比 x_0 更接近方程的根 ξ.

令 $x_0=a$，则切线方程为 $y-f(x_0)=f'(x_0)(x-x_0)$.

令 $y=0$，得 $x_1=x_0-\frac{f(x_0)}{f'(x_0)}$，在点 $(x_1,f(x_1))$ 处作切线，

得根的近似值 $x_2=x_1-\frac{f(x_1)}{f'(x_1)}$.

如此继续，得根的近似值 $x_n=x_{n-1}-\frac{f(x_{n-1})}{f'(x_{n-1})}$.

8.3　典型例题与方法

基本题型：求方程的近似解

例　试证明方程 $x^5+5x+1=0$ 在区间 $(-1,0)$ 内有唯一实根，并用切线法求这个根的近似值，使误差不超过 0.01.

证　设 $f(x)=x^5+5x+1$，$f(x)$ 在 $[-1,0]$ 上连续，且 $f(-1)=-5<0$，$f(0)=1>0$. 由零点定理知，至少 $\exists\,\xi\in(-1,0)$，使 $f(\xi)=0$，即方程 $x^5+5x+1=0$ 在区间 $(-1,0)$ 内至少有一个实根 .

又 $f'(x)=5x^4+5>0$，故函数 $f(x)$ 在 $[-1,0]$ 上单调增加，从而方程 $x^5+5x+1=0$ 在区间 $(-1,0)$ 内至多有一个实根 . 因此方程 $x^5+5x+1=0$ 在区间 $(-1,0)$ 内有唯一实根 .

现用切线法求这个实根的近似值：

由于 $f''(x)=20x^3$，$f''(-1)=-20<0$，故取 $x_0=-1$，由公式 $x_n=x_{n-1}-\frac{f(x_{n-1})}{f'(x_{n-1})}$ 得

$$x_1=x_0-\frac{f(x_0)}{f'(x_0)}=-0.5,\quad x_2=x_1-\frac{f(x_1)}{f'(x_1)}\approx-0.21,$$

$$x_3=x_2-\frac{f(x_2)}{f'(x_2)}\approx-0.20,\quad x_4=x_3-\frac{f(x_3)}{f'(x_3)}\approx-0.20,$$

故使误差不超过 0.01 的近似值为 $\xi=-0.20$.

8.4 习题 3-8 解答

1. 证明方程 $x^3-3x^2+6x-1=0$ 在区间(0,1)内有唯一实根，并用二分法求这个根的近似值，使误差不超过 0.01.

证 设函数 $f(x)=x^3-3x^2+6x-1$，显然 $f(x)$ 在[0,1]上连续，且 $f(0)=-1<0$，$f(1)=3>0$. 由零点定理知，至少 $\exists\xi\in(0,1)$，使 $f(\xi)=0$，即方程

$$x^3-3x^2+6x-1=0$$

在区间(0,1)内至少有一个实根.

又 $f'(x)=3x^2-6x+6=3(x-1)^2+3>0$，故函数 $f(x)$ 在[0,1]上单调增加，从而方程 $x^3-3x^2+6x-1=0$ 在区间(0,1)内至多有一个实根. 因此方程 $x^3-3x^2+6x-1=0$ 在区间(0,1)内有唯一实根.

现用二分法求这个实根的近似值：

n	a_n	b_n	中点 x_n	$f(x_n)$符号
1	0	1	0.5	+
2	0	0.5	0.25	+
3	0	0.25	0.125	−
4	0.125	0.25	0.188	+
5	0.125	0.188	0.157	−
6	0.157	0.188	0.173	−
7	0.173	0.188	0.180	−
8	0.180	0.188	0.184	+
9	0.180	0.184	0.182	−
10	0.182	0.184	0.183	+
11	0.183	0.184	0.183	+

故使误差不超过 0.01 的根的近似值为 $\xi=0.183$.

本章综合例题解析

例 1 设 $f(x)$ 在[0,1]上连续，在(0,1)内可导，且 $f(0)=f(1)=0$，$f\left(\frac{1}{2}\right)=1$，证明：必存在 $\xi\in(0,1)$，使 $f'(\xi)=1$.

证 令 $F(x)=f(x)-x$，则 $F(x)$ 在 $\left[\frac{1}{2},1\right]$ 上连续，且

$$F\left(\frac{1}{2}\right)=f\left(\frac{1}{2}\right)-\frac{1}{2}=\frac{1}{2}>0,$$

$$F(1)=f(1)-1=-1<0.$$

由零点定理知,至少存在一点 $\eta\in\left(\frac{1}{2},1\right)$,使 $F(\eta)=f(\eta)-\eta=0$. 而 $F(0)=f(0)=0$,故 $F(x)$在$[0,\eta]$上满足罗尔定理条件. 由罗尔定理知,存在$\xi\in(0,\eta)\subset(0,1)$,使$F'(\xi)=0$,$f'(\xi)=1$.

例 2　设函数 $f(x)$,$g(x)$在闭区间$[a,b]$上连续,在开区间(a,b)内可导,且 $f(a)=f(b)=0$,证明:在(a,b)内至少存在一点 ξ,使得 $f'(\xi)+f(\xi)g'(\xi)=0$.

【分析】　考虑罗尔中值定理的应用,但是结论又不可能是某函数的导函数,此时可以考虑等式两边同乘一个因式,使其是某个函数的导函数.

证　令 $F(x)=f(x)e^{g(x)}$,则 $F(x)$在$[a,b]$上连续,在(a,b)内可导.

这是本题的关键

又因为 $f(a)=f(b)=0$,

所以　$F(a)=f(a)e^{g(a)}=0$,$F(b)=f(b)e^{g(b)}=0$.

因此在(a,b)内至少存在一点 ξ,使得 $F'(\xi)=0$,即

$$f'(\xi)e^{g(\xi)}+f(\xi)g'(\xi)e^{g(\xi)}=0.$$

又 $e^{g(\xi)}\neq0$,故在(a,b)内至少存在一点 ξ,使得 $f'(\xi)+f(\xi)g'(\xi)=0$.

例 3　设 $f(x)$在$[a,b]$$(a>0)$上连续,在$(a,b)$内可导,试证明:存在 $\xi,\eta\in(a,b)$,使得 $f'(\xi)=\frac{a+b}{2\eta}f'(\eta)$.

【分析】　题目中含有两个介值 ξ,η,一般考虑使用一次拉格朗日中值定理(或柯西中值定理),再使用一次柯西中值定理(或拉格朗日中值定理).

证　对 $f(x)$与 x^2 在区间$[a,b]$上使用柯西中值定理,则存在 $\eta\in(a,b)$,使得

$$\frac{f(b)-f(a)}{b^2-a^2}=\frac{f'(\eta)}{2\eta},\text{即}\frac{f(b)-f(a)}{b-a}=\frac{f'(\eta)}{2\eta}(a+b).$$

再对 $f(x)$在$[a,b]$上应用拉格朗日中值定理,则存在 $\xi\in(a,b)$,使得

$$\frac{f(b)-f(a)}{b-a}=f'(\xi).$$

综上所述,有 $f'(\xi)=\frac{a+b}{2\eta}f'(\eta)$.

例 4　已知 $f(x)$二阶可导,且$\lim\limits_{x\to0}\frac{f(x)}{x}=0$,$f(1)=0$,试证:在$(0,1)$内至少存在一点 ξ,使得 $f''(\xi)=0$.

证　因 $f(x)$二阶可导,故 $f(x)$连续.

由$\lim\limits_{x\to0}\frac{f(x)}{x}=0$,可知 $f(0)=0$. $f'(0)=\lim\limits_{x\to0}\frac{f(x)-f(0)}{x-0}=\lim\limits_{x\to0}\frac{f(x)}{x}=0$.

因为 $f(x)$在$[0,1]$上连续,在$(0,1)$内可导,$f(0)=f(1)$,根据罗尔定理,至少存在 $\eta\in(0,1)$,使 $f'(\eta)=0$.

从而 $f'(x)$在$[0,\eta]$上连续,在$(0,\eta)$内可导,$f'(0)=f'(\eta)$,根据罗尔定理,故存在 $\xi\in(0,\eta)\subset(0,1)$,使 $f''(\xi)=0$.

例 5 设 $f(x)$可导，且 $f'(x)$在 $x=0$ 处连续，$f(0)=0$，求极限$\lim\limits_{x\to 0}\dfrac{f(1-\cos x)}{\tan x^2}$.

【分析】 这是一个求极限问题，而且是未定式的极限，自然想到洛必达法则.

解 方法一：利用导数的定义和等价无穷小，因为 $f'(0)$存在，即

$$\lim_{x\to 0}\frac{f(x)-f(0)}{x-0}=\lim_{x\to 0}\frac{f(x)}{x}=f'(0),$$

所以$\dfrac{f(x)}{x}=f'(0)+\alpha$，其中 α 为 $x\to 0$ 时的无穷小量，从而有 $f(x)=f'(0)x+\alpha x$.
所以

$$\begin{aligned}\lim_{x\to 0}\frac{f(1-\cos x)}{\tan x^2}&=\lim_{x\to 0}\frac{f'(0)(1-\cos x)+\alpha(1-\cos x)}{x^2}\\&=\lim_{x\to 0}\frac{[f'(0)+\alpha](1-\cos x)}{x^2}\\&=\lim_{x\to 0}\frac{[f'(0)+\alpha]\cdot\frac{1}{2}x^2}{x^2}=\frac{1}{2}f'(0).\end{aligned}$$

$1-\cos x\sim\frac{1}{2}x^2$

方法二：利用等价无穷小和洛必达法则求解.
根据已知可得

$$\begin{aligned}\lim_{x\to 0}\frac{f(1-\cos x)}{\tan x^2}&=\lim_{x\to 0}\frac{f(1-\cos x)}{x^2}=\lim_{x\to 0}\frac{\sin x\cdot f'(1-\cos x)}{2x}\\&=\frac{1}{2}\lim_{x\to 0}\frac{\sin x}{x}\cdot\lim_{x\to 0}f'(1-\cos x)=\frac{1}{2}f'(0).\end{aligned}$$

例 6 设$\lim\limits_{x\to\infty}\left[\dfrac{x^2+1}{x+1}-(ax+b)\right]=0$，求 a，b 的值.

【分析】 左式为$\infty-\infty$型未定式，经通分可以化为分式，利用极限的性质即可求解.

解 由$\lim\limits_{x\to\infty}\left(\dfrac{x^2+1}{x+1}-ax-b\right)=\lim\limits_{x\to\infty}\dfrac{(1-a)x^2-(a+b)x+1-b}{x+1}=0$,

知 $1-a=0$，$a+b=0$，解得 $a=1$，$b=-1$.

例 7 设 $f(x)$在点 $x=1$ 处取得极值，且点(2,4)是 $y=f(x)$的拐点，又若 $f(x)=x^3+ax^2+bx+c$，求 $f(x)$及其极值.

解 由题意知 $f'(x)=3x^2+2ax+b$. 因为 $f'(1)=0$，故 $3+2a+b=0$①.

又点(2,4)在曲线 $f(x)$上，所以 $8+4a+2b+c=4$②.

又点(2,4)为曲线 $y=f(x)$的拐点，$f''(x)=6x+2a$，所以 $f''(2)=0$，

即 $12+2a=0$③.

联立①、②、③式，解得 $a=-6$，$b=9$，$c=2$.

所以 $f(x)=x^3-6x^2+9x+2$，$f'(x)=3x^2-12x+9$.

令 $f'(x)=0$，得 $x=1$ 或 $x=3$.

经比较可知，$f(x)$的极大值为 $f(1)=6$，$f(x)$的极小值为 $f(3)=2$.

例 8　设 $f(x)$ 在区间 $[a,b]$ 上连续，在区间 (a,b) 内有 $f''(x)>0$，试证明 $\varphi(x)=\dfrac{f(x)-f(a)}{x-a}$ 在 (a,b) 内单调增加．

【分析】 要证明函数的单调性，考虑判断其导函数的符号．

证　由已知得

$$\varphi'(x)=\frac{(x-a)f'(x)-[f(x)-f(a)]}{(x-a)^2}=\frac{(x-a)f'(x)-f'(\xi)(x-a)}{(x-a)^2}$$

使用拉格朗日中值定理

$$=\frac{f'(x)-f'(\xi)}{x-a},\xi\in(a,x).$$

因为 $f''(x)>0$，所以 $f'(x)$ 单调增加，从而 $f'(x)-f'(\xi)>0$.

所以有 $\varphi'(x)>0$，即 $\varphi(x)$ 在区间 (a,b) 内单调增加．

例 9　设 $\lim\limits_{x\to 0}\dfrac{f(x)}{x}=1$，且 $f''(x)>0$，证明：$f(x)\geqslant x$.

证　因为 $f(x)$ 连续，所以由 $\lim\limits_{x\to 0}\dfrac{f(x)}{x}=1$ 知 $f(0)=0$.

又 $f'(0)=\lim\limits_{x\to 0}\dfrac{f(x)-f(0)}{x-0}=\lim\limits_{x\to 0}\dfrac{f(x)}{x}=1$，

令 $F(x)=f(x)-x$，则 $F'(x)=f'(x)-1$，故 $F'(0)=0$.

又 $F''(x)=f''(x)>0$，所以，$F(0)$ 是 $F(x)$ 极小值，$F'(x)$ 单调递增．

所以 $F(x)$ 只有唯一驻点 $x=0$，从而 $F(0)$ 也是 $F(x)$ 的最小值，因此有 $F(x)\geqslant F(0)$，即 $f(x)\geqslant x$.

例 10　设 $\lim\limits_{x\to 0}\dfrac{f(x)}{x^2}=-2$，$f(0)=0$，问：函数 $f(x)$ 在 $x=0$ 点是否可导，是否取得极值？

解　因为

$$f'(0)=\lim_{x\to 0}\frac{f(x)-f(0)}{x-0}=\lim_{x\to 0}\frac{f(x)}{x}=\lim_{x\to 0}x\cdot\frac{f(x)}{x^2}=0.$$

所以函数 $f(x)$ 在 $x=0$ 处可导且 $f'(0)=0$.

由于 $\lim\limits_{x\to 0}\dfrac{f(x)}{x^2}=-2<0$，根据极限的局部保号性，存在点 $x=0$ 的某个邻域，使得当 x 位于该邻域时，$\dfrac{f(x)}{x^2}<0$. 而 $x^2>0$，所以 $f(x)<0=f(0)$，即函数 $f(x)$ 在 $x=0$ 处取得极大值 $f(0)=0$.

例 11　求方程 $k\arctan x-x=0$ 不同实根的个数，其中 k 为参数．

解　令 $f(x)=k\arctan x-x$，$x\in(-\infty,+\infty)$.

因为 $f(0)=0$，所以方程 $k\arctan x-x=0$ 有一个根 $x=0$.

因为 $f(x)$ 是奇函数，只需讨论 $f(x)$ 在 $(0,+\infty)$ 上的零点个数．

$$f'(x)=\frac{k}{1+x^2}-1=\frac{k-1-x^2}{1+x^2}.$$

(1) 当 $k\leqslant 1$ 时，$f'(x)<0(x>0)$，于是 $f(x)<f(0)=0$，方程 $f(x)=0$ 在 $(0,+\infty)$ 上无零点，在 $(-\infty,+\infty)$ 内有唯一的根 $x=0$.

(2) 当 $k>1$ 时，解 $k-1-x^2=0$ 得 $x=\sqrt{k-1}$，$x\in(0,+\infty)$.

当 $0<x<\sqrt{k-1}$ 时，$f'(x)>0$. 又 $f(0)=0$，所以 $f(\sqrt{k-1})>f(0)=0$.

当 $\sqrt{k-1}<x<+\infty$ 时，$f'(x)<0$. 又 $\lim\limits_{x\to+\infty}f(x)=-\infty$，

这个判断不可缺少

则方程 $f(x)=0$ 在 $(0,+\infty)$ 上有一个零点，故在 $(-\infty,+\infty)$ 内有且仅有 3 个不同的实根(其中一个是 $x=0$).

【方法点击】 此类问题为讨论方程 $f(x)=0$ 的根的个数，往往从研究函数性态入手．其解题步骤如下：

(1) 求出 $f(x)$ 的驻点和导数不存在的点；

(2) 讨论函数的极值(或最值)是大于零、小于零还是等于零；

(3) 讨论函数的单调性；

(4) 讨论当 $x\to-\infty$ 及 $x\to+\infty$ 时函数的变化趋势，借助于零点定理，可得 $n(n\geqslant 1)$ 个根的存在性及各根所在的区间．

例 12 证明当 $x>1$ 时，$e^x>ex$.

【分析】 这是一个不等式的证明问题，条件少，且结论不等式中没有明显的特点，可以考虑利用单调性或拉格朗日中值定理证明．

证 方法一：令 $f(x)=e^x-ex$，则 $f(1)=0$，且 $f'(x)=e^x-e$.

所以，当 $x>1$ 时，$f'(x)>0$.

从而，当 $x>1$ 时，$f(x)>f(1)$，即 $e^x>ex$.

方法二：设 $f(x)=e^x$，则 $f(x)$ 在区间 $[1,x]$ 上连续，在区间 $(1,x)$ 内可导．由拉格朗日中值定理，$\exists\,\xi\in(1,x)$，使 $f(x)-f(1)=f'(\xi)(x-1)$，即 $e^x-e=e^{\xi}(x-1)$.

因为 $\xi>1$，所以 $e^x-e=e^{\xi}(x-1)>e(x-1)$，即 $e^x>ex$.

例 13 曲线 $y=\dfrac{1}{x}+\ln(1+e^x)$ 的渐近线条数为(　　).

A. 0　　　　B. 1　　　　C. 2　　　　D. 3

【分析】 先找出无定义的点，确定其是否为对应铅直渐近线；再考虑水平或斜渐近线．

解 因为 $\lim\limits_{x\to0}\left[\dfrac{1}{x}+\ln(1+e^x)\right]=\infty$，所以 $x=0$ 为铅直渐近线；

又 $\lim\limits_{x\to-\infty}\left[\dfrac{1}{x}+\ln(1+e^x)\right]=0$，所以 $y=0$ 为水平渐近线；

进一步，$k=\lim\limits_{x\to+\infty}\dfrac{y}{x}=\lim\limits_{x\to+\infty}\left[\dfrac{1}{x^2}+\dfrac{\ln(1+e^x)}{x}\right]=\lim\limits_{x\to+\infty}\dfrac{\ln(1+e^x)}{x}=\lim\limits_{x\to+\infty}\dfrac{e^x}{1+e^x}=1$，

$$\begin{aligned}b&=\lim_{x\to+\infty}(y-kx)=\lim_{x\to+\infty}\left[\frac{1}{x}+\ln(1+e^x)-x\right]=\lim_{x\to+\infty}[\ln(1+e^x)-x]\\&=\lim_{x\to+\infty}[\ln e^x(1+e^{-x})-x]\\&=\lim_{x\to+\infty}\ln(1+e^{-x})=0,\end{aligned}$$

于是有斜渐近线 $y=x$. 可知渐近线的条数为 3，故应选 D.

总习题三解答

5. 证明多项式 $f(x)=x^3-3x+a$ 在$[0,1]$上不可能有两个零点．

证　$f'(x)=3x^2-3=3(x^2-1)$．因为当 $x\in(0,1)$时，$f'(x)<0$，所以 $f(x)$在$[0,1]$上单调减少．因此，$f(x)$在$[0,1]$上至多有一个零点．

6. 设 $a_0+\frac{a_1}{2}+\cdots+\frac{a_n}{n+1}=0$，证明多项式 $f(x)=a_0+a_1x+\cdots+a_nx^n$ 在$(0,1)$内至少有一个零点．

证　设 $F(x)=a_0x+\frac{a_1}{2}x^2+\cdots+\frac{a_n}{n+1}x^{n+1}$，则 $F(x)$在$[0,1]$上连续，在$(0,1)$内可导，且 $F(0)=F(1)=0$. 由罗尔定理可知，在$(0,1)$内至少有一个点 ξ，使 $F'(\xi)=0$. 而 $F'(x)=f(x)$，所以 $f(x)$在$(0,1)$内至少有一个零点．

7. 设 $f(x)$在$[0,a]$上连续，在$(0,a)$内可导，且 $f(a)=0$，证明存在一点 $\xi\in(0,a)$，使 $f(\xi)+\xi f'(\xi)=0$.

证　设 $F(x)=xf(x)$，则 $F(x)$在$[0,a]$上连续，在$(0,a)$内可导，且 $F(0)=F(a)=0$. 由罗尔定理，在$(0,a)$内至少有一个点 $\xi\in(0,a)$，使 $F'(\xi)=0$，

所以 $f(\xi)+\xi f'(\xi)=0$.

8. 设 $0<a<b$，函数 $f(x)$在$[a,b]$上连续，在(a,b)内可导，试利用柯西中值定理，证明存在一点 $\xi\in(a,b)$，使 $f(b)-f(a)=\xi f'(\xi)\ln\frac{b}{a}$.

证　对 $f(x)$和 $\ln x$ 在$[a,b]$上用柯西中值定理，有

$$\frac{f(b)-f(a)}{\ln b-\ln a}=\frac{f'(\xi)}{\frac{1}{\xi}},\xi\in(a,b),$$

即

$$f(b)-f(a)=\xi f'(\xi)\ln\frac{b}{a},\xi\in(a,b).$$

10. 求下列极限：

(1) $\lim\limits_{x\to1}\frac{x-x^x}{1-x+\ln x}$；　　(2) $\lim\limits_{x\to0}\left[\frac{1}{\ln(1+x)}-\frac{1}{x}\right]$；

(4) $\lim\limits_{x\to\infty}\left[\left(a_1^{\frac{1}{x}}+a_2^{\frac{1}{x}}+\cdots+a_n^{\frac{1}{x}}\right)/n\right]^{nx}$（其中 $a_1,a_2,\cdots,a_n>0$）.

解　(1)

$(x^x)'=(e^{x\ln x})'=e^{x\ln x}(\ln x+1)=x^x(\ln x+1)$，$\lim\limits_{x\to1}\frac{x-x^x}{1-x+\ln x}=\lim\limits_{x\to1}\frac{(x-x^x)'}{(1-x+\ln x)'}$

$$=\lim_{x\to1}\frac{1-x^x(\ln x+1)}{-1+\frac{1}{x}}=\lim_{x\to1}\frac{x-x^{x+1}(\ln x+1)}{1-x}$$

$$=\lim_{x\to1}\frac{1-x^{x+1}\left(\ln x+1+\frac{1}{x}\right)(\ln x+1)-x^x}{-1}=2.$$

(2) $\lim\limits_{x\to0}\left[\dfrac{1}{\ln(1+x)}-\dfrac{1}{x}\right]=\lim\limits_{x\to0}\dfrac{x-\ln(1+x)}{x\ln(1+x)}$

$$=\lim_{x\to0}\frac{[x-\ln(1+x)]'}{[x\ln(1+x)]'}=\lim_{x\to0}\frac{1-\frac{1}{1+x}}{\ln(1+x)+\frac{x}{1+x}}$$

$$=\lim_{x\to0}\frac{x}{(1+x)\ln(1+x)+x}=\lim_{x\to0}\frac{1}{\ln(1+x)+1+1}=\frac{1}{2}.$$

(4) 令 $y=[(a_1^{\frac{1}{x}}+a_2^{\frac{1}{x}}+\cdots+a_n^{\frac{1}{x}})/n]^{nx}$,则 $\ln y=nx[\ln(a_1^{\frac{1}{x}}+a_2^{\frac{1}{x}}+\cdots+a_n^{\frac{1}{x}})-\ln n]$. 因为$\lim\limits_{x\to\infty}\ln y=\lim\limits_{x\to\infty}\dfrac{n[\ln(a_1^{\frac{1}{x}}+a_2^{\frac{1}{x}}+\cdots+a_n^{\frac{1}{x}})-\ln n]}{\frac{1}{x}}$

$$=\lim_{x\to\infty}\frac{n\cdot\frac{1}{a_1^{\frac{1}{x}}+a_2^{\frac{1}{x}}+\cdots+a_n^{\frac{1}{x}}}\cdot(a_1^{\frac{1}{x}}\ln a_1+a_2^{\frac{1}{x}}\ln a_2+\cdots+a_n^{\frac{1}{x}}\ln a_n)\cdot(\frac{1}{x})'}{(\frac{1}{x})'}$$

$=\ln(a_1a_2\cdots a_n)$,即$\lim\limits_{x\to\infty}\ln y=\ln(a_1a_2\cdots a_n)$,从而

$$\lim_{x\to\infty}[(a_1^{\frac{1}{x}}+a_2^{\frac{1}{x}}+\cdots+a_n^{\frac{1}{x}})/n]^{nx}=a_1a_2\cdots a_n.$$

12. 证明下列不等式

(1) 当 $0<x_1<x_2<\dfrac{\pi}{2}$ 时,$\dfrac{\tan x_2}{\tan x_1}>\dfrac{x_2}{x_1}$;(2) 当 $x>0$ 时,$\ln(1+x)>\dfrac{\arctan x}{1+x}$.

证 (1) 令 $f(x)=\dfrac{\tan x}{x}$,$x\in\left(0,\dfrac{\pi}{2}\right)$. 因为

$$f'(x)=\frac{x\sec^2x-\tan x}{x^2}=\frac{x-\sin x\cos x}{x^2\cos^2x}>\frac{x-\sin x}{x^2\cos^2x}>0,$$

所以在$\left(0,\dfrac{\pi}{2}\right)$内,$f(x)$为单调增加的.

因此,当 $0<x_1<x_2<\dfrac{\pi}{2}$时,有$\dfrac{\tan x_1}{x_1}<\dfrac{\tan x_2}{x_2}$,即$\dfrac{\tan x_2}{\tan x_1}>\dfrac{x_2}{x_1}$.

(2) 要证$(1+x)\ln(1+x)>\arctan x$,即证$(1+x)\ln(1+x)-\arctan x>0$.

设 $f(x)=(1+x)\ln(1+x)-\arctan x$,则 $f'(x)=\ln(1+x)+1-\dfrac{1}{1+x^2}$.

因为当 $x>0$ 时,$\ln(1+x)>0$,$1-\dfrac{1}{1+x^2}>0$,所以 $f'(x)>0$,$f(x)$在$[0,+\infty)$上单调增加.

因此,当 $x>0$ 时,$f(x)>f(0)$,而 $f(0)=0$,从而 $f(x)>0$,

即$(1+x)\ln(1+x)-\arctan x>0$. 从而 $\ln(1+x)>\dfrac{\arctan x}{1+x}$,$(x>0)$

13. 设 $a>1$,$f(x)=a^x-ax$ 在$(-\infty,+\infty)$内的驻点为 $x(a)$. 问 a 为何值时,$x(a)$最小? 并求出最小值.

解 由 $f'(x)=a^x\ln a-a=0$,得惟一驻点

$$x(a)=1-\frac{\ln\ln a}{\ln a}.$$

考察函数 $x(a)=1-\dfrac{\ln\ln a}{\ln a}$ 在 $a>1$ 时的最小值．令

$$x'(a)=\frac{\dfrac{1}{a}-\dfrac{1}{a}\ln\ln a}{(\ln a)^2}=-\frac{1-\ln\ln a}{a(\ln a)^2}=0,$$

得惟一驻点，$a=\mathrm{e}^{\mathrm{e}}$. 当 $a>\mathrm{e}^{\mathrm{e}}$ 时，$x'(a)>0$；当 $a<\mathrm{e}^{\mathrm{e}}$ 时，$x'(a)<0$，因此

$$x(\mathrm{e}^{\mathrm{e}})=1-\frac{1}{\mathrm{e}}$$

为极小值，也是最小值．

14. 求椭圆 $x^2-xy+y^2=3$ 上纵坐标最大和最小的点．

解　$2x-y-xy'+2yy'=0$，$y'=\dfrac{2x-y}{x-2y}$. 当 $x=\dfrac{1}{2}y$ 时，$y'=0$. 将 $x=\dfrac{1}{2}y$ 代入椭圆方程，得 $\dfrac{1}{4}y^2-\dfrac{1}{2}y^2+y^2=3$，$y=\pm 2$. 于是得驻点 $x_1=-1$，$x_2=1$. 因为椭圆上纵坐标最大和最小的点一定存在，且在驻点处取得，又当 $x_1=-1$ 时，$y=-2$，当 $x_2=1$ 时，$y=2$，所以纵坐标最大和最小的点分别为 $(1,2)$ 和 $(-1,-2)$.

18. 设 $f''(x_0)$ 存在，证明 $\lim\limits_{h\to 0}\dfrac{f(x_0+h)+f(x_0-h)-2f(x_0)}{h^2}=f''(x_0)$.

证

$$\begin{aligned}
&\lim_{h\to 0}\frac{f(x_0+h)+f(x_0-h)-2f(x_0)}{h^2}\\
&=\lim_{h\to 0}\frac{f'(x_0+h)-f'(x_0-h)}{2h}=\frac{1}{2}\lim_{h\to 0}\frac{f'(x_0+h)-f'(x_0-h)}{h}\\
&=\frac{1}{2}\lim_{h\to 0}\frac{[f'(x_0+h)-f'(x_0)]+[f'(x_0)-f'(x_0-h)]}{h}\\
&=\frac{1}{2}\lim_{h\to 0}\left[\frac{f'(x_0+h)-f'(x_0)}{h}+\frac{f'(x_0-h)-f'(x_0)}{-h}\right]\\
&=\frac{1}{2}[f''(x_0)+f''(x_0)]\\
&=f''(x_0).
\end{aligned}$$

20. 试确定常数 a 和 b，使 $f(x)=x-(a+b\cos x)\sin x$ 为当 $x\to 0$ 时关于 x 的 5 阶无穷小．

解　$f(x)$ 是有任意阶导数的，它的 5 阶麦克劳林公式为

$$\begin{aligned}
f(x)&=f(0)+f'(0)x+\frac{f''(0)}{2!}x^2+\frac{f'''(0)}{3!}x^3+\frac{f^{(4)}(0)}{4!}x^4+\frac{f^{(5)}(0)}{5!}x^5+o(x^5)\\
&=(1-a-b)x+\frac{a+4b}{3!}x^3+\frac{-a-16b}{5!}x^5+o(x^5).
\end{aligned}$$

要使 $f(x)=x-(a+b\cos x)\sin x$ 为当 $x\to 0$ 时关于 x 的 5 阶无穷小，就是要使极限 $\lim\limits_{x\to 0}\dfrac{f(x)}{x^5}=\lim\limits_{x\to 0}\left[\dfrac{1-a-b}{x^4}+\dfrac{a+4b}{3!\ x^2}+\dfrac{-a-16b}{5!}+\dfrac{o(x^5)}{x^5}\right]$ 存在且不为 0.

为此令 $\begin{cases}1-a-b=0,\\ a+4b=0,\end{cases}$ 解之得 $a=\dfrac{4}{3}$，$b=-\dfrac{1}{3}$.

因为当 $a=\frac{4}{3},b=-\frac{1}{3}$时,$\lim\limits_{x\to 0}\frac{f(x)}{x^5}=\frac{-a-16b}{5!}=\frac{1}{30}\neq 0$,

所以当 $a=\frac{4}{3},b=-\frac{1}{3}$时,$f(x)=x-(a+b\cos x)\sin x$ 为当 $x\to 0$ 时关于 x 的 5 阶无穷小.

第三章同步测试题

一、填空题(每小题 4 分,共 16 分)

1. 函数 $y=x+2\cos x$ 在区间$\left[0,\frac{\pi}{2}\right]$上的最大值为__________.

2. 设$\lim\limits_{x\to 0}\frac{\ln(1+x)-(ax+bx^2)}{x^2}=2$,则 $a=$__________,$b=$__________.

3. 曲线 $y=-6x^3+4x^2$ 的凸区间是__________.

4. 椭圆 $4x^2+y^2=4$ 在点$(0,2)$处的曲率 $K=$__________.

二、选择题(每小题 4 分,共 16 分)

1. 当 $x>0$ 时,曲线 $y=x\sin\frac{1}{x}$(　　).

A. 有且仅有水平渐近线　　B. 既有水平渐近线,又有铅直渐近线

C. 有且仅有铅直渐近线　　D. 既无水平渐近线,也无铅直渐近线

2. $\sin x=x-\frac{1}{6}x^3+R_4(x)$,其中 $R_4(x)=$(　　).

A. $\frac{-\cos\xi}{5!}x^5$　　B. $\frac{\cos\xi}{5!}x^5$

C. $\frac{\sin\xi}{5!}x^5$　　D. $\frac{-\sin\xi}{5!}x^5$(上述各式中 ξ 介于 0 与 x 之间)

3. 设函数 $f(x)$在$[0,+\infty)$上二阶可导,且 $f''(x)>f'(x)$,则$\frac{f'(x)}{e^x}$在区间$[0,+\infty)$上是(　　).

A. 单调增加的　　B. 单调减少的　　C. 有极值的　　D. 常数

4. 设函数 $f(x)$连续,且 $f'(0)>0$,则存在 $\delta>0$,使得(　　).

A. $f(x)$在$(0,\delta)$内单调增加

B. $f(x)$在$(-\delta,0)$内单调减少

C. 对任意的 $x\in(0,\delta)$,有 $f(x)>f(0)$

D. 对任意的 $x\in(-\delta,0)$,$f(x)>f(0)$

三、计算题(共 48 分)

1. (6 分)求函数的极限$\lim\limits_{x\to\frac{\pi}{2}}\left(x\tan x-\frac{\pi}{2}\sec x\right)$.

2. (7 分)设 $x\to 0$ 时,$e^{\tan x}-e^x$ 与 x^n 是同阶无穷小,求 n 的值.

3. (8 分)讨论函数 $y=xe^{-x}$的增减性、凹凸性、拐点、极值.

4. (8 分)讨论方程 $1-x-\tan x=0$ 在$(0,1)$内的实数根的情况.

5. (9 分)已知点$(1,3)$为曲线 $y=x^3+ax^2+bx+14$ 的拐点,求 a,b 的值.

6.(10 分)烟囱向其周围地区散落烟尘而污染环境．已知落在地面某处的烟尘浓度与该处至烟囱距离的平方成反比，而与该烟囱喷出的烟尘量成正比．现有两座烟囱相距 20 km，其中一座烟囱喷出的烟尘量是另一座的 8 倍，试求出两座烟囱连线上一点，使该点的烟尘浓度最小．

四、证明题(每小题 10 分，共 20 分)

1. 设 $e<a<b<e^2$，证明：$\ln^2 b-\ln^2 a>\frac{4}{e^2}(b-a)$.

2. 设 $f(x)$ 在 $\left[0,\frac{\pi}{2}\right]$ 上连续，在 $\left(0,\frac{\pi}{2}\right)$ 上可导，且 $f\left(\frac{\pi}{2}\right)=0$，证明至少存在一点 $\xi\in\left(0,\frac{\pi}{2}\right)$，使 $f(\xi)+\tan\xi\cdot f'(\xi)=0$.

第三章同步测试题答案

一、填空题

1. $\frac{\pi}{6}+\sqrt{3}$；2. $1,-\frac{5}{2}$；3. $\left[\frac{2}{9},+\infty\right)$；4. 2.

二、选择题

1. A；2. B；3. A；4. C.

三、计算题

1. **解**　原式 $=\lim\limits_{x\to\frac{\pi}{2}}\frac{x\sin x-\frac{\pi}{2}}{\cos x}=\lim\limits_{x\to\frac{\pi}{2}}\frac{\sin x+x\cos x}{-\sin x}=-1$.

2. **解**

等价无穷小替换和洛必达法则

$$\lim_{x\to0}\frac{e^{\tan x}-e^x}{x^n}=\lim_{x\to0}\frac{e^x(e^{\tan x-x}-1)}{x^n}=\lim_{x\to0}\frac{\tan x-x}{x^n}=\lim_{x\to0}\frac{\sec^2 x-1}{nx^{n-1}}$$
$$=\lim_{x\to0}\frac{1-\cos^2 x}{nx^{n-1}}=\frac{1}{n}\lim_{x\to0}\frac{\sin^2 x}{x^{n-1}}=\frac{1}{n}\lim_{x\to0}\frac{x^2}{x^{n-1}}.$$

所以 $n-1=2$，即 $n=3$.

3. **解**　拐点为 $\left(2,\frac{2}{e^2}\right)$，单增区间为 $(-\infty,1)$，单减区间为 $(1,+\infty)$，极大值为 e^{-1}，凸区间为 $(-\infty,2)$，凹区间为 $(2,+\infty)$.

4. **解**　令 $f(x)=1-x-\tan x$，则 $f(x)$ 在 $[0,1]$ 上连续．又 $f(0)=1>0$，$f(1)=-\tan1<0$，由零点定理得到，$f(x)=0$ 在区间 $(0,1)$ 上至少有一个实数根．又 $f'(x)=-(1+\sec^2 x)<0$，$x\in(0,1)$，所以至多只有一个实数根．综上，方程 $1-x-\tan x=0$ 在 $(0,1)$ 内有唯一实数根．

5. **解**　$y'=3x^2+2ax+b$，$y''=6x+2a$．根据题意，得 $y''(1)=0$，$a=-3$．又点 $(1,3)$ 在曲线上，故 $y(1)=3$，代入得 $b=-9$．验证得，当 $a=-3$，$b=-9$ 时，$(1,3)$ 为拐点．

6. **解** 设两座烟囱连线上的一点离烟尘量小的烟囱 $x$km,则离烟尘量大的烟囱$(20-x)$km,根据条件,该点处的烟尘浓度为

$$f(x)=k\left[\frac{1}{x^2}+\frac{8}{(20-x)^2}\right](0\leqslant x\leqslant 20).$$

由 $f'(x)=-k\left[\frac{2}{x^3}-\frac{16}{(20-x)^3}\right]=0$,得 $f(x)$在 $[0,20]$ 内的唯一的驻点 $x=\frac{20}{3}$.

经判断可知,在 $x=\frac{20}{3}$处 $f(x)$取得极小值. 由于驻点是唯一的,所以此极小值也是最小值,所以距离烟尘量小的烟囱$\frac{20}{3}$km 处烟尘浓度最小.

四、证明题

1. **证** 对函数 $y=\ln^2 x$ 在$[a,b]$上应用拉格朗日中值定理,得

$$\ln^2 b-\ln^2 a=\frac{2\ln\xi}{\xi}(b-a),\mathrm{e}<a<\xi<b<\mathrm{e}^2.$$

设 $\varphi(t)=\frac{\ln t}{t}$,则 $\varphi'(t)=\frac{1-\ln t}{t^2}$. 当 $t>\mathrm{e}$ 时,$\varphi'(t)=\frac{1-\ln t}{t^2}<0$,

所以 $\varphi(t)$单调减少,从而 $\varphi(\xi)>\varphi(\mathrm{e}^2)$,即

$$\frac{\ln\xi}{\xi}>\frac{\ln\mathrm{e}^2}{\mathrm{e}^2}=\frac{2}{\mathrm{e}^2},$$

故

$$\ln^2 b-\ln^2 a>\frac{4}{\mathrm{e}^2}(b-a).$$

2. **证** 令 $F(x)=\sin x\cdot f(x)$,则 $F(x)$在$\left[0,\frac{\pi}{2}\right]$上连续,$\left(0,\frac{\pi}{2}\right)$内可导,且 $F(0)=F\left(\frac{\pi}{2}\right)=0$,则 $F(x)$在$\left[0,\frac{\pi}{2}\right]$上满足罗尔中值定理的条件. 故根据罗尔中值定理,至少存在一个 $\xi\in\left(0,\frac{\pi}{2}\right)$,使得 $F'(\xi)=0$,即

$$\sin\xi\cdot f'(\xi)+\cos\xi\cdot f(\xi)=0.$$

而 $\cos\xi\neq 0$,等式两端同除以 $\cos\xi$,得

$$f(\xi)+\tan\xi\cdot f'(\xi)=0.$$

第四章

不定积分

第一节　不定积分的概念与性质

1.1　学习目标

理解原函数与不定积分的概念;掌握不定积分的基本公式及性质.

1.2　内容提要

1. 原函数与不定积分的概念

(1) 原函数的概念

如果在区间 I 上,可导函数 $F(x)$的导函数为 $f(x)$,即对任一 $x\in I$,都有

$$F'(x)=f(x) \text{或} \mathrm{d}F(x)=f(x)\mathrm{d}x,$$

那么函数 $F(x)$就称为 $f(x)$在区间 I 上的原函数.

(2) 不定积分的定义

函数 $f(x)$的带有任意常数项的原函数称为是 $f(x)$在区间 I 上的不定积分,记作 $\int f(x)\mathrm{d}x$.

【注】 根据后面第五章的知识,如果函数 $f(x)$在一个区间 I 上连续,则它在该区间上一定存在原函数,从而存在不定积分.

2. 不定积分的基本性质

(1) $\mathrm{d}\int f(x)\mathrm{d}x=f(x)\mathrm{d}x$　或　$\dfrac{\mathrm{d}}{\mathrm{d}x}\left[\int f(x)\mathrm{d}x\right]=f(x)$;

(2) $\int \mathrm{d}F(x)=F(x)+C$　或　$\int F'(x)\mathrm{d}x=F(x)+C$;

(3) $\int [f(x)\pm g(x)]\mathrm{d}x=\int f(x)\mathrm{d}x\pm\int g(x)\mathrm{d}x$;

(4) $\int kf(x)\mathrm{d}x=k\int f(x)\mathrm{d}x$,($k$ 是常数,$k\neq 0$).

3. 基本积分表

(1) $\int 0\mathrm{d}x = C$;

(2) $\int k\mathrm{d}x = kx + C$($k$ 是常量);

(3) $\int x^{\mu}\mathrm{d}x = \dfrac{x^{\mu+1}}{\mu+1} + C\ (\mu \neq -1)$;

(4) $\int \dfrac{\mathrm{d}x}{x} = \ln|x| + C$;

(5) $\int \dfrac{\mathrm{d}x}{1+x^2} = \arctan x + C$;

(6) $\int \dfrac{\mathrm{d}x}{\sqrt{1-x^2}} = \arcsin x + C$;

(7) $\int \cos x\,\mathrm{d}x = \sin x + C$;

(8) $\int \sin x\,\mathrm{d}x = -\cos x + C$;

(9) $\int \dfrac{\mathrm{d}x}{\cos^2 x} = \int \sec^2 x\,\mathrm{d}x = \tan x + C$;

(10) $\int \dfrac{\mathrm{d}x}{\sin^2 x} = \int \csc^2 x\,\mathrm{d}x = -\cot x + C$;

(11) $\int \sec x \tan x\,\mathrm{d}x = \sec x + C$;

(12) $\int \csc x \cot x\,\mathrm{d}x = -\csc x + C$;

(13) $\int \mathrm{e}^x\,\mathrm{d}x = \mathrm{e}^x + C$;

(14) $\int a^x\,\mathrm{d}x = \dfrac{a^x}{\ln a} + C(a > 0, a \neq 1)$;

(15) $\int \mathrm{sh}x\,\mathrm{d}x = \mathrm{ch}x + C$;

(16) $\int \mathrm{ch}x\,\mathrm{d}x = \mathrm{sh}x + C$;

(17) $\int \tan x\,\mathrm{d}x = -\ln|\cos x| + C$;

(18) $\int \cot x\,\mathrm{d}x = \ln|\sin x| + C$;

(19) $\int \sec x\,\mathrm{d}x = \ln|\sec x + \tan x| + C$;

(20) $\int \csc x\,\mathrm{d}x = \ln|\csc x - \cot x| + C$;

(21) $\int \dfrac{\mathrm{d}x}{a^2+x^2} = \dfrac{1}{a}\arctan\dfrac{x}{a} + C\ (a > 0)$;

(22) $\int \dfrac{\mathrm{d}x}{x^2-a^2} = \dfrac{1}{2a}\ln\left|\dfrac{x-a}{x+a}\right| + C\ (a > 0)$;

(23) $\int \frac{1}{\sqrt{a^2-x^2}}dx=\arcsin\frac{x}{a}+C(a>0)$；

(24) $\int \frac{dx}{\sqrt{x^2\pm a^2}}=\ln\left|x+\sqrt{x^2\pm a^2}\right|+C(a>0)$；

(25) $\int \sqrt{a^2-x^2}dx=\frac{x}{2}\sqrt{a^2-x^2}+\frac{a^2}{2}\arcsin\frac{x}{a}+C(a>0)$；

(26) $\int \sqrt{x^2\pm a^2}dx=\frac{x}{2}\sqrt{x^2\pm a^2}\pm\frac{a^2}{2}\ln\left|x+\sqrt{x^2\pm a^2}\right|+C(a>0)$.

1.3　典型例题与方法

基本题型Ⅰ:原函数与不定积分的概念

例 1　判断下列命题是否正确：

(1) 一切初等函数在其定义域内都有原函数．

(2) 初等函数的原函数一定是初等函数．

(3) 所有的偶函数的原函数都是奇函数．

(4) 周期函数的原函数一定是周期函数．

解　(1)因为初等函数的定义域可能是离散的点集．正确的说法是:一切初等函数在其定义区间内都有原函数．这是因为初等函数在其定义区间内处处连续,而连续函数在其定义区间内都有原函数．

(2) 例如 $f(x)=|x|=\begin{cases}x,x\geqslant 0,\\-x,x<0,\end{cases}$ $f(x)=\sqrt{x^2}$ 是初等函数,但其原函数 $F(x)=\begin{cases}\frac{x^2}{2},x\geqslant 0,\\-\frac{x^2}{2},x<0\end{cases}$ 不是初等函数,因为 $F(x)$ 无法用基本初等函数经过有限次四则运算和有限次函数的复合构成的一个式子表示．

(3) 例如 $f(x)=x^2,x\in\mathrm{R}$ 为偶函数,但其原函数 $F(x)=\frac{1}{3}x^3+1$ 却不是奇函数．

(4) 例如 $f(x)=\sin x+1,x\in\mathrm{R}$ 为周期函数,但其原函数 $F(x)=-\cos x+x$ 却不是周期函数．

基本题型Ⅱ:利用不定积分的基本公式及性质求不定积分

例 2　求 $\int x^2\sqrt{x}dx$.

解　$\int x^2\sqrt{x}dx=\int x^{\frac{5}{2}}dx=\frac{1}{\frac{5}{2}+1}x^{\frac{5}{2}+1}+C=\frac{2}{7}x^{\frac{7}{2}}+C.$

【方法点击】　这是一种最为基本的求不定积分的题目,相同自变量的幂函数的乘积可以合并次数,再利用基本积分表中的公式(3).

例 3　求 $\int \frac{1+x+x^2}{x(1+x^2)}dx$.

解 $\int \frac{1+x+x^2}{x(1+x^2)}dx = \int \frac{x+(1+x^2)}{x(1+x^2)}dx = \int \frac{x}{x(1+x^2)}dx + \int \frac{1+x^2}{x(1+x^2)}dx$

$$= \int \frac{1}{1+x^2}dx + \int \frac{1}{x}dx = \arctan x + \ln|x| + C.$$

公式(5) 公式(4)

【方法点击】 该题是有理分式的不定积分．处理这种类型的问题，经常会将一个分式拆成若干个部分分式代数和的形式，每个部分分式可利用基本积分表中的公式来积分．

1.4 习题 4-1 解答

2．求下列不定积分：

解

(2) $\int x\sqrt{x}\,dx = \int x^{\frac{3}{2}}dx = \frac{1}{\frac{3}{2}+1}x^{\frac{3}{2}+1} + C = \frac{2}{5}x^2\sqrt{x} + C.$

(8) $\int (x^2-3x+2)dx = \int x^2dx - 3\int x\,dx + 2\int dx = \frac{1}{3}x^3 - \frac{3}{2}x^2 + 2x + C.$

(14) $\int \left(\frac{3}{1+x^2} - \frac{2}{\sqrt{1-x^2}}\right)dx = 3\int \frac{1}{1+x^2}dx - 2\int \frac{1}{\sqrt{1-x^2}}dx = 3\arctan x - 2\arcsin x + C.$

(15) $\int e^x\left(1-\frac{e^{-x}}{\sqrt{x}}\right)dx = \int (e^x - x^{-\frac{1}{2}})dx = e^x - 2\sqrt{x} + C.$

(18) $\int \sec x(\sec x - \tan x)dx = \int (\sec^2 x - \sec x\tan x)dx = \tan x - \sec x + C.$

(20) $\int \frac{1}{1+\cos 2x}dx = \int \frac{1}{2\cos^2 x}dx = \frac{1}{2}\tan x + C.$

(21) $\int \frac{\cos 2x}{\cos x - \sin x}dx = \int \frac{\cos^2 x - \sin^2 x}{\cos x - \sin x}dx = \int (\cos x + \sin x)dx = \sin x - \cos x + C.$

(26) $\int \frac{3x^4+2x^2}{x^2+1}dx = \int \frac{3x^2(x^2+1)-(x^2+1)+1}{x^2+1}dx$

$$= \int 3x^2dx - \int dx + \int \frac{1}{x^2+1}dx$$

$$= x^3 - x + \arctan x + C.$$

5．一曲线通过点$(e^2,3)$，且在任一点处的切线的斜率等于该点横坐标的倒数，求该曲线的方程．

解 设该曲线的方程为 $y=f(x)$，则由题意得

$$y' = f'(x) = \frac{1}{x}, y = \int \frac{1}{x}dx = \ln|x| + C.$$

又因为曲线通过点$(e^2,3)$，所以

$$3 = f(e^2) = \ln|e^2| + C = 2 + C, C = 3-2 = 1.$$

于是所求曲线的方程为 $y = \ln x + 1$.

第二节　换元积分法

2.1　学习目标

掌握不定积分的第一类及第二类换元积分法．

2.2　内容提要

1. 第一类换元法

对于不定积分 $\int g(x)\mathrm{d}x$，如果不能直接求出，则想办法变换被积函数．如果被积函数 $g(x)$ 能够表示成两部分的乘积：一部分是 $\varphi(x)$ 的复合函数 $f[\varphi(x)]$，另一部分是 $\varphi(x)$ 的导数 $\varphi'(x)$，即 $g(x)=f[\varphi(x)]\varphi'(x)$，这时 $\varphi'(x)\mathrm{d}x$ 可“凑成”u 的微分 $\mathrm{d}u$ $[u=\varphi(x)]$，被积表达式 $g(x)\mathrm{d}x=f[\varphi(x)]\varphi'(x)\mathrm{d}x=f(u)\mathrm{d}u$，于是不定积分 $\int g(x)\mathrm{d}x$ 就转化成 $\int f(u)\mathrm{d}u$.

定理 1：设函数 $f(u)$ 具有原函数 $F(u)$，$u=\varphi(x)$ 可导，则有换元公式：

$$\int f[\varphi(x)]\varphi'(x)\mathrm{d}x=\left[\int f(u)\mathrm{d}u\right]_{u=\varphi(x)}.$$

在利用第一类换元法计算不定积分时，关键是将被积函数的一部分与 $\mathrm{d}x$“凑成”一个微分表达式，从而将不定积分 $\int g(x)\mathrm{d}x$ 化成较容易的不定积分 $\int f(u)\mathrm{d}u$.

一些常见的题目类型如下：

(1) $\int f(ax+b)\mathrm{d}x=\frac{1}{a}\int f(ax+b)\mathrm{d}(ax+b)$；

(2) $\int f(ax^n+b)x^{n-1}\mathrm{d}x=\frac{1}{na}\int f(ax^n+b)\mathrm{d}(ax^n+b)\ (n\neq 0)$；

(3) $\int f\left(\frac{1}{x}\right)\frac{\mathrm{d}x}{x^2}=-\int f\left(\frac{1}{x}\right)\mathrm{d}\left(\frac{1}{x}\right)$；

(4) $\int f(\sqrt{x})\frac{\mathrm{d}x}{\sqrt{x}}=2\int f(\sqrt{x})\mathrm{d}(\sqrt{x})$；

(5) $\int f(\ln x)\frac{\mathrm{d}x}{x}=\int f(\ln x)\mathrm{d}(\ln x)$；

(6) $\int f(\mathrm{e}^x)\mathrm{e}^x\mathrm{d}x=\int f(\mathrm{e}^x)\mathrm{d}(\mathrm{e}^x)$；

(7) $\int f(\sin x)\cos x\mathrm{d}x=\int f(\sin x)\mathrm{d}(\sin x)$；

(8) $\int f(\cos x)\sin x\mathrm{d}x=-\int f(\cos x)\mathrm{d}(\cos x)$；

(9) $\int f(\tan x)\sec^2 x\mathrm{d}x=\int f(\tan x)\mathrm{d}(\tan x)$；

(10) $\int f(\cot x)\csc^2 x\mathrm{d}x=-\int f(\cot x)\mathrm{d}(\cot x)$;

(11) $\int \frac{f(\arcsin x)}{\sqrt{1-x^2}}\mathrm{d}x=\int f(\arcsin x)\mathrm{d}(\arcsin x)$;

(12) $\int \frac{f(\arctan x)}{1+x^2}\mathrm{d}x=\int f(\arctan x)\mathrm{d}(\arctan x)$.

2. 第二类换元法

对于不定积分$\int f(x)\mathrm{d}x$,如果不能直接求出,可以考虑作一个适当的变量代换:$x=\psi(t)$. 在这个变换下,$f(x)$变换成$f[\psi(t)]\psi'(t)$,$\mathrm{d}x$变换成$\psi'(t)\mathrm{d}t$,原来的不定积分变换成$\int f[\psi(t)]\psi'(t)\mathrm{d}t$.

定理 2:设$x=\psi(t)$是单调可导的函数,并且$\psi'(t)\neq 0$,又设$f[\psi(t)]\psi'(t)$具有原函数,则有换元公式:

$$\int f(x)\mathrm{d}x=\left[\int f[\psi(t)]\psi'(t)\mathrm{d}t\right]_{t=\psi^{-1}(x)},$$

其中,$\psi^{-1}(x)$是$x=\psi(t)$的反函数.

【注】 第二类换元积分公式一个很重要的作用是去掉被积函数中含有的根式.

(1) 当被积函数中含有根式$\sqrt{a^2-x^2}$时,令$x=a\sin t$,$\mathrm{d}x=a\cos t\mathrm{d}t$,则可以去掉被积函数中的$\sqrt{a^2-x^2}$;

(2) 当被积函数中含有根式$\sqrt{x^2-a^2}$时,令$x=a\sec t$,$\mathrm{d}x=a\sec t\cdot\tan t\mathrm{d}t$,则可以去掉被积函数中的$\sqrt{x^2-a^2}$;

(3) 当被积函数中含有根式$\sqrt{a^2+x^2}$时,令$x=a\tan t$,$\mathrm{d}x=a\sec^2 t\mathrm{d}t$,则可以去掉被积函数中的$\sqrt{a^2+x^2}$.

2.3 典型例题与方法

基本题型Ⅰ:第一类换元法

例 1 计算不定积分$\int \frac{(\arctan x)^2}{1+x^2}\mathrm{d}x$.

【分析】 典型的“凑微分法”题目,很明显要将$\frac{1}{1+x^2}\mathrm{d}x$凑成微分$\mathrm{d}(\arctan x)$.

解 原式$=\int(\arctan x)^2\mathrm{d}(\arctan x)=\frac{1}{3}(\arctan x)^3+C$.

例 2 计算不定积分$\int\sqrt{\frac{x}{1-x\sqrt{x}}}\mathrm{d}x$.

【分析】 首先化简被积函数.

解 原式$=\int\frac{x^{1/2}}{\sqrt{1-x^{3/2}}}\mathrm{d}x=\frac{2}{3}\int(1-x^{3/2})^{-1/2}\mathrm{d}(x^{3/2})=-\frac{4}{3}\sqrt{1-x^{3/2}}+C$.

【方法点击】 根据被积函数的特点,本题也可以考虑使用第二类换元法进行变量代换:

$t=\sqrt{x}$.

基本题型Ⅱ：第二类换元法

例 3　计算不定积分 $\int \frac{x^2}{\sqrt{2-x}}\mathrm{d}x$.

【分析】　由于被积函数中含有根式，应首先用第二类换元法去根号.

解　令 $\sqrt{2-x}=t$，则 $x=2-t^2,\mathrm{d}x=-2t\mathrm{d}t$.

$$\text{原式}=\int \frac{(2-t^2)^2}{t}(-2t\mathrm{d}t)=-2\int(4-4t^2+t^4)\mathrm{d}t$$

$$=-2\left(4t-\frac{4}{3}t^3+\frac{1}{5}t^5\right)+C=-2\left[4\sqrt{2-x}-\frac{4}{3}(2-x)^{\frac{3}{2}}+\frac{1}{5}(2-x)^{\frac{5}{2}}\right]+C.$$

例 4　计算不定积分 $\int \frac{\mathrm{d}x}{\sqrt{1+\mathrm{e}^{2x}}}$.

【分析】　被积函数中含有根式，首先可以考虑用第二类换元法去根号.

解法 1　令 $t=\sqrt{1+\mathrm{e}^{2x}}$，则 $x=\frac{1}{2}\ln(t^2-1),\mathrm{d}x=\frac{t}{t^2-1}\mathrm{d}t$.

$$\text{原式}=\int \frac{1}{t}\cdot\frac{t}{t^2-1}\mathrm{d}t=\int\frac{1}{t^2-1}\mathrm{d}t=\frac{1}{2}\ln\left|\frac{t-1}{t+1}\right|+C=\ln\frac{\sqrt{t^2-1}}{t+1}+C$$

$$=-\ln\frac{t+1}{\sqrt{t^2-1}}+C=-\ln\left(\mathrm{e}^{-x}+\sqrt{1+\mathrm{e}^{-2x}}\right)+C.$$

$$\frac{1}{2}\ln\frac{(t-1)(t+1)}{(t+1)^2}$$

解法 2　令 $t=\mathrm{e}^x$，则 $\mathrm{d}x=\frac{1}{t}\mathrm{d}t$，

$$\text{原式}=\int\frac{1}{\sqrt{1+t^2}}\cdot\frac{1}{t}\mathrm{d}t=\int\frac{1}{\sqrt{1+\left(\frac{1}{t}\right)^2}}\cdot\frac{1}{t^2}\mathrm{d}t=-\int\frac{1}{\sqrt{1+\left(\frac{1}{t}\right)^2}}\mathrm{d}\left(\frac{1}{t}\right)$$

$$=-\ln\left[\frac{1}{t}+\sqrt{1+\left(\frac{1}{t}\right)^2}\right]+C=-\ln\left(\mathrm{e}^{-x}+\sqrt{1+\mathrm{e}^{-2x}}\right)+C.$$

例 5　计算不定积分 $\int\frac{x^3}{(1+x^2)^{\frac{3}{2}}}\mathrm{d}x$.

【分析】　首先考虑用第二类换元法去根号.

解　令 $x=\tan t$，

$$\text{原式}=\int\frac{\sin^3 t}{\cos^2 t}\mathrm{d}t=\int\frac{\cos^2 t-1}{\cos^2 t}\mathrm{d}(\cos t)$$

$$=\cos t+\frac{1}{\cos t}+C=\frac{1}{\sqrt{1+x^2}}+\sqrt{1+x^2}+C.$$

【方法点击】　在使用第二类换元积分法时，要注意新变量的取值范围，另外积分结果要将原变量换回．

2.4 习题 4-2 解答

2. 求下列不定积分：

(3) $\int \frac{1}{1-2x}\mathrm{d}x$；

(7) $\int x\mathrm{e}^{-x^2}\mathrm{d}x$；

(8) $\int x\cdot\cos(x^2)\mathrm{d}x$；

(13) $\int \frac{\sin x}{\cos^3 x}\mathrm{d}x$；

(16) $\int \frac{\mathrm{d}x}{x\ln x\ln\ln x}$；

注意被积函数表达式的正确理解：$\frac{1}{x\cdot\ln x\cdot\ln(\ln x)}$

(20) $\int \frac{\arctan\sqrt{x}}{\sqrt{x}(1+x)}\mathrm{d}x$；

(22) $\int \frac{\mathrm{d}x}{\sin x\cos x}$；

(34) $\int \frac{\mathrm{d}x}{(x+1)(x-2)}$；

(42) $\int \frac{\mathrm{d}x}{x+\sqrt{1-x^2}}$.

解

(3) $\int \frac{1}{1-2x}\mathrm{d}x=-\frac{1}{2}\int \frac{1}{1-2x}\mathrm{d}(1-2x)=-\frac{1}{2}\ln|1-2x|+C.$

(7) $\int x\mathrm{e}^{-x^2}\mathrm{d}x=-\frac{1}{2}\int \mathrm{e}^{-x^2}\mathrm{d}(-x^2)=-\frac{1}{2}\mathrm{e}^{-x^2}+C.$

(8) $\int x\cdot\cos(x^2)\mathrm{d}x=\frac{1}{2}\int \cos(x^2)\mathrm{d}(x^2)=\frac{1}{2}\sin(x^2)+C.$

(13) $\int \frac{\sin x}{\cos^3 x}\mathrm{d}x=-\int \cos^{-3}x\,\mathrm{d}(\cos x)=\frac{1}{2}\cos^{-2}x+C=\frac{1}{2}\sec^2 x+C.$

(16) $\int \frac{\mathrm{d}x}{x\ln x\ln\ln x}=\int \frac{1}{\ln x\ln\ln x}\mathrm{d}(\ln x)=\int \frac{1}{\ln\ln x}\mathrm{d}(\ln\ln x)=\ln|\ln\ln x|+C.$

(20) $\int \frac{\arctan\sqrt{x}}{\sqrt{x}(1+x)}\mathrm{d}x=2\int \frac{\arctan\sqrt{x}}{(1+x)}\mathrm{d}\sqrt{x}=2\int \arctan\sqrt{x}\,\mathrm{d}(\arctan\sqrt{x})=(\arctan\sqrt{x})^2+C.$

(22) $\int \frac{\mathrm{d}x}{\sin x\cos x}=\int \frac{\sec^2 x}{\tan x}\mathrm{d}x=\int \frac{1}{\tan x}\mathrm{d}(\tan x)=\ln|\tan x|+C.$

(34) $\int \frac{1}{(x+1)(x-2)}\mathrm{d}x=\frac{1}{3}\int \left(\frac{1}{x-2}-\frac{1}{x+1}\right)\mathrm{d}x$

$$=\frac{1}{3}(\ln|x-2|-\ln|x+1|)+C=\frac{1}{3}\ln\left|\frac{x-2}{x+1}\right|+C.$$

(42) $\int \frac{dx}{x+\sqrt{1-x^2}} \xlongequal{令 x=\sin t} \int \frac{1}{\sin t+\cos t} \cdot \cos t dt = \frac{1}{2}\int \frac{\cos t+\sin t+\cos t-\sin t}{\sin t+\cos t} dt$

$= \frac{1}{2}\int dt + \frac{1}{2}\int \frac{1}{\sin t+\cos t} d(\sin t+\cos t) = \frac{1}{2}t + \frac{1}{2}\ln|\sin t+\cos t|+C$

$= \frac{1}{2}\arcsin x + \frac{1}{2}\ln|\sqrt{1-x^2}+x|+C.$

【方法点击】 利用三角函数代换计算不定积分,在进行变量还原时,可以借助于辅助三角形,如图 4-1 所示.

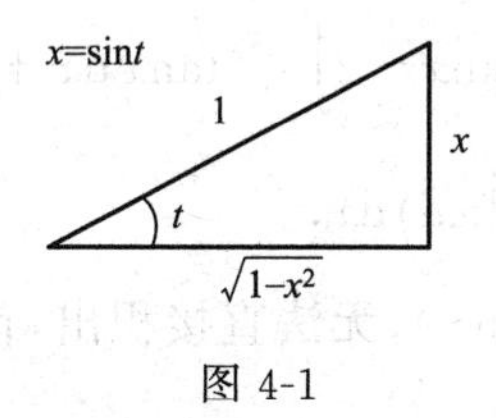

图 4-1

第三节　分部积分法

3.1　学习目标

掌握分部积分法.

3.2　内容提要

分部积分法

在计算不定积分时,如果被积函数可以表示成两个函数的乘积,即 $\int u(x)v'(x)dx$,这时可以将"两函数乘积的求导法则"倒过来用,得到以下定理.

定理:设 $u=u(x)$ 及 $v=v(x)$ 在区间 I 内具有一阶连续导数,则有分部积分公式

$$\int u(x)v'(x)dx = u(x)v(x) - \int v(x)u'(x)dx,$$

或简记为

$$\int u dv = uv - \int v du.$$

3.3　典型例题与方法

基本题型:分部积分法

例 1　计算不定积分 $\int \frac{x^2 e^x}{(x+2)^2} dx$.

【分析】 由于被积函数是有理函数与指数函数的乘积,先用分部积分法化简不定积分.

解　原式 $= -\int x^2 e^x d\left(\frac{1}{x+2}\right) = -\frac{x^2 e^x}{x+2} + \int \frac{x^2 e^x + 2x e^x}{x+2} dx$

$$=-\frac{x^2e^x}{x+2}+\int xe^x\mathrm{d}x=-\frac{x^2e^x}{x+2}+\int x\mathrm{d}e^x=-\frac{x^2e^x}{x+2}+xe^x-e^x+C.$$

例 2 计算不定积分$\int e^{2x}(1+\tan x)^2\mathrm{d}x$.

【分析】 首先将被积函数整理化简.

解
$$\begin{aligned}\int e^{2x}(1+\tan x)^2\mathrm{d}x &= \int e^{2x}\sec^2 x\mathrm{d}x+2\int e^{2x}\tan x\mathrm{d}x\\ &=\int e^{2x}\mathrm{d}(\tan x)+2\int e^{2x}\tan x\mathrm{d}x\\ &=e^{2x}\tan x-2\int e^{2x}\tan x\mathrm{d}x+2\int e^{2x}\tan x\mathrm{d}x=e^{2x}\tan x+C.\end{aligned}$$

例 3 计算不定积分$I=\int\sin(\ln x)\mathrm{d}x$.

【分析】 由于被积函数是$\sin(\ln x)$,无法直接积出,首先考虑用分部积分法将被积函数变形.

解
$$\begin{aligned}I&=\int\sin(\ln x)\mathrm{d}x=x\sin(\ln x)-\int x\cos(\ln x)\cdot\frac{1}{x}\mathrm{d}x\\ &=x\sin(\ln x)-x\cos(\ln x)+\int x[-\sin(\ln x)]\cdot\frac{1}{x}\mathrm{d}x\\ &=x\sin(\ln x)-x\cos(\ln x)-\int\sin(\ln x)\mathrm{d}x,\end{aligned}$$

于是,$I=\frac{x}{2}[\sin(\ln x)-\cos(\ln x)]+C$.

【方法点击】 上述公式的实质是"转化",即将积分$\int u(x)v'(x)\mathrm{d}x$的计算转化成计算积分$\int v(x)u'(x)\mathrm{d}x$. 在这种"转化"过程中,关键在于恰当选择$u$和$\mathrm{d}v$. 选择$u$和$\mathrm{d}v$应遵循的两个原则:(1)由$\mathrm{d}v$求$v$容易,(2)$\int v\mathrm{d}u$比$\int u\mathrm{d}v$容易积出.

一般说来,如果被积函数是两类基本初等函数的乘积,在多数情况下,可按下列顺序:对数函数、反三角函数、幂函数、指数函数、三角函数,将排在前面的那类函数选作u,后面的那类函数选作v'.

3.4 习题 4-3 解答

求下列不定积分:

4. $\int xe^{-x}\mathrm{d}x$.

8. $\int x\cos\frac{x}{2}\mathrm{d}x$.

10. $\int x\tan^2 x\mathrm{d}x$.

13. $\int \ln^2 x\mathrm{d}x$.

14. $\int x\sin x\cos x\,\mathrm{d}x$.

19. $\int \mathrm{e}^{\sqrt[3]{x}}\,\mathrm{d}x$.

20. $\int \cos\ln x\,\mathrm{d}x$.

解

4. $\int x\mathrm{e}^{-x}\mathrm{d}x=-\int x\mathrm{d}\mathrm{e}^{-x}=-x\mathrm{e}^{-x}+\int \mathrm{e}^{-x}\mathrm{d}x=-x\mathrm{e}^{-x}-\mathrm{e}^{-x}+C=-\mathrm{e}^{-x}(x+1)+C.$

8. $\int x\cos\frac{x}{2}\mathrm{d}x=2\int x\mathrm{d}\left(\sin\frac{x}{2}\right)=2x\sin\frac{x}{2}-2\int\sin\frac{x}{2}\mathrm{d}x=2x\sin\frac{x}{2}+4\cos\frac{x}{2}+C.$

10. $\int x\tan^2x\,\mathrm{d}x=\int x(\sec^2x-1)\mathrm{d}x=\int x\sec^2x\,\mathrm{d}x-\int x\mathrm{d}x=-\frac{1}{2}x^2+\int x\mathrm{d}(\tan x)$

$$=-\frac{1}{2}x^2+x\tan x-\int\tan x\,\mathrm{d}x=-\frac{1}{2}x^2+x\tan x+\ln|\cos x|+C.$$

13. $\int\ln^2x\,\mathrm{d}x=x\ln^2x-\int x\cdot2\ln x\cdot\frac{1}{x}\mathrm{d}x=x\ln^2x-2\int\ln x\,\mathrm{d}x$

$$=x\ln^2x-2x\ln x+2\int x\cdot\frac{1}{x}\mathrm{d}x=x\ln^2x-2x\ln x+2x+C.$$

14. $\int x\sin x\cos x\,\mathrm{d}x=\frac{1}{2}\int x\sin2x\,\mathrm{d}x=-\frac{1}{4}\int x\mathrm{d}(\cos2x)$

$$=-\frac{1}{4}x\cos2x+\frac{1}{4}\int\cos2x\,\mathrm{d}x$$

$$=-\frac{1}{4}x\cos2x+\frac{1}{8}\sin2x+C.$$

19. $\int\mathrm{e}^{\sqrt[3]{x}}\mathrm{d}x\ \underline{\underline{令\sqrt[3]{x}=t}}\ 3\int t^2\mathrm{e}^t\mathrm{d}t=3\int t^2\mathrm{d}\mathrm{e}^t$

$$=3t^2\mathrm{e}^t-6\int t\mathrm{e}^t\mathrm{d}t=3t^2\mathrm{e}^t-6\int t\mathrm{d}\mathrm{e}^t$$

$$=3t^2\mathrm{e}^t-6t\mathrm{e}^t+6\int\mathrm{e}^t\mathrm{d}t$$

$$=3t^2\mathrm{e}^t-6t\mathrm{e}^t+6\mathrm{e}^t+C$$

$$=3\mathrm{e}^{\sqrt[3]{x}}(\sqrt[3]{x^2}-2\sqrt[3]{x}+2)+C.$$

20. $\int\cos\ln x\,\mathrm{d}x=x\cos\ln x+\int x\cdot\sin\ln x\cdot\frac{1}{x}\mathrm{d}x.$

$$=x\cos\ln x+\int\sin\ln x\,\mathrm{d}x$$

$$=x\cos\ln x+x\sin\ln x-\int x\cdot\cos\ln x\cdot\frac{1}{x}\mathrm{d}x$$

$$=x\cos\ln x+x\sin\ln x-\int\cos\ln x\,\mathrm{d}x,$$

$\int\cos\ln x\,\mathrm{d}x=\frac{x}{2}(\cos\ln x+\sin\ln x)+C.$

第四节　有理函数的积分

4.1　学习目标

掌握有理函数、三角函数有理式和简单无理函数的积分方法．

4.2　内容提要

1. 有理函数的不定积分

计算有理函数的不定积分，可归结为多项式和真分式的积分，而真分式$\dfrac{P(x)}{Q(x)}$又可分解为若干个部分分式之和，从而真分式的积分归结为下列4种类型部分分式的不定积分．

(1) $\displaystyle\int\frac{A}{x-a}\mathrm{d}x=A\ln|x-a|+C.$

(2) $\displaystyle\int\frac{A}{(x-a)^n}\mathrm{d}x=-\frac{A}{(n-1)(x-a)^{n-1}}+C\ (n=2,3,\cdots).$

(3) $\displaystyle\int\frac{Mx+N}{x^2+px+q}\mathrm{d}x=\frac{M}{2}\ln(x^2+px+q)+\frac{2N-Mp}{\sqrt{4q-p^2}}\arctan\frac{2x+p}{\sqrt{4q-p^2}}$

$+C\ (p^2-4q<0).$

(4) $\displaystyle\int\frac{Mx+N}{(x^2+px+q)^n}\mathrm{d}x=-\frac{M}{2(n-1)(x^2+px+q)^{n-1}}+\left(N-\frac{Mp}{2}\right)\int\frac{\mathrm{d}x}{(x^2+px+q)^n}$

$(n=2,3,\cdots).$

其中，第(4)种类型的积分等号右边，仍有分式积分$\displaystyle\int\frac{\mathrm{d}x}{(x^2+px+q)^n}$.

可令 $x+\dfrac{p}{2}=t$，记$\sqrt{q-\dfrac{p^2}{4}}=a$，则

$$\int\frac{\mathrm{d}x}{(x^2+px+q)^n}=\int\frac{\mathrm{d}t}{(t^2+a^2)^n}=\frac{t}{2a^2(n-1)(t^2+a^2)^{n-1}}+\frac{2n-3}{2a^2(n-1)}\int\frac{\mathrm{d}t}{(t^2+a^2)^{n-1}},$$

此为$\displaystyle\int\frac{\mathrm{d}x}{(x^2+px+q)^n}$的递推公式，用递推公式依次类推，可以求出第(4)种类型的积分．

【注】 有理函数积分的结果中只能含有有理函数、对数函数和反正切函数；若有其他类型的函数出现，表示计算过程有误，需要进行检查．

2. 三角函数有理式的不定积分

由于6种三角函数皆可用正弦、余弦函数表示，所以三角函数有理式不定积分归结为求形如$\int R(\sin x,\cos x)\mathrm{d}x$ 的积分，其中$R(\sin x,\cos x)$表示以$\sin x,\cos x$为变量的有理函数，一般可按下述情形分别计算．

(1) $\int\sin^m x\cos^n x\mathrm{d}x$ 型

(ⅰ) n 为奇数，则$\int\sin^m x\cos^n x\mathrm{d}x=\int\sin^m x\cos^{n-1}x\cos x\mathrm{d}x$

$=\int \sin^m x\ (1-\sin^2 x)^{\frac{n-1}{2}}\mathrm{d}(\sin x)\xlongequal{u=\sin x}\int u^m\ (1-u^2)^{\frac{n-1}{2}}\mathrm{d}u$,从而可以积出.

(ⅱ) m 为奇数,同理可令 $u=\cos x$,可以类似地计算.

(ⅲ) m,n 均为偶数,先用倍角公式

$$\sin x\cos x=\frac{1}{2}\sin 2x,\sin^2 x=\frac{1}{2}(1-\cos 2x),\cos^2 x=\frac{1}{2}(1+\cos 2x)$$

将被积函数降幂,再计算不定积分.

(2) $\int \sin mx\cos nx\,\mathrm{d}x$, $\int \sin mx\sin nx\,\mathrm{d}x$, $\int \cos mx\cos nx\,\mathrm{d}x$ 型

这些类型的不定积分,可以先用积化和差公式:

$$\sin mx\cos nx=\frac{1}{2}[\sin(m+n)x+\sin(m-n)x],$$

$$\sin mx\sin nx=\frac{1}{2}[\cos(m-n)x-\cos(m+n)x],$$

$$\cos mx\cos nx=\frac{1}{2}[\cos(m-n)x+\cos(m+n)x],$$

将被积函数进行分解,再计算不定积分.

(3) $\int R(\sin x,\cos x)\mathrm{d}x$ 型

(ⅰ) 若 $R(\sin x,-\cos x)=-R(\sin x,\cos x)$,则作代换 $u=\sin x$.

(ⅱ) 若 $R(-\sin x,\cos x)=-R(\sin x,\cos x)$,则作代换 $u=\cos x$.

(ⅲ) 若 $R(-\sin x,-\cos x)=R(\sin x,\cos x)$,则作代换 $u=\tan x$.

(ⅳ) 万能代换:利用变换 $u=\tan\left(\frac{x}{2}\right)$,有

$$\sin x=\frac{2u}{1+u^2},\cos x=\frac{1-u^2}{1+u^2},\mathrm{d}x=\frac{2}{1+u^2}\mathrm{d}u,$$

因此,$\int R(\sin x,\cos x)\mathrm{d}x=\int R\left(\frac{2u}{1+u^2},\frac{1-u^2}{1+u^2}\right)\frac{2}{1+u^2}\mathrm{d}u$.

变换 $u=\tan\left(\frac{x}{2}\right)$可以将三角函数有理式的不定积分转化成有理函数的不定积分,而有理函数的不定积分问题在理论上已经解决了,因此所有三角函数有理式的不定积分在理论上是可以做出来的.

鉴于结论,称变换 $u=\tan\left(\frac{x}{2}\right)$为万能代换.

【方法点击】 从理论上讲,应用万能代换可以计算任何三角函数有理式的积分.但由于有时计算很复杂,因此,只有在找不出更简便的代换时,才使用此法.

3. 简单无理函数的不定积分

(1) $\int R\left(x,\sqrt{a^2\pm x^2}\right)\mathrm{d}x$, $\int R\left(x,\sqrt{x^2-a^2}\right)\mathrm{d}x$ 型

(ⅰ) $\int R\left(x,\sqrt{a^2-x^2}\right)\mathrm{d}x$,令 $x=a\sin t$.

(ⅱ) $\int R\left(x,\sqrt{a^2+x^2}\right)\mathrm{d}x$,令 $x=a\tan t$(或 $x=a\,\mathrm{sh}t$).

(ⅲ) $\int R(x,\sqrt{x^2-a^2})\mathrm{d}x$,令 $x=\sec t$(或 $x=\mathrm{ch}t$).

(ⅳ) $\int R(x,\sqrt{ax^2+bx+c})\mathrm{d}x$,将 ax^2+bx+c 先配方,化为上述三类之一.

【方法点击】 利用三角函数代换计算不定积分,在进行变量还原时,可以借助于辅助三角形.

(2) $\int R(x,\sqrt[n]{ax+b})\mathrm{d}x$

可作变换 $t=\sqrt[n]{ax+b}$.

(3) $\int R(x,\sqrt[m]{ax+b},\sqrt[n]{ax+b})\mathrm{d}x$

可作变换 $t=\sqrt[p]{ax+b}$,其中 p 为 m,n 的最小公倍数.

(4) $\int R\left(x,\sqrt[n]{\dfrac{ax+b}{cx+d}}\right)\mathrm{d}x$

可作变换 $t=\sqrt[n]{\dfrac{ax+b}{cx+d}}$.

4.3 典型例题与方法

基本题型Ⅰ:有理函数的积分

例1 计算不定积分 $\int\dfrac{2x+2}{(x-1)(x^2+1)^2}\mathrm{d}x$.

【分析】 被积函数是有理函数,将有理函数分解成部分分式之和,并确定待定常数.

解 将被积函数分解,有

$$\frac{2x+2}{(x-1)(x^2+1)^2}=\frac{A}{x-1}+\frac{B_1x+C_1}{x^2+1}+\frac{B_2x+C_2}{(x^2+1)^2}.$$

由此可得恒等式

$$2x+2=A(x^2+1)^2+(B_1x+C_1)(x-1)(x^2+1)+(B_2x+C_2)(x-1),$$

比较两端同次幂系数得到方程组

$$\begin{cases}A+B_1=0,\\-B_1+C_1=0,\\2A+B_1-C_1+B_2=0,\\-B_1+C_1-B_2+C_2=2,\\A-C_1-C_2=2.\end{cases}$$

解得 $A=1,B_1=-1,B_2=-2,C_1=-1,C_2=0$. 于是

$$原式=\int\frac{\mathrm{d}x}{x-1}-\int\frac{x+1}{x^2+1}\mathrm{d}x-\int\frac{2x}{(x^2+1)^2}\mathrm{d}x=\ln|x-1|-\frac{1}{2}\ln(x^2+1)-\arctan x+\frac{1}{x^2+1}+C.$$

【方法点击】 该题是有理分式的不定积分. 处理这种类型的问题,经常会将一个分式拆成若干个部分分式代数和的形式,每个部分分式再分别积分.

基本题型Ⅱ:三角函数有理式的积分

例 2　计算不定积分$\int \frac{dx}{\sin x \cos^3 x}$.

【分析】　被积函数是三角函数有理式,考虑将被积函数恒等变形,然后用不同方法求解.

利用$\sin^2x+\cos^2x=1$

解法 1　$\int \frac{dx}{\sin x \cos^3 x}=\int \frac{\sin^2 x+\cos^2 x}{\sin x \cos^3 x}dx=\frac{1}{2\cos^2 x}+\ln|\tan x|+C.$

解法 2　$\int \frac{dx}{\sin x \cos^3 x}=\int \frac{1}{\tan x}\sec^4 x\,dx=\int \frac{\tan^2 x+1}{\tan x}d(\tan x)$

$$=\frac{1}{2}\tan^2 x+\ln|\tan x|+C.$$

【方法点击】　注意到关系式 $\sec x=\frac{1}{\cos x}$,$\tan^2 x=\sec^2 x-1$,因此解法 1 和解法 2 的结果表达式虽然不同,但实际上是统一的.

例 3　计算不定积分$\int \frac{dx}{1+\sin x}$.

【分析】　被积函数是三角函数有理式,先考虑将被积函数利用常见的三角函数公式进行恒等变形.

解　$\int \frac{dx}{1+\sin x}=\int \frac{1-\sin x}{1-\sin^2 x}dx=\int \frac{1-\sin x}{\cos^2 x}dx=\int \frac{1}{\cos^2 x}dx-\int \frac{\sin x}{\cos^2 x}dx$

$$=\tan x-\frac{1}{\cos x}+C.$$

分子、分母同时乘以(1-sinx)

基本题型Ⅲ:无理式的积分

例 4　计算不定积分$\int \sqrt{\frac{x+1}{x}}\,dx$.

【分析】　被积函数是简单无理函数,先将其变形、化简.

解　原式$=\int \frac{x+1}{\sqrt{x^2+x}}dx=\int \frac{x+1}{\sqrt{\left(x+\frac{1}{2}\right)^2-\left(\frac{1}{2}\right)^2}}dx.$

令 $x+\frac{1}{2}=\frac{1}{2}\sec t$,去根号.

原式$=\int \frac{\frac{1}{2}\sec t+\frac{1}{2}}{\frac{1}{2}\tan t}\cdot \frac{1}{2}\sec t\tan t\,dt=\frac{1}{2}\int (\sec^2 t+\sec t)dt$

$$=\frac{1}{2}(\tan t+\ln|\sec t+\tan t|)+C=\frac{1}{2}\left(2\sqrt{x^2+x}+\ln\left|2x+1+2\sqrt{x^2+x}\right|\right)+C.$$

【方法点击】 本题还可以用代换 $t=\sqrt{\dfrac{x+1}{x}}$ 将被积函数化成有理函数，然后积分．

4.4 习题 4-4 解答

求下列不定积分：

1. $\int \dfrac{x^3}{x+3}dx$.

6. $\int \dfrac{x^2+1}{(x+1)^2(x-1)}dx$.

11. $\int \dfrac{dx}{(x^2+1)(x^2+x+1)}$.

15. $\int \dfrac{1}{3+\cos x}dx$.

18. $\int \dfrac{dx}{2\sin x-\cos x+5}$.

19. $\int \dfrac{1}{1+\sqrt[3]{x+1}}dx$.

22. $\int \dfrac{dx}{\sqrt{x}+\sqrt[4]{x}}$.

24. $\int \dfrac{dx}{\sqrt[3]{(x+1)^2\ (x-1)^4}}$.

解

1. $$\int \frac{x^3}{x+3}dx=\int \frac{x^3+27-27}{x+3}dx=\int \frac{(x+3)(x^2-3x+9)-27}{x+3}dx$$
$$=\int (x^2-3x+9)dx-27\int \frac{1}{x+3}dx$$
$$=\frac{1}{3}x^3-\frac{3}{2}x^2+9x-27\ln|x+3|+C.$$

6. $$\int \frac{x^2+1}{(x+1)^2(x-1)}dx=\int \left[\frac{1}{2}\cdot\frac{1}{x+1}+\frac{1}{2}\cdot\frac{1}{x-1}-\frac{1}{(x+1)^2}\right]dx$$
$$=\frac{1}{2}\ln|x+1|+\frac{1}{2}\ln|x-1|+\frac{1}{x+1}+C$$
$$=\frac{1}{2}\ln|x^2-1|+\frac{1}{x+1}+C.$$

11. $$\int \frac{dx}{(x^2+1)(x^2+x+1)}=\int \left(\frac{-x}{x^2+1}+\frac{x+1}{x^2+x+1}\right)dx$$
$$=-\frac{1}{2}\int \frac{d(x^2+1)}{x^2+1}+\frac{1}{2}\int \frac{2x+1}{x^2+x+1}dx+\frac{1}{2}\int \frac{dx}{x^2+x+1}$$
$$=-\frac{1}{2}\ln(x^2+1)+\frac{1}{2}\ln(x^2+x+1)+\frac{1}{2}\int \frac{d\left(x+\frac{1}{2}\right)}{\left(x+\frac{1}{2}\right)^2+\frac{3}{4}}$$

$$=\frac{1}{2}\ln\frac{x^2+x+1}{x^2+1}+\frac{1}{\sqrt{3}}\arctan\frac{2x+1}{\sqrt{3}}+C.$$

15. $\displaystyle\int\frac{1}{3+\cos x}\mathrm{d}x=\frac{1}{2}\int\frac{\mathrm{d}x}{1+\cos^2\frac{x}{2}}=\int\frac{\mathrm{d}\left(\frac{x}{2}\right)}{\cos^2\frac{x}{2}\left(1+\sec^2\frac{x}{2}\right)}$

$$=\int\frac{\mathrm{d}\left(\tan\frac{x}{2}\right)}{2+\tan^2\frac{x}{2}}=\frac{1}{\sqrt{2}}\arctan\frac{\tan\frac{x}{2}}{\sqrt{2}}+C.$$

18. $\displaystyle\int\frac{\mathrm{d}x}{2\sin x-\cos x+5}=\int\frac{\mathrm{d}x}{4\sin\frac{x}{2}\cos\frac{x}{2}+(1-\cos x)+4}$

$$=\int\frac{\mathrm{d}x}{2\cos^2\frac{x}{2}\left(2\tan\frac{x}{2}+\tan^2\frac{x}{2}+2\sec^2\frac{x}{2}\right)}$$

$$=\int\frac{\mathrm{d}\tan\left(\frac{x}{2}\right)}{3\left(\tan^2\frac{x}{2}+\frac{2}{3}\tan\frac{x}{2}+\frac{2}{3}\right)}=\frac{1}{3}\int\frac{\mathrm{d}\left(\tan\frac{x}{2}+\frac{1}{3}\right)}{\left(\tan\frac{x}{2}+\frac{1}{3}\right)^2+\frac{5}{9}}$$

$$=\frac{1}{\sqrt{5}}\arctan\frac{3\tan\left(\frac{x}{2}\right)+1}{\sqrt{5}}+C.$$

19. $\displaystyle\int\frac{1}{1+\sqrt[3]{x+1}}\mathrm{d}x\ \underline{\underline{令\sqrt[3]{x+1}=u}}\int\frac{1}{1+u}\cdot 3u^2\mathrm{d}u=3\int\left(u-1+\frac{1}{1+u}\right)\mathrm{d}u$

$$=\frac{3}{2}u^2-3u+3\ln|1+u|+C$$

$$=\frac{3}{2}\sqrt[3]{(x+1)^2}-3\sqrt[3]{x+1}+3\ln|1+\sqrt[3]{x+1}|+C.$$

22. 令 $u=\sqrt[4]{x}$，有 $x=u^4$，$\mathrm{d}x=4u^3\mathrm{d}u$.

$$\int\frac{\mathrm{d}x}{\sqrt{x}+\sqrt[4]{x}}=\int\frac{4u^3}{u^2+u}\mathrm{d}u=4\int\frac{u^2}{u+1}\mathrm{d}u=4\int\frac{u^2-1+1}{u+1}\mathrm{d}u=4\int\left(u-1+\frac{1}{u+1}\right)\mathrm{d}u$$

$$=4\left(\frac{u^2}{2}-u+\ln|u+1|\right)+C=2\sqrt{x}-4\sqrt[4]{x}+\ln(\sqrt[4]{x}+1)+C.$$

24. 令 $x-1=\frac{1}{u}$，有 $x=1+\frac{1}{u}$，$\mathrm{d}x=-\frac{\mathrm{d}u}{u^2}$，

$$原式=\int\frac{-\frac{\mathrm{d}u}{u^2}}{\frac{1}{u}\sqrt[3]{\left(2+\frac{1}{u}\right)^2\frac{1}{u}}}=-\int\frac{\mathrm{d}u}{(2u+1)^{\frac{2}{3}}}=-\frac{1}{2}\int(2u+1)^{-\frac{2}{3}}\mathrm{d}(2u+1)$$

$$=-\frac{3}{2}(2u+1)^{\frac{1}{3}}+C=-\frac{3}{2}\sqrt[3]{\frac{x+1}{x-1}}+C.$$

本章综合例题解析

例 1 计算不定积分 $\int x^{x}(1+\ln x)\mathrm{d}x$.

【分析】 被积函数包含幂指函数,在求不定积分时应首先将其变形.

解 原式 $=\int \mathrm{e}^{x\ln x}(1+\ln x)\mathrm{d}x=\int \mathrm{e}^{x\ln x}\mathrm{d}(x\ln x)=\mathrm{e}^{x\ln x}+C=x^{x}+C$.

例 2 计算不定积分 $\int \frac{1-\ln x}{(x-\ln x)^{2}}\mathrm{d}x$.

【分析】 由于被积函数比较复杂,首先设法将其变形.

解 令 $t=\frac{1}{x}$,有 $\mathrm{d}x=-\frac{1}{t^{2}}\mathrm{d}t$.

$$\text{原式}=\int \frac{1+\ln t}{\left(\frac{1}{t}+\ln t\right)^{2}}\left(-\frac{1}{t^{2}}\right)\mathrm{d}t=-\int \frac{1+\ln t}{(1+t\ln t)^{2}}\mathrm{d}t=-\int \frac{\mathrm{d}(1+t\ln t)}{(1+t\ln t)^{2}}$$

$$=\frac{1}{1+t\ln t}+C=\frac{x}{x-\ln x}+C.$$

例 3 已知 $f'(\sin^{2}x)=\cos 2x+\tan^{2}x$,当 $0<x<\frac{\pi}{2}$ 时,求 $f(x)$.

【分析】 先将 $\cos 2x+\tan^{2}x$ 化成 $\sin^{2}x$ 的表达式,求出 $f'(x)$ 的表达式.

解 $f'(\sin^{2}x)=\cos 2x+\tan^{2}x=1-2\sin^{2}x+\frac{1}{1-\sin^{2}x}-1$,

即 $f'(u)=\frac{1}{1-u}-2u, 0<u<1$.

故 $f(u)=\int \frac{1}{1-u}\mathrm{d}u-2\int u\,\mathrm{d}u=-\ln(1-u)-u^{2}+C\ (0<u<1)$.

所以 $f(x)=-\ln(1-x)-x^{2}+C$.

例 4 设 $f(\ln x)=\frac{\ln(1+x)}{x}$,计算 $\int f(x)\mathrm{d}x$.

【分析】 可以通过变量代换将不定积分的被积函数化成以 $\ln t$ 为中间变量的复合函数.

解 令 $x=\ln t$,有 $t=\mathrm{e}^{x}, \mathrm{d}x=\frac{1}{t}\mathrm{d}t$,

$$\int f(x)\mathrm{d}x=\int f(\ln t)\frac{1}{t}\mathrm{d}t=\int \frac{\ln(1+t)}{t^{2}}\mathrm{d}t=-\int \ln(1+t)\mathrm{d}\left(\frac{1}{t}\right)$$

$$=-\frac{\ln(1+t)}{t}+\int \frac{1}{t(1+t)}\mathrm{d}t$$

$$=-\frac{\ln(1+t)}{t}+\int\left(\frac{1}{t}-\frac{1}{1+t}\right)\mathrm{d}t$$

$$=-\frac{\ln(1+t)}{t}+\ln\left|\frac{t}{1+t}\right|+C$$

$$=-\mathrm{e}^{-x}\ln(1+\mathrm{e}^{x})+\ln\frac{\mathrm{e}^{x}}{1+\mathrm{e}^{x}}+C.$$

例 5　已知 $f(\sin^2 x)=\dfrac{x}{\sin x}$，求 $\int\dfrac{\sqrt{x}}{\sqrt{1-x}}f(x)\mathrm{d}x$.

【分析】　由于已知条件给出的是复合函数，所以要通过换元法给出 $f(x)$ 的表达式．

解　令 $x=\sin^2 t$，则 $\mathrm{d}x=2\sin t\cos t\mathrm{d}t$.

$$\begin{aligned}原式&=\int\frac{\sqrt{\sin^2 t}}{\sqrt{1-\sin^2 t}}f(\sin^2 t)\cdot 2\sin t\cos t\mathrm{d}t\\&=\int\frac{\sin t}{\cos t}\cdot\frac{t}{\sin t}\cdot 2\sin t\cos t\mathrm{d}t=2\int t\sin t\mathrm{d}t\\&=2\left(-t\cos t+\int\cos t\mathrm{d}t\right)=2(-t\cos t+\sin t)+C\\&=2(-\sqrt{1-x}\arcsin\sqrt{x}+\sqrt{x})+C.\end{aligned}$$

【方法点击】　在使用三角变换换元后进行变量还原时，通常使用辅助三角形法：如 $x=\sin^2 t$，$\sin t=\sqrt{x}$. 设在直角三角形中，锐角为 t，根据所设变量，令对边为 $\sqrt{x}$，斜边为 1，相应邻边即应为 $\sqrt{1-x}$（见图 4-2）.

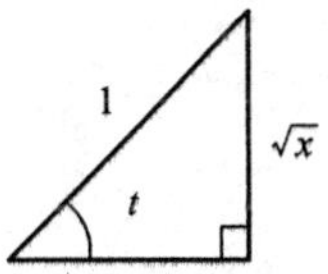

图 4-2

例 6　计算不定积分 $\int\dfrac{3\cos x-2\sin x}{\cos x+\sin x}\mathrm{d}x$.

【分析】　形如 $\int\dfrac{c\cos x+d\sin x}{a\cos x+b\sin x}\mathrm{d}x$ 的积分，均可采用把分子写成分母和分母的导数的线性组合的形式，

即 $c\cos x+d\sin x=A(a\cos x+b\sin x)+B(a\cos x+b\sin x)'$.

解　设 $3\cos x-2\sin x=A(\cos x+\sin x)+B(\cos x+\sin x)'$

$$=(A+B)\cos x+(A-B)\sin x,$$

由此可得 $A+B=3$，$A-B=-2$，从而有 $A=\dfrac{1}{2}$，$B=\dfrac{5}{2}$. 于是

$$\begin{aligned}原式&=\frac{1}{2}\int\frac{\cos x+\sin x}{\cos x+\sin x}\mathrm{d}x+\frac{5}{2}\int\frac{(\cos x+\sin x)'}{\cos x+\sin x}\mathrm{d}x\\&=\frac{x}{2}+\frac{5}{2}\ln|\cos x+\sin x|+C.\end{aligned}$$

例 7　计算不定积分 $\int\dfrac{1+\sin x}{1+\cos x}\mathrm{e}^x\mathrm{d}x$.

【分析】　被积函数是指数函数与三角函数有理式的乘积，先考虑将三角函数有理式恒等变形，然后化简．

解　
$$\begin{aligned}原式&=\int\frac{1+2\sin\frac{x}{2}\cos\frac{x}{2}}{2\cos^2\frac{x}{2}}\mathrm{e}^x\mathrm{d}x=\int\mathrm{e}^x\mathrm{d}\left(\tan\frac{x}{2}\right)+\int\tan\frac{x}{2}\cdot\mathrm{e}^x\mathrm{d}x\\&=\mathrm{e}^x\tan\frac{x}{2}-\int\tan\frac{x}{2}\cdot\mathrm{e}^x\mathrm{d}x+\int\tan\frac{x}{2}\cdot\mathrm{e}^x\mathrm{d}x\\&=\mathrm{e}^x\tan\frac{x}{2}+C.\end{aligned}$$

例 8 计算不定积分 $\int \frac{x^2+1}{x^4+1}\mathrm{d}x$.

【分析】 该题是一个有理函数的不定积分,根据教材上的结论,可以用有理函数积分法来计算. 但是用有理函数积分法来计算通常比较复杂,最好能将被积函数进行变换,然后用换元法来做.

为了比较两种做法的难易程度,给出两种解法.

解法 1 用有理函数积分法来计算,首先将被积函数分解成部分分式之和,

$$\frac{x^2+1}{x^4+1}=\frac{(x^2+\sqrt{2}x+1)+(x^2-\sqrt{2}x+1)}{2(x^2+\sqrt{2}x+1)(x^2-\sqrt{2}x+1)}$$

$$=\frac{1}{2}\left[\frac{1}{\left(x-\frac{\sqrt{2}}{2}\right)^2+\frac{1}{2}}+\frac{1}{\left(x+\frac{\sqrt{2}}{2}\right)^2+\frac{1}{2}}\right],$$

因此

$$\int\frac{x^2+1}{x^4+1}\mathrm{d}x=\frac{1}{2}\int\left[\frac{1}{\left(x-\frac{\sqrt{2}}{2}\right)^2+\frac{1}{2}}+\frac{1}{\left(x+\frac{\sqrt{2}}{2}\right)^2+\frac{1}{2}}\right]\mathrm{d}x$$

$$=\frac{\sqrt{2}}{2}\left[\arctan(\sqrt{2}x-1)+\arctan(\sqrt{2}x+1)\right]+C$$

$$=\frac{\sqrt{2}}{2}\arctan\frac{\sqrt{2}x}{1-x^2}+C.$$

解法 2 首先将被积函数进行恒等变形,然后用“凑微分法”来做.

$$\int\frac{x^2+1}{x^4+1}\mathrm{d}x=\int\frac{1+\frac{1}{x^2}}{x^2+\frac{1}{x^2}}\mathrm{d}x=\int\frac{\mathrm{d}\left(x-\frac{1}{x}\right)}{\left(x-\frac{1}{x}\right)^2+2}=\frac{\sqrt{2}}{2}\arctan\frac{x^2-1}{\sqrt{2}x}+C.$$

【方法点击】 由于被积函数 $\frac{x^2+1}{x^4+1}$ 在整个实轴上连续,从而在整个实轴上存在原函数与不定积分. 通过分析可以发现,用以上两种方法求出的原函数的定义域不同,并且都不是 **R**. 对于不定积分的计算,通常不过多强调定义域,而默认为在使运算过程与结果表达式都有意义的区间上讨论问题.

例 9 计算不定积分 $\int\frac{x^2+\sin^2 x}{x^2+1}\sec^2 x\,\mathrm{d}x$.

解 原式 $=\int\frac{x^2}{x^2+1}\sec^2 x\,\mathrm{d}x+\int\frac{\sin^2 x\ \sec^2 x}{x^2+1}\mathrm{d}x$

$$=\int\sec^2 x\,\mathrm{d}x-\int\frac{\sec^2 x}{x^2+1}\mathrm{d}x+\int\frac{\sin^2 x\ \sec^2 x}{x^2+1}\mathrm{d}x$$

$$=\tan x+\int\frac{(\sin^2 x-1)\sec^2 x}{x^2+1}\mathrm{d}x==\tan x-\int\frac{1}{x^2+1}\mathrm{d}x$$

$$=\tan x-\arctan x+C.$$

例 10 计算不定积分 $\int\frac{x+1}{x(1+x\mathrm{e}^x)}\mathrm{d}x$.

【分析】 如注意到$(xe^x)'=xe^x+e^x=e^x(x+1)$，则本题易解.

解　原式$=\int\frac{e^x(x+1)}{xe^x(xe^x+1)}dx=\int\frac{d(xe^x)}{xe^x(xe^x+1)}$（令$t=xe^x$）

$$=\int\frac{dt}{t(1+t)}=\int\left(\frac{1}{t}-\frac{1}{1+t}\right)dt$$

$$=\ln|t|-\ln|t+1|+C$$

$$=\ln|xe^x|-\ln|xe^x+1|+C.$$

总习题四解答

4. 求解下列不定积分(其中a、b为常数)：

(1) $\int\frac{dx}{e^x-e^{-x}}$.

解　$\int\frac{dx}{e^x-e^{-x}}=\int\frac{e^x}{e^{2x}-1}dx-\int\frac{1}{e^{2x}-1}de^x=\frac{1}{2}\ln\left|\frac{e^x-1}{e^x+1}\right|+C.$

(6) $\int\frac{\sin x\cos x}{1+\sin^4 x}dx$.

解　$\int\frac{\sin x\cos x}{1+\sin^4 x}dx=\int\frac{\sin x}{1+\sin^4 x}d\sin x=\frac{1}{2}\int\frac{1}{1+(\sin^2 x)^2}d(\sin^2 x)=\frac{1}{2}\arctan(\sin^2 x)+C.$

(7) $\int\tan^4 x\,dx$.

解　$\int\tan^4 x\,dx=\int\frac{\sin^4 x}{\cos^2 x}d(\tan x)=\int\tan^2 x\sin^2 x\,d(\tan x)$

$$=\int\frac{\tan^4 x}{\tan^2 x+1}d(\tan x)=\int\left(\tan^2 x-1+\frac{1}{\tan^2 x+1}\right)d(\tan x)$$

$$=\frac{1}{3}\tan^3 x-\tan x+\arctan\tan x+C=\frac{1}{3}\tan^3 x-\tan x+x+C.$$

(15) $\int\frac{dx}{x^2\sqrt{x^2-1}}$.

解　$\int\frac{dx}{x^2\sqrt{x^2-1}}\xlongequal{令x=\sec t}\int\frac{1}{\sec^2 t\cdot\tan t}\cdot\sec t\tan t\,dt=\int\cos t\,dt=\sin t+C$

$$=\frac{\sqrt{x^2-1}}{x}+C.$$

(19) $\int\ln(1+x^2)dx$.

解　$\int\ln(1+x^2)dx=x\ln(1+x^2)-\int x\cdot\frac{2x}{1+x^2}dx=x\ln(1+x^2)-2\int dx+2\int\frac{dx}{1+x^2}$

$$=x\ln(1+x^2)-2x+2\arctan x+C.$$

(20) $\int\frac{\sin^2 x}{\cos^3 x}dx$.

解　$\int\frac{\sin^2 x}{\cos^3 x}dx=\int\frac{\tan x\sin x}{\cos^3 x}dx=\int\tan x\sin x\,d(\tan x)=\frac{1}{2}\int\sin x\,d(\tan^2 x)$

$$
\begin{aligned}
&=\frac{1}{2}\sin x\ \tan^2 x-\frac{1}{2}\int \tan^2 x\,\mathrm{d}(\sin x)\\
&=\frac{1}{2}\sin x\ \tan^2 x-\frac{1}{2}\int \tan x\sin x\,\mathrm{d}x\\
&=\frac{1}{2}\sin x\ \tan^2 x+\frac{1}{2}\int \tan x\,\mathrm{d}(\cos x)\\
&=\frac{1}{2}\sin x\ \tan^2 x+\frac{1}{2}\tan x\cdot\cos x-\frac{1}{2}\int \cos x\cdot\sec^2 x\,\mathrm{d}x\\
&=\frac{1}{2}\sin x\ \tan^2 x+\frac{1}{2}\sin x-\frac{1}{2}\int \sec x\,\mathrm{d}x\\
&=\frac{1}{2}\sin x\ \sec^2 x-\frac{1}{2}\ln|\sec x+\tan x|+C\\
&=\frac{1}{2}\tan x\cdot\sec x-\frac{1}{2}\ln|\sec x+\tan x|+C.
\end{aligned}
$$

(21) $\int \arctan\sqrt{x}\,\mathrm{d}x$.

解
$$
\begin{aligned}
\int \arctan\sqrt{x}\,\mathrm{d}x &= \int \arctan t\,\mathrm{d}(t^2)=t^2\arctan t-\int\frac{t^2}{1+t^2}\mathrm{d}t\\
&=t^2\arctan t-\int\mathrm{d}t+\int\frac{\mathrm{d}t}{1+t^2}\\
&=t^2\arctan t-t+\arctan t+C\\
&=(x+1)\arctan\sqrt{x}-\sqrt{x}+C.
\end{aligned}
$$

(22) $\int\frac{\sqrt{1+\cos x}}{\sin x}\mathrm{d}x$.

解
$$
\begin{aligned}
\int\frac{\sqrt{1+\cos x}}{\sin x}\mathrm{d}x &= \int\frac{\sqrt{2}\cos\frac{x}{2}}{2\sin\frac{x}{2}\cos\frac{x}{2}}\mathrm{d}x=\sqrt{2}\int\csc\frac{x}{2}\mathrm{d}\,\frac{x}{2}\\
&=\sqrt{2}\ln\left|\csc\frac{x}{2}-\cot\frac{x}{2}\right|+C.
\end{aligned}
$$

(30) $\int\frac{\mathrm{d}x}{(1+\mathrm{e}^x)^2}$.

解
$$
\begin{aligned}
\int\frac{\mathrm{d}x}{(1+\mathrm{e}^x)^2}&\xlongequal{\text{令 } 1+\mathrm{e}^x=t}\int\frac{1}{t^2}\cdot\frac{1}{t-1}\mathrm{d}t=\int\left(\frac{1}{t-1}-\frac{1}{t}-\frac{1}{t^2}\right)\mathrm{d}t\\
&=\ln(t-1)-\ln t+\frac{1}{t}+C=x-\ln(1+\mathrm{e}^x)+\frac{1}{1+\mathrm{e}^x}+C.
\end{aligned}
$$

(33) $\int\ln^2(x+\sqrt{1+x^2})\mathrm{d}x$.

解
$$
\begin{aligned}
\int\ln^2(x+\sqrt{1+x^2})\mathrm{d}x &= x\ \ln^2(x+\sqrt{1+x^2})-\int x2\ln(x+\sqrt{1+x^2})\frac{1}{\sqrt{1+x^2}}\mathrm{d}x\\
&=x\ \ln^2(x+\sqrt{1+x^2})-2\int\ln(x+\sqrt{1+x^2})\mathrm{d}\sqrt{1+x^2}
\end{aligned}
$$

$$=x\ln^2(x+\sqrt{1+x^2})-2\ln(x+\sqrt{1+x^2})\sqrt{1+x^2}+2\int 1\mathrm{d}x$$

$$=x\ln^2(x+\sqrt{1+x^2})-2\sqrt{1+x^2}\ln(x+\sqrt{1+x^2})+2x+C.$$

(40) $\int\frac{\sin x\cos x}{\sin x+\cos x}\mathrm{d}x$.

解 $$\int\frac{\sin x\cos x}{\sin x+\cos x}\mathrm{d}x=\frac{1}{2}\int\frac{(2\sin x\cos x+1)-1}{\sin x+\cos x}\mathrm{d}x$$

$$=\frac{1}{2}\int\frac{(\sin x+\cos x)^2-1}{\sin x+\cos x}\mathrm{d}x$$

$$=\frac{1}{2}\int(\sin x+\cos x)\mathrm{d}x-\frac{1}{2}\int\frac{1}{\sqrt{2}\sin\left(x+\frac{\pi}{4}\right)}\mathrm{d}x$$

$$=\frac{1}{2}(\sin x-\cos x)-\frac{1}{2\sqrt{2}}\ln\left|\csc\left(x+\frac{\pi}{4}\right)-\cot\left(x+\frac{\pi}{4}\right)\right|+C$$

$$=\frac{1}{2}(\sin x-\cos x)-\frac{1}{2\sqrt{2}}\ln\left|\tan\left(\frac{x}{2}+\frac{\pi}{8}\right)\right|+C.$$

第四章同步测试题

一、填空题(每小题 3 分,共 15 分)

1. $\int\frac{x+5}{x^2-6x+13}\mathrm{d}x=$__________.

2. 设 $\int xf(x)\mathrm{d}x=\arcsin x+C$,则 $\int\frac{\mathrm{d}x}{f(x)}=$__________.

3. 函数 $y=\frac{\cos x}{\sin x+\cos x}$ 的一个原函数为__________.

4. 已知 $f(x)$ 的一个原函数为 e^{-x},则 $f(x)=$__________.

5. 若 $\int f(x)\mathrm{d}x=F(x)+C$,则 $\int\mathrm{e}^{-x}f(\mathrm{e}^{-x})\mathrm{d}x=$__________.

二、选择题(每小题 3 分,共 15 分)

1. 设 $f(x)$ 和 $g(x)$ 都具有连续导数,且 $\int\mathrm{d}f(x)=\int\mathrm{d}g(x)$,则下列各式中不成立的是(　　).

A. $f(x)=g(x)$　　B. $f'(x)=g'(x)$

C. $\mathrm{d}f(x)=\mathrm{d}g(x)$　　D. $\mathrm{d}\int f'(x)\mathrm{d}x=\mathrm{d}\int g'(x)\mathrm{d}x$

2. 下列各对函数中,是同一函数的原函数的是(　　).

A. $\arcsin x$ 与 $\arccos x$　　B. $\ln(x+5)$ 与 $\ln x+\ln 5$

C. $\frac{2^x}{\ln 2}$ 与 $2^x+\ln 2$　　D. $\ln(2x)$ 与 $\ln x$

3. 设 $f(x)$ 在 $(-\infty,+\infty)$ 内连续且为奇函数,$F(x)$ 是它的一个原函数,则(　　).

A. $F(x)=-F(-x)$　　B. $F(-x)=F(x)$

C. $F(-x)=F(x)+C$　　D. $F(x)=-F(-x)+C$

4. 若 $\int f(x)\mathrm{d}x=x^2\mathrm{e}^{2x}+C$，则 $f(x)=($　　$)$.

A. $2x\mathrm{e}^{2x}$　　B. $2x\mathrm{e}^{2x}(1+x)$

C. $x\mathrm{e}^{2x}$　　D. $2x^2\mathrm{e}^{2x}$

5. $\int \sin 2x\,\mathrm{d}x=($　　$)$.

A. $\frac{1}{2}\cos 2x+C$　　B. $-\sin^2 x+C$

C. $-\frac{1}{2}\cos 2x+C$　　D. $\cos x+C$

三、计算题(每小题 6 分，共 30 分)

1. $\int \frac{1}{x\sqrt{x^2-1}}\mathrm{d}x$.　　2. $\int \frac{\cos\sqrt{x}}{\sqrt{x}}\mathrm{d}x$.　　3. $\int \frac{1+\sin x}{1+\cos x}\mathrm{d}x$.

4. $\int \frac{\cos 2x}{\cos^2 x\cdot\sin^2 x}\mathrm{d}x$.　　5. $\int \frac{\mathrm{d}x}{1+\sqrt{2x}}$.

四、计算题(每小题 10 分，共 30 分)

1. $\int \frac{\arcsin \mathrm{e}^x}{\mathrm{e}^x}\mathrm{d}x$.　　2. $\int \frac{\mathrm{d}x}{(x-1)\sqrt{x^2-2}}$　　3. $\int \frac{3}{x^3+1}\mathrm{d}x$.

五、解答题(10 分)

设 $f'(\ln x)=\begin{cases}1, & 0<x\leqslant 1,\\ x, & 1<x<+\infty,\end{cases}$ 并且 $f(0)=0$，求 $f(x)$.

第四章同步测试题答案

一、填空题

1. $4\arctan\left(\frac{x-3}{2}\right)+\frac{\ln|x^2-6x+13|}{2}+C$；2. $-\frac{1}{3}(1-x^2)^{\frac{3}{2}}+C$；

3. $\frac{x+\ln|\cos x+\sin x|}{2}+C$；　4. $-\mathrm{e}^{-x}$；　5. $-F(\mathrm{e}^{-x})+C$.

二、选择题

1. A；　2. D；　3. B；　4. B；　5. C.

三、计算题

1. **解**　原式 $=\pm\int \frac{1}{x^2\sqrt{1-\frac{1}{x^2}}}\mathrm{d}x=\int \mp\frac{1}{\sqrt{1-\frac{1}{x^2}}}\mathrm{d}\left(\frac{1}{x}\right)=\arccos\frac{1}{|x|}+C$.

2. **解**　令 $u=\sqrt{x}$，则 $\mathrm{d}u=\frac{1}{2}\cdot\frac{\mathrm{d}x}{\sqrt{x}}$，

原式 $=\int \cos u\cdot 2\mathrm{d}u=2\sin u+C=2\sin\sqrt{x}+C$.

3. **解**　原式$=\int \dfrac{1+2\sin\dfrac{x}{2}\cos\dfrac{x}{2}}{2\cos^2\dfrac{x}{2}}\mathrm{d}x$

$$=\int \frac{\mathrm{d}\left(\frac{x}{2}\right)}{\cos^2\left(\frac{x}{2}\right)}+2\int \tan\left(\frac{x}{2}\right)\mathrm{d}\left(\frac{x}{2}\right)$$

$$=\tan\left(\frac{x}{2}\right)-2\ln\left|\cos\frac{x}{2}\right|+C.$$

4. **解**　$\displaystyle\int \frac{\cos 2x}{\cos^2 x\cdot\sin^2 x}\mathrm{d}x=\int \frac{\cos^2 x-\sin^2 x}{\cos^2 x\cdot\sin^2 x}\mathrm{d}x=\int\left(\frac{1}{\sin^2 x}-\frac{1}{\cos^2 x}\right)\mathrm{d}x$

$$=-\cot x-\tan x+C.$$

5. **解**　令$\sqrt{2x}=t$，　$x=\dfrac{t^2}{2}$

$$\int \frac{\mathrm{d}x}{1+\sqrt{2x}}=\int \frac{1}{1+t}\cdot t\,\mathrm{d}t=\int\left(1-\frac{1}{1+t}\right)\mathrm{d}t=t-\ln|1+t|+C$$

$$=\sqrt{2x}-\ln(1+\sqrt{2x})+C.$$

四、计算题

1. **解**　原式$\displaystyle=-\int \arcsin \mathrm{e}^x\,\mathrm{d}\mathrm{e}^{-x}=-\mathrm{e}^{-x}\arcsin(\mathrm{e}^x)+\int \frac{1}{\sqrt{1-\mathrm{e}^{2x}}}\mathrm{d}x$

$$=x-\mathrm{e}^{-x}\arcsin \mathrm{e}^x-\ln\left|1+\sqrt{1-\mathrm{e}^{2x}}\right|+C.$$

2. **解**　令$t=\dfrac{1}{x-1}$，则$x=1+\dfrac{1}{t}$，$\mathrm{d}x=-\dfrac{\mathrm{d}t}{t^2}$，

原式$\displaystyle=\int t\cdot\frac{t\,\mathrm{sgn}t}{\sqrt{1+2t-t^2}}\left(-\frac{1}{t^2}\right)\mathrm{d}t=-\mathrm{sgn}t\int \frac{\mathrm{d}(t-1)}{\sqrt{2-(t-1)^2}}$

$$=-\mathrm{sgn}t\cdot\arcsin\frac{t-1}{\sqrt{2}}+C=\arcsin\frac{x-2}{\sqrt{2}\,|x-1|}+C.$$

3. **解**　$\displaystyle\int \frac{3}{x^3+1}\mathrm{d}x=\int\left(\frac{1}{x+1}-\frac{x-2}{x^2-x+1}\right)\mathrm{d}x$

$$=\ln|x+1|-\frac{1}{2}\int \frac{(2x-1)-3}{x^2-x+1}\mathrm{d}x$$

$$=\ln|x+1|-\frac{1}{2}\ln|x^2-x+1|+\frac{3}{2}\int \frac{\mathrm{d}\left(x-\frac{1}{2}\right)}{\left(x-\frac{1}{2}\right)^2+\frac{3}{4}}$$

$$=\ln\frac{|x+1|}{\sqrt{x^2-x+1}}+\sqrt{3}\arctan\frac{2x-1}{\sqrt{3}}+C.$$

五、解答题

解　令$x=\ln t$，则有

$$f(x)=\int f'(x)\mathrm{d}x=\int f'(\ln t)\mathrm{d}(\ln t)=\int f'(\ln t)\frac{1}{t}\mathrm{d}t$$

$$=\begin{cases}\int \frac{1}{t}\mathrm{d}t=\ln t+C_1, & 0<t\leqslant 1,\\ \int t\cdot\frac{1}{t}\mathrm{d}t=t+C_2, & t>1,\end{cases}=\begin{cases}x+C_1, & x\leqslant 0,\\ \mathrm{e}^x+C_2, & x>0.\end{cases}$$

由于 $f(x)$在点 $x=0$ 处连续,得 $0+C_1=0$,解得 $C_1=0$. 又 $\mathrm{e}^0+C_2=0$,解得 $C_2=-1$. 于是 $f(x)=\begin{cases}x, & x\leqslant 0,\\ \mathrm{e}^x-1, & x>0.\end{cases}$

第五章

定积分

第一节 定积分的概念与性质

1.1 学习目标

理解定积分的定义和几何意义;掌握利用定积分的定义计算数列极限的方法,熟练掌握定积分的性质.

1.2 内容提要

1. 定积分的定义

设函数 $f(x)$在$[a,b]$上有界,

(1) (分割)将$[a,b]$任意划分为 n 个小区间,分点为 $a=x_0<x_1<x_2<\cdots<x_n=b$;

(2) (近似)在每个小区间$[x_{i-1},x_i]$($i=1,2,\cdots,n$)上任取一点 ξ_i,记 $\Delta x_i=x_i-x_{i-1}$,作乘积 $f(\xi_i)\Delta x_i$;

(3) (求和)作和式 $S_n=\sum\limits_{i=1}^{n}f(\xi_i)\Delta x_i$;

(4) (取极限)记 $\lambda=\max\limits_{1\leqslant i\leqslant n}\{\Delta x_i\}$,当 $\lambda\to 0$ 时,取上述和式的极限,如果极限总存在,则称函数 $f(x)$在$[a,b]$上可积,并称该极限值为函数 $f(x)$在$[a,b]$上的定积分,记为 $\int_a^b f(x)\mathrm{d}x$,即

$$\int_a^b f(x)\mathrm{d}x=\lim_{\lambda\to 0}\sum_{i=1}^{n}f(\xi_i)\Delta x_i .$$

【注】

(1) 定积分的值与积分区间$[a,b]$和被积函数 $f(x)$有关;

(2) 定积分的结果与“如何分割”、“ξ_i 的取法”无关;

(3) 定积分的值与积分变量的选取无关,即 $\int_a^b f(x)\mathrm{d}x=\int_a^b f(t)\mathrm{d}t$.

2. 定积分的几何意义

$\int_a^b f(x)\mathrm{d}x$ 在几何上表示介于 $y=0, y=f(x), x=a, x=b$ 之间各部分曲边梯形面积的代数和，即 $\int_a^b f(x)\mathrm{d}x=$在 x 轴上方的曲边梯形面积$-$在 x 轴下方的曲边梯形面积.

3. $f(x)$在$[a,b]$上可积的充分条件

(1) 设 $f(x)$在$[a,b]$上连续，则 $f(x)$在$[a,b]$上可积；

(2) 设 $f(x)$在$[a,b]$上有界，且只有有限个间断点，则 $f(x)$在$[a,b]$上可积.

4. 定积分的性质(两个规定：$\int_a^a f(x)\mathrm{d}x=0$，$\int_a^b f(x)\mathrm{d}x=-\int_b^a f(x)\mathrm{d}x$)

(1) $\int_a^b [\alpha f(x)+\beta g(x)]\mathrm{d}x=\alpha\int_a^b f(x)\mathrm{d}x+\beta\int_a^b g(x)\mathrm{d}x$；($\alpha,\beta$ 均为常数)

(2) 设 $a<c<b$，则 $\int_a^b f(x)\mathrm{d}x=\int_a^c f(x)\mathrm{d}x+\int_c^b f(x)\mathrm{d}x$；

(3) 如果在$[a,b]$上 $f(x)\equiv 1$，则 $\int_a^b 1\mathrm{d}x=\int_a^b \mathrm{d}x=b-a$；

(4) 如果在$[a,b]$上 $f(x)\geqslant g(x)$，则 $\int_a^b f(x)\mathrm{d}x\geqslant\int_a^b g(x)\mathrm{d}x\ (a<b)$；

(5) 设 M 和 m 分别是函数 $f(x)$在$[a,b]$上的最大值和最小值，则

$$m(b-a)\leqslant\int_a^b f(x)\mathrm{d}x\leqslant M(b-a)\ (a<b);$$

(6) (定积分中值定理)如果函数 $f(x)$在闭区间$[a,b]$上连续，则在积分区间$[a,b]$上至少存在一个点 ξ，使得 $\int_a^b f(x)\mathrm{d}x=f(\xi)(b-a)\ (a\leqslant\xi\leqslant b)$.

1.3 典型例题与方法

基本题型Ⅰ：利用定积分的定义计算定积分或图形面积

例 1 利用定积分的定义计算由曲线 $y=\mathrm{e}^x$，直线 $x=1$ 和两条坐标轴所围成图形的面积.

【分析】 由定积分的几何意义可知，该图形的面积为定积分 $\int_0^1 \mathrm{e}^x\mathrm{d}x$. 而利用定义计算该积分，不妨将积分区间$[0,1]n$ 等分，并取小区间$\left[\frac{i-1}{n},\frac{i}{n}\right]$的右端点$\frac{i}{n}$作为 ξ_i，求得积分和后，再化简求极限得到定积分的值.

解

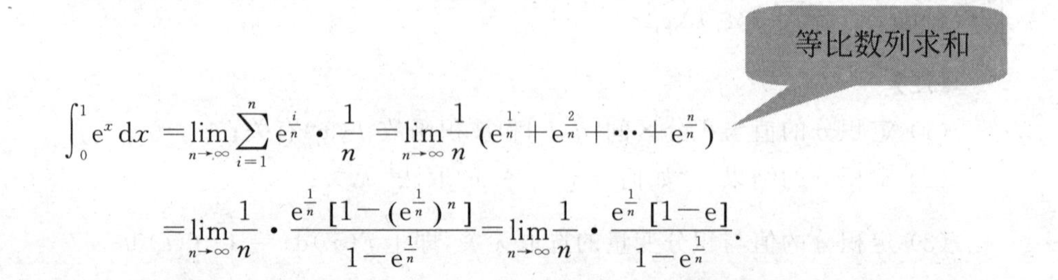

$$\int_0^1 \mathrm{e}^x\mathrm{d}x=\lim_{n\to\infty}\sum_{i=1}^n \mathrm{e}^{\frac{i}{n}}\cdot\frac{1}{n}=\lim_{n\to\infty}\frac{1}{n}(\mathrm{e}^{\frac{1}{n}}+\mathrm{e}^{\frac{2}{n}}+\cdots+\mathrm{e}^{\frac{n}{n}})$$

$$=\lim_{n\to\infty}\frac{1}{n}\cdot\frac{\mathrm{e}^{\frac{1}{n}}[1-(\mathrm{e}^{\frac{1}{n}})^n]}{1-\mathrm{e}^{\frac{1}{n}}}=\lim_{n\to\infty}\frac{1}{n}\cdot\frac{\mathrm{e}^{\frac{1}{n}}[1-\mathrm{e}]}{1-\mathrm{e}^{\frac{1}{n}}}.$$

等价无穷小的替换

因为$\lim\limits_{n\to\infty}n(1-e^{\frac{1}{n}})=\lim\limits_{n\to\infty}\dfrac{(1-e^{\frac{1}{n}})}{\dfrac{1}{n}}=\lim\limits_{n\to\infty}\dfrac{-\dfrac{1}{n}}{\dfrac{1}{n}}=-1$，

所以$\int_0^1 e^x dx=\dfrac{1-e}{-1}=e-1$，即所求图形的面积为 e－1.

【方法点击】 将积分区间进行特殊的分割（n 等分），并取特殊点作为 ξ_i，将定积分转化为数列的极限问题加以求解是本题的关键．这是由定积分的值与“分割”、“取点”无关所保证的．利用这种思路的逆向思维，还可以将数列极限问题转化为定积分．

基本题型Ⅱ：利用定积分的定义计算数列极限

例 2 将下列和式的极限表示成定积分：

（1）$\lim\limits_{n\to\infty}\dfrac{1}{n}\left(\sin\dfrac{\pi}{n}+\sin\dfrac{2\pi}{n}+\cdots+\sin\dfrac{n-1}{n}\pi\right)$；

（2）$\lim\limits_{n\to\infty}\left(\dfrac{1}{n+1}+\dfrac{1}{n+2}+\cdots+\dfrac{1}{n+n}\right)$.

【分析】 定积分从定义形式上看，是一个 n 项和的极限，所以反过来，当计算某个 n 项和的极限时，也可以转化为定积分，关键是将其转化为 $\lim\limits_{n\to\infty}\dfrac{b-a}{n}\sum\limits_{i=1}^{n}f\left(a+\dfrac{b-a}{n}i\right)$ 的形式．这实际上就是将定积分 $\int_a^b f(x)dx$ 的积分区间$[a,b]$进行 n 等分，取 ξ_i 为小区间的右端点 $a+\dfrac{b-a}{n}i$ 所得到的积分和的极限．特殊地，$a=0$，则可以转化成更为简单的形式：$\lim\limits_{n\to\infty}\dfrac{b}{n}\sum\limits_{i=1}^{n}f\left(\dfrac{b}{n}i\right)$．

解 （1）$\lim\limits_{n\to\infty}\dfrac{1}{n}\left(\sin\dfrac{\pi}{n}+\sin\dfrac{2\pi}{n}+\cdots+\sin\dfrac{n-1}{n}\pi\right)$

补齐n项

$$=\lim_{n\to\infty}\frac{1}{n}\left(\sin\frac{\pi}{n}+\sin\frac{2\pi}{n}+\cdots+\sin\frac{n-1}{n}\pi+\sin\frac{n}{n}\pi\right)$$

$$=\frac{1}{\pi}\lim_{n\to\infty}\frac{\pi}{n}\sum_{i=1}^{n}\sin\frac{i\pi}{n}=\frac{1}{\pi}\int_0^{\pi}\sin x\,dx$$

（2）$\lim\limits_{n\to\infty}\left(\dfrac{1}{n+1}+\dfrac{1}{n+2}+\cdots+\dfrac{1}{n+n}\right)$

$$=\lim_{n\to\infty}\frac{1}{n}\left(\frac{1}{1+\frac{1}{n}}+\frac{1}{1+\frac{2}{n}}+\cdots+\frac{1}{1+\frac{n}{n}}\right)$$

$$=\lim_{n\to\infty}\frac{1}{n}\sum_{i=1}^{n}\frac{1}{1+\frac{i}{n}}=\int_0^1\frac{1}{1+x}dx.$$

基本题型Ⅲ：利用性质证明不等式

例 3 证明不等式：$\dfrac{\pi}{2}\leqslant\int_0^{\frac{\pi}{2}}\dfrac{1}{\sqrt{1-\dfrac{1}{2}\sin^2 x}}dx\leqslant\dfrac{\pi}{\sqrt{2}}$.

【分析】 有关定积分的不等式可以联想性质 5、性质 6，并且 $\sin x$ 在区间 $\left[0,\frac{\pi}{2}\right]$ 上有单调性，所以比较容易确定被积函数的最大值和最小值.

证 由 $\sin x$ 在区间 $\left[0,\frac{\pi}{2}\right]$ 上的单调性，得

$$1<\frac{1}{\sqrt{1-\frac{1}{2}\sin^2 x}}<\sqrt{2}, x\in\left(0,\frac{\pi}{2}\right),$$

于是由估值定理可得 $\frac{\pi}{2}=\int_0^{\frac{\pi}{2}}\mathrm{d}x\leqslant\int_0^{\frac{\pi}{2}}\frac{1}{\sqrt{1-\frac{1}{2}\sin^2 x}}\mathrm{d}x\leqslant\int_0^{\frac{\pi}{2}}\sqrt{2}\,\mathrm{d}x=\frac{\pi}{\sqrt{2}}$.

【方法点击】 求出被积函数 $f(x)$ 在区间 $[a,b]$ 上的最值，定出 $f(x)$ 的范围；或者用不等式放缩法写出 $f(x)$ 在 $[a,b]$ 上的界限，再利用定积分性质 5、6 得出相应的结论.

1.4 习题 5-1 解答

2. 利用定积分定义计算下列定积分：

(1) $\int_a^b x\,\mathrm{d}x\quad(a<b)$.

解 (1)
$$\begin{aligned}\int_a^b x\,\mathrm{d}x&=\lim_{n\to\infty}\sum_{i=1}^n\left[a+\frac{i(b-a)}{n}\right]\frac{b-a}{n}=(b-a)\lim_{n\to\infty}\sum_{i=1}^n\frac{1}{n}\left[a+\frac{i(b-a)}{n}\right]\\&=(b-a)\lim_{n\to\infty}\frac{1}{n}\left[na+\frac{b-a}{n}(1+2+\cdots+n)\right]\\&=(b-a)\lim_{n\to\infty}\left[a+\frac{b-a}{2}\left(1+\frac{1}{n}\right)\right]\\&=\frac{b^2-a^2}{2}.\end{aligned}$$

5. 设 $a<b$，问 a,b 取什么值时，积分 $\int_a^b(x-x^2)\mathrm{d}x$ 取得最大值？

解 根据定积分的几何意义，$\int_a^b(x-x^2)\mathrm{d}x$ 表示由 $y=x-x^2$，$x=a$，$x=b$ 以及 x 轴所围成的图形在 x 轴上方的面积减去在 x 轴下方的面积. 因此如果下方面积为 0，上方面积最大，则该积分值最大. 由函数 $y=x-x^2$ 的特点易知，当 $a=0,b=1$ 时，$\int_a^b(x-x^2)\mathrm{d}x$ 最大.

7. 设 $\int_{-1}^1 3f(x)\mathrm{d}x=18$，$\int_{-1}^3 f(x)\mathrm{d}x=4$，$\int_{-1}^3 g(x)\mathrm{d}x=3$. 求

(1) $\int_{-1}^1 f(x)\mathrm{d}x$；　　(2) $\int_1^3 f(x)\mathrm{d}x$；

(3) $\int_3^{-1} g(x)\mathrm{d}x$；　　(4) $\int_{-1}^3\frac{1}{5}[4f(x)+3g(x)]\mathrm{d}x$.

解 (1) $\int_{-1}^1 f(x)\mathrm{d}x=\frac{1}{3}\int_{-1}^1 3f(x)\mathrm{d}x=6$.

(2) $\int_1^3 f(x)\mathrm{d}x=\int_{-1}^3 f(x)\mathrm{d}x-\int_{-1}^1 f(x)\mathrm{d}x=-2$.

(3) $\int_{3}^{-1} g(x)\mathrm{d}x=-\int_{-1}^{3} g(x)\mathrm{d}x=-3$.

(4) $\int_{-1}^{3} \frac{1}{5}[4f(x)+3g(x)]\,\mathrm{d}x=\frac{4}{5}\int_{-1}^{3} f(x)\mathrm{d}x+\frac{3}{5}\int_{-1}^{3} g(x)\mathrm{d}x=5$.

8. 水利工程中要计算拦水闸所受的水压力．已知闸门上水的压强 p(单位面积上的压力大小)是水深 h 的函数，且有 $p=9.8h(\mathrm{kN/m^2})$. 若闸门高 $H=3$ m，宽 $L=2$ m，求水面与闸门顶相齐时闸门所受的水压力 P.

解　将高度区间 $[0,H]$ 进行 n 等分，则在第 i 个小区间 $\Delta h_i=\frac{H}{n}$ 上，考察闸门上相应的窄小矩形部分所受的水压力 ΔP_i. 由水力学原理知 $\Delta P_i\approx 9.8h_i\cdot L\Delta h_i$，所以整个闸门所受的水压力

$$P=\lim_{n\to\infty}\sum_{i=1}^{n}9.8h_iL\Delta h_i=9.8L\lim_{n\to\infty}\sum_{i=1}^{n}\frac{H}{n}i\,\frac{H}{n}=9.8LH^2\lim_{n\to\infty}\sum_{i=1}^{n}\frac{i}{n^2}$$

$$=9.8LH^2\lim_{n\to\infty}\frac{1}{n^2}\cdot\frac{n(n+1)}{2}=9.8\times 2\times 3^2\times\frac{1}{2}=88.2(\mathrm{kN}).$$

10. 估计各积分的值：

(1) $\int_{1}^{4}(x^2+1)\mathrm{d}x$；

(2) $\int_{\frac{\pi}{4}}^{\frac{5\pi}{4}}(1+\sin^2 x)\mathrm{d}x$；

(3) $\int_{\frac{1}{\sqrt{3}}}^{\sqrt{3}} x\arctan x\,\mathrm{d}x$；

(4) $\int_{2}^{0}\mathrm{e}^{x^2-x}\mathrm{d}x$.

解　(1) 因为当 $1\leqslant x\leqslant 4$ 时，$2\leqslant x^2+1\leqslant 17$，且区间长度 $b-a=4-1=3$，所以由估值定理可知 $2\times 3\leqslant\int_{1}^{4}(x^2+1)\mathrm{d}x\leqslant 17\times 3$，即 $6\leqslant\int_{1}^{4}(x^2+1)\mathrm{d}x\leqslant 51$.

(2) 因为 $1\leqslant 1+\sin^2 x\leqslant 2$，且区间长度 $b-a=\frac{5\pi}{4}-\frac{\pi}{4}=\pi$，

所以由估值定理可知　　$\pi\leqslant\int_{\frac{\pi}{4}}^{\frac{5\pi}{4}}(1+\sin^2 x)\mathrm{d}x\leqslant 2\pi$.

(3) 因为 $x\cdot\arctan x$ 在 $\left[\frac{1}{\sqrt{3}},\sqrt{3}\right](\subset(0,+\infty))$ 上都是单调增加的函数，所以有

$$\frac{\pi}{6\sqrt{3}}\leqslant x\arctan x\leqslant\frac{\pi}{\sqrt{3}}\text{，且区间长度 } b-a=\sqrt{3}-\frac{1}{\sqrt{3}}=\frac{2}{\sqrt{3}},$$

所以由估值定理可知　　$\frac{\pi}{9}\leqslant\int_{\frac{1}{\sqrt{3}}}^{\sqrt{3}} x\arctan x\,\mathrm{d}x\leqslant\frac{2\pi}{3}$.

(4) 令 $f(x)=\mathrm{e}^{x^2-x}$，则 $f(x)$ 在区间 $[0,2]$ 上可导，且 $f'(x)=\mathrm{e}^{x^2-x}(2x-1)$.
易得 $f(x)$ 存在唯一驻点 $x_0=\frac{1}{2}$，所以 $f(x)$ 在 $[0,2]$ 上的最值为：

$$M=\max\left\{f(0),f\left(\frac{1}{2}\right),f(2)\right\}=\mathrm{e}^2,\ m=\min\left\{f(0),f\left(\frac{1}{2}\right),f(2)\right\}=\mathrm{e}^{-\frac{1}{4}},$$

所以 $2\mathrm{e}^{-\frac{1}{4}} \leqslant \int_0^2 \mathrm{e}^{x^2-x}\mathrm{d}x \leqslant 2\mathrm{e}^2$,交换积分上下限有 $-2\mathrm{e}^2 \leqslant \int_2^0 \mathrm{e}^{x^2-x}\mathrm{d}x \leqslant -2\mathrm{e}^{-\frac{1}{4}}$

11. 设 $f(x)$ 在 $[0,1]$ 上连续,证明 $\int_0^1 f^2(x)\mathrm{d}x \geqslant \left[\int_0^1 f(x)\mathrm{d}x\right]^2$.

证 由于 $\left[f(x)-\int_0^1 f(x)\mathrm{d}x\right]^2 \geqslant 0$,又积分 $\int_0^1 f(x)\mathrm{d}x$ 是常数,
不妨记 $a=\int_0^1 f(x)\mathrm{d}x$,所以有 $f^2(x)-2af(x)+a^2 \geqslant 0$.

由比较性质得 $\int_0^1 [f^2(x)-2af(x)+a^2]\mathrm{d}x \geqslant 0$,即

$$\int_0^1 f^2(x)\mathrm{d}x - 2a\int_0^1 f(x)\mathrm{d}x + a^2 = \int_0^1 f^2(x)\mathrm{d}x - \left[\int_0^1 f(x)\mathrm{d}x\right]^2 \geqslant 0.$$

结论成立.

12. 设 $f(x)$ 及 $g(x)$ 在 $[a,b]$ 上连续,证明

(1) 若在 $[a,b]$ 上,$f(x)\geqslant 0$,且 $\int_a^b f(x)\mathrm{d}x=0$,则在 $[a,b]$ 上 $f(x)\equiv 0$;

(2) 若在 $[a,b]$ 上,$f(x)\geqslant 0$,且 $f(x)\not\equiv 0$,则 $\int_a^b f(x)\mathrm{d}x>0$;

(3) 若在 $[a,b]$ 上,$f(x)\leqslant g(x)$,且 $\int_a^b f(x)\mathrm{d}x=\int_a^b g(x)\mathrm{d}x$,则在 $[a,b]$ 上 $f(x)\equiv g(x)$.

证 (1)(反证法)设在 $[a,b]$ 上,$f(x)\equiv 0$ 不成立.可设存在一点 $x_0\in[a,b]$,使得 $f(x_0)\neq 0$,不妨设 $f(x_0)>0$. 因 $f(x)$ 在 $[a,b]$ 上连续,由连续函数的保号性,故存在 x_0 的一个邻域 $U(x_0,\delta)\subset[a,b]$,使得 $x\in U(x_0,\delta)$ 时,$f(x)>0$. 又因为在 $[a,b]$ 上,$f(x)\geqslant 0$,所以

$$\int_a^b f(x)\mathrm{d}x=\int_a^{x_0-\delta} f(x)\mathrm{d}x+\int_{x_0-\delta}^{x_0+\delta} f(x)\mathrm{d}x+\int_{x_0+\delta}^b f(x)\mathrm{d}x \geqslant \int_{x_0-\delta}^{x_0+\delta} f(x)\mathrm{d}x>0,$$ 矛盾.

同理可证不可能有 $f(x_0)<0$. 所以在 $[a,b]$ 上 $f(x)\equiv 0$.

(2) 因为 $f(x)\geqslant 0$,所以 $\int_a^b f(x)\mathrm{d}x\geqslant 0$;而 $\int_a^b f(x)\mathrm{d}x$ 是数值,仅有两种可能:0 和一个正数.由(1)知,若 $\int_a^b f(x)\mathrm{d}x=0$,在 $[a,b]$ 上必有 $f(x)\equiv 0$,这与已知矛盾,从而只有 $\int_a^b f(x)\mathrm{d}x>0$.

(3) 设 $F(x)=f(x)-g(x)$,$x\in[a,b]$,则 $F(x)\geqslant 0$,$x\in[a,b]$. 又

$$\int_a^b F(x)\mathrm{d}x=\int_a^b f(x)\mathrm{d}x-\int_a^b g(x)\mathrm{d}x=0,$$

由(1)知 $F(x)=f(x)-g(x)\equiv 0$,$x\in[a,b]$,从而 $f(x)\equiv g(x)$,$x\in[a,b]$.

第二节 微积分基本公式

2.1 学习目标

理解积分上限函数的定义,熟练掌握它的求导性质;熟练掌握牛顿—莱布尼兹公式的条

件和结论,能够正确运用该公式计算定积分.

2.2 内容提要

1. 积分上限的函数

$\forall x \in [a,b]$,若积分 $\int_a^x f(t)\mathrm{d}t$ 存在,则称函数 $\Phi(x)=\int_a^x f(t)\mathrm{d}t$ 为积分上限的函数或变上限积分.

2. 微积分基本定理

(1) 原函数存在定理

如果函数 $f(x)$ 在区间 $[a,b]$ 上连续,则积分上限的函数 $\Phi(x)=\int_a^x f(t)\mathrm{d}t$ 在 $[a,b]$ 上可导,且它的导数 $\Phi'(x)=\frac{\mathrm{d}}{\mathrm{d}x}\int_a^x f(t)\mathrm{d}t=f(x)(a\leqslant x\leqslant b)$.

这说明连续的函数一定有原函数,并且 $\Phi(x)=\int_a^x f(t)\mathrm{d}t$ 是 $f(x)$ 的一个原函数.

推论1: $\frac{\mathrm{d}}{\mathrm{d}x}\int_x^b f(t)\mathrm{d}t=-f(x)$.

推论2: $\frac{\mathrm{d}}{\mathrm{d}x}\int_a^{\varphi(x)} f(t)\mathrm{d}t=f[\varphi(x)]\varphi'(x)$,$\varphi(x)$ 可导.

推论3: $\frac{\mathrm{d}}{\mathrm{d}x}\int_{\varphi_1(x)}^{\varphi_2(x)} f(t)\mathrm{d}t=f[\varphi_2(x)]\varphi_2'(x)-f[\varphi_1(x)]\varphi_1'(x)$,$\varphi_1(x)$,$\varphi_2(x)$ 均可导.

(2) 牛顿-莱布尼兹公式

设 $f(x)$ 在 $[a,b]$ 上连续,$F(x)$ 为 $f(x)$ 在区间 $[a,b]$ 上的一个原函数,则有牛顿-莱布尼兹公式:

$$\int_a^b f(x)\mathrm{d}x=F(x)\big|_a^b=F(b)-F(a).$$

牛顿-莱布尼兹公式又称为微积分基本公式.它是联系不定积分与定积分的“桥梁”,是计算定积分的最基本、最重要的公式.

【注意】 特别地,有 $\int_a^b f'(x)\mathrm{d}x=f(b)-f(a)$.

2.3 典型例题与方法

基本题型Ⅰ:求变限积分函数的导数

例1 计算下列各函数的导数:

(1) $\int_0^{x^2} t\mathrm{e}^{3t}\mathrm{d}t$; (2) $\int_{\sin x}^0 \sqrt{1+t^3}\,\mathrm{d}t$; (3) $\int_{x^2}^{\mathrm{e}^x} t\cos t^2\mathrm{d}t$.

【分析】 直接利用变限积分求导的性质及其推论.

解 (1) $\frac{\mathrm{d}}{\mathrm{d}x}\int_0^{x^2} t\mathrm{e}^{3t}\mathrm{d}t=x^2\mathrm{e}^{3x^2}\cdot(x^2)'=2x^3\mathrm{e}^{3x^2}$.

(2) $\frac{\mathrm{d}}{\mathrm{d}x}\int_{\sin x}^0 \sqrt{1+t^3}\,\mathrm{d}t=-\sqrt{1+(\sin x)^3}\,(\sin x)'=\ \ \cos x\sqrt{1+(\sin x)^3}$.

(3) $\frac{\mathrm{d}}{\mathrm{d}x}\int_{x^2}^{\mathrm{e}^x} t\cos t^2\mathrm{d}t=\mathrm{e}^x\cos(\mathrm{e}^{2x})\cdot(\mathrm{e}^x)'-x^2\cos(x^4)\cdot(x^2)'$

$$=e^{2x}\cos(e^{2x})-2x^3\cos x^4.$$

例 2 计算下列各函数的导数：

(1) $y=\int_0^{2x}\cos x\sin t^2\mathrm{d}t$ ； (2) $y=\int_0^x(x-t)f(t)\mathrm{d}t$.

【分析】 当变限积分的被积函数中含有求导变量 x 时，应先设法将含有 x 的部分提到积分符号的外面，再求导.

解 (1) $y=\int_0^{2x}\cos x\sin t^2\mathrm{d}t=\cos x\int_0^{2x}\sin t^2\mathrm{d}t$，

$$y'=-\sin x\int_0^{2x}\sin t^2\mathrm{d}t+\cos x\left(\int_0^{2x}\sin t^2\mathrm{d}t\right)'$$

$$=-\sin x\int_0^{2x}\sin t^2\mathrm{d}t+\cos x\cdot 2\sin 4x^2.$$

(2) $y=\int_0^x(x-t)f(t)\mathrm{d}t=x\int_0^x f(t)\mathrm{d}t-\int_0^x tf(t)\mathrm{d}t$，

$$y'=\int_0^x f(t)\mathrm{d}t+xf(x)-xf(x)=\int_0^x f(t)\mathrm{d}t.$$

基本题型Ⅱ：求含变限积分的极限

例 3 计算极限 $\lim\limits_{x\to 0}\dfrac{\int_0^{x^2}te^t\sin t\,\mathrm{d}t}{x^6e^x}$.

解 当 $x\to 0$ 时，$\int_0^{x^2}te^t\sin t\,\mathrm{d}t\to 0$，$x^6e^x\to 0$，所以该极限为 $\dfrac{0}{0}$ 型. 由洛必达法则知

$$\lim_{x\to 0}\frac{\int_0^{x^2}te^t\sin t\,\mathrm{d}t}{x^6e^x}=\lim_{x\to 0}\frac{x^2e^{x^2}\sin x^2\cdot 2x}{6x^5e^x+x^6e^x}\xlongequal{\sin x^2\sim x^2}\lim_{x\to 0}\frac{2x^5e^{x^2}}{6x^5e^x+x^6e^x}=\frac{1}{3}.$$

【方法点击】 含变限积分求极限的题目通常涉及洛必达法则，因此要先判断一下极限是否是 $\dfrac{0}{0}$ 或 $\dfrac{\infty}{\infty}$ 的形式.

例 4 已知 $\varphi(x)$ 为连续函数，令

$$f(x)=\begin{cases}\dfrac{\int_0^x\left[(t-1)\int_0^{t^2}\varphi(u)\mathrm{d}u\right]\mathrm{d}t}{\ln(1+x^2)}, & x\neq 0,\\ 0, & x=0,\end{cases}$$

试讨论函数 $f(x)$ 在 $x=0$ 处的连续性.

【分析】 该题的难点在于，当 $x\neq 0$ 时，$f(x)$ 的表达式本身是一个积分上限的函数，而它的被积函数(一个关于变量 t 的函数)也是通过变限积分来定义的.

解 $\lim\limits_{x\to 0}f(x)=\lim\limits_{x\to 0}\dfrac{\int_0^x\left[(t-1)\int_0^{t^2}\varphi(u)\mathrm{d}u\right]\mathrm{d}t}{\ln(1+x^2)}$ （$\dfrac{0}{0}$ 型）

$$=\lim_{x\to 0}\frac{\int_0^x\left[(t-1)\int_0^{t^2}\varphi(u)\mathrm{d}u\right]\mathrm{d}t}{x^2}$$ （$\ln(x^2+1)\sim x^2$）

$$=\lim_{x\to 0}\frac{\left[(x-1)\int_0^{x^2}\varphi(u)\mathrm{d}u\right]}{2x}$$

$$=\lim_{x\to 0}\frac{\int_0^{x^2}\varphi(u)\mathrm{d}u+(x-1)\varphi(x^2)\cdot 2x}{2}=0=f(0).$$

所以函数 $f(x)$ 在 $x=0$ 处连续.

基本题型Ⅲ:变限函数的单调性、极值与最值

例 5 求函数 $f(x)=\int_0^x \mathrm{e}^t(t^2-1)\mathrm{d}t$ 的单调区间和极值点.

【分析】 分析函数的单调性与极值点都需要利用函数的一阶导数,而本题所给函数为积分上限的函数,所以就要利用变限积分的求导.

解 $f'(x)=\mathrm{e}^x(x^2-1)=\mathrm{e}^x(x-1)(x+1)$,令 $f'(x)=0$,得驻点 $x_1=-1$, $x_2=1$.

x	$(-\infty,-1)$	-1	$(-1,1)$	1	$(1,+\infty)$
y'	+	0	−	0	+
y	↗	极大值	↘	极小值	↗

由图表分析可知,单调递增区间为 $(-\infty,-1)$,$(1,+\infty)$,单调递减区间为 $(-1,1)$;$x=-1$ 为极大值点,$x=1$ 为极小值点.

基本题型Ⅳ:求积分上限函数的表达式

例 6 设 $f(x)=\begin{cases}x^2, x\in[0,1),\\ x, x\in[1,2],\end{cases}$ 求 $\varphi(x)=\int_0^x f(t)\mathrm{d}t$ 在 $[0,2]$ 上的表达式.

解 当 $x\in[0,1)$ 时,$\varphi(x)=\int_0^x t^2\mathrm{d}t=\frac{1}{3}t^3\Big|_0^x=\frac{1}{3}x^3$,

当 $x\in[1,2]$ 时,$\varphi(x)=\int_0^x f(t)\mathrm{d}t=\int_0^1 t^2\mathrm{d}t+\int_1^x t\mathrm{d}t=\frac{1}{3}+\frac{1}{2}t^2\Big|_1^x=\frac{1}{2}x^2-\frac{1}{6}$,

所以
$$\varphi(x)=\begin{cases}\frac{1}{3}x^3, x\in[0,1),\\ \frac{1}{2}x^2-\frac{1}{6}, x\in[1,2].\end{cases}$$

【方法点击】 计算类似题目,首先要明确自变量 x 的取值范围,为了防止漏解,一般 x 从小到大依次取值考虑;其次,当 $f(x)$ 为分段函数时,$\varphi(x)$ 的表达式需要分段来求,分段情况往往与 $f(x)$ 一致.

基本题型Ⅴ:利用牛顿-莱布尼兹公式计算定积分

例 7 计算下列定积分:

(1) $\int_0^{\sqrt{3}}\frac{\mathrm{d}x}{\sqrt{4-x^2}}$; (2) $\int_0^{\pi}|\cos x|\mathrm{d}x$; (3) $\int_1^2\left(x+\frac{1}{x}\right)^2\mathrm{d}x$.

【分析】 当被积函数的原函数容易求得的时候,可直接利用定积分的性质和微积分基本公式计算定积分.

解 (1) $\int_0^{\sqrt{3}}\frac{\mathrm{d}x}{\sqrt{4-x^2}}=\left[\arcsin\frac{x}{2}\right]_0^{\sqrt{3}}=\frac{\pi}{3}$.

(2) $\int_0^{\pi}|\cos x|\mathrm{d}x=\int_0^{\frac{\pi}{2}}\cos x\mathrm{d}x+\int_{\frac{\pi}{2}}^{\pi}(-\cos x)\mathrm{d}x=[\sin x]_0^{\frac{\pi}{2}}-[\sin x]_{\frac{\pi}{2}}^{\pi}=2$.

(3) $\int_1^2\left(x+\frac{1}{x}\right)^2\mathrm{d}x=\int_1^2\left(x^2+2+\frac{1}{x^2}\right)\mathrm{d}x=\left[\frac{x^3}{3}+2x-\frac{1}{x}\right]_1^2=\frac{29}{6}$.

【方法点击】 (2)小题中被积函数带有绝对值,这种情况往往要利用区间可加性去掉绝对值符号后再积分.

2.4 习题 5-2 解答

2. 求由参数表达式 $x=\int_0^t\sin u\mathrm{d}u$, $y=\int_0^t\cos u\mathrm{d}u$ 所确定的函数对 x 的导数 $\frac{\mathrm{d}y}{\mathrm{d}x}$.

解 $x'(t)=\sin t$,即 $\mathrm{d}x=\sin t\mathrm{d}t$; $y'(t)=\cos t$,即 $\mathrm{d}y=\cos t\mathrm{d}t$.

所以
$$\frac{\mathrm{d}y}{\mathrm{d}x}=\frac{\cos t}{\sin t}=\cot t.$$

3. 求由 $\int_0^y\mathrm{e}^t\mathrm{d}t+\int_0^x\cos t\mathrm{d}t=0$ 所确定的隐函数对 x 的导数 $\frac{\mathrm{d}y}{\mathrm{d}x}$.

解 等式两边同时对 x 求导,得 $\mathrm{e}^yy'+\cos x=0$,所以 $y'=\frac{-\cos x}{\mathrm{e}^y}$.

利用微积分基本公式可得 $\mathrm{e}^y-1+\sin x=0$, $\mathrm{e}^y=1-\sin x$,所以 $y'=\frac{\cos x}{\sin x-1}$.

4. 当 x 为何值时,函数 $I(x)=\int_0^x t\mathrm{e}^{-t^2}\mathrm{d}t$ 有极值?

解 $I'(x)=x\mathrm{e}^{-x^2}$,令 $I'(x)=0$,得 $x=0$. 当 $x<0$ 时, $I'(x)<0$;当 $x>0$, $I'(x)>0$. 所以 $I(x)$ 在 $x=0$ 处取极小值,极小值为 $I(0)=0$.

5. 计算下列各导数:

解 (1) $\frac{\mathrm{d}}{\mathrm{d}x}\int_0^{x^2}\sqrt{1+t^2}\mathrm{d}t=\sqrt{1+(x^2)^2}\,(x^2)'=2x\sqrt{1+x^4}$.

(2) $\frac{\mathrm{d}}{\mathrm{d}x}\int_{x^2}^{x^3}\frac{\mathrm{d}t}{\sqrt{1+t^4}}=\frac{1}{\sqrt{1+(x^3)^4}}\cdot(x^3)'-\frac{1}{\sqrt{1+(x^2)^4}}\cdot(x^2)'=\frac{3x^2}{\sqrt{1+x^{12}}}-\frac{2x}{\sqrt{1+x^8}}$.

(3)
$$\begin{aligned}\frac{\mathrm{d}}{\mathrm{d}x}\int_{\sin x}^{\cos x}\cos(\pi t^2)\mathrm{d}t&=\cos\pi(\cos x)^2\cdot(\cos x)'-\cos\pi(\sin x)^2\cdot(\sin x)'\\&=-\cos(\pi-\pi\sin^2x)\cdot(\sin x)-\cos(\pi\sin^2x)\cdot(\cos x)\\&=(\sin x-\cos x)\cos(\pi\sin^2x).\end{aligned}$$

6. 证明 $f(x)=\int_1^x\sqrt{1+t^3}\mathrm{d}t$ 在$[-1,+\infty]$上是单调增加函数,并求$(f^{-1})'(0)$.

证 显然 $f(x)$在$[-1,+\infty]$上可导,且当 $x>-1$ 时, $f'(x)=\sqrt{1+x^3}>0$,因此 $f(x)$在$[-1,+\infty]$是单调增加函数.

注意到 $f(1)=0$,故$(f^{-1})'(0)=\frac{1}{f'(1)}=\frac{\sqrt{2}}{2}$.

8. 计算下列各定积分:

解 (6) $\int_0^{\sqrt{3}a}\frac{\mathrm{d}x}{a^2+x^2}=\frac{1}{a}\arctan\frac{x}{a}\Big|_0^{\sqrt{3}a}=\frac{\pi}{3a}(a>0)$.

(7) $\int_0^1 \frac{\mathrm{d}x}{\sqrt{4-x^2}} = \arcsin\frac{x}{2}\Big|_0^1 = \frac{\pi}{6}$.

(8) $\int_{-1}^0 \frac{3x^4+3x^2+1}{x^2+1}\mathrm{d}x = \int_{-1}^0 3x^2\mathrm{d}x + \int_{-1}^0 \frac{1}{x^2+1}\mathrm{d}x = (x^3+\arctan x)\big|_{-1}^0 = 1+\frac{\pi}{4}$.

(9) $\int_{-\mathrm{e}-1}^{-2} \frac{\mathrm{d}x}{x+1} = \ln|1+x|\,\big|_{-\mathrm{e}-1}^{-2} = -1$.

(10) $\int_0^{\frac{\pi}{4}} \tan^2\theta\mathrm{d}\theta = \int_0^{\frac{\pi}{4}}(\sec^2\theta-1)\mathrm{d}\theta = (\tan\theta-\theta)\big|_0^{\frac{\pi}{4}} = 1-\frac{\pi}{4}$.

(11) $\int_0^{2\pi}|\sin x|\mathrm{d}x = \int_0^{\pi}\sin x\mathrm{d}x + \int_{\pi}^{2\pi}(-\sin x)\mathrm{d}x = [-\cos x]_0^{\pi} - [\cos x]_{\pi}^{2\pi} = 4$.

(12) $\int_0^2 f(x)\mathrm{d}x = \int_0^1(x+1)\mathrm{d}x + \int_1^2\frac{1}{2}x^2\mathrm{d}x = (\frac{x^2}{2}+x)\Big|_0^1 + \frac{1}{6}x^3\Big|_1^2 = \frac{8}{3}$.

11. 求下列极限：

解 (1) $\lim\limits_{x\to 0}\frac{\int_0^x \cos t^2\mathrm{d}t}{x} = \lim\limits_{x\to 0}\frac{\cos x^2}{1} = 1.$ $\left(\frac{0}{0}\text{型}\right)$

(2) $\lim\limits_{x\to 0}\frac{\left(\int_0^x \mathrm{e}^{t^2}\mathrm{d}t\right)^2}{\int_0^x t\mathrm{e}^{2t^2}\mathrm{d}t} = \lim\limits_{x\to 0}\frac{2\left(\int_0^x \mathrm{e}^{t^2}\mathrm{d}t\right)\cdot \mathrm{e}^{x^2}}{x\mathrm{e}^{2x^2}} = \lim\limits_{x\to 0}\frac{2\left(\int_0^x \mathrm{e}^{t^2}\mathrm{d}t\right)}{x\mathrm{e}^{x^2}}$

$$= \lim_{x\to 0}\frac{2\mathrm{e}^{x^2}}{\mathrm{e}^{x^2}+2x^2\mathrm{e}^{x^2}} = 2.\quad \left(\frac{0}{0}\text{型}\right)$$

12. 设 $f(x)=\begin{cases}x^2, x\in[0,1),\\ x, x\in[1,2],\end{cases}$ 求 $\Phi(x)=\int_0^x f(t)\mathrm{d}t$ 在 $[0,2]$ 上的表达式，并讨论 $\Phi(x)$ 在 $(0,2)$ 内的连续性．

解 当 $x\in[0,1)$ 时，$\Phi(x)=\int_0^x t^2\mathrm{d}t = \frac{1}{3}t^3\Big|_0^x = \frac{1}{3}x^3$，

当 $x\in[1,2]$ 时，$\Phi(x)=\int_0^x f(t)\mathrm{d}t = \int_0^1 t^2\mathrm{d}t + \int_1^x t\mathrm{d}t = \frac{1}{3}+\frac{1}{2}t^2\Big|_1^x = \frac{1}{2}x^2-\frac{1}{6}$，

所以 $\Phi(x)=\begin{cases}\frac{1}{3}x^3, x\in[0,1),\\ \frac{1}{2}x^2-\frac{1}{6}, x\in[1,2].\end{cases}$

易见 $\Phi(x)$ 在 $(0,1)\cup(1,2)$ 内连续，只需讨论它在 $x=1$ 处的连续性．

因为 $\Phi(1-0)=\lim\limits_{x\to 1^-}\left(\frac{1}{3}x^3\right)=\frac{1}{3}=\Phi(1)$，所以 $\Phi(x)$ 在 $x=1$ 处左连续；

同样，$\Phi(1+0)=\lim\limits_{x\to 1^+}\left(\frac{1}{2}x^2-\frac{1}{6}\right)=\frac{1}{2}-\frac{1}{6}=\frac{1}{3}=\Phi(1)$，所以 $\Phi(x)$ 在 $x=1$ 处右连续．

从而 $\Phi(x)$ 在 $x=1$ 处连续，且在 $(0,2)$ 内处处连续．

13. 设 $f(x)=\begin{cases}\frac{1}{2}\sin x, 0\leqslant x\leqslant\pi,\\ 0, x<0 \text{ 或 } x>\pi,\end{cases}$ 求 $\Phi(x)=\int_0^x f(t)\mathrm{d}t$ 在 $(-\infty,+\infty)$ 上的表达式．

解 当 $x\in(-\infty,0)$ 时，$\Phi(x)=\int_0^x 0\mathrm{d}t=0$；

当 $x\in[0,\pi]$ 时，$\Phi(x)=\int_0^x \frac{1}{2}\sin t\,\mathrm{d}t=-\frac{1}{2}\cos t\Big|_0^x=\sin^2\frac{x}{2}$；

当 $x\in(\pi,+\infty)$ 时，$\Phi(x)=\int_0^x f(t)\mathrm{d}t=\int_0^\pi \frac{1}{2}\sin t\,\mathrm{d}t+\int_\pi^x 0\mathrm{d}t=1.$

所以
$$\Phi(x)=\begin{cases}0, & x<0,\\ \sin^2\frac{x}{2}, & 0\leqslant x\leqslant\pi,\\ 1, & x>\pi.\end{cases}$$

14. 设 $f(x)$ 在 $[a,b]$ 上连续，在 (a,b) 内可导且 $f'(x)\leqslant 0$，$F(x)=\frac{1}{x-a}\int_a^x f(t)\mathrm{d}t$．证明在 (a,b) 内有 $F'(x)\leqslant 0$.

证 由已知

$$F'(x)=\frac{f(x)(x-a)-\int_a^x f(t)\mathrm{d}t}{(x-a)^2}$$

$$\xlongequal{\text{积分中值定理}}\frac{f(x)(x-a)-f(\xi)(x-a)}{(x-a)^2}(a\leqslant\xi\leqslant x)$$

$$=\frac{f(x)-f(\xi)}{x-a}\xlongequal{\text{微分中值定理}}\frac{f'(\eta)(x-\xi)}{x-a}(\xi<\eta<x)\leqslant 0.$$

15. 设 $F(x)=\int_0^x \frac{\sin t}{t}\mathrm{d}t$，求 $F'(0)$．

解 $F'(0)=\lim\limits_{x\to 0}\frac{F(x)-F(0)}{x}=\lim\limits_{x\to 0}\frac{\int_0^x \frac{\sin t}{t}\mathrm{d}t}{x}=\lim\limits_{x\to 0}\frac{\frac{\sin x}{x}}{1}=1.$

16. 设 $f(x)$ 在 $[0,+\infty)$ 内连续，且 $\lim\limits_{x\to+\infty}f(x)=1$，证明函数 $y=\mathrm{e}^{-x}\int_0^x \mathrm{e}^t f(t)\mathrm{d}t$ 满足方程 $\frac{\mathrm{d}y}{\mathrm{d}x}+y=f(x)$，并求 $\lim\limits_{x\to+\infty}y(x)$．

证 $\frac{\mathrm{d}y}{\mathrm{d}x}=-\mathrm{e}^{-x}\int_0^x \mathrm{e}^t f(t)\mathrm{d}t+\mathrm{e}^{-x}\mathrm{e}^x f(x)=-y+f(x)$．

$$\lim_{x\to+\infty}y=\lim_{x\to+\infty}\mathrm{e}^{-x}\int_0^x \mathrm{e}^t f(t)\mathrm{d}t=\lim_{x\to+\infty}\frac{\int_0^x \mathrm{e}^t f(t)\mathrm{d}t}{\mathrm{e}^x}=\lim_{x\to+\infty}\frac{\mathrm{e}^x f(x)}{\mathrm{e}^x}=\lim_{x\to+\infty}f(x)=1．$$

第三节 定积分的换元法和分部积分法

3.1 学习目标

熟练掌握定积分的换元积分法和分部积分法，掌握一些常用的积分公式．

3.2　内容提要

1. 定积分的换元法

假设函数 $f(x)$ 在区间 $[a,b]$ 上连续，函数 $x=\varphi(t)$ 满足：(1) $\varphi(\alpha)=a$，$\varphi(\beta)=b$；(2) 在区间 $[\alpha,\beta]$（或 $[\beta,\alpha]$）上具有连续的导数，则有

$$\int_a^b f(x)\mathrm{d}x=\int_\alpha^\beta f[\varphi(t)]\varphi'(t)\mathrm{d}t.$$

【注意】 变量替换时，积分上下限随积分变量的变化必须同时改变 .

2. 分部积分法

设函数 $u(x)$，$v(x)$ 在区间 $[a,b]$ 上具有连续导数 $u'(x)$，$v'(x)$，则有

$$\int_a^b u(x)v'(x)\mathrm{d}x=u(x)\cdot v(x)\big|_a^b-\int_a^b v(x)u'(x)\mathrm{d}x,$$

即
$$\int_a^b u(x)\mathrm{d}v(x)=u(x)v(x)\big|_a^b-\int_a^b v(x)\mathrm{d}u(x).$$

3. 常用的积分公式

(1) 设函数 $f(x)$ 在对称区间 $[-a,a]$ 上连续，则 $\int_{-a}^a f(x)\mathrm{d}x=\int_0^a[f(x)+f(-x)]\mathrm{d}x$.特别地，

$$\int_{-a}^a f(x)\mathrm{d}x=\begin{cases}2\int_0^a f(x)\mathrm{d}x, & f(x)\text{ 为偶函数},\\ 0, & f(x)\text{ 为奇函数}.\end{cases}$$

【注意】 在计算对称区间上的定积分时应特别注意被积函数的奇偶性，这将简化运算，更重要的是可以避免发生计算错误 .

(2) 若 $f(x)$ 是周期为 T 的连续函数，则 $\int_a^{a+nT}f(x)\mathrm{d}x=n\int_0^T f(x)\mathrm{d}x$，$n\in\mathbf{Z}$；

(3) $\int_0^\pi f(\sin x)\mathrm{d}x=2\int_0^{\frac{\pi}{2}}f(\sin x)\mathrm{d}x$，$\int_0^\pi xf(\sin x)\mathrm{d}x=\frac{\pi}{2}\int_0^\pi f(\sin x)\mathrm{d}x$；

(4) $\int_0^{\frac{\pi}{2}}f(\sin x)\mathrm{d}x=\int_0^{\frac{\pi}{2}}f(\cos x)\mathrm{d}x$；

(5) $\int_0^{\frac{\pi}{2}}\sin^n x\mathrm{d}x=\int_0^{\frac{\pi}{2}}\cos^n x\mathrm{d}x=\begin{cases}\frac{n-1}{n}\cdot\frac{n-3}{n-2}\cdots\frac{3}{4}\cdot\frac{1}{2}\cdot\frac{\pi}{2}, n\text{ 为正偶数},\\ \frac{n-1}{n}\cdot\frac{n-3}{n-2}\cdots\frac{4}{5}\cdot\frac{2}{3}, n\text{ 为大于 1 的正奇数}.\end{cases}$

3.3　典型例题与方法

基本题型Ⅰ：利用换元法求定积分

例 1　计算下列定积分：

(1) $\int_0^{\frac{\pi}{2}}\frac{\sin x\cos x}{1+\sin^4 x}\mathrm{d}x$；　(2) $\int_0^{\ln 2}\sqrt{1-\mathrm{e}^{-2x}}\mathrm{d}x$；

(3) $\int_1^9\frac{\mathrm{d}x}{x(1+\sqrt{x})}$；　(4) $\int_1^2\frac{\mathrm{d}x}{(x^2-2x+4)^{3/2}}$.

【分析】 当被积函数中含有根式或者高次幂时,经常会通过整体代换或者三角函数代换的方式去掉根式或者实现降幂.

解 (1) $\int_0^{\frac{\pi}{2}}\frac{\sin x\cos x}{1+\sin^4 x}dx=\int_0^{\frac{\pi}{2}}\frac{\sin x\,d(\sin x)}{1+\sin^4 x}=\frac{1}{2}\int_0^{\frac{\pi}{2}}\frac{d(\sin^2 x)}{1+\sin^4 x}$

$$=\frac{1}{2}\arctan(\sin^2 x)\Big|_0^{\frac{\pi}{2}}=\frac{\pi}{8}.$$

为什么积分限没变?

(2) 令 $e^{-x}=\sin t$,则 $x=-\ln\sin t$, $dx=-\cot t\,dt$. 当 $x=0$ 时, $t=\frac{\pi}{2}$;

当 $x=\ln 2$ 时, $t=\frac{\pi}{6}$. 所以

$$\int_0^{\ln 2}\sqrt{1-e^{-2x}}\,dx=\int_{\frac{\pi}{2}}^{\frac{\pi}{6}}\cos t\cdot(-\cot t)\,dt=\int_{\frac{\pi}{6}}^{\frac{\pi}{2}}\frac{\cos^2 t}{\sin t}dt$$

$$=\int_{\frac{\pi}{6}}^{\frac{\pi}{2}}\frac{1}{\sin t}dt-\int_{\frac{\pi}{6}}^{\frac{\pi}{2}}\sin t\,dt=\ln|\csc t-\cot t|\,\Big|_{\frac{\pi}{6}}^{\frac{\pi}{2}}-\frac{\sqrt{3}}{2}=\ln(2+\sqrt{3})-\frac{\sqrt{3}}{2}.$$

(3) 令 $\sqrt{x}=t$,则 $x=t^2$, $dx=2t\,dt$. 当 $x=1$ 时, $t=1$;当 $x=9$ 时, $t=3$.

所以 $\int_1^9\frac{dx}{x(1+\sqrt{x})}=\int_1^3\frac{2t\,dt}{t^2(1+t)}=\int_1^3\frac{2dt}{t(1+t)}=2\int_1^3\left(\frac{1}{t}-\frac{1}{1+t}\right)dt=2\ln\frac{t}{1+t}\Big|_1^3=2\ln\frac{3}{2}.$

(4) $\int_1^2\frac{dx}{(x^2-2x+4)^{3/2}}=\int_1^2\frac{dx}{[(x-1)^2+3]^{3/2}}.$

令 $x-1=\sqrt{3}\tan t$, $dx=\sqrt{3}\sec^2 t\,dt$. 当 $x=1$ 时, $t=0$;当 $x=2$ 时, $t=\frac{\pi}{6}$.

所以原式 $=\int_0^{\frac{\pi}{6}}\frac{\sec^2 t\,dt}{(3\tan^2 t+3)^{\frac{3}{2}}}=\frac{1}{3}\int_0^{\frac{\pi}{6}}\cos t\,dt=\frac{1}{3}\sin t\Big|_0^{\frac{\pi}{6}}=\frac{1}{6}.$

【方法点击】 定积分的换元法应注意当积分变量改变时,积分限要同时改变,但如果像本题(1)只是用到换元的思想,积分变量并没有改变,则积分限不变;另外与不定积分的换元法不同的是,求出新的被积函数的原函数后,无须再回代原积分变量,直接使用牛顿-莱布尼兹公式即可.

基本题型Ⅱ:利用分部积分法求定积分

例 2 求下列定积分:

(1) $\int_0^{\frac{\pi}{4}}\frac{x}{1+\cos 2x}dx$; (2) $\int_0^1\frac{xe^x}{(1+x)^2}dx$;

(3) $\int_0^3\arcsin\sqrt{\frac{x}{1+x}}\,dx$; (4) $\int_1^e\sin(\ln x)\,dx$.

解 (1) $\int_0^{\frac{\pi}{4}}\frac{x}{1+\cos 2x}dx=\int_0^{\frac{\pi}{4}}\frac{x}{2\cos^2 x}dx=\frac{1}{2}\int_0^{\frac{\pi}{4}}x\sec^2 x\,dx=\frac{1}{2}\int_0^{\frac{\pi}{4}}x\,d(\tan x)$

$$=\frac{1}{2}x\tan x\Big|_0^{\frac{\pi}{4}}-\frac{1}{2}\int_0^{\frac{\pi}{4}}\tan x\,dx=\frac{\pi}{8}+\frac{1}{2}\ln(\cos x)\Big|_0^{\frac{\pi}{4}}$$

$$=\frac{\pi}{8}-\frac{1}{4}\ln 2.$$

(2) $\int_0^1 \frac{xe^x}{(1+x)^2}dx=\int_0^1 \frac{(x+1-1)e^x}{(1+x)^2}dx=\int_0^1 \frac{e^x}{1+x}dx-\int_0^1 \frac{e^x}{(1+x)^2}dx$

$$=\frac{e^x}{1+x}\Big|_0^1+\int_0^1 \frac{e^x}{(1+x)^2}dx-\int_0^1 \frac{e^x}{(1+x)^2}dx=\frac{e}{2}-1.$$

$u(x)$和$v(x)$的选择并不是唯一的，合理选择可以使计算更简便

另解：$\int_0^1 \frac{xe^x}{(1+x)^2}dx=-\int_0^1 xe^x d\left(\frac{1}{1+x}\right)=-\frac{xe^x}{1+x}\Big|_0^1+\int_0^1 e^x dx=\frac{e}{2}-1.$

(3) $\int_0^3 \arcsin\sqrt{\frac{x}{1+x}}dx=x\arcsin\sqrt{\frac{x}{1+x}}\Big|_0^3-\int_0^3 \frac{x}{2\sqrt{x}(1+x)}dx$

$$=\pi-\int_0^3 \frac{x}{2\sqrt{x}(1+x)}dx.$$

利用换元积分法，令 $\sqrt{x}=t, x=t^2, dx=2t\,dt$，可得

$$\int_0^3 \frac{x}{2\sqrt{x}(1+x)}dx=\int_0^{\sqrt{3}} \frac{1+t^2-1}{1+t^2}dt=[t-\arctan t]_0^{\sqrt{3}}=\sqrt{3}-\frac{\pi}{3}.$$

所以，原积分 $=\pi-\left(\sqrt{3}-\frac{\pi}{3}\right)=\frac{4}{3}\pi-\sqrt{3}$.

(4) $\int_1^e \sin(\ln x)dx=x\sin(\ln x)\big|_1^e-\int_1^e x\cos(\ln x)\cdot\frac{1}{x}dx=e\sin 1-\int_1^e \cos(\ln x)dx$

$$=e\sin 1-x\cos(\ln x)\big|_1^e-\int_1^e \sin(\ln x)dx$$

$$=e\sin 1-e\cos 1+1-\int_1^e \sin(\ln x)dx,$$

所以 $2\int_1^e \sin(\ln x)dx=e\sin 1-e\cos 1+1$，即原积分 $=\frac{1}{2}(e\sin 1-e\cos 1+1)$.

【方法点击】 在利用分部积分法时，合理选择 $u(x)$ 和 $v(x)$ 是关键，原则和不定积分下的分部积分类似；另外，在分部积分的过程中经常要结合换元积分法 .

基本题型Ⅲ：分段函数的定积分

例 3 计算下列定积分：

(1) 设 $f(x)=\begin{cases}\sqrt{x}, 0\leqslant x\leqslant 1,\\ e^{-x}, 1<x\leqslant 3,\end{cases}$，求 $\int_0^3 f(x)dx$ ；

(2) $\int_0^\pi \sqrt{\sin x-\sin^3 x}\,dx$ ；　　(3) $\int_{\frac{1}{e}}^e |\ln x|dx$.

解 (1) $\int_0^3 f(x)dx=\int_0^1 \sqrt{x}dx+\int_1^3 e^{-x}dx=\frac{2}{3}x^{\frac{3}{2}}\Big|_0^1-e^{-x}\big|_1^3=\frac{2}{3}+e^{-1}-e^{-3}.$

(2) $\int_0^\pi \sqrt{\sin x-\sin^3 x}\,dx=\int_0^\pi \sqrt{\sin x(1-\sin^2 x)}\,dx=\int_0^\pi \sqrt{\sin x}\,|\cos x|\,dx$

$$=\int_0^{\frac{\pi}{2}} \sqrt{\sin x}\cos x\,dx-\int_{\frac{\pi}{2}}^\pi \sqrt{\sin x}\cos x\,dx$$

$$=\int_0^{\frac{\pi}{2}} \sqrt{\sin x}\,d(\sin x)-\int_{\frac{\pi}{2}}^\pi \sqrt{\sin x}\,d(\sin x)$$

$$=\left[\frac{2}{3}\sin^{\frac{3}{2}}x\right]_0^{\frac{\pi}{2}}-\left[\frac{2}{3}\sin^{\frac{3}{2}}x\right]_{\frac{\pi}{2}}^{\pi}=\frac{4}{3}.$$

(3) $\int_{\frac{1}{e}}^{e}|\ln x|\mathrm{d}x=-\int_{\frac{1}{e}}^{1}\ln x\mathrm{d}x+\int_{1}^{e}\ln x\mathrm{d}x$，又由分部积分法得不定积分：

$$\int\ln x\mathrm{d}x=x\ln x-\int x\mathrm{d}(\ln x)=x(\ln x-1)+C,$$

所以原定积分$=[-x(\ln x-1)]\big|_{\frac{1}{e}}^{1}+[x(\ln x-1)]\big|_{1}^{e}=2-\frac{2}{e}.$

【方法点击】 被积函数是分段函数时，由于在不同区间上的表达式不同，需要应用定积分的区间可加性，将整个区间上的积分问题转化为求各分段区间上的积分之和；另外，被积函数带有绝对值符号的，也应该做类似的处理，去掉绝对值符号．

例 4 $\int_0^2 f(x-1)\mathrm{d}x$，其中 $f(x)=\begin{cases}e^{-x}, & x\geqslant 0,\\ 1+x^2, & x<0.\end{cases}$

解 令 $u=x-1$，则 $\mathrm{d}u=\mathrm{d}x$；且当 $x=0,u=-1$，当 $x=2,u=1$，则

$$\int_0^2 f(x-1)\mathrm{d}x=\int_{-1}^{1}f(u)\mathrm{d}u=\int_{-1}^{0}(1+u^2)\mathrm{d}u+\int_0^1 e^{-u}\mathrm{d}u=\frac{7}{3}-\frac{1}{e}.$$

【方法点击】 当被积函数是给定函数与某一简单函数复合而成的函数时，首先要通过变量替换将其化为给定函数的形式，再进行计算，同时一定要记住积分限作相应的改变．

基本题型Ⅳ：对称区间上的定积分

例 5 计算下列定积分：

(1) $\int_{-5}^{5}\frac{x^3\cos x}{x^6+4x^4-1}\mathrm{d}x$；(2) $\int_{-2}^{2}(xe^{-|x|}+3|x|)\mathrm{d}x$；(3) $\int_{-2}^{2}\min\left(x^2,\frac{1}{|x|}\right)\mathrm{d}x$．

【分析】 当积分区间对称时，首先考虑被积函数的奇偶性，如果是奇函数，则积分值为零；如果是偶函数，则积分值为半个对称区间上积分值的 2 倍，这样可以简化计算．

解 (1) 虽然函数 $\frac{x^3\cos x}{x^6+4x^4-1}$ 比较复杂，积分比较困难，但是由于积分区间对称，且该函数为奇函数，所以 $\int_{-5}^{5}\frac{x^3\cos x}{x^6+4x^4-1}\mathrm{d}x=0.$

(2) 因为 $xe^{-|x|}$ 为奇函数，$3|x|$ 是偶函数，且积分区间对称，所以

$$\int_{-2}^{2}(xe^{-|x|}+3|x|)\mathrm{d}x=\int_{-2}^{2}xe^{-|x|}\mathrm{d}x+\int_{-2}^{2}3|x|\mathrm{d}x=0+2\int_0^2 3x\mathrm{d}x=12.$$

(3) 因为 $\min\left(x^2,\frac{1}{|x|}\right)$ 是偶函数，且积分区间对称，所以

$$\int_{-2}^{2}\min\left(x^2,\frac{1}{|x|}\right)\mathrm{d}x=2\int_0^2\min\left(x^2,\frac{1}{x}\right)\mathrm{d}x=2\int_0^1 x^2\mathrm{d}x+2\int_1^2\frac{1}{x}\mathrm{d}x=2\left(\frac{1}{3}+\ln 2\right).$$

【方法点击】 利用定积分的对称性时，积分区间的对称性和被积函数的奇偶性缺一不可；如果被积函数的奇偶性不统一，如题(2)，可以拆分成几个积分，分别使用这一方法．

基本题型Ⅴ：周期函数的定积分

例 6 求 $\int_0^{100\pi}|\sin x|\mathrm{d}x$．

【分析】 因为 $|\sin x|$ 是以 π 为周期的周期函数，所以可以利用周期函数的积分性质简

化计算.

解　$\int_0^{100\pi}|\sin x|\mathrm{d}x=100\int_0^{\pi}|\sin x|\mathrm{d}x=100\int_0^{\pi}\sin x\mathrm{d}x=200.$

【方法点击】　当被积函数为周期为 T 的周期函数时,可利用积分公式 $\int_a^{a+nT}f(x)\mathrm{d}x=n\int_0^T f(x)\mathrm{d}x,n\in Z$ 进行简化.

3.4　习题 5-3 解答

1. 计算下列定积分:

(4) $\int_0^{\pi}(1-\sin^3\theta)\mathrm{d}\theta$;　(5) $\int_{\frac{\pi}{6}}^{\frac{\pi}{2}}\cos^2 u\mathrm{d}u$;　(6) $\int_0^{\sqrt{2}}\sqrt{2-x^2}\mathrm{d}x$;

(8) $\int_{\frac{1}{\sqrt{2}}}^{1}\frac{\sqrt{1-x^2}}{x^2}\mathrm{d}x$;　(10) $\int_1^{\sqrt{3}}\frac{\mathrm{d}x}{x^2\sqrt{1+x^2}}$;　(11) $\int_{-1}^{1}\frac{x\mathrm{d}x}{\sqrt{5-4x}}$;

(13) $\int_{\frac{3}{4}}^{1}\frac{\mathrm{d}x}{\sqrt{1-x}-1}$;　(14) $\int_0^{\sqrt{2}a}\frac{x\mathrm{d}x}{\sqrt{3a^2-x^2}}$;　(16) $\int_1^{e^2}\frac{\mathrm{d}x}{x\sqrt{1+\ln x}}$;

(18) $\int_0^2\frac{x\mathrm{d}x}{(x^2-2x+2)^2}$;　(21) $\int_{-\frac{1}{2}}^{\frac{1}{2}}\frac{(\arcsin x)^2}{\sqrt{1-x^2}}\mathrm{d}x$;　(22) $\int_{-5}^{5}\frac{x^3\sin^2 x}{x^4+2x^2+1}\mathrm{d}x$;

(24) $\int_{-\frac{\pi}{2}}^{\frac{\pi}{2}}\sqrt{\cos x-\cos^3 x}\,\mathrm{d}x$;　(25) $\int_0^{\pi}\sqrt{1+\cos 2x}\,\mathrm{d}x$.

解　(4) $\int_0^{\pi}(1-\sin^3\theta)\mathrm{d}\theta=\int_0^{\pi}\mathrm{d}\theta+\int_0^{\pi}\sin^2\theta\mathrm{d}(\cos\theta)=\theta\Big|_0^{\pi}+\int_0^{\pi}(1-\cos^2\theta)\mathrm{d}(\cos\theta)$

$$=\pi+\left(\cos\theta-\frac{1}{3}\cos^3\theta\right)\Big|_0^{\pi}=\pi-\frac{4}{3}.$$

(5) $\int_{\frac{\pi}{6}}^{\frac{\pi}{2}}\cos^2 u\mathrm{d}u=\frac{1}{2}\int_{\frac{\pi}{6}}^{\frac{\pi}{2}}(1+\cos 2u)\mathrm{d}u=\frac{1}{2}u\Big|_{\frac{\pi}{6}}^{\frac{\pi}{2}}+\frac{1}{4}\sin 2u\Big|_{\frac{\pi}{6}}^{\frac{\pi}{2}}$

$$=\frac{1}{2}\left(\frac{\pi}{2}-\frac{\pi}{6}\right)+\frac{1}{4}\left(\sin\pi-\sin\frac{\pi}{3}\right)=\frac{\pi}{6}-\frac{\sqrt{3}}{8}.$$

(6) $\int_0^{\sqrt{2}}\sqrt{2-x^2}\mathrm{d}x\ \underline{\underline{令\ x=\sqrt{2}\sin t}}\int_0^{\frac{\pi}{2}}\sqrt{2}\cos t\cdot\sqrt{2}\cos t\mathrm{d}t=\int_0^{\frac{\pi}{2}}(1+\cos 2t)\mathrm{d}t$

$$=\left(t+\frac{1}{2}\sin 2t\right)\Big|_0^{\frac{\pi}{2}}=\frac{\pi}{2}.$$

(8) $\int_{\frac{1}{\sqrt{2}}}^{1}\frac{\sqrt{1-x^2}}{x^2}\mathrm{d}x\ \underline{\underline{令\ x=\sin t}}\int_{\frac{\pi}{4}}^{\frac{\pi}{2}}\frac{\cos t}{\sin^2 t}\cdot\cos t\mathrm{d}t=\int_{\frac{\pi}{4}}^{\frac{\pi}{2}}\left(\frac{1}{\sin^2 t}-1\right)\mathrm{d}t=(-\cot t-t)\Big|_{\frac{\pi}{4}}^{\frac{\pi}{2}}=1-\frac{\pi}{4}.$

(10) $\int_1^{\sqrt{3}}\frac{\mathrm{d}x}{x^2\sqrt{1+x^2}}\ \underline{\underline{令\ x=\tan t}}\int_{\frac{\pi}{4}}^{\frac{\pi}{3}}\frac{1}{\tan^2 t\cdot\sec t}\cdot\sec^2 t\mathrm{d}t$

$$=\int_{\frac{\pi}{4}}^{\frac{\pi}{3}}\frac{\cos t}{\sin^2 t}\mathrm{d}t=-\frac{1}{\sin t}\Big|_{\frac{\pi}{4}}^{\frac{\pi}{3}}=\sqrt{2}-\frac{2\sqrt{3}}{3}.$$

(11) $\int_{-1}^{1}\frac{x\mathrm{d}x}{\sqrt{5-4x}}\ \underline{\underline{令\sqrt{5-4x}=u}}\ \frac{1}{8}\int_3^1(5-u^2)\mathrm{d}u=-\frac{1}{8}\left(5u-\frac{1}{3}u^3\right)\Big|_3^1=\frac{1}{6}.$

(13) $\int_{\frac{3}{4}}^{1}\frac{\mathrm{d}x}{\sqrt{1-x}-1}\ \underline{\underline{令\sqrt{1-x}=u}}\int_{\frac{1}{2}}^{0}\frac{1}{u-1}\cdot(-2u)\mathrm{d}u=2\int_0^{\frac{1}{2}}\left(1+\frac{1}{u-1}\right)\mathrm{d}u$

$$=2(u+\ln|u-1|)\Big|_0^{\frac{1}{2}}=1-2\ln 2.$$

(14) $\displaystyle\int_0^{\sqrt{2}a}\frac{x\mathrm{d}x}{\sqrt{3a^2-x^2}}=-\frac{1}{2}\int_0^{\sqrt{2}a}\frac{1}{\sqrt{3a^2-x^2}}\mathrm{d}(3a^2-x^2)=-\sqrt{3a^2-x^2}\Big|_0^{\sqrt{2}a}=a(\sqrt{3}-1)$.

(16) $\displaystyle\int_1^{e^2}\frac{\mathrm{d}x}{x\sqrt{1+\ln x}}=\int_1^{e^2}\frac{1}{\sqrt{1+\ln x}}\mathrm{d}(\ln x)=2\sqrt{1+\ln x}\Big|_1^{e^2}=2(\sqrt{3}-1)$.

(18) $\displaystyle\int_0^2\frac{x\mathrm{d}x}{(x^2-2x+2)^2}=\int_0^2\frac{x\mathrm{d}x}{[(x-1)^2+1]^2}\xlongequal{\text{令 } x=1+\tan u}\int_{-\frac{\pi}{4}}^{\frac{\pi}{4}}\frac{\sec^2u(1+\tan u)}{\sec^4u}\mathrm{d}u$

$$=2\int_0^{\frac{\pi}{4}}\cos^2u\,\mathrm{d}u+0=2\int_0^{\frac{\pi}{4}}\frac{1+\cos 2u}{2}\mathrm{d}u=\frac{\pi}{4}+\frac{1}{2}.$$

(21) $\displaystyle\int_{-\frac{1}{2}}^{\frac{1}{2}}\frac{(\arcsin x)^2}{\sqrt{1-x^2}}\mathrm{d}x=2\int_0^{\frac{1}{2}}\frac{(\arcsin x)^2}{\sqrt{1-x^2}}\mathrm{d}x=2\int_0^{\frac{1}{2}}(\arcsin x)^2\mathrm{d}(\arcsin x)$

$$=\frac{2}{3}(\arcsin x)^3\Big|_0^{\frac{1}{2}}=\frac{\pi^3}{324}.$$

(22) 因为函数 $\dfrac{x^3\sin^2x}{x^4+2x^2+1}$ 是奇函数,所以 $\displaystyle\int_{-5}^{5}\frac{x^3\sin^2x}{x^4+2x^2+1}\mathrm{d}x=0$.

(24) $\displaystyle\int_{-\frac{\pi}{2}}^{\frac{\pi}{2}}\sqrt{\cos x-\cos^3x}\,\mathrm{d}x=\int_{-\frac{\pi}{2}}^{\frac{\pi}{2}}\sqrt{\cos x}\cdot\sqrt{1-\cos^2x}\,\mathrm{d}x$

$$=\int_{-\frac{\pi}{2}}^{0}\sqrt{\cos x}(-\sin x)\mathrm{d}x+\int_0^{\frac{\pi}{2}}\sqrt{\cos x}\sin x\,\mathrm{d}x$$

$$=\frac{2}{3}\cos^{\frac{3}{2}}x\Big|_{-\frac{\pi}{2}}^{0}-\frac{2}{3}\cos^{\frac{3}{2}}x\Big|_0^{\frac{\pi}{2}}=\frac{4}{3}.$$

(25) $\displaystyle\int_0^{\pi}\sqrt{1+\cos 2x}\,\mathrm{d}x=\sqrt{2}\int_0^{\pi}|\cos x|\mathrm{d}x=\sqrt{2}\sin x\Big|_0^{\frac{\pi}{2}}-\sqrt{2}\sin x\Big|_{\frac{\pi}{2}}^{\pi}=2\sqrt{2}$.

3. 证明:$\displaystyle\int_x^1\frac{\mathrm{d}t}{1+t^2}=\int_1^{\frac{1}{x}}\frac{\mathrm{d}t}{1+t^2}\quad(x>0)$.

证 令 $t=\dfrac{1}{u}$,则 $\mathrm{d}t=-\dfrac{1}{u^2}\mathrm{d}u$,

左式 $\displaystyle=-\int_{\frac{1}{x}}^{1}\frac{\mathrm{d}u}{u^2\left(1+\frac{1}{u^2}\right)}=\int_1^{\frac{1}{x}}\frac{\mathrm{d}u}{1+u^2}=$ 右式.

4. 证明:$\displaystyle\int_0^1x^m(1-x)^n\mathrm{d}x=\int_0^1x^n(1-x)^m\mathrm{d}x\quad(m,n\in\mathbf{N})$.

证 令 $t=1-x$,则

左边 $\displaystyle=\int_0^1x^m(1-x)^n\mathrm{d}x=\int_1^0t^n(1-t)^m(-\mathrm{d}t)=\int_0^1t^n(1-t)^m\mathrm{d}t=$ 右边.

6. 若 $f(t)$ 是连续的奇函数,证明 $\displaystyle\int_0^xf(t)\mathrm{d}t$ 是偶函数;若 $f(t)$ 是连续的偶函数,证明 $\displaystyle\int_0^xf(t)\mathrm{d}t$ 是奇函数.

证 (1) 设 $f(-t)=-f(t)$,记 $F(x)=\displaystyle\int_0^xf(t)\mathrm{d}t$,则

$$F(-x)=\int_0^{-x}f(t)\mathrm{d}t \underline{\underline{令 t=-u}} \int_0^{x}f(-u)\mathrm{d}(-u)=\int_0^{x}f(t)\mathrm{d}t=F(x),$$

所以 $\int_0^x f(t)\mathrm{d}t$ 是偶函数；

(2) 再设 $f(-t)=f(t)$，记 $F(x)=\int_0^x f(t)\mathrm{d}t$，则

$$F(-x)=\int_0^{-x}f(t)\mathrm{d}t \underline{\underline{t=-u}} \int_0^{x}f(-u)\mathrm{d}(-u)=-\int_0^{x}f(t)\mathrm{d}t=-F(x),$$

所以 $\int_0^x f(t)\mathrm{d}t$ 是奇函数．

7. 计算下列定积分：

(1) $\int_0^1 x\mathrm{e}^{-x}\mathrm{d}x$；　(2) $\int_1^{\mathrm{e}} x\ln x\,\mathrm{d}x$；　(3) $\int_0^{\frac{2\pi}{\omega}} t\sin\omega t\,\mathrm{d}t$（$\omega$ 为常数）；

(4) $\int_{\frac{\pi}{4}}^{\frac{\pi}{3}} \frac{x}{\sin^2 x}\mathrm{d}x$；　(5) $\int_1^4 \frac{\ln x}{\sqrt{x}}\mathrm{d}x$；　(6) $\int_0^1 x\arctan x\,\mathrm{d}x$；

(7) $\int_0^{\frac{\pi}{2}} \mathrm{e}^{2x}\cos x\,\mathrm{d}x$；　(11) $\int_{\frac{1}{\mathrm{e}}}^{\mathrm{e}} |\ln x|\,\mathrm{d}x$；　(12) $\int_0^1 (1-x^2)^{\frac{m}{2}}\mathrm{d}x\,(m\in N^+)$；

(13) $J_m=\int_0^{\pi} x\sin^m x\,\mathrm{d}x\,(m\in N^+)$．

解　(1) $\int_0^1 x\mathrm{e}^{-x}\mathrm{d}x=-\int_0^1 x\mathrm{d}\mathrm{e}^{-x}=-x\mathrm{e}^{-x}\Big|_0^1+\int_0^1\mathrm{e}^{-x}\mathrm{d}x=-\mathrm{e}^{-1}-\mathrm{e}^{-x}\Big|_0^1=1-2\mathrm{e}^{-1}$．

(2) $\int_1^{\mathrm{e}} x\ln x\mathrm{d}x=\frac{1}{2}\int_1^{\mathrm{e}}\ln x\mathrm{d}x^2=\frac{1}{2}x^2\ln x\Big|_1^{\mathrm{e}}-\frac{1}{2}\int_0^{\mathrm{e}}x^2\cdot\frac{1}{x}\mathrm{d}x=\frac{1}{2}\mathrm{e}^2-\frac{1}{4}x^2\Big|_1^{\mathrm{e}}=\frac{1}{4}(\mathrm{e}^2+1)$．

(3)
$$\begin{aligned}\int_0^{\frac{2\pi}{\omega}} t\sin\omega t\,\mathrm{d}t&=-\frac{1}{\omega}\int_0^{\frac{2\pi}{\omega}}t\,\mathrm{d}(\cos\omega t)=-\frac{1}{\omega}t\cos\omega t\Big|_0^{\frac{2\pi}{\omega}}+\frac{1}{\omega}\int_0^{\frac{2\pi}{\omega}}\cos\omega t\,\mathrm{d}t\\&=-\frac{2\pi}{\omega^2}+\frac{1}{\omega^2}\sin\omega t\Big|_0^{\frac{2\pi}{\omega}}=-\frac{2\pi}{\omega^2}.\end{aligned}$$

(4)
$$\begin{aligned}\int_{\frac{\pi}{4}}^{\frac{\pi}{3}}\frac{x}{\sin^2x}\mathrm{d}x&=-\int_{\frac{\pi}{4}}^{\frac{\pi}{3}}x\,\mathrm{d}(\cot x)=-x\cot x\Big|_{\frac{\pi}{4}}^{\frac{\pi}{3}}+\int_{\frac{\pi}{4}}^{\frac{\pi}{3}}\cot x\,\mathrm{d}x=-\frac{\pi}{3}\cdot\frac{1}{\sqrt{3}}+\frac{\pi}{4}+\ln\sin x\Big|_{\frac{\pi}{4}}^{\frac{\pi}{3}}\\&=\left(\frac{1}{4}-\frac{\sqrt{3}}{9}\right)\pi+\frac{1}{2}\ln\frac{3}{2}.\end{aligned}$$

(5)
$$\begin{aligned}\int_1^4\frac{\ln x}{\sqrt{x}}\mathrm{d}x&=2\int_1^4\ln x\,\mathrm{d}\sqrt{x}=2\sqrt{x}\ln x\Big|_1^4-2\int_1^4\sqrt{x}\cdot\frac{1}{x}\mathrm{d}x\\&=8\ln2-2\int_1^4\frac{1}{\sqrt{x}}\mathrm{d}x=8\ln2-4\sqrt{x}\Big|_1^4=4(2\ln2-1).\end{aligned}$$

(6)
$$\begin{aligned}\int_0^1 x\arctan x\,\mathrm{d}x&=\frac{1}{2}\int_0^1\arctan x\,\mathrm{d}x^2=\frac{1}{2}x^2\arctan x\Big|_0^1-\frac{1}{2}\int_0^1x^2\cdot\frac{1}{1+x^2}\mathrm{d}x\\&=\frac{\pi}{8}-\frac{1}{2}\int_0^1\left(1-\frac{1}{1+x^2}\right)\mathrm{d}x=\frac{\pi}{8}-\frac{1}{2}(x-\arctan x)\Big|_0^1\\&=\frac{\pi}{8}-\frac{1}{2}\left(1-\frac{\pi}{4}\right)=\frac{\pi}{4}-\frac{1}{2}.\end{aligned}$$

(7) $\int_0^{\frac{\pi}{2}} e^{2x}\cos x\,dx=\int_0^{\frac{\pi}{2}} e^{2x}\,d(\sin x)=e^{2x}\sin x\Big|_0^{\frac{\pi}{2}}-2\int_0^{\frac{\pi}{2}} e^{2x}\sin x\,dx$

$$=e^{\pi}+2\int_0^{\frac{\pi}{2}} e^{2x}\,d(\cos x)=e^{\pi}+2e^{2x}\cos x\Big|_0^{\frac{\pi}{2}}-4\int_0^{\frac{\pi}{2}} e^{2x}\cos x\,dx$$

$$=e^{\pi}+2-4\int_0^{\frac{\pi}{2}} e^{2x}\cos x\,dx,$$

所以
$$\int_0^{\frac{\pi}{2}} e^{2x}\cos x\,dx=\frac{1}{5}(e^{\pi}-2).$$

(11) $\int_{\frac{1}{e}}^{e}|\ln x|\,dx=-\int_{\frac{1}{e}}^{1}\ln x\,dx+\int_1^{e}\ln x\,dx=-x\ln x\Big|_{\frac{1}{e}}^{1}+x\ln x\Big|_1^{e}+\int_{\frac{1}{e}}^{1}dx-\int_1^{e}dx$

$$=-\frac{1}{e}+e+\left(1-\frac{1}{e}\right)-(e-1)=2\left(1-\frac{1}{e}\right).$$

(12) 令 $x=\sin t$,则 $dx=\cos t\,dt$,

$$\int_0^1 (1-x^2)^{\frac{m}{2}}\,dx=\int_0^{\frac{\pi}{2}} (\cos^2 t)^{\frac{m}{2}}\cos t\,dt=\int_0^{\frac{\pi}{2}} \cos^{m+1} t\,dt$$

$$=\begin{cases}\dfrac{1\times 3\times\cdots\times m}{2\times 4\times\cdots\times(m+1)}\times\dfrac{\pi}{2}, & m\text{ 为奇数},\\[2ex] \dfrac{2\times 4\times\cdots\times m}{1\times 3\times\cdots\times(m+1)}, & m\text{ 为偶数}.\end{cases}$$

(13) 由公式 $\int_0^{\pi} xf(\sin x)\,dx=\frac{\pi}{2}\int_0^{\pi} f(\sin x)\,dx$,可得

$$J_m=\int_0^{\pi} x\sin^m x\,dx=\frac{\pi}{2}\int_0^{\pi}\sin^m x\,dx$$

$$=\pi\int_0^{\frac{\pi}{2}}\sin^m x\,dx$$

$$=\begin{cases}\dfrac{1\times 3\times\cdots\times(m-1)}{2\times 4\times\cdots\times m}\times\dfrac{\pi^2}{2}, & m\text{ 为偶数},\\[2ex] \dfrac{2\times 4\times\cdots\times(m-1)}{1\times 3\times\cdots\times m}\times\pi, & m>1\text{ 为奇数},\end{cases}$$

$$J_1=\pi.$$

第四节　反常积分

4.1　学习目标

理解两类反常积分的概念,能用反常积分的收敛定义讨论某些简单的反常积分的收敛性,掌握计算简单的反常积分的方法.

4.2　内容提要

1. 无穷限的反常积分

(1) 若函数 $f(x)$ 在区间 $[a,+\infty)$ 上连续,则 $\int_a^{+\infty} f(x)\,dx=\lim\limits_{t\to+\infty}\int_a^{t} f(x)\,dx$;

(2) 若函数 $f(x)$ 在区间 $(-\infty,b]$ 上连续，则 $\int_{-\infty}^{b} f(x)\mathrm{d}x=\lim\limits_{t\to-\infty}\int_{t}^{b} f(x)\mathrm{d}x$ ；

(3) 若函数 $f(x)$ 在区间 $(-\infty,+\infty)$ 上连续，则

$$\int_{-\infty}^{+\infty} f(x)\mathrm{d}x=\lim_{t\to-\infty}\int_{t}^{0} f(x)\mathrm{d}x+\lim_{t\to+\infty}\int_{0}^{t} f(x)\mathrm{d}x .$$

上述各式右边的极限存在，则称无穷区间上该反常积分收敛；否则称其发散．

【注意】 通过求 $\lim\limits_{A\to+\infty}\int_{-A}^{A} f(x)\mathrm{d}x$ 来确定反常积分 $\int_{-\infty}^{+\infty} f(x)\mathrm{d}x$ 的收敛性的方法是错误的.

2. 无界函数的反常积分(瑕积分)

(1) 设函数 $f(x)$ 在区间 $[a,b)$ 上连续，$x=b$ 是 $f(x)$ 的瑕点，取 $t<b$ ，则有

$$\int_{a}^{b} f(x)\mathrm{d}x=\lim_{t\to b-}\int_{a}^{t} f(x)\mathrm{d}x ;$$

(2) 设函数 $f(x)$ 在区间 $(a,b]$ 上连续，$x=a$ 是 $f(x)$ 的瑕点，取 $t>a$ ，则有

$$\int_{a}^{b} f(x)\mathrm{d}x=\lim_{t\to a+}\int_{t}^{b} f(x)\mathrm{d}x ;$$

(3) 设函数 $f(x)$ 在区间 $[a,c)$ 和 $(c,b]$ 上连续，$x=c$ 是 $f(x)$ 的瑕点($a<c<b$)，

$$\int_{a}^{b} f(x)\mathrm{d}x=\int_{a}^{c} f(x)\mathrm{d}x+\int_{c}^{b} f(x)\mathrm{d}x=\lim_{t\to c-}\int_{a}^{t} f(x)\mathrm{d}x+\lim_{t\to c+}\int_{t}^{b} f(x)\mathrm{d}x .$$

上述各式右边的极限存在，则称该无界函数的反常积分收敛；否则称其发散．

【注意】 上述各式右边的极限有一个不存在，则反常积分发散．

4.3　典型例题与方法

基本题型Ⅰ:无穷限的反常积分

例 1　计算下列反常积分：

(1) $\int_{1}^{+\infty}\dfrac{\mathrm{d}x}{x(x^{2}+1)}$ ；　　(2) $\int_{1}^{+\infty}\dfrac{\mathrm{d}x}{\mathrm{e}^{x}+\mathrm{e}^{2-x}}$ ；

(3) $\int_{0}^{+\infty}\mathrm{e}^{-2x}\sin x\mathrm{d}x$ ；　　(4) $\int_{0}^{+\infty}\dfrac{\mathrm{d}x}{x^{2}+4x+8}$.

【分析】 上述四题均属无穷限的反常积分，计算此类积分的方法为首先用常义积分的方法求出原函数，然后代入上下限即可．代无穷限时，注意实际是计算极限．

解　(1) $\int_{1}^{+\infty}\dfrac{\mathrm{d}x}{x(x^{2}+1)}=\int_{1}^{+\infty}\left(\dfrac{1}{x}-\dfrac{x}{x^{2}+1}\right)\mathrm{d}x=\left[\ln x-\dfrac{1}{2}\ln(x^{2}+1)\right]_{1}^{+\infty}=\dfrac{1}{2}\ln 2.$

(2)
$$\int_{1}^{+\infty}\frac{\mathrm{d}x}{\mathrm{e}^{x}+\mathrm{e}^{2-x}}=\int_{1}^{+\infty}\frac{\mathrm{e}^{x}\mathrm{d}x}{\mathrm{e}^{2x}+\mathrm{e}^{2}}=\int_{1}^{+\infty}\frac{\mathrm{d}\mathrm{e}^{x}}{\mathrm{e}^{2x}+\mathrm{e}^{2}}$$
$$=\frac{1}{\mathrm{e}}\arctan\frac{\mathrm{e}^{x}}{\mathrm{e}}\Big|_{1}^{+\infty}=\frac{1}{\mathrm{e}}\left(\frac{\pi}{2}-\frac{\pi}{4}\right)=\frac{\pi}{4\mathrm{e}} .$$

(3) 令 $I=\int_{0}^{+\infty}\mathrm{e}^{-2x}\sin x\mathrm{d}x$ ，则

$$I=-\int_{0}^{+\infty}\mathrm{e}^{-2x}\mathrm{d}(\cos x)=-\mathrm{e}^{-2x}\cos x\Big|_{0}^{+\infty}-2\int_{0}^{+\infty}\mathrm{e}^{-2x}\cos x\mathrm{d}x=1-2\int_{0}^{+\infty}\mathrm{e}^{-2x}\mathrm{d}(\sin x)$$

$$=1-2e^{-2x}\sin x\Big|_0^{+\infty}-4\int_0^{+\infty}e^{-2x}\sin x\,dx=1-4I,$$

利用分部积分得到关系式

移项得 $5I=1$,所以 $I=\dfrac{1}{5}$.

(4) $$\int_0^{+\infty}\frac{dx}{x^2+4x+8}=\int_0^{+\infty}\frac{dx}{(x+2)^2+2^2}=\int_0^{+\infty}\frac{d(x+2)}{(x+2)^2+2^2}$$

$$=\frac{1}{2}\arctan\frac{x+2}{2}\Big|_0^{+\infty}=\frac{1}{2}\left(\frac{\pi}{2}-\frac{\pi}{4}\right)=\frac{\pi}{8}.$$

【方法点击】 反常积分的计算方法是先转化为定积分的计算,再求极限.因此在其收敛时,与常义积分具有相同的性质和积分方法,如换元法、分部积分法及牛顿-莱布尼兹公式等都适用.

基本题型Ⅱ:无界函数的反常积分(瑕积分)

例 2 在计算反常积分 $\int_0^1\frac{x^2dx}{\sqrt{1-x^2}}$ 时使用换元法,即令 $x=\sin t$,得

$\int_0^1\frac{x^2dx}{\sqrt{1-x^2}}=\int_0^{\frac{\pi}{2}}\sin^2t\,dt=\frac{\pi}{4}$,这样的做法是否正确?为什么?

解 这样的做法正确.事实上,令 $x=\sin t$,则

$$\int_0^1\frac{x^2dx}{\sqrt{1-x^2}}=\lim_{A\to1^-}\int_0^A\frac{x^2dx}{\sqrt{1-x^2}}\xlongequal{x=\sin t}\lim_{A\to1^-}\int_0^{\arcsin A}\sin^2t\,dt=\int_0^{\frac{\pi}{2}}\sin^2t\,dt=\frac{\pi}{4}.$$

【方法点击】 本例中的做法只不过是略去了取极限的中间步骤,因此在计算反常积分时可以使用类似定积分计算中使用的换元法和分部积分法,但在使用时要注意验证所涉及的极限的存在性.

例 3 计算 $\int_1^2\frac{x}{\sqrt{x-1}}dx$.

【分析】 该积分从形式上看好像是一个定积分,但其中 $x=1$ 为瑕点,所以是一个瑕积分.

解 因为 $x=1$ 为瑕点,所以

$$\int_1^2\frac{x}{\sqrt{x-1}}dx=\lim_{a\to1^+}\int_a^2\frac{x-1+1}{\sqrt{x-1}}dx=\lim_{a\to1^+}\int_a^2\left(\sqrt{x-1}+\frac{1}{\sqrt{x-1}}\right)d(x-1)$$

$$=\lim_{a\to1^+}\left[\frac{2}{3}(x-1)^{\frac{3}{2}}\Big|_a^2+2(x-1)^{\frac{1}{2}}\Big|_a^2\right]=\frac{8}{3}.$$

基本题型Ⅲ:混合型反常积分

例 4 判断反常积分 $\int_1^{+\infty}\frac{1}{x\sqrt{x-1}}dx$ 是否收敛.

【分析】 因为积分区间无穷,$x=1$ 又是被积函数的瑕点,所以该积分为混合型(既有无界积分又有无穷积分).此类型积分,要先进行分解,分解为多个单一类型的反常积分,再逐个计算或判断.

解 $\int_1^{+\infty}\frac{1}{x\sqrt{x-1}}dx=\int_1^2\frac{1}{x\sqrt{x-1}}dx+\int_2^{+\infty}\frac{1}{x\sqrt{x-1}}dx$,令 $\sqrt{x-1}=t$,则

原式 $=\int_0^1\frac{2t\,dt}{(t^2+1)t}+\int_2^{+\infty}\frac{2t\,dt}{(t^2+1)t}=2\arctan t\Big|_0^1+2\arctan t\Big|_1^{+\infty}=\pi$.

所以该反常积分收敛．

【方法点击】 反常积分敛散性的判别可以用定义，也可以用下一节的准则来判断．而该题是将积分值计算出来说明积分是收敛的．这也是一种判别法，但通常只适用于收敛积分且比较特殊易求的积分．

4.4　习题 5-4 解答

1. 判定下列各反常积分的收敛性，如果收敛，计算反常积分的值．

(2) $\int_1^{+\infty}\frac{dx}{\sqrt{x}}$；　　(3) $\int_0^{+\infty}e^{-ax}dx$；

(4) $\int_0^{+\infty}\frac{dx}{(1+x)(1+x^2)}$；　　(5) $\int_0^{+\infty}e^{-pt}\sin\omega t\,dt\,(p>0,\omega>0)$；

(6) $\int_{-\infty}^{+\infty}\frac{dx}{x^2+2x+2}$；　　(7) $\int_0^1\frac{x\,dx}{\sqrt{1-x^2}}$；

(8) $\int_0^2\frac{dx}{(1-x)^2}$；　　(10) $\int_1^e\frac{dx}{x\sqrt{1-(\ln x)^2}}$．

解　(2) 因为 $\int_1^{+\infty}\frac{dx}{\sqrt{x}}=2\sqrt{x}\Big|_1^{+\infty}=\lim\limits_{x\to+\infty}2\sqrt{x}-2=+\infty$，所以反常积分 $\int_1^{+\infty}\frac{dx}{\sqrt{x}}$ 发散．

(3) 因为 $\int_0^{+\infty}e^{-ax}dx=-\frac{1}{a}e^{-ax}\Big|_0^{+\infty}=\lim\limits_{x\to+\infty}\left(-\frac{1}{a}e^{-ax}\right)+\frac{1}{a}=\frac{1}{a}$，

所以反常积分 $\int_0^{+\infty}e^{-ax}dx$ 收敛，且 $\int_0^{+\infty}e^{-ax}dx=\frac{1}{a}$．

(4) 因为
$$\begin{aligned}\int_0^{+\infty}\frac{dx}{(1+x)(1+x^2)}&=\frac{1}{2}\left[\int_0^{+\infty}\frac{dx}{1+x}+\int_0^{+\infty}\frac{(1-x)dx}{1+x^2}\right]\\&=\frac{1}{2}\left[\ln(1+x)+\arctan x-\frac{1}{2}\ln(1+x^2)\right]_0^{+\infty}\\&=\frac{1}{2}\left[\ln\frac{(1+x)}{\sqrt{1+x^2}}+\arctan x\right]_0^{+\infty}=\frac{\pi}{4},\end{aligned}$$

所以原积分收敛且积分值为 $\frac{\pi}{4}$．

$$\begin{aligned}(5)\ \int_0^{+\infty}e^{-pt}\sin\omega t\,dt&=-\frac{1}{\omega}\int_0^{+\infty}e^{-pt}d(\cos\omega t)\\&=-\frac{1}{\omega}e^{-pt}\cos\omega t\Big|_0^{+\infty}+\frac{1}{\omega}\int_0^{+\infty}\cos\omega t\cdot(-pe^{-pt})dt\\&=\frac{1}{\omega}-\frac{p}{\omega^2}\int_0^{+\infty}e^{-pt}d(\sin\omega t)\\&=\frac{1}{\omega}-\frac{p}{\omega^2}e^{-pt}\sin\omega t\Big|_0^{+\infty}+\frac{p}{\omega^2}\int_0^{+\infty}\sin\omega t\cdot(-pe^{-pt})dt\\&=\frac{1}{\omega}-\frac{p^2}{\omega^2}\int_0^{+\infty}e^{-pt}\sin\omega t\,dt,\end{aligned}$$

所以　$\int_0^{+\infty}e^{-pt}\sin\omega t\,dt=\frac{\omega}{p^2+w^2}$．

(6) $\int_{-\infty}^{+\infty}\frac{dx}{x^2+2x+2}=\int_{-\infty}^{+\infty}\frac{dx}{1+(x+1)^2}=\arctan(x+1)\Big|_{-\infty}^{+\infty}=\frac{\pi}{2}-\left(-\frac{\pi}{2}\right)=\pi$,所以反常积分收敛.

(7) 这是无界函数的反常积分,$x=1$ 是被积函数的瑕点.

$$\int_0^1\frac{x}{\sqrt{1-x^2}}dx=-\sqrt{1-x^2}\Big|_0^1=\lim_{x\to1^-}(-\sqrt{1-x^2})+1=1.$$

所以原积分收敛,且积分值为 1.

(8) 这是无界函数的反常积分,$x=1$ 是被积函数的瑕点.因为

$$\int_0^2\frac{dx}{(1-x)^2}=\int_0^1\frac{dx}{(1-x)^2}+\int_1^2\frac{dx}{(1-x)^2},$$

而 $$\int_0^1\frac{dx}{(1-x)^2}=\frac{1}{1-x}\Big|_0^1=\lim_{x\to1^-}\frac{1}{1-x}-1=+\infty,$$

所以反常积分 $\int_0^2\frac{dx}{(1-x)^2}$ 发散.

(10) 这是无界函数的反常积分,$x=e$ 是被积函数的瑕点.

$$\int_1^e\frac{dx}{x\sqrt{1-(\ln x)^2}}=\int_1^e\frac{1}{\sqrt{1-(\ln x)^2}}d(\ln x)=\arcsin(\ln x)\Big|_1^e=\lim_{x\to e^-}\arcsin(\ln x)=\frac{\pi}{2},$$

所以原积分收敛,且积分值为 $\frac{\pi}{2}$.

2. 当 k 为何值时,反常积分 $\int_2^{+\infty}\frac{dx}{x(\ln x)^k}$ 收敛?当 k 为何值时,该反常积分发散?又当 k 为何值时,这个反常积分取得最小值?

解 $\int\frac{dx}{x(\ln x)^k}=\int\frac{d(\ln x)}{(\ln x)^k}=\frac{1}{1-k}\cdot\frac{1}{(\ln x)^{k-1}}+C(k\neq1).$

当 $k=1$ 时,$\int\frac{dx}{x\ln x}=\int\frac{d(\ln x)}{\ln x}=\ln(\ln x)+C$.

所以 $$\int_2^{+\infty}\frac{dx}{x(\ln x)^k}=\begin{cases}\ln(\ln x)\Big|_2^{+\infty}, & k=1,\\ \frac{1}{1-k}\cdot\frac{1}{(\ln x)^{k-1}}\Big|_2^{+\infty}, & k\neq1.\end{cases}$$

(1) 当 $k=1$ 时,原式 $=+\infty$,反常积分发散;

(2) 当 $k<1$ 时,原式 $=+\infty$,反常积分发散;

(3) 当 $k>1$ 时,原式 $=\frac{1}{1-k}\cdot\frac{1}{(\ln x)^{k-1}}\Big|_2^{+\infty}=\frac{1}{k-1}\cdot\frac{1}{(\ln2)^{k-1}}$,反常积分收敛.

记 $f(k)=\frac{1}{k-1}\cdot\frac{1}{(\ln2)^{k-1}}$,令 $f'(k)=0$,解之得 $k=1-\frac{1}{\ln\ln2}$ 为唯一驻点.

当 $k<1-\frac{1}{\ln(\ln2)}$ 时,$f'(k)<0$;当 $k>1-\frac{1}{\ln(\ln2)}$ 时,$f'(k)>0$.

所以唯一驻点 $k=1-\frac{1}{\ln(\ln2)}$ 为极小值点.

3. 利用递推公式计算反常积分 $I_n=\int_0^{+\infty}x^n\mathrm{e}^{-x}\mathrm{d}x$.

解　$I_n=-\int_0^{+\infty}x^n\mathrm{d}(\mathrm{e}^{-x})=-x^n\mathrm{e}^{-x}\Big|_0^{+\infty}+n\int_0^{+\infty}x^{n-1}\mathrm{e}^{-x}\mathrm{d}x=0+nI_{n-1}=nI_{n-1}$,而

$$I_1=\int_0^{+\infty}x\mathrm{e}^{-x}\mathrm{d}x=-x\mathrm{e}^{-x}\Big|_0^{+\infty}+n\int_0^{+\infty}\mathrm{e}^{-x}\mathrm{d}x=1,$$

所以　$I_n=nI_{n-1}=n(n-1)I_{n-2}=\cdots=n(n-1)\cdots2\cdot1\cdot I_1=n(n-1)\cdots2\cdot1.$

第五节　反常积分的审敛法 Γ 函数

5.1　学习目标

掌握两类反常积分的审敛法,了解 Γ 函数的定义、图形及性质 .

5.2　内容提要

1. 无穷限反常积分的审敛法

(1) 定义

设函数 $f(x)$ 在区间 $[a,+\infty)$ 上连续,且 $f(x)\geqslant0$,若函数 $F(x)=\int_a^x f(t)\mathrm{d}t$ 在 $[a,+\infty)$ 上有界,则反常积分 $\int_a^{+\infty}f(x)\mathrm{d}x$ 收敛 .

(2) 比较审敛法

设函数 $f(x),\varphi(x)$ 在区间 $[a,+\infty)$ 上连续,若 $\exists B$,当 $x\geqslant B$ 时, $0\leqslant f(x)\leqslant\varphi(x)$,则由 $\int_a^{+\infty}\varphi(x)\mathrm{d}x$ 收敛 $\Rightarrow\int_a^{+\infty}f(x)\mathrm{d}x$ 收敛,由 $\int_a^{+\infty}f(x)\mathrm{d}x$ 发散 $\Rightarrow\int_a^{+\infty}\varphi(x)\mathrm{d}x$ 发散.

(3) 极限审敛法

设函数 $f(x)$ 在区间 $[a,+\infty)(a>0)$ 上连续且 $f(x)\geqslant0$,若存在 p 且 $p>1$,使得 $\lim\limits_{x\to+\infty}x^pf(x)$ 存在,则 $\int_a^{+\infty}f(x)\mathrm{d}x$ 收敛;若 $\lim\limits_{x\to+\infty}xf(x)=d>0$(或 $\lim\limits_{x\to+\infty}xf(x)=+\infty$),则 $\int_a^{+\infty}f(x)\mathrm{d}x$ 发散 .

(4) 设函数 $f(x)$ 在区间 $[a,+\infty)$ 上连续,若反常积分 $\int_a^{+\infty}|f(x)|\mathrm{d}x$ 收敛,则 $\int_a^{+\infty}f(x)\mathrm{d}x$ 也收敛 .

2. 无界函数的反常积分的审敛法

(1) 比较审敛法

设函数 $f(x)$ 在区间 $(a,b]$ 上连续且 $f(x)\geqslant0$, $\lim\limits_{t\to a^+}f(x)=+\infty$,

若 $\exists M>0,q<1$,使得 $f(x)\leqslant\dfrac{M}{(x-a)^q}(a<x\leqslant b)$,则 $\int_a^b f(x)\mathrm{d}x$ 收敛;

若 $\exists N>0,q\geqslant1$,使得 $f(x)\geqslant\dfrac{N}{(x-a)^q}(a<x\leqslant b)$,则 $\int_a^b f(x)\mathrm{d}x$ 发散 .

(2) 极限审敛法

设函数 $f(x)$ 在区间 $(a,b]$ 上连续且 $f(x)\geqslant 0$，$\lim\limits_{t\to a^+}f(x)=+\infty$，若 $\exists 0<q<1$，使 $\lim\limits_{x\to a^+}(x-a)^q f(x)$ 存在，则 $\int_a^b f(x)\mathrm{d}x$ 收敛；

若 $\exists q\geqslant 1$，使 $\lim\limits_{x\to a^+}(x-a)^q f(x)=\mathrm{d}>0$（或 $\lim\limits_{x\to a^+}(x-a)f(x)=+\infty$），则 $\int_a^b f(x)\mathrm{d}x$ 发散.

3. Γ 函数

(1) Γ 函数的定义

$$\Gamma(s)=\int_0^{+\infty}\mathrm{e}^{-x}x^{s-1}\mathrm{d}x\,(s>0).$$

(2) 性质

① $s>0$ 时，此反常积分收敛；

② 递推公式 $\Gamma(s+1)=s\Gamma(s)\,(s>0)$，特别地，$\Gamma(n+1)=n!$ ；

③ 当 $s\to 0^+$ 时，$\Gamma(s)\to+\infty$.

5.3 典型例题与方法

基本题型Ⅰ:无穷限反常积分的审敛法

例 1 判断反常积分 $\int_1^{+\infty}\dfrac{x}{2x^3-1}\mathrm{d}x$ 是否收敛.

解 把被积函数写为 $\dfrac{x}{2x^3-1}=\dfrac{1}{x^2}\cdot\dfrac{1}{2-\dfrac{1}{x^3}}$. 由此看出，当 $x\to+\infty$ 时，它与 $\dfrac{1}{x^2}$ 是同阶无穷小，所以取 $p=2$，$\lim\limits_{x\to+\infty}x^2\cdot\dfrac{x}{2x^3-1}=\dfrac{1}{2}$. 又因为 $p=2>1$，所以由无穷限反常积分的极限审敛法可知，$\int_1^{+\infty}\dfrac{x}{2x^3-1}\mathrm{d}x$ 收敛.

【方法点击】 反常积分的极限审敛法是主要方法之一，其关键在于找到 p 的值，当被积函数趋于零时，可以利用无穷小比较的方法确定它的值.

基本题型Ⅱ:无界函数的反常积分的审敛法

例 2 判断反常积分 $\int_0^1\dfrac{\sin x}{x^2}\mathrm{d}x$ 的敛散性.

解 当 $x\to 0$ 时，$f(x)=\dfrac{\sin x}{x^2}\to\infty$，且它与 $\dfrac{1}{x}$ 是同阶无穷大量. 因为

$\lim\limits_{x\to 0}x\dfrac{\sin x}{x^2}=1$，且 $q=1$，所以由极限判别法知反常积分 $\int_0^1\dfrac{\sin x}{x^2}\mathrm{d}x$ 发散.

5.4 习题 5-5 解答

1. 判定下列反常积分的收敛性：

(1) $\int_0^{+\infty}\dfrac{x^2}{x^4+x^2+1}\mathrm{d}x$；　(3) $\int_1^{+\infty}\sin\dfrac{1}{x^2}\mathrm{d}x$；　(5) $\int_1^{+\infty}\dfrac{x\arctan x}{1+x^3}\mathrm{d}x$；

(6) $\int_1^2 \frac{\mathrm{d}x}{(\ln x)^3}$；　　　　(7) $\int_0^1 \frac{x^4}{\sqrt{1-x^4}}\mathrm{d}x$.

解　(1) 因为 $f(x)=\frac{x^2}{x^4+x^2+1}\geqslant 0$，$\lim\limits_{x\to+\infty} x^2 f(x)=1$，$p=2>1$，所以原积分收敛．

(3) 因为 $0\leqslant \sin\frac{1}{x^2}<\frac{1}{x^2}$，且 $\int_1^{+\infty}\frac{1}{x^2}\mathrm{d}x$ 收敛，所以原积分收敛．

(5) 因为 $\lim\limits_{x\to+\infty} x^2\frac{x\arctan x}{x^3+1}=\frac{\pi}{2}$，$p=2>1$，且在 $[1,+\infty)$ 上，$\frac{x\arctan x}{x^3+1}\geqslant 0$，所以原积分收敛．

(6) 因为 $\lim\limits_{x\to 1+}(x-1)^3\frac{1}{(\ln x)^3}=1>0$，$q=3>1$，所以原积分发散．

(7) 因为 $f(x)=\frac{x^4}{(1-x^4)^{\frac{1}{2}}}\geqslant 0$，且 $\lim\limits_{x\to 1-}\sqrt{1-x}\cdot\frac{x^4}{(1-x^4)^{\frac{1}{2}}}=\frac{1}{2}$，$q=\frac{1}{2}<1$，所以原积分收敛．

5. 证明以下各式(其中 $n\in \mathrm{N}^+$)．

证　(1) 因为 $\Gamma(n+1)=n!$，所以 $2^n\Gamma(n+1)=2^n n!=2\cdot 4\cdot 6\cdots 2n$．

(2) $\frac{\Gamma(2n)}{2^{n-1}\Gamma(n)}=\frac{(2n-1)!}{2^{n-1}(n-1)!}=\frac{(2n-2)!!\,(2n-1)!!}{[2(n-1)]!!}=(2n-1)!!=1\cdot 3\cdot 5\cdots(2n-1)$.

本章综合例题解析

例 1　求极限 $\lim\limits_{n\to\infty}\left[(1+\frac{1}{n})(1+\frac{2}{n})\cdots(1+\frac{n}{n})\right]^{\frac{1}{n}}$.

【分析】　利用“对数运算”可以“化乘为加”、“化幂为乘”这一特点，再结合定积分的定义，就可以计算此类问题的极限．

解　令 $a_n=\ln\left[(1+\frac{1}{n})(1+\frac{2}{n})\cdots(1+\frac{n}{n})\right]^{\frac{1}{n}}=\frac{1}{n}\sum\limits_{i=1}^{n}\ln(1+\frac{i}{n})$.

易见 a_n 是函数 $f(x)=\ln(1+x)$ 在 $[0,1]$ 上按定义得到的一个积分和．由于 $\ln(1+x)$ 可积且有原函数 $(1+x)\ln(1+x)-x$，故

$$\lim_{n\to\infty}a_n=\lim_{n\to\infty}\frac{1}{n}\sum_{i=1}^{n}\ln(1+\frac{i}{n})=\int_0^1\ln(1+x)\mathrm{d}x$$

$$=[(1+x)\ln(1+x)-x]\Big|_0^1=2\ln 2-1.$$

所以

$$\lim_{n\to\infty}\left[(1+\frac{1}{n})(1+\frac{2}{n})\cdots(1+\frac{n}{n})\right]^{\frac{1}{n}}=\mathrm{e}^{\lim\limits_{n\to\infty}a_n}=\frac{4}{\mathrm{e}}.$$

例 2　设 $I_1=\int_0^{\frac{\pi}{4}}\ln\sin x\,\mathrm{d}x$，$I_2=\int_0^{\frac{\pi}{4}}\ln\cot x\,\mathrm{d}x$，$I_3=\int_0^{\frac{\pi}{4}}\ln\cos x\,\mathrm{d}x$，则 I_1,I_2,I_3 的大小关系为(　　)．　　(2011 年考研题)

A. $I_1<I_2<I_3$　　B. $I_1<I_3<I_2$　　C. $I_2<I_1<I_3$　　D. $I_3<I_2<I_1$

解 $x \in \left(0, \frac{\pi}{4}\right)$ 时，$0 < \sin x < \frac{\sqrt{2}}{2} < \cos x < \cot x$，

因此 $\ln\sin x < \ln\cos x < \ln\cot x$，所以 $I_1 < I_3 < I_2$，选 B.

【方法点击】 利用定积分的不等式性质，直接将比较定积分的大小转化为比较对应的被积函数的大小即可.

例 3 设 $f(x)$ 在 $(-\infty, +\infty)$ 上有连续导数，且 $m \leqslant f(x) \leqslant M, a > 0$.

(1) 求极限 $\lim\limits_{a \to 0^+} \frac{1}{4a^2} \int_{-a}^{a} [f(t+a) - f(t-a)]\mathrm{d}t$；

(2) 证明 $\left|\frac{1}{2a}\int_{-a}^{a} f(t)\mathrm{d}t - f(x)\right| \leqslant M - m$.(1998 年考研题)

解 (1) 由积分中值定理得

$$\int_{-a}^{a} [f(t+a) - f(t-a)]\mathrm{d}t = 2a[f(\xi+a) - f(\xi-a)], -a \leqslant \xi \leqslant a,$$

于是由拉格朗日中值定理得

$$\begin{aligned}\lim_{a \to 0^+} \frac{1}{4a^2} \int_{-a}^{a} [f(t+a) - f(t-a)]\mathrm{d}t &= \lim_{a \to 0^+} \frac{1}{2a}[f(\xi+a) - f(\xi-a)] \ (-a \leqslant \xi \leqslant a) \\ &= \lim_{a \to 0^+} f'(\eta) = \lim_{\eta \to 0^+} f'(\eta) \ (\xi - a \leqslant \eta \leqslant \xi + a) \\ &= f'(0).\end{aligned}$$

(2) 由 $m \leqslant f(x) \leqslant M$ 及积分估值定理有

$$m \leqslant \frac{1}{2a}\int_{-a}^{a} f(t)\mathrm{d}t \leqslant M \quad 及 \quad -M \leqslant -f(x) \leqslant -m.$$

上述两式的两边分别相加可得

$$-(M-m) \leqslant \frac{1}{2a}\int_{-a}^{a} f(t)\mathrm{d}t - f(x) \leqslant M - m,$$

即
$$\left|\frac{1}{2a}\int_{-a}^{a} f(t)\mathrm{d}t - f(x)\right| \leqslant M - m.$$

【方法点击】 由于 $f(x)$ 为抽象函数，直接计算或证明是无法进行的，故可采用定积分中值定理去掉积分号；另外，要证明与函数最大值和最小值相关的不等式，常利用定积分的比较定理和估值定理.

例 4 设 $f(x)$ 在 $[0,1]$ 上可微，且 $f(1) = 2\int_0^{\frac{1}{2}} \mathrm{e}^{1-x^2} f(x)\mathrm{d}x$，试证明：在 $(0,1)$ 内至少存在一点 ξ，使得 $f'(\xi) = 2\xi f(\xi)$.

证 设 $F(x) = \mathrm{e}^{-x^2} f(x)$，则 $F(x)$ 在 $[0,1]$ 上可微，而

$$F(1) = \mathrm{e}^{-1} f(1) = \mathrm{e}^{-1} \cdot 2\int_0^{\frac{1}{2}} \mathrm{e}^{1-x^2} f(x)\mathrm{d}x = 2\int_0^{\frac{1}{2}} \mathrm{e}^{-x^2} f(x)\mathrm{d}x,$$

由定积分中值定理知，至少存在一个 $\eta \in \left[0, \frac{1}{2}\right]$，有 $F(1) = \mathrm{e}^{-\eta^2} f(\eta) = F(\eta)$.

于是在 $[\eta, 1]$ 上应用罗尔定理得，$\exists \xi \in (\eta, 1) \subset (0,1)$，使得 $F'(\xi) = 0$，

即 $e^{-\xi^2}[f'(\xi)-2\xi f(\xi)]=0$，所以 $f'(\xi)=2\xi f(\xi)$.

【方法点击】 和微分中值定理一样，积分中值定理同样可以用于一些存在性的证明题中，且经常和微分中值定理一起联用，关键也在于寻找或构造辅助函数；一般如果证明题中含有定积分，经常先利用定积分中值定理将其化简，得到不含定积分的等式再进行证明 .

例 5 设 $f(x)$ 在 $[0,1]$ 上连续，单调递减且取正值，证明：对于满足 $0<\alpha<\beta<1$ 的任何 α,β，有 $\beta\int_0^\alpha f(x)\mathrm{d}x>\alpha\int_\alpha^\beta f(x)\mathrm{d}x$.

证 由定积分中值定理可知 $\beta\int_0^\alpha f(x)\mathrm{d}x=\alpha\beta f(\xi),\xi\in[0,\alpha]$ ，

$$\alpha\int_\alpha^\beta f(x)\mathrm{d}x=\alpha(\beta-\alpha)f(\eta),\eta\in[\alpha,\beta] .$$

由于 $\xi\leqslant\eta$，而 $f(x)$ 单调递减且为正值，故 $f(\xi)\geqslant f(\eta)>0$，
所以 $\alpha\beta f(\xi)\geqslant\alpha\beta f(\eta)>\alpha(\beta-\alpha)f(\eta)$，即命题得证 .

例 6 a,b,c 为何值时，使 $\lim\limits_{x\to0}\dfrac{1}{\sin x-ax}\displaystyle\int_b^x\frac{t^2}{\sqrt{1+t^2}}\mathrm{d}t=c$?

解 因为不论 a 取任何值，都有 $\lim\limits_{x\to0}(\sin x-ax)=0$，所以只有当 $\lim\limits_{x\to0}\displaystyle\int_b^x\frac{t^2}{\sqrt{1+t^2}}\mathrm{d}t=0$ 时，原极限才有存在的可能，由此可知 $b=0$.

因而原极限成为 $\lim\limits_{x\to0}\dfrac{1}{\sin x-ax}\displaystyle\int_0^x\frac{t^2}{\sqrt{1+t^2}}\mathrm{d}t=\lim\limits_{x\to0}\dfrac{\frac{x^2}{\sqrt{1+x^2}}}{\cos x-a}$.

当 $a\neq1$ 时，$\lim\limits_{x\to0}\dfrac{\frac{x^2}{\sqrt{1+x^2}}}{\cos x-a}=0$，所以 $c=0$；

当 $a=1$ 时，再次使用洛必达法则，有

$$\lim_{x\to0}\frac{\frac{x^2}{\sqrt{1+x^2}}}{\cos x-a}=\lim_{x\to0}\frac{\frac{x^3+2x}{(1+x^2)\sqrt{1+x^2}}}{-\sin x}=-2 ,$$

故有 $a=1,b=0,c=-2$ 或 $a\neq1,b=0,c=0$.

例 7 求 $I=\int_a^x tf(x-t)\mathrm{d}t$ 的导数 .

【分析】 被积函数 $f(x-t)$ 中含有自变量 x，应先通过整体换元将 x 调整到积分符号的外面再求导 .

解 令 $x-t=u$，则当 $t=a$ 时，$u=x-a$，当 $t=x$ 时，$u=x-x=0$；且 $\mathrm{d}t=-\mathrm{d}u$.

所以 $$I=-\int_{x-a}^0(x-u)f(u)\mathrm{d}u=x\int_0^{x-a}f(u)\mathrm{d}u-\int_0^{x-a}uf(u)\mathrm{d}u ,$$

故 $$I'=\int_0^{x-a}f(u)\mathrm{d}u+xf(x-a)-(x-a)f(x-a)=\int_0^{x-a}f(u)\mathrm{d}u+af(x-a).$$

例 8 证明 $\int_0^{\sin^2x}\arcsin\sqrt{t}\,\mathrm{d}t+\int_0^{\cos^2x}\arccos\sqrt{t}\,\mathrm{d}t=\dfrac{\pi}{4}$.

【分析】 设 $F(x)=\int_0^{\sin^2 x}\arcsin\sqrt{t}\,dt+\int_0^{\cos^2 x}\arccos\sqrt{t}\,dt$,将此问题转化为证明 $F(x)$ 为常数的问题.

证 设 $F(x)=\int_0^{\sin^2 x}\arcsin\sqrt{t}\,dt+\int_0^{\cos^2 x}\arccos\sqrt{t}\,dt$,

有 $F'(x)=x\cdot 2\sin x\cos x+x\cdot 2(-\sin x)\cos x=0,\ x\in(-\infty,+\infty)$,故由导数定理得 $F(x)=C\ ,\ x\in(-\infty,+\infty)$.

令 $x=\frac{\pi}{4}$,则 $F\left(\frac{\pi}{4}\right)=\int_0^{\frac{1}{2}}\arcsin\sqrt{t}\,dt+\int_0^{\frac{1}{2}}\arccos\sqrt{t}\,dt$

$$=\int_0^{\frac{1}{2}}(\arcsin\sqrt{t}+\arccos\sqrt{t})\,dt=\int_0^{\frac{1}{2}}\frac{\pi}{2}dt=\frac{\pi}{4}\ ,$$

所以 $C=\frac{\pi}{4}$,从而结论成立.

例 9 $F(x)=\int_0^{x^2}e^{-t^2}dt$,试求:

(1) $F(x)$ 的极值;

(2) 曲线 $y=F(x)$ 的拐点的横坐标;

(3) 定积分 $\int_{-2}^{3}x^2F'(x)dx$ 的值.(1987 年考研题)

解 (1) 因为 $F'(x)=2xe^{-x^4}$,$F''(x)=2(1-4x^4)e^{-x^4}$,令 $F'(x)=0$,求得唯一的驻点 $x=0$. 又由 $F''(0)=2>0$,知 $F(0)=0$ 为极小值.

(2) 令 $F''(x)=0$,得 $x_1=-\frac{1}{\sqrt{2}}$,$x_2=\frac{1}{\sqrt{2}}$,且 $F''(x)$ 在 x_1 和 x_2 两点处的左右两侧不同号,故 $x_1=-\frac{1}{\sqrt{2}}$ 和 $x_2=\frac{1}{\sqrt{2}}$ 均为拐点的横坐标.

(3) $\int_{-2}^{3}x^2F'(x)dx=\int_{-2}^{3}2x^3e^{-x^4}dx=\frac{1}{2}\int_{-2}^{3}e^{-x^4}dx^4=-\frac{1}{2}e^{-x^4}\Big|_{-2}^{3}=\frac{1}{2}(e^{-16}-e^{-81})$.

例 10 设函数

$$f(x)=\begin{cases}\dfrac{\sin 2(e^x-1)}{e^x-1}, & x<0,\\ 2, & x=0,\\ \dfrac{1}{x^2}\displaystyle\int_0^{x^2}2\cos^2 t\,dt, & x>0,\end{cases}$$

试讨论 $f(x)$ 在 $x=0$ 处的连续性.

【分析】 用连续性的定义讨论分段函数在分界点处的连续性,这是无穷小、变限积分与连续性结合的综合题.

解 因为 $\lim\limits_{x\to 0^-}f(x)=\lim\limits_{x\to 0^-}\frac{\sin 2(e^x-1)}{e^x-1}=\lim\limits_{x\to 0^-}\frac{2\sin 2(e^x-1)}{2(e^x-1)}=2$,

$$\lim_{x\to 0^+}f(x)=\lim_{x\to 0^+}\frac{\int_0^{x^2}2\cos^2 t\,dt}{x^2}=\lim_{x\to 0^+}\frac{2x\cdot 2\cos^2 x^2}{2x}=2\ ,$$

所以 $\lim\limits_{x\to 0}f(x)=2$. 由于 $f(0)=2$,故

$$\lim_{x\to 0} f(x)=f(0),$$

即知 $f(x)$ 在 $x=0$ 处连续．

例 11　把 $x\to 0^+$ 时的无穷小量 $\alpha=\int_0^x \sin^2 t\,\mathrm{d}t$，$\beta=\int_0^{x^2}\tan\sqrt{t}\,\mathrm{d}t$，$\gamma=\int_0^{\sqrt{x}}\sin t^3\,\mathrm{d}t$ 排列起来，使排在后面的是前一个的高阶无穷小，则正确的排序是（　　）．

A. α,β,γ　　B. α,γ,β　　C. β,α,γ　　D. β,γ,α

解　$x\to 0^+$ 时，$\alpha'=\cos^2 x\to 1$，$\beta'=2x\tan x\sim 2x^2$，$\gamma'=\dfrac{1}{2\sqrt{x}}\sin(x^{\frac{3}{2}})\sim\dfrac{1}{2}x$．所以 α' 不是无穷小，β' 是二阶无穷小，γ' 为一阶无穷小，于是 α,β,γ 依次是一阶、三阶、二阶无穷小，其排序应为 α,γ,β，选 B.

例 12　设 $f(x)$ 在 $(-\infty,+\infty)$ 上连续，且 $F(x)=\int_0^x (x-2t)f(t)\mathrm{d}t$，试证

(1) 若 $f(x)$ 为偶函数，则 $F(x)$ 也是偶函数；

(2) 若 $f(x)$ 单调减少，则 $F(x)$ 单调增加．

【分析】　利用函数奇偶性的定义证明其奇偶性；单调性可以用定义或一阶导数的正负性来确定．

证　(1) $f(-x)=f(x)$，令 $u=-t$，$\mathrm{d}u=-\mathrm{d}t$，

$F(-x)=\int_0^{-x}(-x-2t)f(t)\mathrm{d}t=\int_0^x(-x+2u)f(-u)(-1)\mathrm{d}u=\int_0^x(x-2u)f(u)\mathrm{d}u=F(x)$，可见 $F(x)$ 为偶函数．

(2) 由 $f(x)$ 的连续性，知 $F(x)$ 连续且可导，且有

$$F'(x)=\frac{\mathrm{d}}{\mathrm{d}x}\left[x\int_0^x f(t)\mathrm{d}t-2\int_0^x tf(t)\mathrm{d}t\right]=-xf(x)+\int_0^x f(t)\mathrm{d}t=\int_0^x[f(t)-f(x)]\mathrm{d}t.$$

利用积分中值定理，有 $F'(x)=x[f(\xi)-f(x)]$，ξ 介于 0 与 x 之间．

因为 $f(x)$ 单调减少，所以

当 $0\leqslant\xi\leqslant x$ 时，有 $f(\xi)-f(x)\geqslant 0$，故有 $F'(x)\geqslant 0$；

当 $x\leqslant\xi\leqslant 0$ 时，有 $f(\xi)-f(x)\leqslant 0$，故有 $F'(x)\geqslant 0$.

综上所述，$F(x)$ 单调增加．

例 13　计算下列定积分：

(1) $\int_a^{2a}\dfrac{\sqrt{x^2-a^2}}{x^4}\mathrm{d}x\ (a>0)$；　　(2) $\int_0^a x\sqrt{ax-x^2}\,\mathrm{d}x\ (a>0)$；

(3) $\int_1^2\dfrac{\mathrm{d}x}{(x^2-2x+4)^{3/2}}$.

解　(1) 因为分母次数大于分子的次数，可作倒代换．

令 $x=\dfrac{1}{u}$，则 $\mathrm{d}x=-\dfrac{1}{u^2}\mathrm{d}u$，所以

$$\int_a^{2a}\frac{\sqrt{x^2-a^2}}{x^4}\mathrm{d}x=\int_{\frac{1}{a}}^{\frac{1}{2a}}\sqrt{\frac{1}{u^2}-a^2}\cdot u^4\left(-\frac{1}{u^2}\right)\mathrm{d}u=\int_{\frac{1}{2a}}^{\frac{1}{a}}u\sqrt{1-a^2u^2}\,\mathrm{d}u$$

$$=-\frac{1}{2a^2}\int_{\frac{1}{2a}}^{\frac{1}{a}}\sqrt{1-a^2u^2}\,\mathrm{d}(1-a^2u^2)$$

$$=-\frac{1}{2a^2}\cdot\frac{2}{3}(1-a^2u^2)^{\frac{3}{2}}\Big|_{\frac{1}{2a}}^{\frac{1}{a}}=\frac{\sqrt{3}}{8a^2}.$$

(2) $\int_0^a x\sqrt{ax-x^2}\,dx=\int_0^a x\sqrt{\frac{a^2}{4}-\left(\frac{a}{2}-x\right)^2}\,dx.$

$$令\ \frac{a}{2}-x=\frac{a}{2}\sin t,\ dx=-\frac{a}{2}\cos t\,dt,$$

原式$=\frac{a^3}{8}\int_{-\frac{\pi}{2}}^{\frac{\pi}{2}}(1+\sin t)\cos^2 t\,dt=\frac{a^3}{4}\int_0^{\frac{\pi}{2}}\cos^2 t\,dt=\frac{\pi}{16}a^3.$

(3) $\int_1^2\frac{dx}{(x^2-2x+4)^{3/2}}=\int_1^2\frac{dx}{[(x-1)^2+3]^{3/2}}$,令 $x-1=\sqrt{3}\tan t$,则

原式$=\frac{1}{3}\int_0^{\frac{\pi}{6}}\cos t\,dt=\frac{1}{3}\sin t\Big|_0^{\frac{\pi}{6}}=\frac{1}{6}.$

【方法点击】 当被积函数中带有根号时,经常利用倒代换和三角函数代换实现问题的解决.

例 14 计算 $I=\int_0^{\pi}\frac{x\sin^3 x}{1+\cos^2 x}dx$.

正余弦之间转换的常用方法

解 令 $x=\pi-t$,则 $dx=-dt$.

所以 $I=\int_0^{\pi}\frac{x\sin^3 x}{1+\cos^2 x}dx=\int_{\pi}^{0}\frac{(\pi-t)\sin^3 t}{1+\cos^2 t}(-dt)=\pi\int_0^{\pi}\frac{\sin^3 t}{1+\cos^2 t}dt-\int_0^{\pi}\frac{t\sin^3 t}{1+\cos^2 t}dt$

$$=\pi\int_0^{\pi}\frac{\sin^3 x}{1+\cos^2 x}dx-\int_0^{\pi}\frac{x\sin^3 x}{1+\cos^2 x}dx.$$

于是
$$2I=\pi\int_0^{\pi}\frac{\sin^3 x}{1+\cos^2 x}dx=-\pi\int_0^{\pi}\frac{\sin^2 x}{1+\cos^2 x}d(\cos x)$$
$$=[-2\pi\arctan(\cos x)+\pi\cos x]\big|_0^{\pi}=\pi^2-2\pi,$$

故
$$I=\int_0^{\pi}\frac{x\sin^3 x}{1+\cos^2 x}dx=\frac{1}{2}(\pi^2-2\pi).$$

例 15 已知函数 $f(x)=\int_1^x e^{-t^2}dt$,计算定积分 $\int_0^1 f(x)dx$.

解 $\int_0^1 f(x)dx=[xf(x)]_0^1-\int_0^1 xf'(x)dx=-\int_0^1 xe^{-x^2}dx=\frac{e^{-1}-1}{2}.$

【方法点击】 当被积函数中含有积分上限函数时,通常采用分部积分法,并且一般应将该类函数先取为分部积分的 $u(x)$.

例 16 计算定积分 $\int_1^{16}\arctan\sqrt{\sqrt{x}-1}\,dx$.

解 令 $\sqrt{x}=t$,则 $dx=2t\,dt$,所以有

$\int_1^{16}\arctan\sqrt{\sqrt{x}-1}\,dx=\int_1^4\arctan\sqrt{t-1}\cdot 2t\,dt=\int_1^4\arctan\sqrt{t-1}\,dt^2$

$$=t^2\arctan\sqrt{t-1}\Big|_1^4-\frac{1}{2}\int_1^4\frac{t}{\sqrt{t-1}}\mathrm{d}t$$

$$=\frac{16}{3}\pi-\frac{1}{2}\left(\int_1^4\sqrt{t-1}\,\mathrm{d}t+\int_1^4\frac{1}{\sqrt{t-1}}\mathrm{d}t\right)$$

$$=\frac{16}{3}\pi-\frac{1}{3}(t-1)^{\frac{3}{2}}\Big|_1^4-\sqrt{t-1}\Big|_1^4=\frac{16}{3}\pi-2\sqrt{3}.$$

【方法点击】 当被积函数比较复杂时，常常是换元法和分部积分法同时使用进行计算.

例 17 已知 $f(\pi)=1$，$f(x)$ 二阶连续可微，且 $\int_0^\pi[f(x)+f''(x)]\sin x\,\mathrm{d}x=3$，求 $f(0)$.

解 因为 $\int_0^\pi[f(x)+f''(x)]\sin x\,\mathrm{d}x=\int_0^\pi f(x)\sin x\,\mathrm{d}x+\int_0^\pi f''(x)\sin x\,\mathrm{d}x$，而

$$\int_0^\pi f''(x)\sin x\,\mathrm{d}x=\int_0^\pi\sin x\,\mathrm{d}[f'(x)]=f'(x)\sin x\Big|_0^\pi-\int_0^\pi f'(x)\cos x\,\mathrm{d}x$$

$$=0-\int_0^\pi\cos x\,\mathrm{d}[f(x)]=-f(x)\cos x\Big|_0^\pi-\int_0^\pi f(x)\sin x\,\mathrm{d}x$$

$$=1+f(0)-\int_0^\pi f(x)\sin x\,\mathrm{d}x,$$

所以 $\int_0^\pi[f(x)+f''(x)]\sin x\,\mathrm{d}x=1+f(0)=3$，故 $f(0)=2$.

例 18 已知 $\lim\limits_{x\to+\infty}\left(\frac{x-a}{x+a}\right)^x=\int_a^{+\infty}4x^2\mathrm{e}^{-2x}\mathrm{d}x$，求常数 a.

解 由于 $\lim\limits_{x\to+\infty}\left(\frac{x-a}{x+a}\right)^x=\lim\limits_{x\to+\infty}\left[\left(1+\frac{-2a}{x+a}\right)^{\frac{x+a}{-2a}}\right]^{\frac{-2ax}{x+a}}=\mathrm{e}^{-2a}$，且

$\int_a^{+\infty}4x^2\mathrm{e}^{-2x}\mathrm{d}x=-2x^2\mathrm{e}^{-2x}-2x\mathrm{e}^{-2x}-\mathrm{e}^{-2x}\Big|_a^{+\infty}=\mathrm{e}^{-2a}(2a^2+2a+1)$，

由已知条件可得 $\mathrm{e}^{-2a}(2a^2+2a+1)=\mathrm{e}^{-2a}$，即 $2a^2+2a+1=1$，
解之得 $a=0$ 或 $a=-1$.

例 19 设函数 $f(x)=\begin{cases}\lambda\mathrm{e}^{-\lambda x}, & x>0\\ 0, & x\leqslant 0\end{cases}(\lambda>0)$，求 $\int_{-\infty}^{+\infty}xf(x)\mathrm{d}x$.（2011 年考研题）

解 $\int_{-\infty}^{+\infty}xf(x)\mathrm{d}x=\int_0^{+\infty}\lambda x\mathrm{e}^{-\lambda x}\mathrm{d}x=-\int_0^{+\infty}x\mathrm{d}\mathrm{e}^{-\lambda x}=-x\mathrm{e}^{-\lambda x}\Big|_0^{+\infty}+\int_0^{+\infty}\mathrm{e}^{-\lambda x}\mathrm{d}x=\frac{1}{\lambda}$.

【方法点击】 分段函数的广义积分，即便该函数没有分段，仍然要分 $\int_0^{+\infty}xf(x)\mathrm{d}x$ 和 $\int_{-\infty}^0xf(x)\mathrm{d}x$ 两个积分来考察是否收敛，若其中有一个发散，则发散；两个都收敛才收敛.

例 20 设 $f(x)$ 在 $[a,b]$ 上连续且单调增加. 试证：

$$\int_a^b xf(x)\mathrm{d}x\geqslant\frac{a+b}{2}\int_a^b f(x)\mathrm{d}x.$$

【分析】 因为函数 $f(x)$ 为抽象函数，直接证明不等式是困难的，故引入辅助函数 $F(x)=\int_a^x tf(t)\mathrm{d}x-\frac{a+x}{2}\int_a^x f(t)\mathrm{d}t$，改证 $F(b)\geqslant 0$ 即可.

证 构造辅助函数 $F(x)=\int_a^x tf(t)\mathrm{d}x-\dfrac{a+x}{2}\int_a^x f(t)\mathrm{d}t$，

所以 $F'(x)=xf(x)-\dfrac{1}{2}\int_a^x f(t)\mathrm{d}t-\dfrac{a+x}{2}f(x)=\dfrac{x-a}{2}f(x)-\dfrac{1}{2}\int_a^x f(t)\mathrm{d}t.$

由于 $f(x)$ 在 $[a,b]$ 上单调增加，故

$F'(x)\geqslant\dfrac{x-a}{2}f(x)-\dfrac{x-a}{2}f(x)=0$，于是 $F(x)$ 也是单调增加函数.

又 $F(a)=0$，所以 $F(x)\geqslant F(0)=0, x\in[a,b]$.

故 $F(b)\geqslant 0$，即 $\int_a^b xf(x)\mathrm{d}x\geqslant\dfrac{a+b}{2}\int_a^b f(x)\mathrm{d}x$.

例 21 证明：函数 $f(x)=\int_0^x(1-t)\ln(1+nt)\mathrm{d}t$ 在区间 $[0,+\infty)$ 上的最大值不超过 $\dfrac{n}{6}$，其中 n 为正常数.

证 $f'(x)=(1-x)\ln(1+nx)$，$x=1$ 为 $f(x)$ 的唯一驻点.
当 $0<x<1$ 时，$f'(x)>0$；当 $x>1$ 时，$f'(x)<0$.
故 $x=1$ 为 $f(x)$ 的极大值点，$f(1)$ 为极大值，也是 $f(x)$ 的最大值.
$f(1)=\int_0^1(1-t)\ln(1+nt)\mathrm{d}t$，因为 $\ln(1+nt)\leqslant nt$，

所以 $f(1)\leqslant n\int_0^1 t(1-t)\mathrm{d}t=n\left(\dfrac{1}{2}-\dfrac{1}{3}\right)=\dfrac{n}{6}$.

总习题五解答

4. 利用定积分的定义计算下列极限：

(1) $\lim\limits_{n\to\infty}\dfrac{1}{n}\sum\limits_{i=1}^{n}\sqrt{1+\dfrac{i}{n}}$； (2) $\lim\limits_{n\to\infty}\dfrac{1^p+2^p+\cdots+n^p}{n^{p+1}}(p>0)$.

解 (1) 原式 $=\lim\limits_{n\to\infty}\dfrac{1}{n}\left(\sqrt{1+\dfrac{1}{n}}+\sqrt{1+\dfrac{2}{n}}+\cdots\sqrt{1+\dfrac{n}{n}}\right)=\int_0^1\sqrt{1+x}\,\mathrm{d}x$

$$=\frac{2}{3}(1+x)^{\frac{2}{3}}\Big|_0^1=\frac{2}{3}(2\sqrt{2}-1).$$

(2) 原式 $=\lim\limits_{n\to\infty}\dfrac{1^p+2^p+\cdots+n^p}{n^p}\cdot\dfrac{1}{n}=\lim\limits_{n\to\infty}\sum\limits_{i=1}^{n}\left(\dfrac{i}{n}\right)^p\cdot\dfrac{1}{n}=\int_0^1 x^p\mathrm{d}x=\dfrac{1}{p+1}x^{p+1}\Big|_0^1$

$$=\frac{1}{p+1}.$$

5. 求下列极限：

(1) $\lim\limits_{x\to a}\dfrac{x}{x-a}\int_a^x f(t)\mathrm{d}t$，其中 $f(x)$ 连续； (2) $\lim\limits_{x\to+\infty}\dfrac{\int_0^x(\arctan t)^2\mathrm{d}t}{\sqrt{x^2+1}}$.

解 (1) 原式 $=\lim\limits_{x\to a}\dfrac{\int_a^x f(t)\mathrm{d}t+xf(x)}{1}=af(a)$；

(2) 当 $x>1$ 时，$\arctan x>\frac{\pi}{4}$，所以 $\int_0^x(\arctan t)^2\mathrm{d}t>\int_1^x(\arctan t)^2\mathrm{d}t>\frac{\pi^2}{16}(x-1)$，

故 $\lim\limits_{x\to\infty}\int_0^x(\arctan t)^2\mathrm{d}t=+\infty$，所以由洛必达法则得

$$\lim_{x\to+\infty}\frac{\int_0^x(\arctan t)^2\mathrm{d}t}{\sqrt{x^2+1}}=\lim_{x\to+\infty}\frac{(\arctan x)^2}{\frac{x}{\sqrt{x^2+1}}}=\lim_{x\to+\infty}\frac{(\arctan x)^2}{\frac{1}{\sqrt{1+\frac{1}{x^2}}}}=\frac{\pi^2}{4}.$$

7. 设 $x>0$，证明 $\int_0^x\frac{1}{1+t^2}\mathrm{d}t+\int_0^{\frac{1}{x}}\frac{1}{1+t^2}\mathrm{d}t=\frac{\pi}{2}$.

证　$\int_0^x\frac{1}{1+t^2}\mathrm{d}t+\int_0^{\frac{1}{x}}\frac{1}{1+t^2}\mathrm{d}t=\arctan x+\arctan\frac{1}{x}(x>0)$，

而 $\arctan x+\arctan\frac{1}{x}=\arctan x+\operatorname{arccot}x=\frac{\pi}{2}(x>0)$，

所以 $\int_0^x\frac{1}{1+t^2}\mathrm{d}t+\int_0^{\frac{1}{x}}\frac{1}{1+t^2}\mathrm{d}t=\frac{\pi}{2}$.

8. 设 $p>0$，证明 $\frac{p}{p+1}<\int_0^1\frac{\mathrm{d}x}{1+x^p}<1$.

证　因为当 $x\in[0,1]$，$p>0$ 时，$0\leqslant\frac{1}{1+x^p}\leqslant 1$，进而有 $0\leqslant\frac{x^p}{1+x^p}\leqslant x^p$，

所以 $\frac{1}{1+x^p}=\frac{1+x^p-x^p}{1+x^p}=1-\frac{x^p}{1+x^p}\geqslant 1-x^p$，即 $\frac{1}{1+x^p}-(1-x^p)\geqslant 0$，

于是有 $\int_0^1\frac{\mathrm{d}x}{1+x^p}>\int_0^1(1-x^p)\mathrm{d}x=\frac{p}{p+1}$，即 $\frac{p}{p+1}<\int_0^1\frac{\mathrm{d}x}{1+x^p}$.

另外，当 $x\in[0,1]$，$p>0$ 时，$1-\frac{1}{1+x^p}\geqslant 0$，所以 $\int_0^1\frac{\mathrm{d}x}{1+x^p}<\int_0^1\mathrm{d}x=1$.

综上所述，$\frac{p}{p+1}<\int_0^1\frac{\mathrm{d}x}{1+x^p}<1$.

9. 设 $f(x)$、$g(x)$ 在区间 $[a,b]$ 上均连续，证明

(1) $\left(\int_a^b f(x)g(x)\mathrm{d}x\right)^2\leqslant\int_a^b f^2(x)\mathrm{d}x\cdot\int_a^b g^2(x)\mathrm{d}x$；

(2) $\left(\int_a^b[f(x)+g(x)]^2\mathrm{d}x\right)^{\frac{1}{2}}\leqslant\left(\int_a^b f^2(x)\mathrm{d}x\right)^{\frac{1}{2}}+\left(\int_a^b g^2(x)\mathrm{d}x\right)^{\frac{1}{2}}$.

证　(1) 令 $\varphi(x)=f(x)+\lambda g(x)$，则

$\varphi^2(x)=f^2(x)+2\lambda f(x)g(x)+\lambda^2g^2(x)\geqslant 0$，从而有

$\int_a^b\varphi^2(x)\mathrm{d}x\geqslant 0$，即 $\lambda^2\int_a^b g^2(x)\mathrm{d}x+2\lambda\int_a^b f(x)g(x)\mathrm{d}x+\int_a^b f^2(x)\mathrm{d}x\geqslant 0$.

上式可看作关于 λ 的二次三项式，其成立的充要条件是 $\Delta=b^2-4ac\leqslant 0$，于是

$$4\left(\int_a^b f(x)g(x)\mathrm{d}x\right)^2\leqslant 4\int_a^b f^2(x)\mathrm{d}x\cdot\int_a^b g^2(x)\mathrm{d}x,$$

所以

$$\left(\int_a^b f(x)g(x)\mathrm{d}x\right)^2\leqslant\int_a^b f^2(x)\mathrm{d}x\cdot\int_a^b g^2(x)\mathrm{d}x.$$

(2) $\int_a^b [f(x)+g(x)]^2 dx = \int_a^b f^2(x)dx + 2\int_a^b f(x)g(x)dx + \int_a^b g^2(x)dx$，

由(1)知 $\left(\int_a^b f(x)g(x)dx\right)^2 \leqslant \int_a^b f^2(x)dx \cdot \int_a^b g^2(x)dx$，

所以 $\int_a^b f(x)g(x)dx \leqslant \left|\int_a^b f(x)g(x)dx\right| \leqslant \sqrt{\int_a^b f^2(x)dx} \cdot \sqrt{\int_a^b g^2(x)dx}$，

于是 $$\int_a^b [f(x)+g(x)]^2 dx \leqslant \left[\sqrt{\int_a^b f^2(x)dx} + \sqrt{\int_a^b g^2(x)dx}\right]^2,$$

所以 $$\left(\int_a^b [f(x)+g(x)]^2 dx\right)^{\frac{1}{2}} \leqslant \left(\int_a^b f^2(x)dx\right)^{\frac{1}{2}} + \left(\int_a^b g^2(x)dx\right)^{\frac{1}{2}}.$$

10. 设 $f(x)$ 在区间 $[a,b]$ 上连续，且 $f(x)>0$，证明 $\int_a^b f(x)dx \cdot \int_a^b \frac{1}{f(x)}dx \geqslant (b-a)^2$.

证 由柯西-施瓦茨不等式知

$$\int_a^b f(x)dx \cdot \int_a^b \frac{1}{f(x)}dx \geqslant (\int_a^b f(x) \cdot \frac{1}{f(x)}dx) = (b-a)^2.$$

11. 计算下列积分：

(1) $\int_0^{\frac{\pi}{2}} \frac{x+\sin x}{1+\cos x}dx$；　(2) $\int_0^{\frac{\pi}{4}} \ln(1+\tan x)dx$；　(4) $\int_0^{\frac{\pi}{2}} \sqrt{1-\sin 2x}\,dx$；

(5) $\int_0^{\frac{\pi}{2}} \frac{dx}{1+\cos^2 x}$；　(7) $\int_0^{\pi} x^2|\cos x|dx$；　(8) $\int_0^{+\infty} \frac{dx}{e^{x+1}+e^{3-x}}$；

(9) $\int_{\frac{1}{2}}^{\frac{3}{2}} \frac{dx}{\sqrt{|x^2-x|}}$；　(10) $\int_0^x \max(t^3,t^2,1)dt$.

解 (1) $$\int_0^{\frac{\pi}{2}} \frac{x+\sin x}{1+\cos x}dx = \int_0^{\frac{\pi}{2}} \frac{x}{2\cos^2\frac{x}{2}}dx - \int_0^{\frac{\pi}{2}} \frac{d(1+\cos x)}{1+\cos x}$$

$$= \int_0^{\frac{\pi}{2}} x\,d\left(\tan\frac{x}{2}\right) - \ln(1+\cos x)\Big|_0^{\frac{\pi}{2}}$$

$$= \left(x\tan\frac{x}{2}\right)\Big|_0^{\frac{\pi}{2}} - \int_0^{\frac{\pi}{2}} \tan\frac{x}{2}dx + \ln 2$$

$$= \frac{\pi}{2} + 2\ln\cos\frac{x}{2}\Big|_0^{\frac{\pi}{2}} + \ln 2 = \frac{\pi}{2}.$$

(2) $\int_0^{\frac{\pi}{4}} \ln(1+\tan x)dx = \int_0^{\frac{\pi}{4}} \ln\frac{\cos x+\sin x}{\cos x}dx = \int_0^{\frac{\pi}{4}} \ln(\cos x+\sin x)dx - \int_0^{\frac{\pi}{4}} \ln\cos x\,dx$，

而 $\int_0^{\frac{\pi}{4}} \ln(\cos x+\sin x)dx = \int_0^{\frac{\pi}{4}} \ln\left[\sqrt{2}\cos\left(\frac{\pi}{4}-x\right)\right]dx$，作变量代换 $x=\frac{\pi}{4}-t$，则

$$\int_0^{\frac{\pi}{4}} \ln\left[\sqrt{2}\cos\left(\frac{\pi}{4}-x\right)\right]dx = -\int_{\frac{\pi}{4}}^0 (\ln\sqrt{2}+\ln\cos t)dt = \frac{\pi\ln 2}{8} + \int_0^{\frac{\pi}{4}} \ln\cos x\,dx,$$

于是 $$\int_0^{\frac{\pi}{4}} \ln(1+\tan x)dx = \frac{\pi\ln 2}{8}.$$

(4) $\int_0^{\frac{\pi}{2}} \sqrt{1-\sin 2x}\,dx = \int_0^{\frac{\pi}{2}} |\cos x-\sin x|dx = \int_0^{\frac{\pi}{4}} (\cos x-\sin x)dx - \int_{\frac{\pi}{4}}^{\frac{\pi}{2}} (\cos x-\sin x)dx$

$$=(\sin x+\cos x)\Big|_0^{\frac{\pi}{4}}-(\sin x+\cos x)\Big|_{\frac{\pi}{4}}^{\frac{\pi}{2}}=2(\sqrt{2}-1).$$

(5) 作代换 $1=\sin^2 x+\cos^2 x$，则

$$\int_0^{\frac{\pi}{2}}\frac{dx}{1+\cos^2 x}=\int_0^{\frac{\pi}{2}}\frac{dx}{\sin^2 x+2\cos^2 x}=\int_0^{\frac{\pi}{2}}\frac{\frac{1}{\cos^2 x}dx}{\tan^2 x+2}=\int_0^{\frac{\pi}{2}}\frac{d\tan x}{\tan^2 x+2}=\frac{1}{\sqrt{2}}\arctan\frac{\tan x}{\sqrt{2}}\Big|_0^{\frac{\pi}{2}}=\frac{\pi}{2\sqrt{2}}.$$

(7) $\int_0^{\pi}x^2|\cos x|dx=\int_0^{\frac{\pi}{2}}x^2\cos x dx-\int_{\frac{\pi}{2}}^{\pi}x^2\cos x dx$

$$=[x^2\sin x+2x\cos x-2\sin x]_0^{\frac{\pi}{2}}+[x^2\sin x+2x\cos x-2\sin x]_{\frac{\pi}{2}}^{\pi}$$

$$=\frac{\pi^2}{2}+2\pi-4.$$

(8) $\int_0^{+\infty}\frac{dx}{e^{x+1}+e^{3-x}}=\int_0^{+\infty}\frac{e^{x-3}dx}{e^{2x-2}+1}=\frac{1}{e^2}\int_0^{+\infty}\frac{d(e^{x-1})}{(e^{x-1})^2+1}=\frac{1}{e^2}\,[\arctan(e^{x-1})]_0^{+\infty}$

$$=\frac{1}{e^2}(\frac{\pi}{2}-\arctan\frac{1}{e}).$$

(9) 因为 $x=1$ 是瑕点，所以积分 $\int_{\frac{1}{2}}^{\frac{3}{2}}\frac{dx}{\sqrt{|x^2-x|}}$ 为瑕积分，故有

$$\int_{\frac{1}{2}}^{\frac{3}{2}}\frac{dx}{\sqrt{|x^2-x|}}=\int_{\frac{1}{2}}^{1}\frac{dx}{\sqrt{x-x^2}}+\int_1^{\frac{3}{2}}\frac{dx}{\sqrt{x^2-x}}$$

$$=\int_{\frac{1}{2}}^{1}\frac{dx}{\sqrt{\left(\frac{1}{2}\right)^2-\left(x-\frac{1}{2}\right)^2}}+\int_1^{\frac{3}{2}}\frac{dx}{\sqrt{\left(x-\frac{1}{2}\right)^2-\left(\frac{1}{2}\right)^2}}$$

$$=\arcsin(2x-1)\Big|_{\frac{1}{2}}^{1}+\left[\ln\left|\left(x-\frac{1}{2}\right)+\sqrt{x^2-x}\right|\right]_1^{\frac{3}{2}}$$

$$=\frac{\pi}{2}+\ln(2+\sqrt{3}).$$

(10) 当 $x<-1$ 时，$\int_0^x\max(t^3,t^2,1)dt=\int_0^{-1}dt+\int_{-1}^{x}t^2dt=\frac{x^3}{3}-\frac{2}{3}$；

当 $-1\leqslant x\leqslant 1$ 时，$\int_0^x\max(t^3,t^2,1)dt=\int_0^x dt=x$；

当 $x>1$ 时，$\int_0^x\max(t^3,t^2,1)dt=\int_0^1 dt+\int_1^x t^3dt=\frac{x^4}{4}+\frac{3}{4}$.

综上所述，

$$\int_0^x\max(t^3,t^2,1)dt=\begin{cases}\frac{x^3}{3}-\frac{2}{3}, & x<-1,\\ x, & -1\leqslant x\leqslant 1,\\ \frac{x^4}{4}+\frac{3}{4}, & x>1.\end{cases}$$

12. 设 $f(x)$ 为连续函数，证明 $\int_0^x f(t)(x-t)dt=\int_0^x\left(\int_0^t f(u)du\right)dt$.

证　因为

$$\int_0^x f(t)(x-t)dt=\int_0^x[xf(t)-tf(t)]dt=x\int_0^x f(t)dt-\int_0^x tf(t)dt,$$

$$\varphi(x)=\int_0^x f(t)(x-t)\mathrm{d}t-\int_0^x\left[\int_0^t f(u)\mathrm{d}u\right]\mathrm{d}t,$$

则

$$\varphi(x)=x\int_0^x f(t)\mathrm{d}t-\int_0^x tf(t)\mathrm{d}t-\int_0^x\left[\int_0^t f(u)\mathrm{d}u\right]\mathrm{d}t,$$

$$\varphi'(x)=\int_0^x f(t)\mathrm{d}t+xf(x)-xf(x)-\int_0^t f(u)\mathrm{d}u=0.$$

所以

$$\varphi(x)=c(\text{常数})$$

$\varphi(0)=0$,所以 $c=0$,即 $\varphi(x)=0$,所以原式得证.

13. 设 $f(x)$ 在区间 $[a,b]$ 上连续,且 $f(x)>0$, $F(x)=\int_a^x f(t)\mathrm{d}t+\int_b^x \frac{\mathrm{d}t}{f(t)}, x\in[a,b]$,证明:(1) $F'(x)\geqslant 2$;(2)方程 $F(x)=0$ 在区间 (a,b) 内有且仅有一个根.

证 (1) $F'(x)=f(x)+\frac{1}{f(x)}$,又因为 $f(x)>0$,

所以 $$F'(x)=f(x)+\frac{1}{f(x)}=\left[\sqrt{f(x)}-\frac{1}{\sqrt{f(x)}}\right]^2+2\geqslant 2.$$

(2) $F(a)=\int_a^a f(t)\mathrm{d}t+\int_b^a \frac{\mathrm{d}t}{f(t)}=-\int_a^b \frac{\mathrm{d}t}{f(t)}<0$,

$F(b)=\int_a^b f(t)\mathrm{d}t+\int_b^b \frac{\mathrm{d}t}{f(t)}=\int_a^b f(t)\mathrm{d}t>0$,

又因为 $f(x)$ 在区间 $[a,b]$ 上连续,由零点定理可知,方程 $F(x)=0$ 在区间 (a,b) 内至少有一个根.

又因为 $F'(x)\geqslant 2$,所以 $F(x)$ 在 $[a,b]$ 上为单调递增函数. 从而方程 $F(x)=0$ 在区间 (a,b) 内有且仅有一个根.

14. 求 $\int_0^2 f(x-1)\mathrm{d}x$,其中 $f(x)=\begin{cases}\frac{1}{1+x}, & x\geqslant 0,\\ \frac{1}{1+\mathrm{e}^x}, & x<0.\end{cases}$

解 $$\int_0^2 f(x-1)\mathrm{d}x \xlongequal{令 x-1=t} \int_{-1}^1 f(t)\mathrm{d}t=\int_{-1}^0\frac{1}{1+\mathrm{e}^t}\mathrm{d}t+\int_0^1\frac{1}{1+t}\mathrm{d}t$$

$$=\int_{-1}^0\frac{\mathrm{e}^{-t}}{\mathrm{e}^{-t}+1}\mathrm{d}t+\int_0^1\frac{1}{1+t}\mathrm{d}t=-\ln(\mathrm{e}^{-t}+1)\Big|_{-1}^0+\ln(1+t)\Big|_0^1=\ln(1+\mathrm{e}).$$

15. 设 $f(x)$ 在区间 $[a,b]$ 上连续, $g(x)$ 在区间 $[a,b]$ 上连续且不变号. 证明至少存在一点 $\xi\in[a,b]$,使下式成立: $\int_a^b f(x)g(x)\mathrm{d}x=f(\xi)\int_a^b g(x)\mathrm{d}x$ (积分第一中值定理).

证 不妨设 $g(x)\geqslant 0$, $\int_a^b g(x)\mathrm{d}x>0$. ($g(x)\equiv 0$ 时,等式显然成立.)

由于 $f(x)$ 在区间 $[a,b]$ 上连续,由最值定理可知,存在常数 M,m,使得 $m\leqslant f(x)\leqslant$

M，于是 $mg(x) \leqslant f(x)g(x) \leqslant Mg(x)$，两边积分得

$$m\int_a^b g(x)\mathrm{d}x \leqslant \int_a^b f(x)g(x)\mathrm{d}x \leqslant M\int_a^b g(x)\mathrm{d}x .$$

又因为 $\int_a^b g(x)\mathrm{d}x > 0$，所以 $m \leqslant \dfrac{\int_a^b f(x)g(x)\mathrm{d}x}{\int_a^b g(x)\mathrm{d}x} \leqslant M$．由介值定理得，存在 $\xi \in [a,b]$，使

$$f(\xi) = \frac{\int_a^b f(x)g(x)\mathrm{d}x}{\int_a^b g(x)\mathrm{d}x}，即 \int_a^b f(x)g(x)\mathrm{d}x = f(\xi)\int_a^b g(x)\mathrm{d}x .$$

当 $g(x) \leqslant 0$ 时，同理可得到该结论．

第五章同步测试题

一、填空题（每小题 3 分，共 15 分）

1. 曲线 $y=\int_0^x (t-1)(t-2)\mathrm{d}t$ 在点(0,0)处的切线方程是__________．

2. 设 $f(x)$ 是连续函数，且 $f(x)=x+2\int_0^1 f(t)\mathrm{d}t$，则 $f(x)=$__________．

3. $\int_{-\pi}^{\pi}\left(\dfrac{x^2\sin x}{1+x^2}+\cos^2 x + x^3\mathrm{e}^{-|x|}\right)\mathrm{d}x=$__________．

4. $\int_0^{\sqrt{3}}\sqrt{3-x^2}\,\mathrm{d}x=$__________．

5. 若 $\lim\limits_{x\to\infty}\left(\dfrac{1+x}{x}\right)^{ax}=\int_{-\infty}^{a} t\mathrm{e}^t\mathrm{d}t$，则 $a=$__________．

二、单项选择题（每小题 3 分，共 15 分）

1. 设函数 $f(x)$ 在区间 $[-1,1]$ 上连续，则 $x=0$ 是函数 $g(x)=\dfrac{\int_0^x f(t)\mathrm{d}t}{x}$ 的（　　）．

A. 跳跃间断点　　B. 可去间断点　　C. 无穷间断点　　D. 振荡间断点

2. 设函数 $f(x)=\int_0^{x^2}\ln(2+t)\mathrm{d}t$，则 $f'(x)$ 的零点的个数为（　　）．

A. 0　　B. 1　　C. 2　　D. 3

3. 设函数 $f(x)$ 连续，则 $\dfrac{\mathrm{d}}{\mathrm{d}x}\int_0^x tf(x^2-t^2)\mathrm{d}t=$（　　）．

A. $xf(x^2)$　　B. $-xf(x^2)$　　C. $2xf(x^2)$　　D. $-2xf(x^2)$

4. 下列（　　）的结果为零．

A. $x\ln x - x - \int \ln x\mathrm{d}x$　　B. $\int_{-\infty}^{+\infty}\dfrac{x}{\sqrt{1+x^2}}\mathrm{d}x$

C. $\int_{-a}^{a} x[f(x)+f(-x)]\mathrm{d}x$　　D. $\int_1^3 |x^2-x-2|\mathrm{d}x$

5. 设函数 $f(x)=x^2-\int_0^{x^2}\cos(t^2)\mathrm{d}t$，$g(x)=\sin^9 x$，则当 $x\to 0$ 时，$f(x)$ 是 $g(x)$ 的（　　）．

A. 等价无穷小　　B. 同阶但非等价无穷小

C. 高阶无穷小　　D. 低阶无穷小

三、计算题(每小题 6 分,共 48 分)

1. $\int_4^9 \sqrt{x}(1+\sqrt{x})\mathrm{d}x$；　　2. $\int_0^1 \frac{1}{x^2+4x+5}\mathrm{d}x$；

3. $\int_{-2}^5 |x^2-2x-3|\mathrm{d}x$；　　4. $\int_{-\frac{1}{2}}^{\frac{1}{2}} \frac{x^3\cos x+1}{\sqrt{1-x^2}}\mathrm{d}x$；

5. $\int_0^{\frac{\pi}{4}} \frac{\sin^2\theta\cos^2\theta}{(\sin^3\theta+\cos^3\theta)^2}\mathrm{d}\theta$；　　6. $\int_0^{+\infty} \frac{x\ln x}{(1+x^2)^2}\mathrm{d}x$；

7. $\lim\limits_{n\to\infty}(\frac{1}{n^2}+\frac{2}{n^2}+\cdots+\frac{n}{n^2})$；　　8. $\lim\limits_{x\to 0}\frac{\int_0^{x^2} t\mathrm{e}^t\sin t\mathrm{d}t}{x^6\mathrm{e}^x}$.

四、解答题(每小题 8 分,共 16 分)

1. 设函数 $f(x)=\int_0^x \frac{\sin t}{\pi-t}\mathrm{d}t$,求 $\int_0^{\pi} f(x)\mathrm{d}x$；

2. 设 $f(x)=\begin{cases}\frac{1}{1+\mathrm{e}^x}, & x\leqslant 0,\\ \frac{1}{1+\sqrt{x}}, & x>0,\end{cases}$ 求 $\int_0^2 f(x-1)\mathrm{d}x$.

五、证明题(6 分)

设 $f(x)$ 在 $[0,1]$ 上连续,在 $(0,1)$ 内可导,且 $3\int_{\frac{2}{3}}^1 f(x)\mathrm{d}x=f(0)$,试证在 $(0,1)$ 内至少存在一个点 c ,使得 $f'(c)=0$.

第五章同步测试题答案

一、填空题

1. $y=2x$；　2. $x-1$；　3. π；　4. $\frac{3\pi}{4}$；　5. 2.

二、单项选择题

1. B；　2. B；　3. A；　4. C；　5. C.

三、计算题

1. 解　令 $\sqrt{x}=t$,则 $x=t^2$, $\mathrm{d}x=2t\mathrm{d}t$,代入原式得

$$\int_4^9 \sqrt{x}(1+\sqrt{x})\mathrm{d}x=\int_2^3 t(1+t)\cdot 2t\mathrm{d}t=2\int_2^3(t^2+t^3)\mathrm{d}t=45\frac{1}{6}.$$

2. 解　$\int_0^1 \frac{1}{x^2+4x+5}\mathrm{d}x=\int_0^1 \frac{1}{(x+2)^2+1}\mathrm{d}x$,

令 $x+2=\tan t$,则 $x=\tan t-2$, $\mathrm{d}x=\sec^2 t\mathrm{d}t$,

原式 $=\int_{\arctan 2}^{\arctan 3} \frac{\sec^2 t}{\tan^2 t+1}\mathrm{d}t=\int_{\arctan 2}^{\arctan 3} \frac{\sec^2 t}{\sec^2 t}\mathrm{d}t=\arctan 3-\arctan 2$.

3. 解　令 $x^2-2x-3=0$,则 $x_1=-1$, $x_2=3$,由此可得

$$\int_{-2}^{5}|x^2-2x-3|\,dx=\int_{-2}^{-1}(x^2-2x-3)\,dx-\int_{-1}^{3}(x^2-2x-3)\,dx+\int_{3}^{5}(x^2-2x-3)\,dx$$

$$=\left[\frac{1}{3}x^3-x^2-3x\right]_{-2}^{-1}-\left[\frac{1}{3}x^3-x^2-3x\right]_{-1}^{3}+\left[\frac{1}{3}x^3-x^2-3x\right]_{3}^{5}$$

$$=\frac{71}{3}.$$

4. **解**　因为积分区间对称，且被积函数中 $\frac{x^3\cos x}{\sqrt{1-x^2}}$ 为奇函数，$\frac{1}{\sqrt{1-x^2}}$ 为偶函数，

所以原式 $=2\int_0^{\frac{1}{2}}\frac{1}{\sqrt{1-x^2}}dx=2\,[\arcsin x]_0^{\frac{1}{2}}=\frac{\pi}{3}$.

5. **解**　被积函数的分子、分母同时除以 $\cos^6\theta$，可得

$$\int_0^{\frac{\pi}{4}}\frac{\sin^2\theta\cos^2\theta}{(\sin^3\theta+\cos^3\theta)^2}d\theta=\int_0^{\frac{\pi}{4}}\frac{\tan^2\theta\sec^2\theta}{(\tan^3\theta+1)^2}d\theta=\int_0^{\frac{\pi}{4}}\frac{\tan^2\theta}{(\tan^3\theta+1)^2}d(\tan\theta)$$

$$=\frac{1}{3}\int_0^{\frac{\pi}{4}}\frac{d(\tan^3\theta+1)}{(\tan^3\theta+1)^2}=-\frac{1}{3}\cdot\frac{1}{\tan^3\theta+1}\Bigg|_0^{\frac{\pi}{4}}=\frac{1}{6}.$$

6. **解**　该题为混合型的反常积分，$x=0$ 为瑕点，所以要把原积分拆成单一类型的积分，所以有 $\int_0^{+\infty}\frac{x\ln x}{(1+x^2)^2}dx=\int_0^1\frac{x\ln x}{(1+x^2)^2}dx+\int_1^{+\infty}\frac{x\ln x}{(1+x^2)^2}dx$，

令 $x=\frac{1}{t}$，$\int_1^{+\infty}\frac{x\ln x}{(1+x^2)^2}dx=\int_1^0\frac{\frac{1}{t}\ln\frac{1}{t}\cdot\left(-\frac{1}{t^2}\right)dt}{\left(1+\frac{1}{t^2}\right)^2}$

$$=\int_1^0\frac{t\ln t}{(1+t^2)^2}dt=-\int_0^1\frac{x\ln x}{(1+x^2)^2}dx,$$

所以该反常积分收敛，$\int_0^{+\infty}\frac{x\ln x}{(1+x^2)^2}dx=0$.

7. **解**　$\lim\limits_{n\to\infty}(\frac{1}{n^2}+\frac{2}{n^2}+\cdots+\frac{n}{n^2})=\lim\limits_{n\to\infty}\frac{1}{n}\sum\limits_{i=1}^{n}\frac{i}{n}=\int_0^1x\,dx=\frac{1}{2}$.

8. **解**　$\lim\limits_{x\to0}\frac{\int_0^{x^2}te^t\sin t\,dt}{x^6e^x}=\lim\limits_{x\to0}\frac{x^2e^{x^2}\sin x^2\cdot2x}{6x^5e^x+x^6e^x}=\lim\limits_{x\to0}\frac{2e^x\sin x^2}{6x^2+x^3}$

$$\xlongequal{\sin x^2\sim x^2}\lim_{x\to0}\frac{2e^xx^2}{6x^2+x^3}=\lim_{x\to0}\frac{2e^x}{6+x}=\frac{1}{3}.$$

四、解答题

1. **解**　由分部积分法得

$$\int_0^{\pi}f(x)dx=xf(x)\big|_0^{\pi}-\int_0^{\pi}xf'(x)dx=\pi\int_0^{\pi}\frac{\sin t}{\pi-t}dt-\int_0^{\pi}x\frac{\sin x}{\pi-x}dx$$

$$=\int_0^{\pi}\pi\frac{\sin x}{\pi-x}dx-\int_0^{\pi}x\frac{\sin x}{\pi-x}dx=\int_0^{\pi}(\pi-x)\frac{\sin x}{\pi-x}dx=-\cos x\big|_0^{\pi}=2.$$

2. **解**　令 $x-1=t$，则

$$\int_0^2 f(x-1)\mathrm{d}x=\int_{-1}^1 f(t)\mathrm{d}t=\int_{-1}^0 \frac{1}{1+\mathrm{e}^t}\mathrm{d}t+\int_0^1 \frac{1}{1+\sqrt{t}}\mathrm{d}t$$

$$=[\ln(1+\mathrm{e})-\ln 2]+(2-2\ln 2)=\ln(1+\mathrm{e})+2-3\ln 2.$$

五、证明题

证 由定积分中值定理,存在 $\xi\in\left(\frac{2}{3},1\right)$,

有 $\int_{\frac{2}{3}}^1 f(x)\mathrm{d}x=f(\xi)\cdot\frac{1}{3}$,即 $f(\xi)=3\int_{\frac{2}{3}}^1 f(x)\mathrm{d}x$,所以 $f(0)=f(\xi)$;

由题意, $f(x)$ 在区间 $[0,\xi]\subset[0,1]$ 上连续,在 $(0,\xi)$ 内可导,且 $f(0)=f(\xi)$,由罗尔定理知,至少存在一点 $c\in(0,\xi)\subset(0,1)$,使得 $f'(c)=0$.

第六章

定积分的应用

第一节　定积分的元素法

1.1　学习目标

理解定积分的元素法，了解元素法适用的条件，掌握使用元素法的基本步骤．

1.2　内容提要

1. 定积分元素法的适用条件

(1) 在适当建立坐标系后，所讨论的量 U 是与一个变量 x 的变化区间 $[a,b]$ 有关的量；

(2) U 对于区间 $[a,b]$ 具有可加性，即对应区间 $[a,b]$ 的总量 U 等于 $[a,b]$ 分割为若干个子区间后，对应于各子区间上部分量 ΔU_i 之和；

(3) 部分量 ΔU_i 可以近似地表示成 $f(\xi_i)\Delta x_i$ 的形式，其中 $f(x)$ 为区间 $[a,b]$ 上的连续函数．

2. 定积分元素法的步骤

(1) 选取一个变量如 x 为积分变量，确定它的变化区间 $[a,b]$；

(2) 把区间 $[a,b]$ 分成 n 个小区间，取其中任意一个小区间，记作 $[x,x+\mathrm{d}x]$，求出相应的 ΔU 的近似值，记作元素 $\mathrm{d}U=f(x)\mathrm{d}x$；

(3) 计算定积分 $U=\int_a^b f(x)\mathrm{d}x$．

【注】 在第五章引入定积分的两个引例中是按“分割，近似，求和与取极限”4 个步骤来得到所求量的和式的极限(定积分)的，而在定积分的“元素法”中，着重突出了其中的第二步“近似”，即所求量 U 的“元素” $\mathrm{d}U$，这时往往采取的是“以直代曲”、“以匀代变”等方法，这是用定积分解决实际问题的关键．

第二节　定积分在几何学上的应用

2.1　学习目标

掌握定积分的“元素法”，能够运用该方法处理实际问题，掌握用定积分表达和计算一些常见的几何量(包括平面图形的面积、旋转体的体积及侧面积、平行截面面积为已知的立体的体积、平面曲线的弧长等).

2.2 内容提要

1. 平面图形的面积

(1) 直角坐标系下的面积计算

① 设平面图形由连续曲线 $y=f_1(x)$,$y=f_2(x)$ 及直线 $x=a,x=b$ 所围成,并且在 $[a,b]$ 上 $f_1(x)\geqslant f_2(x)$ (见图 6-1,图 6-2),则相应图形的面积为 $A=\int_a^b[f_1(x)-f_2(x)]\mathrm{d}x$.

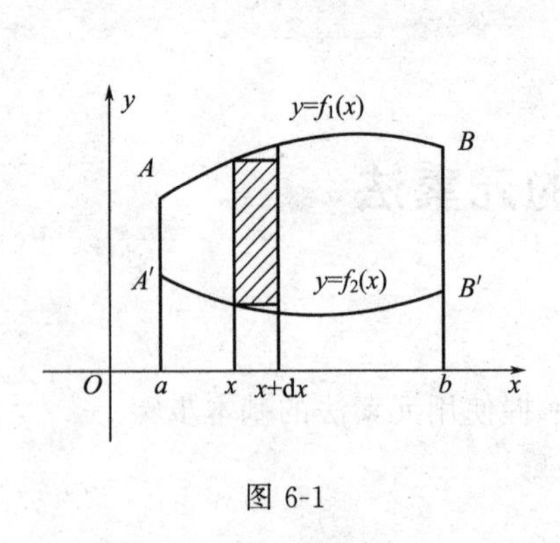

图 6-1

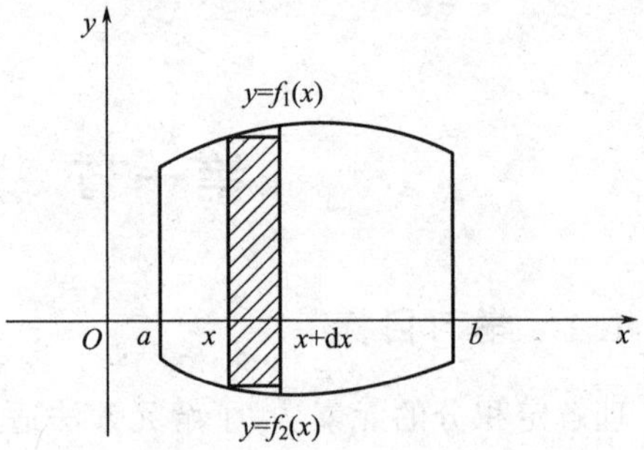

图 6-2

② 设平面图形由连续曲线 $x=g_1(y)$,$x=g_2(y)$ 及直线 $y=c,y=d$ 所围成,并且在 $[c,d]$ 上 $g_1(y)\geqslant g_2(y)$ (见图 6-3),则其相应图形的面积为 $A=\int_c^d[g_1(y)-g_2(y)]\mathrm{d}y$.

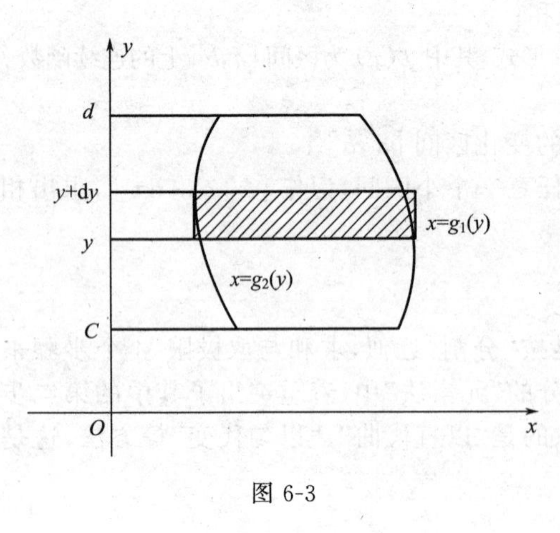

图 6-3

③ 参数方程下的面积计算:若平面曲线 $y=f(x)(f(x)\geqslant 0),a\leqslant x\leqslant b$, 由参数方程 $\begin{cases}x=\varphi(t),\\y=\psi(t)\end{cases}(t_1\leqslant t\leqslant t_2)$ 给出,且 $\varphi(t),\psi(t),\varphi'(t)$ 在$[t_1,t_2]$上连续,则曲线与 $x=a,x=b$ 及 x 轴所围的曲边梯形的面积为 $A=\int_a^b|y|\mathrm{d}x=\int_{t1}^{t2}|\psi(t)|\varphi'(t)\mathrm{d}t$.

(2) 极坐标系下的面积计算

设曲线的极坐标方程为 $\rho=\rho(\theta)$,且 $\rho(\theta)$ 在$[\alpha,\beta]$上连续,则曲线 $\rho=\rho(\theta)$ 与射线 $\theta=\alpha$, $\theta=\beta$ 所围区域(称为曲边扇形)的面积为

$$A=\frac{1}{2}\int_\alpha^\beta\rho^2(\theta)\mathrm{d}\theta .$$

2. 立体的体积

(1) 旋转体的体积

① 设一曲边梯形由连续曲线 $y=f(x)$，x 轴及直线 $x=a$，$x=b$ 所围成,则此曲边梯形绕 x 轴和 y 轴旋转一周所形成的旋转体的体积分别为

$$V_x=\pi\int_a^b y^2\mathrm{d}x=\pi\int_a^b[f(x)]^2\mathrm{d}x,\qquad V_y=2\pi\int_a^b xy\mathrm{d}x=2\pi\int_a^b xf(x)\mathrm{d}x.$$

② 设一曲边梯形由连续曲线 $x=\varphi(y)$，y 轴及直线 $y=c$，$y=d$ 所围成,则此曲边梯形绕 y 轴和 x 轴旋转一周所形成的旋转体的体积分别为

$$V_y=\pi\int_c^d x^2\mathrm{d}y=\pi\int_c^d\varphi(y)^2\mathrm{d}y,\qquad V_x=2\pi\int_c^d xy\mathrm{d}y=2\pi\int_c^d\varphi(y)y\mathrm{d}y.$$

【注】 第二组公式可参见教材课后习题 6-2 第 19 题.

(2) 平行截面面积为已知的立体体积

$$V=\int_a^b A(x)\mathrm{d}x\ (a<b).$$

3. 平面曲线的弧长

(1) 直角坐标系下的弧长计算

设曲线 $y=f(x)$ 在 $[a,b]$ 上连续,且 $f'(x)$ 连续,则 $y=f(x)$ 在 $[a,b]$ 上的弧长为

$$s=\int_a^b\sqrt{1+[f'(x)]^2}\mathrm{d}x.$$

(2) 极坐标系下的弧长计算

设曲线的极坐标方程为 $\rho=\rho(\theta)$,那么相应于 $\theta=\alpha$,$\theta=\beta$ 的一段弧长为

$$s=\int_\alpha^\beta\sqrt{\rho^2(\theta)+\rho'^2(\theta)}\mathrm{d}\theta$$

(3) 参数方程下的弧长计算

设曲线的参数方程为 $\begin{cases}x=\varphi(t),\\ y=\psi(t)\end{cases}$ $(\alpha\leqslant t\leqslant\beta)$,则这段曲线的弧长为

$$s=\int_\alpha^\beta\sqrt{\varphi'^2(t)+\psi'^2(t)}\mathrm{d}t.$$

4. 旋转体的侧面积

由曲线 $y=f(x)(f(x)\geqslant 0)$,直线 $x=a$,$x=b(a<b)$,x 轴所围成的曲边梯形绕 x 轴旋转一周所形成的旋转体的侧面积为 $A_x=2\pi\int_a^b f(x)\sqrt{1+f'^2(x)}\mathrm{d}x$.

2.3 典型例题与方法

基本题型Ⅰ:求平面图形的面积

例 1 求由抛物线 $x=1-2y^2$ 与直线 $y=x$ 所围成的平面图形的面积(见图 6-4).

【分析】 此题可以将 x 作为积分变量,也可以将 y 作为积分变量. 由图 6-4 可以看出,将 x 作为积分变量时,需要将图形分成两部分积分,计算较为复杂,取 y 为积分变量比较方便,因此采用简单的计算方法,将 y 作为积分变量.

解 联立方程组 $\begin{cases}x=1-2y^2,\\ y=x,\end{cases}$ 求得交点 $(-1,-1)$ 和 $\left(\frac{1}{2},\frac{1}{2}\right)$,此时取 y 为积分变量比较方便,相应的积分区间为 $\left[-1,\frac{1}{2}\right]$,于是根据面积公式有

$$A=\int_{-1}^{\frac{1}{2}}|y-1+2y^2|\,dy=\left(y-\frac{y^2}{2}-\frac{2}{3}y^3\right)\Big|_{-1}^{\frac{1}{2}}=\frac{9}{8}.$$

例 2 求 $|\ln x|+|\ln y|=1$ 所围图形的面积.

【分析】 方程 $|\ln x|+|\ln y|=1$ 包括两条双曲线 $y=\frac{e}{x}$ 与 $y=\frac{1}{ex}$ 和两条直线 $y=ex$ 与 $y=\frac{x}{e}$,它们所围成的平面图形如图 6-5 所示.

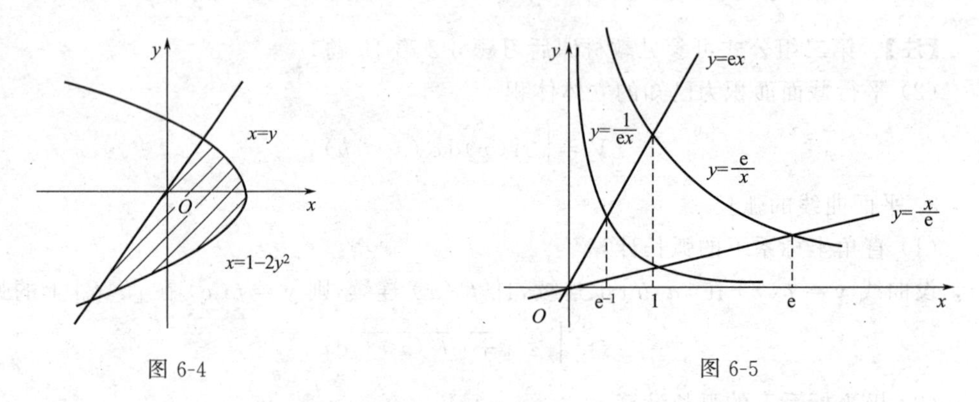

图 6-4 图 6-5

解 联立四个方程 $y=\frac{e}{x},y=\frac{1}{ex},y=ex,y=\frac{x}{e}$,

解得交点 $(e^{-1},1),(1,e^{-1}),(1,e),(e,1)$,故所求面积为

$$\int_{e^{-1}}^{1}\left(ex-\frac{1}{ex}\right)dx+\int_{1}^{e}\left(\frac{e}{x}-\frac{x}{e}\right)dx=e-e^{-1}.$$

【方法点击】 在计算图形面积时,首先要画出平面图形,而找到边界曲线的交点,既可以帮助画图,同时对确定积分上下限也有启发;另外,当所求图形的边界曲线情况不同时(如例 2),可将大图形分割成小图形分别计算面积,再求和.

例 3 求由摆线 $x=a(t-\sin t)$, $y=a(1-\cos t)$ 的一拱 $(0\leqslant t\leqslant 2\pi)$ 与横轴所围成的图形的面积.

【分析】 平面直角坐标系下的曲线由参数式表示时,要把用 x, y 表示的求面积的定积分转化为用参变量表示的定积分.

解 面积 $A=\int_a^b y\,dx=\int_0^{2\pi}a(1-\cos t)\,d[a(t-\sin t)]=\int_0^{2\pi}a^2(1-\cos t)^2dt$

$$=a^2\int_0^{2\pi}(1-2\cos t+\cos^2 t)\,dt=2\pi a^2+a^2\int_0^{2\pi}\frac{1+\cos 2t}{2}dt=3\pi a^2.$$

例 4 计算双纽线 $(x^2+y^2)^2=x^2-y^2$ 所围成平面图形的面积 A.

【分析】 在方程中用 $-x$ 代替 x 方程不变,用 $-y$ 代替 y 方程不变,则曲线关于 x 轴及 y 轴对称,因而只需计算第一象限面积,再乘以 4 即得所求的总面积(见图 6-6). 由于从方程中解 y 很困难,不能直接利用直角坐标系求图形面积,因此考虑利用极坐标系.

解 令 $x=\rho\cos\theta,y=\rho\sin\theta$,曲线 $(x^2+y^2)^2=x^2-y^2$ 在极坐标系下的方程为 $\rho^2=\cos 2\theta$,即 $\rho=\sqrt{\cos 2\theta}$. 在第一象限内,$0\leqslant\theta\leqslant\frac{\pi}{2}$,因为 $\rho\geqslant 0$,所以 $0\leqslant\theta\leqslant\frac{\pi}{4}$.

$$A=4\int_0^{\frac{\pi}{4}}\frac{1}{2}\rho^2(\theta)\mathrm{d}\theta=4\int_0^{\frac{\pi}{4}}\frac{1}{2}\cos2\theta\mathrm{d}\theta=\sin2\theta\Big|_0^{\frac{\pi}{4}}=1.$$

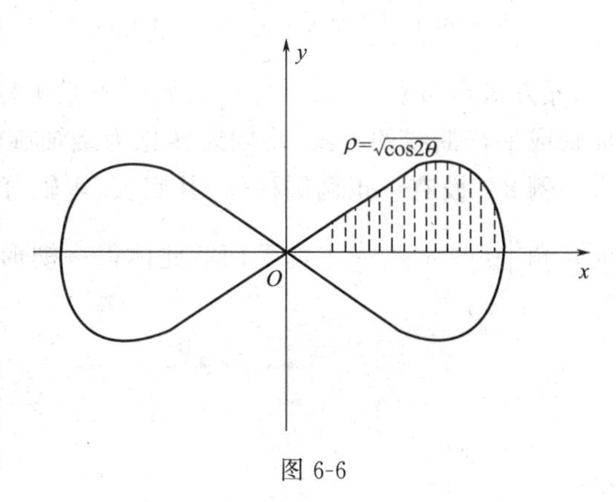

图 6-6

【方法点击】 如果题目中所涉及的曲线在直角坐标系下计算相当复杂，可以选取极坐标系或用参数方程表示，实现“化难为易”；另外，几何应用方面的一个重要原则就是充分利用图形的对称性，这不仅能简化计算，还能避免错误．

基本题型Ⅱ：求立体的体积

例 5 将曲线 $y=\mathrm{e}^{-x}$，x 轴，y 轴与直线 $x=1$ 所围成的平面图形分别绕 x 轴与 y 轴旋转一周得两个旋转体，分别求这两个旋转体的体积．

解 平面图形绕 x 轴旋转一周所得的旋转体体积为

$$V_x=\pi\int_0^1 y^2\mathrm{d}x=\pi\int_0^1\mathrm{e}^{-2x}\mathrm{d}x=-\frac{\pi}{2}\left(\mathrm{e}^{-2x}\right)\Big|_0^1=\frac{\pi(1-\mathrm{e}^{-2})}{2}.$$

平面图形绕 y 轴旋转一周所得的旋转体体积为

$$V_y=2\pi\int_0^1 xy\mathrm{d}x=2\pi\int_0^1 x\mathrm{e}^{-x}\mathrm{d}x=2\pi\left(-x\mathrm{e}^{-x}\Big|_0^1+\int_0^1\mathrm{e}^{-x}\mathrm{d}x\right)=2\pi(1-2\mathrm{e}^{-1}).$$

【方法点击】 本题绕 y 轴旋转所得的旋转体的体积也可以用课本中提供的公式来做，即

$$V_y=\pi\cdot1^2\cdot\mathrm{e}^{-1}+\pi\int_{\mathrm{e}^{-1}}^1 x^2\mathrm{d}y=\mathrm{e}^{-1}\cdot\pi+\pi\int_{\mathrm{e}^{-1}}^1(-\ln y)^2\mathrm{d}y,$$

但是它的积分过程要更麻烦一些，所以根据曲线的表达式选择合适的公式可以简化计算过程.

例 6 过点 $P(1,0)$ 作抛物线 $y=\sqrt{x-2}$ 的切线，求该切线与抛物线 $y=\sqrt{x-2}$ 及 x 轴所围平面图形绕 x 轴旋转而成的旋转体体积(见图 6-7).

【分析】 先求出切线方程，找到各线之间的交点，再画出图形，最后利用旋转体的体积公式进行计算．

解 设切点为 $(x_0,\sqrt{x_0-2})$，则切线方程为 $y=\dfrac{1}{2\sqrt{x_0-2}}(x-1)$．由于切点在切线上，所以代入得 $\sqrt{x_0-2}=\dfrac{1}{2\sqrt{x_0-2}}(x_0-1)$，解出 $x_0=3$. 所以切线方程为

$y=\dfrac{1}{2}(x-1)$．根据图 6-7，由旋转体的体积公式得

$$V_x=\pi\int_1^3\frac{1}{4}(x-1)^2\mathrm{d}x-\pi\int_2^3(x-2)\mathrm{d}x=\frac{7\pi}{6}.$$

例 7 求由曲线 $y=\sqrt{x}$，$x=1$，$x=2$ 及 x 轴所围成的平面图形绕直线 $y=-2$ 旋转而成的旋转体的体积．

解 将 x 轴向下平移 2 个单位，使其与直线 $y=-2$ 重合，则所求旋转体的体积变为

$y=2+\sqrt{x}$,$y=2$,$x=1$,$x=2$ 所围成区域绕 x 轴旋转而成的体积,所以

$$V=\pi\int_1^2(2+\sqrt{x})^2\mathrm{d}x-\pi\cdot2^2\cdot1=\pi\int_1^2(4\sqrt{x}+x)\mathrm{d}x=\pi\left(\frac{16\sqrt{2}}{3}-\frac{7}{6}\right).$$

【方法点击】 当旋转体的旋转轴不是坐标轴,而是和坐标轴平行的直线时,常用平移坐标轴或平移曲线的方式,将问题转化为绕轴旋转,再利用公式求解.

例 8 设有一正椭圆柱体,其底长、短轴分别为 $2a$ 、$2b$,用过此柱体底面长轴且与底面成 α 角 $\left(0<\alpha<\frac{\pi}{2}\right)$ 的平面截此体得一楔形(见图 6-8),求此楔形体积.

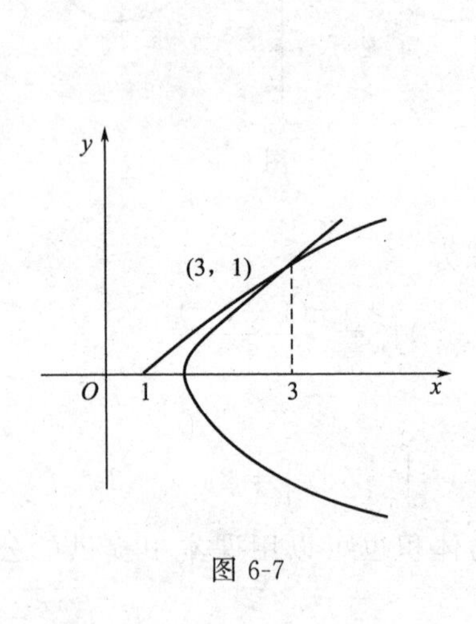

图 6-7

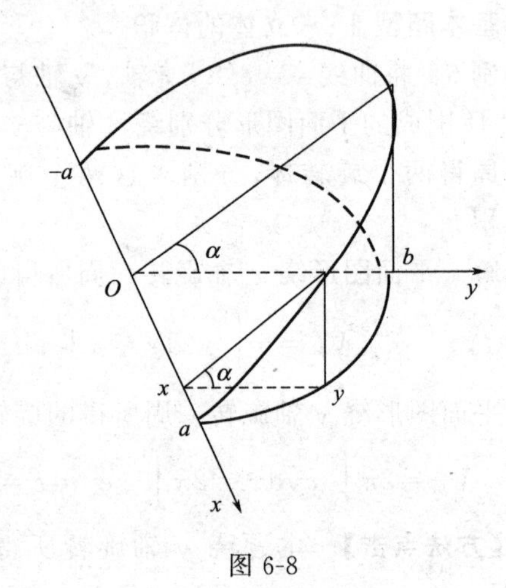

图 6-8

解 设椭圆方程为 $\frac{x^2}{a^2}+\frac{y^2}{b^2}=1$,以垂直于 x 轴的平面截此立体得截面为三角形,其一边是 $b\sqrt{1-\frac{x^2}{a^2}}$,另一边是 $b\sqrt{1-\frac{x^2}{a^2}}\tan\alpha$,故所求的体积为

$$V=\int_{-a}^{a}\frac{1}{2}b\sqrt{1-\frac{x^2}{a^2}}\cdot b\sqrt{1-\frac{x^2}{a^2}}\tan\alpha\,\mathrm{d}x$$

$$=\tan\alpha b^2\int_0^a\left(1-\frac{x^2}{a^2}\right)\mathrm{d}x=\frac{2ab^2}{3}\tan\alpha.$$

基本题型Ⅲ:求平面曲线的弧长

例 9 求下列平面曲线的弧长:

(1) 曲线 $y=\ln(1-x^2)$ 相应于 $0\leqslant x\leqslant\frac{1}{2}$ 的一段;

(2) 心形线 $\rho=a(1+\cos\theta)$ 的全长 $(a>0)$;

(3) 星形线 $x=a\cos^3t$,$y=a\sin^3t$ 的全长.

【分析】 课本中给出了三种形式(直角坐标系下、极坐标系下、参数方程表示曲线)求弧长的公式,关键是准确掌握弧微分的表达式,不同类型利用不同公式.

解 (1) 因为 $y'=\frac{-2x}{1-x^2}$,$\sqrt{1+y'^2}=\frac{1+x^2}{1-x^2}$,所以

$$s=\int_0^{\frac{1}{2}}\frac{1+x^2}{1-x^2}\mathrm{d}x=\int_0^{\frac{1}{2}}\left(-1+\frac{1}{1+x}+\frac{1}{1-x}\right)\mathrm{d}x$$

$$=-\frac{1}{2}+\ln\frac{1+x}{1-x}\Bigg|_0^{\frac{1}{2}}=-\frac{1}{2}+\ln 3.$$

(2) 心形线 $\rho=a(1+\cos\theta)$ 如图 6-9 所示，可以看出 θ 的取值范围为 $[0,2\pi]$. 由弧微分公式得

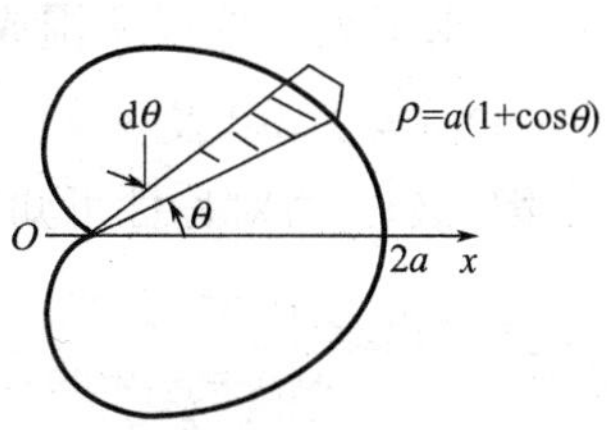

$$\mathrm{d}s=\sqrt{\rho^2(\theta)+\rho'^2(\theta)}\,\mathrm{d}\theta$$

$$=\sqrt{2}\,a\sqrt{1+\cos\theta}\,\mathrm{d}\theta=2a\left|\cos\frac{\theta}{2}\right|\mathrm{d}\theta\,,$$

图 6-9

所以 $s=\int_0^{2\pi}2a\left|\cos\frac{\theta}{2}\right|\mathrm{d}\theta=2a\left(\int_0^{\pi}\cos\frac{\theta}{2}\mathrm{d}\theta-\int_{\pi}^{2\pi}\cos\frac{\theta}{2}\mathrm{d}\theta\right)=8a$.

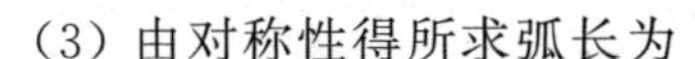

(3) 由对称性得所求弧长为

$$s=4\int_0^{\frac{\pi}{2}}\sqrt{[x'(t)]^2+[y'(t)]^2}\,\mathrm{d}t$$

$$=4\int_0^{\frac{\pi}{2}}\sqrt{[3a\cos^2t(-\sin t)]^2+(3a\sin^2t\cos t)^2}\,\mathrm{d}t$$

$$=4\int_0^{\frac{\pi}{2}}3a\sin t\cos t\,\mathrm{d}t=6a[\sin^2t]_0^{\frac{\pi}{2}}=6a.$$

2.4 习题 6-2 解答

3. 求抛物线 $y=-x^2+4x-3$ 及其点 $(0,-3)$ 和 $(3,0)$ 处的切线所围成图形的面积.

解 抛物线的切线的斜率为 $K=y'=-2x+4$，在点 $(0,-3)$ 处 $K_1=4$，故切线方程为 $y=4x-3$；在点 $(3,0)$ 处 $K_2=-2$，故切线方程为 $y=-2x+6$.

解方程组 $\begin{cases}y=4x-3,\\ y=-2x+6,\end{cases}$ 得两切线的交点为 $\left(\frac{3}{2},3\right)$，所求图形的面积为

$$S=\int_0^{\frac{3}{2}}[4x-3-(-x^2+4x-3)]\,\mathrm{d}x+\int_{\frac{3}{2}}^{3}[-2x+6-(-x^2+4x-3)]\,\mathrm{d}x$$

$$=\int_0^{\frac{3}{2}}x^2\mathrm{d}x+\int_{\frac{3}{2}}^{3}(x^2-6x+9)\,\mathrm{d}x=\frac{9}{8}+\frac{9}{8}=\frac{9}{4}.$$

5. 求下列各曲线所围成的图形的面积：

(1) $\rho=2a\cos\theta$ ；

(2) $x=a\cos^3t,y=a\sin^3t$ ；

(3) $\rho=2a(2+\cos\theta)$.

解 (1) 所求面积为

$$A=\int_{-\frac{\pi}{2}}^{\frac{\pi}{2}}\frac{1}{2}\rho^2\mathrm{d}\theta=\int_{-\frac{\pi}{2}}^{\frac{\pi}{2}}\frac{1}{2}(2a\cos\theta)^2\mathrm{d}\theta=a^2\left[\theta+\frac{1}{2}\sin 2\theta\right]_{-\frac{\pi}{2}}^{\frac{\pi}{2}}=\pi a^2.$$

(2) 所求面积为

$$A=4\int_0^a y\,\mathrm{d}x=4\int_{\frac{\pi}{2}}^{0}a\sin^3t\,\mathrm{d}(a\cos^3t)=12a^2\left(\int_0^{\frac{\pi}{2}}\sin^4t\,\mathrm{d}t-\int_0^{\frac{\pi}{2}}\sin^6t\,\mathrm{d}t\right)=\frac{3}{8}\pi a^2.$$

(3) 所求面积为

$$A=\int_0^{2\pi}\frac{1}{2}\rho^2\mathrm{d}\theta=2a^2\int_0^{2\pi}(2+\cos\theta)^2\mathrm{d}\theta=a^2\left[9\theta+8\sin\theta+\frac{1}{2}2\theta\right]_0^{2\pi}=18\pi a^2.$$

8. 求下列各曲线所围成图形的公共部分的面积：

(1) $\rho=3\cos\theta$ 及 $\rho=1+\cos\theta$；(2) $\rho=\sqrt{2}\sin\theta$ 及 $\rho^2=\cos 2\theta$.

解 (1) 由对称性可知所求图形的面积：$A=2(A_1+A_2)$，如图 6-10 所示.

解方程组 $\begin{cases}\rho=3\cos\theta,\\ \rho=1+\cos\theta,\end{cases}$ 得交点的极坐标为 $\left(\dfrac{3}{2},\dfrac{\pi}{3}\right)$，

$$A_1=\int_0^{\frac{\pi}{3}}\frac{1}{2}(1+\cos\theta)^2\mathrm{d}\theta=\int_0^{\frac{\pi}{3}}\frac{1}{2}(1+2\cos\theta+\cos^2\theta)\mathrm{d}\theta$$

$$=\frac{1}{2}\int_0^{\frac{\pi}{3}}\left(\frac{3}{2}+2\cos\theta+\frac{1}{2}\cos 2\theta\right)\mathrm{d}\theta$$

$$=\frac{1}{2}\left[\frac{3}{2}\theta+2\sin\theta+\frac{1}{4}\sin 2\theta\right]_0^{\frac{\pi}{3}}=\frac{\pi}{4}+\frac{9\sqrt{3}}{16}.$$

由 $\rho=3\cos\theta=0$，求得 $\theta=\dfrac{\pi}{2}$，

$$A_2=\int_{\frac{\pi}{3}}^{\frac{\pi}{2}}\frac{1}{2}(3\cos\theta)^2\mathrm{d}\theta=\int_{\frac{\pi}{3}}^{\frac{\pi}{2}}\frac{9}{4}(1+\cos 2\theta)\mathrm{d}\theta=\frac{9}{4}\left[\theta+\frac{1}{2}\sin 2\theta\right]_{\frac{\pi}{3}}^{\frac{\pi}{2}}=\frac{3\pi}{8}-\frac{9\sqrt{3}}{16}.$$

故由对称性可知 $A=2(A_1+A_2)=\dfrac{5}{4}\pi$.

(2) 第一条曲线表示的是一个圆，第二条曲线表示一双纽线，首先求出两曲线的交点 $\left(\dfrac{\sqrt{2}}{2},\dfrac{\pi}{6}\right)$，$\left(\dfrac{\sqrt{2}}{2},\dfrac{5\pi}{6}\right)$，再作图，由图 6-11 可知所求面积是第一象限面积的 2 倍，所以只需求解第一象限的面积.

因为第一象限的曲边扇形两条边界线的方程不同，故分成两部分计算.

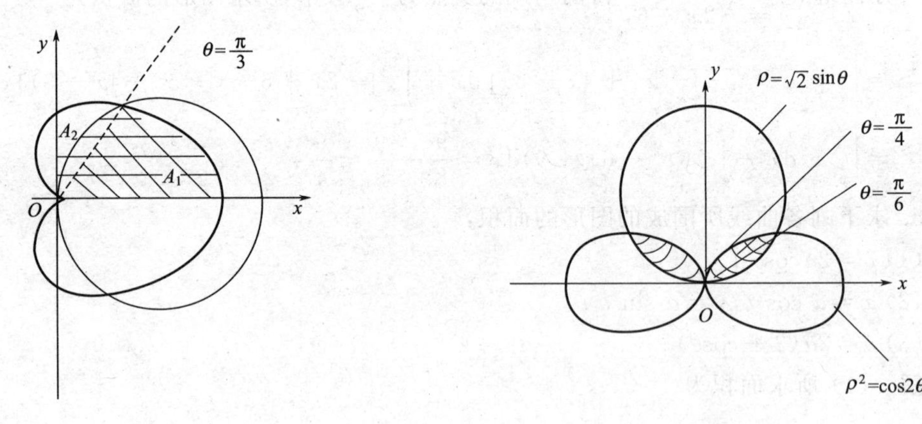

图 6-10　　　　图 6-11

$$S=2\left[\int_0^{\frac{\pi}{6}}\frac{1}{2}(\sqrt{2}\sin\theta)^2\mathrm{d}\theta+\int_{\frac{\pi}{6}}^{\frac{\pi}{4}}\frac{1}{2}\cos 2\theta\mathrm{d}\theta\right]=\int_0^{\frac{\pi}{6}}(1-\cos 2\theta)\mathrm{d}\theta+\int_{\frac{\pi}{6}}^{\frac{\pi}{4}}\cos 2\theta\mathrm{d}\theta$$

$$=\left[\theta-\frac{1}{2}\sin 2\theta\right]\Big|_0^{\frac{\pi}{6}}+\frac{1}{2}\sin 2\theta\Big|_{\frac{\pi}{6}}^{\frac{\pi}{4}}=\frac{\pi}{6}-\frac{\sqrt{3}-1}{2}.$$

9. 求位于曲线 $y=\mathrm{e}^x$ 下方该曲线过原点的切线的左方以及 x 轴上方之间的图形的面积.

解　设切线方程为 $y=kx$，它与曲线 $y=\mathrm{e}^x$ 相切于点 $M(x_0,y_0)$，则有

$$\begin{cases}y_0=kx_0,\\ y_0=\mathrm{e}^{x_0},\\ y'(x_0)=\mathrm{e}^{x_0}=k,\end{cases}\quad 解得\begin{cases}x_0=1,\\ y_0=\mathrm{e},\\ k=\mathrm{e},\end{cases}$$

可用两种方法计算．

(1) 取 y 为积分变量：

$$A=\int_0^{\mathrm{e}}\left(\frac{y}{\mathrm{e}}-\ln y\right)\mathrm{d}y=\left[\frac{y^2}{2\mathrm{e}}-y\ln y+y\right]_0^{\mathrm{e}}=\frac{\mathrm{e}}{2}.$$

(2) 取 x 为积分变量：

$$A=\int_{-\infty}^0\mathrm{e}^x\,\mathrm{d}x+\int_0^1(\mathrm{e}^x-\mathrm{e}x)\,\mathrm{d}x=[\mathrm{e}^x]_{-\infty}^0+\left[\mathrm{e}^x-\frac{1}{2}\mathrm{e}x^2\right]_0^1=\frac{\mathrm{e}}{2}.$$

10. 求由抛物线 $y^2=4ax$ 与过焦点的弦所围成的图形面积的最小值．

解　设过焦点 $(a,0)$ 的弦的倾角为 α，则此弦所在的直线方程为

$$y=(x-a)\tan\alpha.$$

解方程组 $\begin{cases}y^2=4ax,\\ y=(x-a)\tan\alpha,\end{cases}$ 求得抛物线与此弦的交点的纵坐标为

$$y=2a\cot\alpha\pm2a\csc\alpha.$$

令 $y_1=2a(\cot\alpha-\csc\alpha)$，$y_2=2a(\cot\alpha+\csc\alpha)$，由于 $0<\alpha<\pi$，$\csc\alpha>0$，所以 $y_1<y_2$，因此 P，Q 的纵坐标分别为 y_1，y_2．

弦 PQ 与抛物线所围成的面积为

$$\begin{aligned}A&=\int_{y_1}^{y_2}\left(a+\cot\alpha\cdot y-\frac{y^2}{4a}\right)\mathrm{d}y\\&=\left[ay+\frac{1}{2}\cot\alpha\cdot y^2-\frac{y^3}{12a}\right]_{y_1}^{y_2}\\&=4a^2\csc\alpha+8a^2\cot^2\alpha\csc\alpha-\frac{4a\csc\alpha}{12a}(12a^2\cot^2\alpha+4a^2\csc^2\alpha)\\&=4a^2\csc\alpha+4a^2\cot^2\alpha\csc\alpha-\frac{4}{3}a^2\csc^3\alpha\\&=\frac{8}{3}a^2\csc^3\alpha.\end{aligned}$$

因为 $0<\alpha<\pi$，当 $\alpha=\dfrac{\pi}{2}$ 时，$\csc^3\alpha$ 取得最小值 1，所以当 $\alpha=\dfrac{\pi}{2}$ 时，过焦点的弦与抛物线所围成的面积最小为 $\dfrac{8}{3}a^2$．

11. 已知抛物线 $y=px^2+qx$（其中 $p<0,q>0$）在第一象限内与直线 $x+y=5$ 相切，且此抛物线与 x 轴所围成的图形的面积为 A．问 p 和 q 为何值时，A 达到最大值，并求出此最大值．

解　依题意知，抛物线如图 6-11 所示，求得它与 x 轴交点的横坐标为 $x_1=0$，$x_2=-\dfrac{q}{p}$．

抛物线与 x 轴所围成的图形面积为

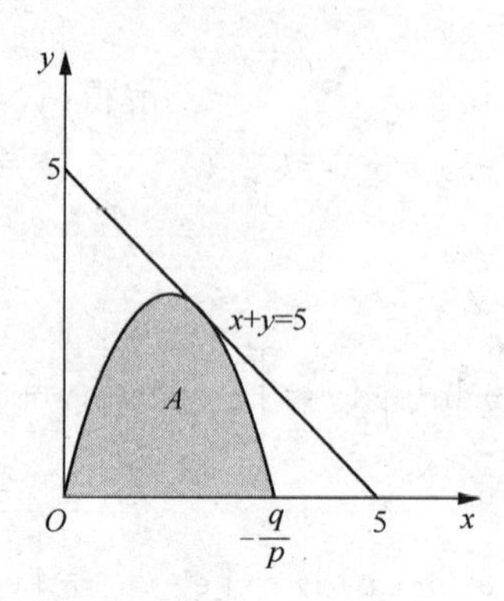

$$A=\int_0^{-\frac{q}{p}}(px^2+qx)\mathrm{d}x=\left[\frac{p}{3}x^3+\frac{q}{2}x^2\right]_0^{-\frac{q}{p}}=\frac{q^3}{6p^2}.$$

因直线 $x+y=5$ 与抛物线 $y=px^2+qx$ 相切,故它们有惟一交点. 由方程组

$$\begin{cases}x+y=5,\\ y=px^2+qx,\end{cases}$$

得 $px^2+(q+1)x-5=0$,其判别式 $\Delta=(q+1)^2+20p=0$,解得 $p=-\frac{1}{20}(1+q)^2$,代入面积 A,得

$$A(q)=\frac{200q^3}{3(1+q)^4}.$$

令 $A'(q)=\frac{200q^2(3-q)}{3(q+1)^5}=0$,得惟一驻点 $q=3$. 当 $0<q<3$ 时,$A'(q)>0$,当 $q>3$ 时,$A'(q)<0$. 于是,当 $q=3$ 时,$A(q)$取极大值,也是最大值. 此时 $p=-\frac{4}{5}$,最大值 $A=\frac{225}{32}$.

13. 把星形线 $x^{\frac{2}{3}}+y^{\frac{2}{3}}=a^{\frac{2}{3}}$ 所围成的图形绕 x 轴旋转,计算所得旋转体的体积.

解 该旋转体的体积等于图形位于第一象限的部分绕 x 轴旋转所形成的旋转体的体积的 2 倍,星形线的方程为 $x^{\frac{2}{3}}+y^{\frac{2}{3}}=a^{\frac{2}{3}}$,所求旋转体的体积为

$$V=2\int_0^a\pi y^2(x)\mathrm{d}x=2\pi\int_0^a(a^{\frac{2}{3}}-x^{\frac{2}{3}})^3\mathrm{d}x=\frac{32}{105}\pi a^3.$$

15. 求下列曲线所围成的图形按指定的轴旋转所产生的旋转体的体积:

(1) $y=x^2, x=y^2$,绕 y 轴;

(2) $y=\arcsin x, x=1, y=0$,绕 x 轴;

(3) $x^2+(y-5)^2=16$,绕 x 轴;

(4) 摆线 $x=a(t-\sin t), y=a(1-\cos t)$ 的一拱,$y=0$,绕直线 $y=2a$.

解 (1) 由方程组 $y=x^2, x=y^2$ 求得两抛物线的交点为 $(0,0)$ 和 $(1,1)$,所以旋转体的体积为

$$V=\int_0^1\pi[(\sqrt{y})^2-(y^2)^2]\mathrm{d}y=\frac{3}{10}\pi.$$

(2) 所求旋转体的体积为

$$V=\int_0^1 \pi y^2(x)\mathrm{d}x=\pi\int_0^1(\arcsin x)^2\mathrm{d}x=\frac{\pi^3}{4}+2\pi\int_0^1\arcsin x\,\mathrm{d}\sqrt{1-x^2}$$
$$=\frac{\pi^3}{4}+2\pi\sqrt{1-x^2}\arcsin x\Big|_0^1-2\pi\int_0^1\mathrm{d}x=\frac{\pi^3}{4}-2\pi.$$

(3) 所求旋转体的体积为

$$V=\int_{-4}^4\pi\left(5+\sqrt{16-x^2}\right)^2\mathrm{d}x-\int_{-4}^4\pi\left(5-\sqrt{16-x^2}\right)^2\mathrm{d}x$$
$$=20\pi\int_{-4}^4\sqrt{16-x^2}\,\mathrm{d}x=160\pi^2.$$

(4) 所求旋转体的体积为

$$V=\int_0^{2\pi a}\pi[(2a)^2-(2a-y)^2]\mathrm{d}x$$
$$=8\pi^2a^3-\int_0^{2\pi}\pi a^2(1+\cos t)^2\mathrm{d}[a(t-\sin t)]$$
$$=8\pi^2a^3-\pi a^3\left(\int_0^{2\pi}\sin^2t\,\mathrm{d}t+\int_0^{2\pi}\sin^2t\cos t\,\mathrm{d}t\right)$$
$$=8\pi^2a^3-\left(\int_0^{2\pi}\frac{1-\cos2t}{2}\mathrm{d}t+\int_0^{2\pi}\sin^2t\,\mathrm{d}\sin t\right)$$
$$=8\pi^2a^3-\pi^2a^3=7\pi^2a^3.$$

16. 求圆盘 $x^2+y^2\leqslant a^2$ 绕 $x=-b$ ($b>a>0$)旋转所成旋转体的体积.

解　所求旋转体的体积为

$$V=\int_{-a}^a\pi(b+\sqrt{a^2-y^2})^2\mathrm{d}y-\int_{-a}^a\pi(b-\sqrt{a^2-y^2})^2\mathrm{d}y$$
$$=4\pi b\int_{-a}^a\sqrt{a^2-y^2}\,\mathrm{d}y=2\pi^2a^2b.$$

18. 计算底面是半径为 R 的圆,而垂直于底面上一条固定直径的所有截面都是等边三角形的立体的体积.

解　如图 6-12 所示,底面圆的方程为 $x^2+y^2=R^2$,相应于点 x 的截面的底边长为 $2\sqrt{R^2-x^2}$,所以所求立体的体积为

$$V=\int_{-R}^R A(x)\mathrm{d}x=\int_{-R}^R\sqrt{3}(R^2-x^2)\mathrm{d}x=\frac{4\sqrt{3}}{3}R^3.$$

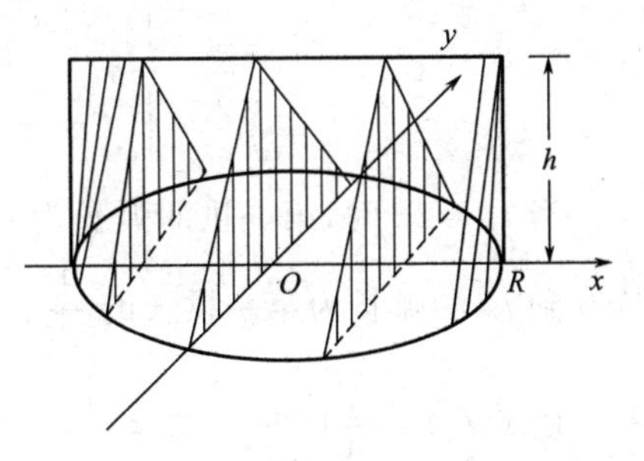

图 6-12

22. 计算曲线 $y=\ln x$ 相应于 $\sqrt{3}\leqslant x\leqslant\sqrt{8}$ 的一段弧的长度.

解　所求弧长为

$$s=\int_{\sqrt{3}}^{\sqrt{8}}\sqrt{1+y'^2}\,\mathrm{d}x$$
$$=\int_{\sqrt{3}}^{\sqrt{8}}\sqrt{1+[(\ln x)']^2}\,\mathrm{d}x$$
$$=\int_{\sqrt{3}}^{\sqrt{8}}\frac{\sqrt{1+x^2}}{x}\mathrm{d}x\ (令\sqrt{1+x^2}=t)$$
$$=\int_2^3\frac{t^2}{t^2-1}\mathrm{d}x=1+\frac{1}{2}\ln\frac{3}{2}.$$

23. 计算半立方抛物线 $y^2=\frac{2}{3}(x-1)^3$ 被抛物线 $y^2=\frac{1}{3}x$ 截得的一段弧的长度.

解 解方程组 $\begin{cases} y^2=\frac{2}{3}(x-1)^3 \\ y^2=\frac{1}{3}x \end{cases}$，得两曲线的交点为 $\left(2,\frac{\sqrt{6}}{3}\right)$，$\left(2,-\frac{\sqrt{6}}{3}\right)$．将 $y^2=\frac{2}{3}(x-1)^3$ 的两边对 x 求导，得 $y'=\frac{1}{y}(x-1)^2$.

利用对称性可得所求的弧长为

$$s=2\int_1^2\sqrt{1+y'^2}\,dx=2\int_1^2\sqrt{1+\frac{(x-1)^4}{y^2}}\,dx$$

$$=\sqrt{2}\int_1^2\sqrt{3x-1}\,dx=\frac{1}{9}(10^{\frac{3}{2}}-8).$$

25. 计算星形线 $x=a\cos^3t$，$x=a\sin^3t$ 的全长.

解 由对称性得所求弧长为

$$s=4\int_0^{\frac{\pi}{2}}\sqrt{[x'(t)]^2+[y'(t)]^2}\,dt$$

$$=4\int_0^{\frac{\pi}{2}}\sqrt{[3a\cos^2t(-\sin t)]^2+(3a\sin^2t\cos t)^2}\,dt$$

$$=4\int_0^{\frac{\pi}{2}}3a\sin t\cos t\,dt=6a[\sin^2t]_0^{\frac{\pi}{2}}=6a.$$

27. 在摆线 $x=a(t-\sin t)$，$y=a(1-\cos t)$ 上求分摆线第一拱成 1∶3 的点的坐标.

解 设 t 从 0 变化到 t_0（$0\leqslant t_0\leqslant 2\pi$）摆线的弧长为 $s(t_0)$，则

$$s(t_0)=\int_0^{t_0}\sqrt{[x'(t)]^2+[y'(t)]^2}\,dt$$

$$=\int_0^{t_0}\sqrt{[a(1-\cos t)]^2+(a\sin t)^2}\,dt$$

$$=\int_0^{t_0}2a\sin\frac{t}{2}\,dt=4a\left[-\cos\frac{t}{2}\right]_0^{t_0}=4a\left(1-\cos\frac{t_0}{2}\right).$$

当 $t_0=2\pi$ 时，第一拱的弧长为 $s(2\pi)=8a$，由于所求的点分第一拱成 1∶3，所以摆线上从 0 到 t_0 的弧长为第一拱长的 $\frac{1}{4}$.

由 $s(t_0)=\frac{1}{4}s(2\pi)$，即 $4a\left(1-\cos\frac{t_0}{2}\right)=\frac{8a}{4}$，求得 $t_0=\frac{2\pi}{3}$，因此所求点的坐标为

$$\left(\left(\frac{2}{3}\pi-\frac{\sqrt{3}}{2}\right)a,\frac{3}{2}a\right).$$

28. 求螺旋线 $\rho=e^{a\theta}$ 相应于 $0\leqslant\theta\leqslant\varphi$ 的一段弧.

解 所求弧长为

$$s=\int_0^{\varphi}\sqrt{\rho^2(\theta)+\rho'^2(\theta)}\,d\theta$$

$$=\int_0^{\varphi}\sqrt{(e^{a\theta})^2+(ae^{a\theta})^2}\,d\theta$$

$$=\int_0^{\varphi}\sqrt{1+a^2}\,\mathrm{e}^{a\theta}\mathrm{d}\theta=\sqrt{1+a^2}\left[\frac{1}{a}\mathrm{e}^{a\theta}\right]_0^{\varphi}$$

$$=\frac{\sqrt{1+a^2}}{a}(\mathrm{e}^{a\varphi}-1).$$

30. 求心形线 $\rho=a(1+\cos\theta)$ 的全长．

解

$$\rho^2(\theta)+\rho'^2(\theta)=4a^2\cos^2\frac{\theta}{2},$$

由对称性可知

$$s=2\int_0^{\pi}\sqrt{\rho^2(\theta)+\rho'^2(\theta)}\,\mathrm{d}\theta=2\int_0^{\pi}2a\cos\frac{\theta}{2}\mathrm{d}\theta=4a\left[2\sin\frac{\theta}{2}\right]_0^{\pi}=8a.$$

第三节　定积分在物理学上的应用

3.1　学习目标

能够运用定积分元素法解决物理问题，掌握用定积分表达和计算一些常见的物理量（变力沿直线做功、水压力、引力等）.

3.2　内容提要

1. 变力沿直线所做的功

设物体在变力 $F(x)$ 作用下从 $x=a$ 移动到 $x=b$．取小区间 $[x,x+\mathrm{d}x]$，在这段距离内物体受力可近似等于 $F(x)$，所以功元素为 $\mathrm{d}W=F(x)\mathrm{d}x$，故所做的功

$$W=\int_a^b F(x)\mathrm{d}x.$$

2. 液体的侧压力

在水深 h 处，面积为 $\mathrm{d}S$ 的小微元受水压力 $\mathrm{d}p=\rho gh\,\mathrm{d}S$．

3. 引力

当引力 ΔF 的方向不随小区间 $[x,x+\mathrm{d}x]$ 的改变而变化时，直接用引力公式作为元素法中的 $f(x)$；

当引力 ΔF 的方向随小区间 $[x,x+\mathrm{d}x]$ 的改变而变化时，将引力分解为横向和纵向两个分力，并分别用元素法得出定积分的表示式．

4. 常用的物理知识

由于本节所研究的问题有一定的物理背景，因此需要掌握一定的物理知识，特别需要掌握以下公式．

(1) 常力 $\vec{F}$ 推动物体沿直线与 $\vec{F}$ 一致的方向移动 $\vec{S}$ 距离时，力对物体所做的功为

$$W=\vec{F}\cdot\vec{S}.$$

(2) 一定量的气体在等温条件下，压强 P 与体积乘积是常数 k：

$$PV=k\text{ 或 }P=\frac{k}{V}.$$

(3) 如果面积为 S 的平面上各点处的压强恒为 P，则作用于此平面上的力为

$$F=P\cdot S.$$

(4) 水深为 h 处的压强为 $P=\rho gh$，其中 ρ 为水密度，g 是重力加速度.

(5) 质量分别为 m_1,m_2 且相距为 r 的两质点间的引力为 $F=G\cdot\dfrac{m_1m_2}{r^2}$

(其中 G 为引力系数,引力的方向沿着两质点的连线方向).

3.3 典型例题与方法

基本题型Ⅰ:变力沿直线做功

例1 一物体按规律 $x=ct^3$ 做直线运动,介质的阻力与速度的平方成正比,计算物体由 $x=0$ 移至 $x=a$ 时,克服介质阻力所做的功.

【分析】 由于题目中给定的与做功有关的变量为 x，所以需找的功元素 $\mathrm{d}W=f(x)\mathrm{d}x$，其中 $f(x)$ 为阻力函数.

解 因为 $x=ct^3$,所以速度函数为 $v=x'(t)=3ct^2$,阻力 $f=-kv^2=-9kc^2t^4(k>0)$.

由 $x=ct^3$ 可知，$t=\left(\dfrac{x}{c}\right)^{\frac{1}{3}}$，所以有 $f(x)=-9kc^2\left(\dfrac{x}{c}\right)^{\frac{4}{3}}=-9kc^{\frac{2}{3}}x^{\frac{4}{3}}$.

所以阻力所做的功为 $$W'=\int_0^a f(x)\mathrm{d}x=\int_0^a -9kc^{\frac{2}{3}}x^{\frac{4}{3}}\mathrm{d}x=-\frac{27}{7}kc^{\frac{2}{3}}a^{\frac{7}{3}},$$

克服阻力所做的功为 $$W=\frac{27}{7}kc^{\frac{2}{3}}a^{\frac{7}{3}}.$$

例2 一锥形水池,池口直径 20 m,深 15 m,池中盛满水,求将全部池水抽到池口外所做的功.

【分析】 如图 6-13 所示,建立坐标系,以 x 为积分变量,变化区间为[0,15],其中任意取一子区间,考虑深度 $[x,x+\mathrm{d}x]$ 的一层水量 ΔV 抽到池口处所做的功 ΔW，当 $\mathrm{d}x$ 很小时,抽出 ΔV 中的每一体积水所做的功近似为 $x\rho g\Delta V$.

解 如图所示,直线 AB 的表达式为 $y=10-\dfrac{2}{3}x$，ΔV 的体积近似为 $\pi y^2\mathrm{d}x=\pi\left(10-\dfrac{2}{3}x\right)^2\mathrm{d}x$，所以功元素 $\mathrm{d}W=x\rho g\pi\left(10-\dfrac{2}{3}x\right)^2\mathrm{d}x$,

则将全部池水抽到池口外所做的功为

$$\begin{aligned}W&=\int_0^{15}x\rho g\pi\left(10-\frac{2}{3}x\right)^2\mathrm{d}x\\&=\rho g\pi\int_0^{15}\left(100x-\frac{40}{3}x^2+\frac{4}{9}x^3\right)\mathrm{d}x\\&\approx 5.77\times10^7(\mathrm{J}).\end{aligned}$$

【方法点击】 在将物理问题转换为数学问题时,建立合理的坐标系有利于问题的解决.

基本题型Ⅱ:水压力

例3 边长为 a 和 b $(a>b)$ 的矩形薄片斜置于液体中,薄片长边 a 与液面平行位于深为 h 处,而薄片与液面成 α 角,已知液体的密度为 ρ，求薄片所受的压力.

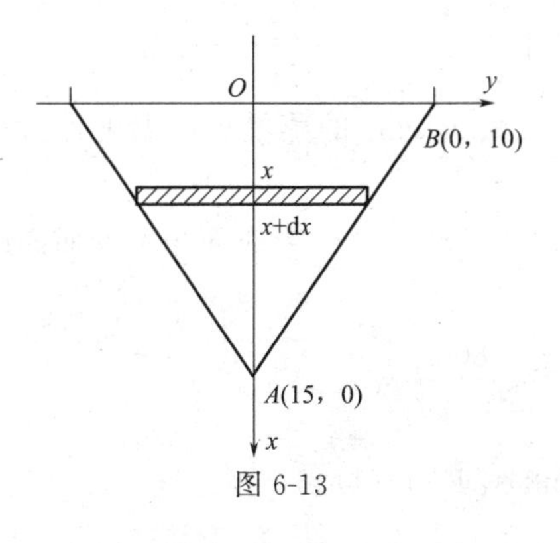

图 6-13

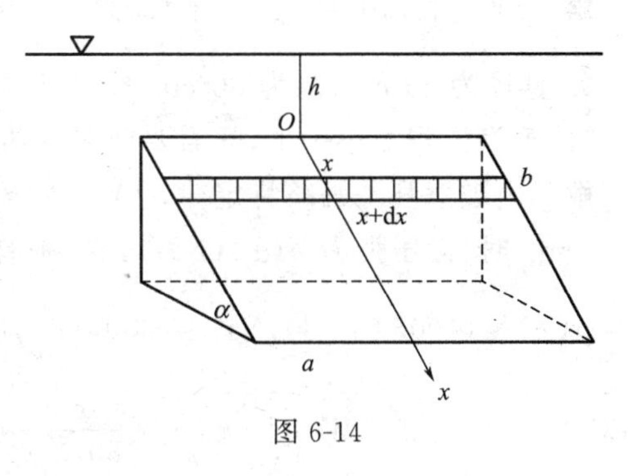

图 6-14

解　如图 6-14 所示，建立坐标系，取 x 积分变量，变化区间为 $[0,b]$，从中取 $[x,x+\mathrm{d}x]$，面积元素为 $\mathrm{d}S=a\mathrm{d}x$，压力元素 $\mathrm{d}F=\rho g(h+x\sin\alpha)\cdot a\mathrm{d}x$，则薄片所受的压力为 $F=\int_0^b\rho g(h+x\sin\alpha)\cdot a\mathrm{d}x=a\rho g\int_0^b(h+x\sin\alpha)\mathrm{d}x=ab\rho g\left(h+\frac{1}{2}b\sin\alpha\right)$.

基本题型Ⅲ：求引力

例 4　设有一长度为 l、线密度为 μ 的均匀直棒，在离棒的一端垂直距离为 a 单位处有一质量为 m 的质点 M，试求细棒对质点 M 的引力.

解　建立如图 6-15 所示的坐标系，使点 M 位于 y 轴上，直棒位于 x 轴上，且直棒一端在原点. 取 x 作为积分变量，区间 $[x,x+\mathrm{d}x]$ 对质点 M 的引力的大小在 x 轴方向上的分力元素为

$$\mathrm{d}F_x=G\frac{m\mu x\mathrm{d}x}{(a^2+x^2)^{\frac{3}{2}}},$$

细棒对质点 M 的引力在 y 轴方向上的分力元素为

$$\mathrm{d}F_y=-\frac{m\mu Ga\mathrm{d}x}{(a^2+x^2)^{\frac{3}{2}}},$$

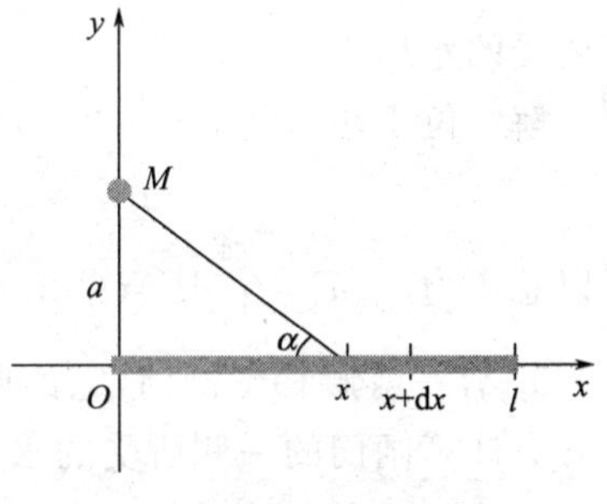

图 6-15

细棒对质点 M 的引力在 x 轴方向上的分力为

$$\begin{aligned}F_x&=G\int_0^l\frac{m\mu x\mathrm{d}x}{(a^2+x^2)^{\frac{3}{2}}}\\&=\frac{1}{2}m\mu G\int_0^l(a^2+x^2)^{-\frac{3}{2}}\mathrm{d}(a^2+x^2)\\&=m\mu G\left(\frac{1}{a}-\frac{1}{\sqrt{a^2+l^2}}\right),\end{aligned}$$

细棒对质点 M 的引力在 y 轴方向上的分力为 $F_y=-G\int_a^l\frac{m\mu a\mathrm{d}x}{(a^2+x^2)^{\frac{3}{2}}}=-\frac{m\mu Gl}{a\sqrt{a^2+l^2}}$.

【方法点击】　当引力 ΔF 的方向随小区间 $[x,x+\mathrm{d}x]$ 的改变而变化时，将引力分解为横向和纵向两个分力，并分别用元素法得出定积分的表示式.

3.4　习题 6-3 解答

1. 由实验知道，弹簧在拉伸过程中，需要的力 F（单位：N）与伸长量 s（单位：cm）成正比，即 $F=ks$（k 是比例常数），如果把弹簧由原长拉伸 6 cm，计算所做的功.

解 $W=\int_0^6 ks\,\mathrm{d}s=\left.\frac{ks^2}{2}\right|_0^6=18k(\mathrm{N}\cdot\mathrm{cm})=0.18k(\mathrm{J})$.

2. 直径为 20 cm、高为 80 cm 的圆筒内充满压强为 10 N/cm² 的蒸汽．设温度保持不变，要使蒸汽体积缩小一半，问需要做多少功？

解 由坡意耳—马略特定律，$pV=k=10(\pi 10^2\cdot 80)=80\,000\pi$，当底面积不变而高减少 x(cm) 时，设压强为 $p(x)$(N/cm²)，则有

$p(x)\cdot(100\pi)\cdot(80-x)=80\,000\pi$，所以 $p(x)=\frac{800}{80-x}$，

所以功
$$W=\int_0^{40}\pi 10^2\cdot\frac{800}{80-x}\mathrm{d}x=800\pi\ln 2\approx 1\,742(\mathrm{J}).$$

5. 用铁锤将一铁钉击入木板，设木板对铁钉的阻力与铁钉击入木板的深度成正比，在击第一次时，将铁钉击入木板 1 cm. 如果铁锤每次捶击铁钉所做的功相等，问捶击第二次时，铁钉又击入多少？

解 设锤击第二次时铁钉又击入 h(cm).

因为木板对铁钉的阻力 f 与铁钉击入木板的深度 x(cm) 成正比，即 $f=kx$，

所以功元素
$$\mathrm{d}W=f(x)\mathrm{d}x=kx\,\mathrm{d}x.$$

击第一次做功 $W_1=\int_0^1 kx\,\mathrm{d}x=\frac{1}{2}k$，击第二次做功 $W_2=\int_1^{1+h}kx\,\mathrm{d}x=\frac{1}{2}k(h^2+2h)$.

由 $W_1=W_2$ 可知，$\frac{1}{2}k=\frac{1}{2}k(h^2+2h)$，即 $h^2+2h-1=0$，

解之得
$$h=-1+\sqrt{2}(\mathrm{cm})\quad(\text{舍去负根 }-1-\sqrt{2}).$$

7. 有一闸门，它的形状和尺寸为一个宽 2 m、高 3 m 的矩形，水面超过门顶 2 m，求闸门上所受的水压力．

解 位于小区间 $[x,x+\mathrm{d}x]$ 的薄片所受的压力元素为
$$\mathrm{d}F=1\,000g\cdot x\cdot 2\cdot\mathrm{d}x=2\,000gx\,\mathrm{d}x,$$

所以总压力 $F=\int_2^5\mathrm{d}F=\int_2^5 2\,000gx\,\mathrm{d}x=1\,000gx^2\,\big|_2^5=2.058\times10^5(\mathrm{N})$.

9. 有一等腰梯形闸门，它的两条底边各长 10 m 和 6 m，高为 20 m. 较长的底边与水面相齐．计算闸门的一侧所受的水压力．

解 如图 6-16 所示，建立直角坐标系，水压力的微元为 $\mathrm{d}P=2xg\left(5-\frac{1}{10}x\right)\mathrm{d}x$，总压力为 $P=\int_0^{20}2xg\left(5-\frac{1}{10}x\right)\mathrm{d}x\approx 14\,373(\mathrm{kN})$.

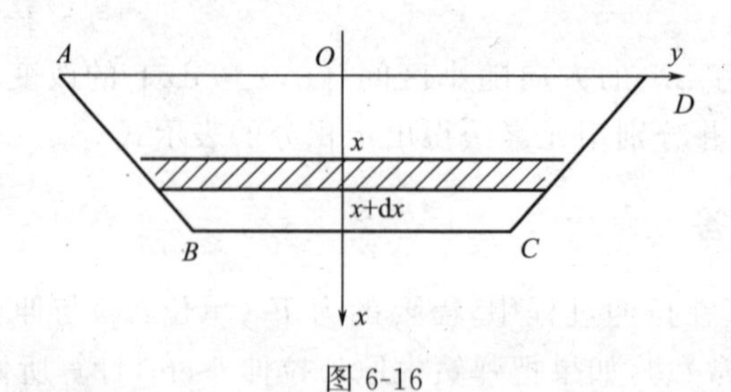

图 6-16

本章综合例题解析

例 1 求四叶玫瑰线 $\rho=4\cos 2\theta$ 所围成的平面图形的面积 σ（见图 6-17）.

【分析】 由图形的对称性，所求面积等于第一象限中阴影部分面积的 8 倍，在曲线的这一段上，对应的 θ 从 0 变到 $\frac{\pi}{4}$.

解 利用公式得所求平面图形的面积为

$$\sigma=8\left(\frac{1}{2}\int_0^{\frac{\pi}{4}}\rho^2(\theta)\mathrm{d}\theta\right)=4\int_0^{\frac{\pi}{4}}4^2\cos^2 2\theta\mathrm{d}\theta$$

$$=4^3\int_0^{\frac{\pi}{4}}\frac{1}{2}(1+\cos 4\theta)\mathrm{d}\theta=4^3\left(\frac{\theta}{2}+\frac{\sin 4\theta}{4}\right)\Bigg|_0^{\frac{\pi}{4}}=8\pi.$$

【方法点击】 在几何应用方面要充分利用图形的对称性，可以简化问题.

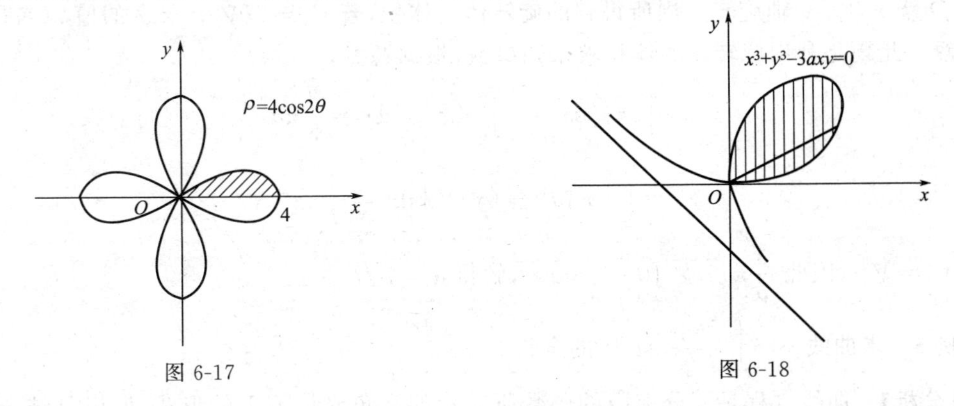

图 6-17　　图 6-18

例 2 求笛卡尔叶形线 $x^3+y^3-3axy=0$ 所围成的平面图形的面积 σ（见图 6-18）.

解 将曲线方程化为极坐标方程，令 $x=\rho\cos\theta$，$y=\rho\sin\theta$，代入方程，整理得

$$\rho=\frac{3a\cos\theta\sin\theta}{\cos^3\theta+\sin^3\theta},0\leqslant\theta\leqslant\frac{\pi}{2},$$

于是根据曲边扇形的面积公式有

$$\sigma=\frac{1}{2}\int_0^{\frac{\pi}{2}}\rho^2(\theta)\mathrm{d}\theta=\frac{1}{2}\int_0^{\frac{\pi}{2}}\frac{9a^2\cos^2\theta\sin^2\theta}{(\cos^3\theta+\sin^3\theta)^2}\mathrm{d}\theta$$

$$=\frac{9a^2}{2}\int_0^{\frac{\pi}{2}}\frac{\sin^2\theta}{\cos^4\theta(1+\tan^3\theta)^2}\mathrm{d}\theta=\frac{9a^2}{2}\cdot\frac{1}{3}\int_0^{\frac{\pi}{2}}\frac{\mathrm{d}(1+\tan^3\theta)}{(1+\tan^3\theta)^2}$$

$$=-\frac{3a^2}{2}\cdot\frac{1}{1+\tan^3\theta}\Bigg|_0^{\frac{\pi}{2}}$$

$$=\frac{3a^2}{2}.$$

【方法点击】 因为这条曲线无法从所给方程中解出 x 或 y，表示成显函数的形式，所以很难在直角坐标系下按照公式来计算面积，因此考虑转换为极坐标系．这就从一个侧面说明了掌握在极坐标下计算平面图形面积的必要性．

例 3 求圆 $x^2+(y-b)^2=a^2(0<a<b)$ 绕 x 轴旋转所形成的立体体积.

【分析】 由图 6-19 知,该立体是由 $y_1=b+\sqrt{a^2-x^2}$,$y_2=b-\sqrt{a^2-x^2}$ 以及 $x=a$,$x=-a$ 围成的平面图形绕 x 轴旋转所生成的立体.

解 由公式知

$$V=\pi\int_{-a}^{a}[(b+\sqrt{a^2-x^2})^2-(b-\sqrt{a^2-x^2})^2]\mathrm{d}x$$

$$=\pi\int_{-a}^{a}4b\sqrt{a^2-x^2}\,\mathrm{d}x$$

$$=4b\pi\left[\frac{a^2}{2}\arcsin\frac{x}{a}+\frac{x}{2}\sqrt{a^2-x^2}\right]_{-a}^{a}=2\pi^2a^2b.$$

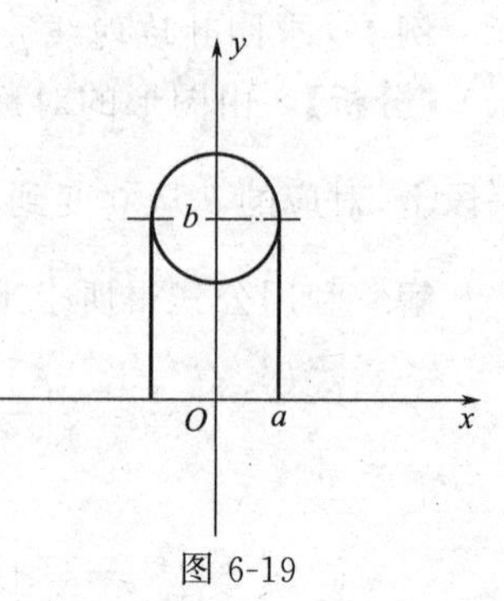

图 6-19

【方法点击】 在解决几何应用的问题时,应尽量先把图形画准确,这样有助于提供思路,避免错误.该题根据图 6-19,比较容易想象出这个旋转体的形状为轮胎型.

例 4 设 D 是由曲线 $y=x^{\frac{1}{3}}$,直线 $x=a(a>0)$ 及 x 轴所围成的平面图形,V_x,V_y 分别是 D 绕 x 轴、y 轴旋转一周所得到的旋转体的体积,若 $V_y=10V_x$,求 a 的值.(考研题)

解 此题是利用旋转体的体积求未知参数,根据题意,

$$V_x=\int_0^a\pi y^2\mathrm{d}x=\pi\int_0^a(x^{\frac{1}{3}})^2\mathrm{d}x=\frac{3}{5}\pi a^{\frac{5}{3}},$$

$$V_y=\int_0^{a^{\frac{1}{3}}}\pi[a^2-(y^3)^2]\,\mathrm{d}x=\frac{6}{7}\pi a^{\frac{7}{3}},$$

且 $10V_x=V_y$,因此 $\frac{3}{5}\pi a^{\frac{5}{3}}\times10=\frac{6}{7}\pi a^{\frac{7}{3}}$,解得 $a=7\sqrt{7}$.

例 5 求曲线 $y=\int_{-\frac{\pi}{2}}^{x}\sqrt{\cos t}\,\mathrm{d}t$ 的全长.

【分析】 曲线方程是积分上限的函数所表示的直角坐标系下的形式,所以是结合平面曲线求弧长和积分上限函数求导的综合题.

解 由于 $\sqrt{\cos t}\geqslant0$,故 $-\frac{\pi}{2}\leqslant t\leqslant\frac{\pi}{2}$,

所以函数 $y=\int_{-\frac{\pi}{2}}^{x}\sqrt{\cos t}\,\mathrm{d}t$ 的定义域也为 $\left[-\frac{\pi}{2},\frac{\pi}{2}\right]$.

由弧长公式得 $s=\int_{-\frac{\pi}{2}}^{\frac{\pi}{2}}\sqrt{1+y'^2}\,\mathrm{d}x=2\int_0^{\frac{\pi}{2}}\sqrt{1+(\sqrt{\cos x})^2}\,\mathrm{d}x=2\int_0^{\frac{\pi}{2}}\sqrt{1+\cos x}\,\mathrm{d}x$

$$=2\int_0^{\frac{\pi}{2}}\sqrt{2}\cos\frac{x}{2}\mathrm{d}x=4\sqrt{2}\sin x\Big|_0^{\frac{\pi}{2}}=4.$$

例 6 设 $y=f(x)$ 在 $[0,a]$ 上为单调递减可微函数,$f(0)=b$,$f(a)=0$,且 $a,b>0$.试证:$\int_0^a2xy\,\mathrm{d}x=\int_0^bx^2\mathrm{d}y$.

【分析】 等式的左边与右边分别乘以 π,都为 $y=f(x)$ 与 $x=0$,$y=0$ 所围得区域绕 y 轴旋转所形成的旋转体的体积,分别用两种方法计算体积即可证明等式.

证 如图 6-20 所示,在 $[0,a]$ 任取一小区间 $[x,x+\mathrm{d}x]$,相应于这个小区间的曲边梯形为 $ABCD$.由于 $\mathrm{d}x$ 很小,该曲边梯形可以近似看作以 $f(x)$ 为高的矩形,它绕 y 轴旋转

所成的旋转体的体积可以看成底面半径分别为 $x+\mathrm{d}x$ 和 x、高均为 $f(x)$ 的两个圆柱体的体积之差，其值为

$$\pi(x+\mathrm{d}x)^2 f(x)-\pi x^2 f(x)=2\pi x f(x)\mathrm{d}x+\pi f(x)''\mathrm{d}x^2,$$

舍去无穷小 $\mathrm{d}x^2$，求得体积元素为 $\mathrm{d}V=2\pi x f(x)\mathrm{d}x$，故旋转体的体积为

$$V_y=2\pi\int_0^a x f(x)\mathrm{d}x=2\pi\int_0^a xy\mathrm{d}x.$$

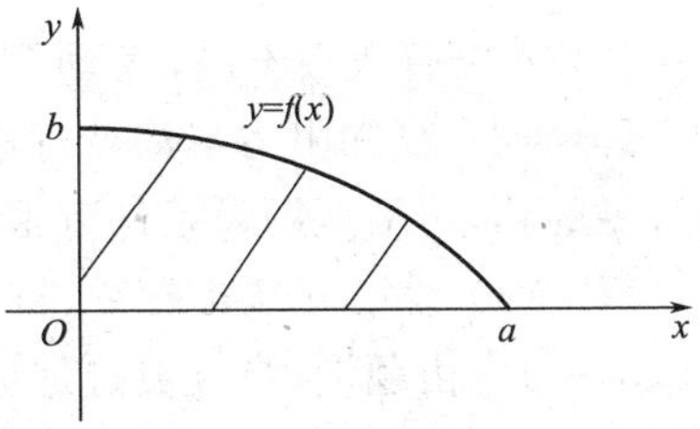

显然，$y=f(x)$ 与 $x=0$，$y=0$ 所围得区域绕 y 轴旋转所形成的旋转体的体积还可以表示为

$$V_y=\pi\int_0^b x^2\mathrm{d}y,$$

图 6-20

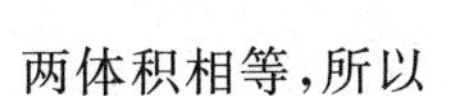

两体积相等，所以 $$\int_0^a 2xy\mathrm{d}x=\int_0^b x^2\mathrm{d}y.$$

【方法点击】 如果证明的等式中涉及定积分，可充分挖掘其中涉及的几何意义，这种几何意义不仅局限于曲边梯形的面积．由于几何应用中又学习了立体体积、曲线弧长等用定积分表示的几何量，所以思考的范围更加广泛．

例 7 试证：曲线 $y=\sin x$ 上相应于 $0\leqslant x\leqslant 2\pi$ 的一段弧长等于椭圆 $x^2+2y^2=2$ 的周长．

证 椭圆 $\frac{x^2}{2}+y^2=1$ 的参数式方程为 $\begin{cases}x=\sqrt{2}\cos t,\\ y=\sin t\end{cases}(0\leqslant t\leqslant 2\pi)$，所以椭圆的周长为

$$S_1=4\int_0^{\frac{\pi}{2}}\sqrt{x'^2+y'^2}\,\mathrm{d}t=4\int_0^{\frac{\pi}{2}}\sqrt{2\sin^2 t+\cos^2 t}\,\mathrm{d}t=4\int_0^{\frac{\pi}{2}}\sqrt{1+\sin^2 t}\,\mathrm{d}t.$$

曲线 $y=\sin x$ 所对应的弧长为

$$S_2=\int_0^{2\pi}\sqrt{1+y'^2}\,\mathrm{d}x=\int_0^{2\pi}\sqrt{1+\cos^2 x}\,\mathrm{d}x=4\int_0^{\frac{\pi}{2}}\sqrt{1+\cos^2 x}\,\mathrm{d}x,$$

令 $x=\frac{\pi}{2}-t$，则 $S_2=4\int_{-\frac{\pi}{2}}^{0}\sqrt{1+\sin^2 t}\,(-\mathrm{d}t)=4\int_0^{\frac{\pi}{2}}\sqrt{1+\sin^2 t}\,\mathrm{d}t$，

$\therefore S_1=S_2$.

例 8 设直线 $y=ax+b$ 与直线 $x=0$，$x=1$，$y=0$ 所围成的梯形面积等于 A，试求 a，b，使这块区域绕 x 轴旋转所得体积最小(其中 $a\geqslant 0$，$b\geqslant 0$)．

【分析】 用公式法表示面积与体积，并将体积转化为 a 或 b 的一元函数，进而判别极值确定相应参数．

解 梯形面积 $A=\int_0^1(ax+b)\mathrm{d}x=\frac{a}{2}+b$，解得 $b=A-\frac{a}{2}$．

旋转体体积 $V=\pi\int_0^1(ax+b)^2\mathrm{d}x=\pi\left(\frac{a^2}{3}+ab+b^2\right)$，

将 $b=A-\frac{a}{2}$ 代入上式，得 $V=\pi\left(\frac{a^2}{12}+A^2\right)\ (0\leqslant a\leqslant 2A)$．

由 $V'=\pi\cdot\frac{a}{6}\geqslant 0$，故 V 单调增加，V 在 $a=0$ 处取得最小值．此时 $b=A$，

即当 $a=0$，$b=A$ 时，V 最小，且 $V_{\min}=V(0)=\pi A^2$．

例 9 某建筑工程打地基时，需用汽锤将桩打进土层．汽锤每次击打，都将克服土层对

桩的阻力而做功．设土层对桩的阻力的大小与桩被打进地下的深度成正比(比例系数为 k，$k>0$)，汽锤第一次击打将桩打进地下 a m，根据设计方案，要求汽锤每次击打桩时所做的功与前一次击打时所做的功之比为常数 r $(0<r<1)$，问

(1) 汽锤击打桩三次后，可将桩打进地下多深？

(2) 若击打次数不限，汽锤至多能将桩打进地下多深？

【分析】 已知阻力与桩被打进地下深度的关系，因此，可用定积分表示汽锤每次击打阻力所做的功，再根据题设条件可求出汽锤击打桩 n 次后，桩被打进地下的深度．

解 (1) 设第 n 次击打后，桩被打进地下 x_n，第 n 次击打时，汽锤所做的功为 W_n($n=1,2,3,\cdots$)．由题设，当桩被打进地下的深度为 x 时，土层对桩的阻力大小为 kx，所以

$$W_1=\int_0^{x_1}kx\,\mathrm{d}x=\frac{k}{2}x_1^2=\frac{k}{2}a^2,$$

$$W_2=\int_{x_1}^{x_2}kx\,\mathrm{d}x=\frac{k}{2}(x_2^2-x_1^2)=\frac{k}{2}(x_2^2-a^2).$$

由 $W_2=rW_1$，可得 $x_2^2-a^2=ra^2$，即 $x_2^2=(1+r)a^2$.

$$W_3=\int_{x_2}^{x_3}kx\,\mathrm{d}x=\frac{k}{2}(x_3^2-x_2^2)=\frac{k}{2}[x_3^2-(1+r)a^2].$$

由 $W_3=rW_2=r^2W_1$，可得 $x_3^2-(1+r)a^2=r^2a^2$，即 $x_3=\sqrt{1+r+r^2}\,a$.

所以汽锤击打三次后，可将桩打进地下 $x_3=\sqrt{1+r+r^2}\,a$ m.

(2) 由归纳法，设 $x_n=\sqrt{1+r+\cdots+r^{n-1}}\,a$，则

$$W_{n+1}=\int_{x_n}^{x_{n+1}}kx\,\mathrm{d}x=\frac{k}{2}(x_{n+1}^2-x_n^2)=\frac{k}{2}[x_{n+1}^2-(1+r+\cdots+r^{n-1})a^2].$$

由 $W_{n+1}=rW_n=r^2W_{n-1}=\cdots=r^nW_1$，可得 $x_{n+1}^2-(1+r+\cdots+r^{n-1})a^2=r^na^2$，即

$$x_{n+1}=\sqrt{1+r+\cdots+r^n}\,a=\sqrt{\frac{1-r^{n+1}}{1-r}}\,a,$$

于是
$$\lim_{n\to\infty}x_{n+1}=\sqrt{\frac{1}{1-r}}\,a.$$

所以若不限击打次数，汽锤至多能将桩打进地下 $\sqrt{\frac{1}{1-r}}\,a$ m.

例 10 某闸门的形状与大小如图 6-21 所示，其中直线 l 为对称轴，闸门的上部为矩形 $ABCD$，下部由抛物线与线段 AB 所围成．当水面与闸门的上端相平时，要使闸门矩形部分承受的水压力与下部承受的水压力之比为 5∶4．闸门矩形部分的高 h 应为多少米？

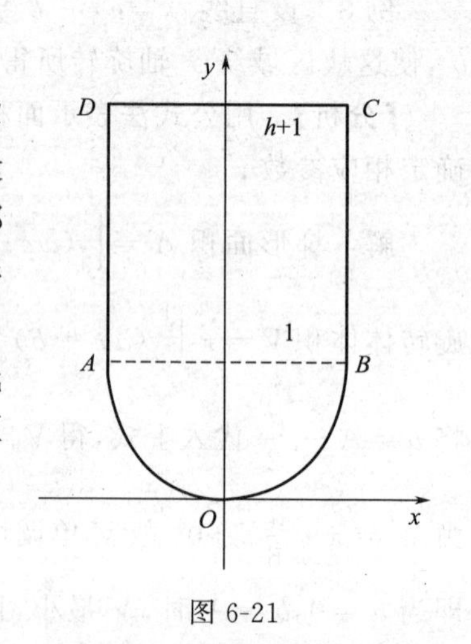

图 6-21

解 坐标系的建立如图 6-21 所示，闸门下部边缘抛物线的方程为 $y=x^2(-1\leqslant x\leqslant 1)$．由水侧压力公式知，闸门矩形部分所承受的水压力为

$$P_1=\int_1^{h+1}2\rho g(h+1-y)\,\mathrm{d}y$$
$$=2\rho g\left[(h+1)y-\frac{y^2}{2}\right]_1^{h+1}=\rho gh^2,$$

其中 ρ 为水的密度，g 为重力加速度．

同理，闸门下部承受的水压力为

$$P_2=\int_0^1 2\rho g(h+1-y)\sqrt{y}\,dy$$

$$=2\rho g\left[\frac{2}{3}(h+1)y^{\frac{1}{2}}-\frac{2y^{\frac{5}{2}}}{5}\right]_0^1=4\rho g\left(\frac{1}{3}h+\frac{2}{15}\right).$$

又因为 $\dfrac{P_1}{P_2}=\dfrac{5}{4}$，因而有 $\dfrac{\rho g h^2}{4\rho g\left(\dfrac{1}{3}h+\dfrac{2}{15}\right)}=\dfrac{5}{4}$，即 $3h^2-5h-2=0$，

解之得　　　　$h=2, h=-\dfrac{1}{3}$（舍去）.

综上，闸门矩形部分的高为 2 m.

例 11　(1) 试推出曲线 $y=f(x)$ $(a\leqslant x\leqslant b)$ 绕 x 轴旋转一周所成旋转体的侧面积公式；

(2) 某探照灯的反光镜面是由抛物线 $y^2=4x$ $(0\leqslant x\leqslant b)$ 绕其对称轴旋转而成的，试计算此反光镜的面积 S．

解　(1) 利用元素法导出侧面积公式，任取小区间 $[x,x+dx]\subset[a,b]$，相应于小区间 $[x,x+dx]$ 上旋转体的微侧面，又看作长为 $2\pi y$、宽为 ds 的窄长条矩形，所以微侧面积

$$dS=2\pi y\,ds=2\pi y\sqrt{1+y'^2}\,dx,$$

于是整个旋转体的侧面积为

$$S=2\pi\int_a^b y\sqrt{1+y'^2}\,dx.$$

(2) 取 $y=2\sqrt{x}$ $(0\leqslant x\leqslant b)$ 绕 x 轴旋转一周，由侧面积公式，可得

$$S=2\pi\int_0^b 2\sqrt{x}\sqrt{1+\left(\frac{1}{\sqrt{x}}\right)^2}\,dx=4\pi\int_0^b\sqrt{x+1}\,d(x+1)$$

$$=\frac{8}{3}\pi\left[(b+1)^{\frac{3}{2}}-1\right].$$

总习题六解答

4. 求由曲线 $\rho=a\sin\theta$，$\rho=a(\cos\theta+\sin\theta)$ $(a>0)$ 所围图形公共部分的面积．

解　所求面积如图 6-22 阴影部分所示，由于阴影部分的边界分为两部分，所以将其以 y 轴为界分成两块来求面积．

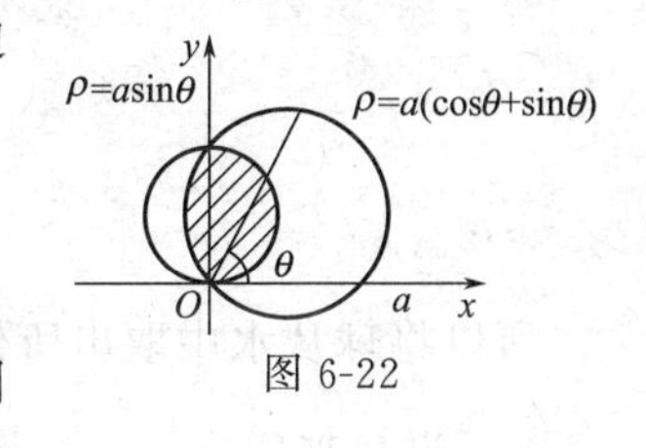

图 6-22

右边部分的面积为　　$A_1=\dfrac{1}{2}\cdot\pi\left(\dfrac{a}{2}\right)^2=\dfrac{\pi}{8}a^2.$

由 $\rho=\sqrt{2}a\sin\left(\theta+\dfrac{\pi}{4}\right)=0$，得 $\theta=-\dfrac{\pi}{4}$ 或 $\theta=\dfrac{3\pi}{4}$，因此在阴影部分的左边界上 $\dfrac{\pi}{2}\leqslant\theta\leqslant\dfrac{3\pi}{4}$，于是在阴影部分的左边部分的面积为

$$A_2=\int_{\frac{\pi}{2}}^{\frac{3\pi}{4}}\frac{1}{2}\rho^2\,d\theta=\frac{1}{2}\int_{\frac{\pi}{2}}^{\frac{3\pi}{4}}a^2(\cos\theta+\sin\theta)^2\,d\theta=\frac{\pi-1}{4}a^2.$$

6. 设抛物线 $y=ax^2+bx+c$ 通过点 $(0,0)$，且当 $x\in[0,1]$ 时，$y\geqslant 0$，试确定 a,b,c 的值，使得抛物线 $y=ax^2+bx+c$ 与直线 $x=1$，$y=0$ 所围图形的面积为 $\dfrac{4}{9}$，且使该图形绕 x 轴旋转而成的旋转体的体积最小．

解 由抛物线过点(0,0)可知 $c=0$. 抛物线 $y=ax^2+bx+c$ 与直线 $x=1$，$y=0$ 所围图形的面积可表示为

$$A=\int_0^1(ax^2+bx)\mathrm{d}x=\frac{a}{3}+\frac{b}{2},$$

所围图形绕 x 轴旋转而成的旋转体的体积为

$$V=\int_0^1\pi(ax^2+bx)^2\mathrm{d}x=\pi\left(\frac{a^2}{5}+\frac{ab}{2}+\frac{b^2}{3}\right).$$

由 $A=\dfrac{9}{4}$ 得 $a=\dfrac{4}{3}-\dfrac{3b}{2}$，代入 V 中得 $V=\dfrac{\pi}{30}(b-2)^2+\dfrac{2}{9}\pi$.

由上式可知，当 $b=2$ 时，旋转体的体积 V 最小，所以当 $a=-\dfrac{5}{3}$，$b=2$，$c=0$ 时满足题意．

8. 求由曲线 $y=x^{\frac{3}{2}}$，直线 $x=4$ 及 x 轴所围图形绕 y 轴旋转而成的旋转体的体积．

解 $V=2\pi\displaystyle\int_0^4 xy\,\mathrm{d}x=2\pi\int_0^4 x\cdot x^{\frac{3}{2}}\mathrm{d}x=\frac{512}{7}\pi$.

另解 $V=\pi\cdot 4^2\cdot 8-\pi\displaystyle\int_0^8 x^2y\,\mathrm{d}y=128\pi-\pi\int_0^8 y^{\frac{4}{3}}\mathrm{d}x=\frac{512}{7}\pi$.

11. 半径为 r 的球沉入水中，球的上部与水面相切，球的密度与水相同，现将球从水面取出，需做多少功?

解 建立如图 6-23 所示的坐标系，因为功的微元为 $\mathrm{d}W=g\pi(r+x)(r^2-x^2)\mathrm{d}x$，

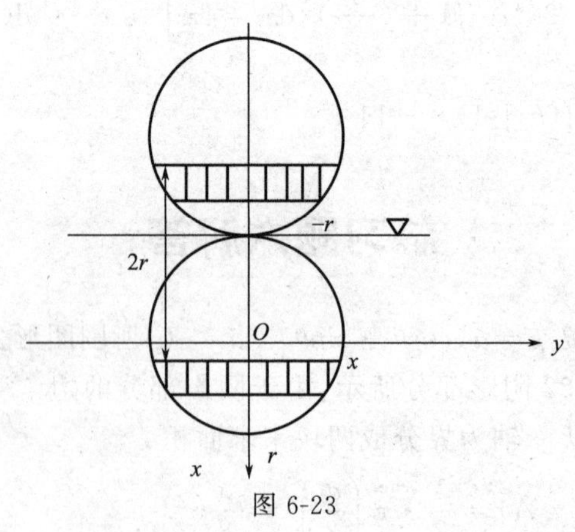

图 6-23

所以将球从水中取出所做的功为 $W=\displaystyle\int_{-r}^{r}g\pi(r-x)(r^2-x^2)\mathrm{d}x=\frac{4}{3}\pi g r^4$.

13. 设星形线 $x=a\cos^3 t$，$y=a\sin^3 t$ 上每一点处的线密度的大小等于到原点的距离的立方，在原点 O 处有一单位质点，求星形线在第一象限的弧段对这质点的引力．

解 取弧微分 $\mathrm{d}s$ 为质点，则其质量微元为 $\mathrm{d}m=(x^2+y^2)^{\frac{3}{2}}\mathrm{d}s$，设引力 $F=F_x\vec{i}+F_y\vec{j}$，则

$$dF_x = G\frac{(x^2+y^2)^{\frac{3}{2}}ds}{x^2+y^2}\cdot\frac{x}{\sqrt{x^2+y^2}} = Gx\,ds\ ,\ dF_y = Gy\,ds,$$

$$ds = \sqrt{(a\cos^3 t)'^2 + (a\sin^3 t)'^2}\,dt = 3a\sin t\cos t\,dt,$$

所以 $F_x = 3Ga^2\int_0^{\frac{\pi}{2}}\cos^4 t\sin t\,dt = \frac{3}{5}Ga^2$. 同理可以求得 $F_y = \frac{3}{5}Ga^2$.

所以所求引力为 $F = \frac{3}{5}Ga^2\vec{i} + \frac{3}{5}Ga^2\vec{j}$.

第六章同步测试题

一、填空题(每小题 4 分,共 20 分)

1. 曲线 $y=\sin x$ 在 $\left[\frac{\pi}{2},2\pi\right]$ 上的弧段与 x 轴及直线 $x=\frac{\pi}{2}$ 所围成图形的面积 $A=$ ______.

2. 设曲线的极坐标方程为 $\rho=e^{a\theta}(a>0)$,则该曲线上相应于 θ 从 0 变到 2π 的一段弧与极轴所围成的图形的面积为 ________.

3. 曲线 $\int_0^x \tan t\,dt\left(0\leqslant x\leqslant\frac{\pi}{4}\right)$ 的弧长 $s=$ ________.

4. 曲线 $y=x^2$, $x=y^2$ 所围成的区域绕 x 轴旋转所得旋转体的体积为 ________.

5. 物体在力 $F(x)=\frac{1}{4+x^2}$ 的作用下从 $x=0$ 沿直线移动到 $x=2$,且力的方向指向 x 轴正向,则力 F 在物体运动过程中所做的功为 ________.

二、单项选择题(每小题 4 分,共 20 分)

1. 设曲线的极坐标方程为 $\rho=a(1+\cos\theta)(a>0)$,则该曲线的长度为(　　).

A. $8a$　　B. $4a$　　C. $2\sqrt{2}a$　　D. $4\sqrt{2}a$

2. 曲线 $y=|\ln x|$ 与直线 $x=\frac{1}{e}$, $x=e$ 及 $y=0$ 所围成的区域的面积 S 等于(　　).

A. $2\left(1-\frac{1}{e}\right)$　　B. $e-\frac{1}{e}$　　C. $e+\frac{1}{e}$　　D. $1+\frac{1}{e}$

3. 曲线 $\begin{cases}x=a\cos^3 t,\\ y=a\sin^3 t\end{cases}$ 所围成图形的面积 $A=$(　　).

A. $\frac{\pi}{8}a^2$　　B. $\frac{\pi}{4}a^2$　　C. $\frac{3\pi}{8}a^2$　　D. $\frac{\pi}{2}a^2$.

4. 矩形闸门宽 a ,高为 h ,将其垂直放入水中,上沿与水面平齐,则闸门一侧所受压力 P 为(　　).

A. $g\int_0^h ax\,dx$　　B. $g\int_0^a hx\,dx$　　C. $g\int_0^h \frac{1}{2}ax\,dx$　　D. $g\int_0^h 2ax\,dx$

5. 曲线 $y=\sin x$ 的一个周期的弧长等于椭圆 $2x^2+y^2=2$ 的周长的(　　).

A. 1 倍　　B. 2 倍　　C. 3 倍　　D. 4 倍

三、计算题(每小题 8 分,共 40 分)

1. 求曲线 $y=-x^3+x^2+2x$ 与 x 轴所围成的封闭图形的面积.

2. 求 $y=\sin x$,$y=\sin 2x$ 在区间 $[0,\pi]$ 上所围成图形的面积.

3. 求双纽线 $\rho^2=a^2\cos 2\theta$ 所围成图形的面积.

4. 求由抛物线 $y^2=x+1$ 与 y 轴所围成的图形绕 y 轴旋转一周所得旋转体的体积.

5. 求曲线 $\rho=\sin^3\dfrac{\theta}{3}\left(0\leqslant\theta\leqslant\dfrac{\pi}{2}\right)$ 的弧长.

四、解答题(每小题 10 分,共 20 分)

1. 一个圆柱形的贮水桶高为 3 m,底圆半径为 1 m,桶内盛满了水,试问:要把桶内的水全部吸出,需做多少功?

2. 求抛物线 $y=-x^2+1$ 在 $[0,1]$ 内的一条切线,使它与两坐标轴和抛物线 $y=-x^2+1$ 所围成的平面图形的面积最小,并求出该面积.

第六章同步测试题答案

一、填空题

1. 3; 2. $\dfrac{1}{4a}(e^{4\pi a}-1)$; 3. $\ln(\sqrt{2}+1)$; 4. $\dfrac{3\pi}{10}$; 5. $\dfrac{\pi}{8}$.

二、单项选择题

1. A; 2. A; 3. C; 4. A; 5. A.

三、计算题

1. **解** $y=-x(x+1)(x-2)$,与 x 轴有三个交点,分别是 $x=0$,$x=-1$,$x=2$.

所以
$$S=\int_{-1}^{2}|y|\,dx=\int_{-1}^{0}(x^3-x^2-2x)\,dx+\int_{0}^{2}(-x^3+x^2+2x)\,dx=\frac{37}{12}.$$

2. **解** 面积
$$A=\int_0^{\pi}|\sin x-\sin 2x|\,dx=\int_0^{\pi}|\sin x(1-2\cos x)|\,dx$$
$$=\int_0^{\frac{\pi}{3}}\sin x(2\cos x-1)\,dx+\int_{\frac{\pi}{3}}^{\pi}\sin x(1-2\cos x)\,dx=\frac{5}{2}.$$

3. **解** 由双纽线的对称性,所求的面积为第一象限面积的 4 倍. 在第一象限,$0\leqslant\theta\leqslant\dfrac{\pi}{4}$.
$$A=4\int_0^{\frac{\pi}{4}}\frac{1}{2}\rho^2(\theta)\,d\theta=4\int_0^{\frac{\pi}{4}}\frac{1}{2}a^2\cos 2\theta\,d\theta=a^2\sin 2\theta\Big|_0^{\frac{\pi}{4}}=a^2.$$

4. **解** 由旋转体的体积公式可得
$$V=\int_{-1}^{1}\pi x^2\,dy=\int_{-1}^{1}\pi(y^2-1)^2\,dy=2\pi\int_0^1(y^4-2y^2+1)^2\,dy=\frac{16}{15}\pi.$$

5. **解** 因为 $\rho=\sin^3\dfrac{\theta}{3}$,所以 $\rho'=\cos\dfrac{\theta}{3}\sin^2\dfrac{\theta}{3}$. 由弧微分公式可得
$$ds=\sqrt{\rho^2+\rho'^2}\,d\theta=\sqrt{\sin^6\frac{\theta}{3}+\cos^2\frac{\theta}{3}\sin^4\frac{\theta}{3}}\,d\theta=\sin^2\frac{\theta}{3}\,d\theta,$$

故弧长
$$s=\int_0^{\frac{\pi}{2}}\sin^2\frac{\theta}{3}\,d\theta=\frac{1}{2}\int_0^{\frac{\pi}{2}}\left(1-\cos\frac{2\theta}{3}\right)d\theta=\frac{\pi}{4}-\frac{3\sqrt{3}}{8}.$$

四、解答题

1. **解**　建立坐标系，如图 6-24 所示，

取深度 x 为积分变量，它的变化区间为 $[0,3]$，在 $[0,3]$ 内任取一小区间 $[x,x+\mathrm{d}x]$，相应于小区间 $[x,x+\mathrm{d}x]$ 的一薄层水的高度为 $\mathrm{d}x$．水的比重为 $9.8\mathrm{kN/m^3}$，因此薄层水的重力为 $9.8\pi\cdot x\cdot 1^2\mathrm{d}x$．这薄层水吸出桶外需做的功近似为

$$\mathrm{d}W=9.8\pi\cdot x\cdot 1^2\mathrm{d}x,$$

此即功元素．于是所求的功为

$$W=\int_0^3 9.8\pi x\,\mathrm{d}x=9.8\pi\cdot\left[\frac{x^2}{2}\right]_0^3=9.8\pi\cdot\frac{9}{2}\approx 138.5\,(\mathrm{kJ}).$$

2. **解**　$y'=-2x$，切点为 $M(x,-x^2+1)$，

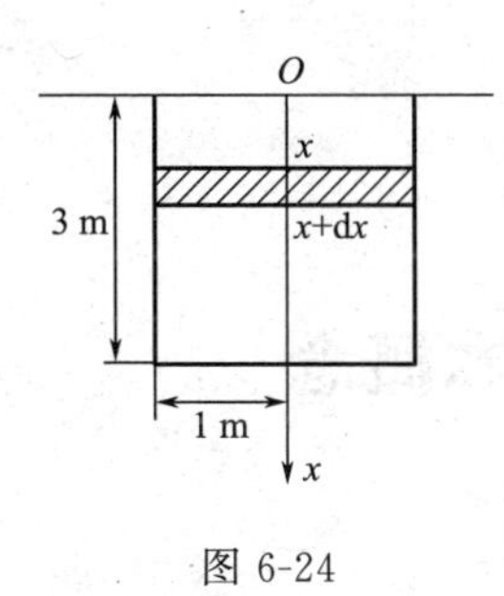

图 6-24

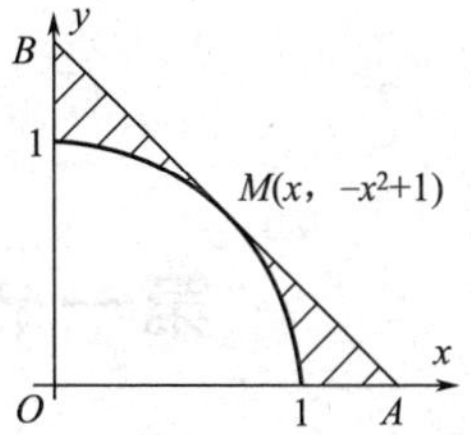

图 6-25

所以切线方程为 $Y-(-x^2+1)=-2x(X-x)$，切线与坐标轴的交点为

$A\left(\dfrac{x^2+1}{2x},0\right)$，$B(0,x^2+1)$.

$S(x)_{\Delta BOA}=\dfrac{1}{2}\cdot\dfrac{(x^2+1)^2}{2x}=\dfrac{1}{4}\left(x^3+2x+\dfrac{1}{x}\right)$.

$S'(x)=\dfrac{1}{4}\left(3x^2+2-\dfrac{1}{x^2}\right)=\dfrac{1}{4x^2}(x^2+1)(3x^2-1)$.

$S'(x)=0$，$x=\dfrac{\sqrt{3}}{3}$，

$x<\dfrac{\sqrt{3}}{3}$ 时，$S'(x)<0$；$x>\dfrac{\sqrt{3}}{3}$ 时，$S'(x)>0$.

所以
$$S_{\min}=S\left(\frac{\sqrt{3}}{3}\right).$$

所以该切线为
$$y=-\frac{2}{3}\sqrt{3}x+\frac{4}{3},$$

所求的最小面积为
$$\frac{4\sqrt{3}}{9}-\int_0^1(1-x^2)\mathrm{d}x=\frac{4\sqrt{3}}{9}-\frac{2}{3}.$$

第七章

微分方程

第一节　微分方程的基本概念

1.1　学习目标

了解微分方程及其阶、解、通解、初始条件和特解等概念．

1.2　内容提要

1. 微分方程

含有未知函数、未知函数的导数与自变量的等式，叫作微分方程．

2. 微分方程的阶

微分方程中出现的未知函数的最高阶导数的阶数，叫作微分方程的阶．n 阶微分方程的一般形式为 $F(x,y,y',\cdots,y^{(n)})=0$，或 $y^{(n)}=f(x,y,y',\cdots,y^{(n-1)})$．

3. 微分方程的解

若某函数代入微分方程能使该方程成为恒等式，这个函数就叫作该微分方程的解．

4. 通解

如果微分方程的解中含有任意常数，且相互独立的任意常数的个数与微分方程的阶数相同，这样的解叫作微分方程的通解．

5. 特解

微分方程不含任意常数的解称为特解．

6. 初始条件

确定 n 阶微分方程通解中的 n 个任意常数的条件

$$y|_{x=x_0}=y_0, y'|_{x=x_0}=y'_0, \cdots, y^{(n-1)}|_{x=x_0}=y_0{}^{(n-1)},$$

称为初始条件．

7. 初值问题

求微分方程满足初始条件的特解问题叫作微分方程的初值问题．例如求一阶微分方程

$y'=f(x,y)$ 满足初始条件 $y|_{x=x_0}=y_0$ 的特解问题,称为一阶微分方程的初值问题,记作

$$\begin{cases}y'=f(x,y),\\ y|_{x=x_0}=y_0.\end{cases}$$

8. 积分曲线

微分方程的解所表示的曲线叫作微分方程的积分曲线,通解所对应的曲线族称为微分方程的积分曲线族.

1.3 典型例题与方法

基本题型Ⅰ:验证函数是微分方程的解

例 1 验证:函数 $y=C_1\cos x+C_2\sin x$ 是微分方程 $y''+y=0$ 的解.

证 求所给函数的导数:

$$y'=-C_1\sin x+C_2\cos x,$$
$$y''=-C_1\cos x-C_2\sin x.$$

代入方程 $y''+y=0$ 成立,因此 $y=C_1\cos x+C_2\sin x$ 是微分方程的解.

基本题型Ⅱ:化积分方程为微分方程

例 2 若连续函数 $f(x)$ 满足关系式 $f(x)=\int_0^{2x} f\left(\frac{t}{2}\right)\mathrm{d}t+\ln 2$,求 $f(x)$ 满足的微分方程.

解 由已知条件,$f(x)$ 可导,积分方程

$$f(x)=\int_0^{2x} f\left(\frac{t}{2}\right)\mathrm{d}t+\ln 2,$$

两边同时对 x 求导,得 $f'(x)=2f(x)$. 又 $f(0)=\ln 2$,记 $y=f(x)$,则 $f(x)$ 满足的微分方程为

不要遗漏初始条件

$$\begin{cases}y'=2y,\\ y|_{x=0}=\ln 2,\end{cases}$$

【方法点击】 积分方程隐含初始条件,是一个初值问题.

基本题型Ⅲ:已知积分曲线求满足的微分方程

例 3 求下列曲线族所满足的微分方程:

(1) $y^2=C_1x+C_2$(C_1,C_2 为任意常数);

(2) $y=e^x(C_1\sin x+C_2\cos x)$ (C_1,C_2 为任意常数).

有两个独立常数,方程为二阶

解 (1) 将 $y^2=C_1x+C_2$ 求导,得

$$2yy'=C_1,$$

再次求导,得

$$2yy''+2(y')^2=0,$$

即

$$yy''+(y')^2=0.$$

这就是已知曲线族所满足的微分方程.

(2) 对 $y=e^x(C_1\sin x+C_2\cos x)$ 求导,

$$y'=e^x[(C_1-C_2)\sin x+(C_1+C_2)\cos x],$$

$$y''=e^x[(-2C_2)\sin x+2C_1\cos x]=-2e^x(C_2\sin x-C_1\cos x),$$

消去任意常数 C_1,C_2,得

$$y''-2y'+2y=0.$$

这就是已知曲线族所满足的微分方程.

【方法点击】 本题实质是已知通解反求微分方程. 解决这类问题的一般思路是,首先对通解进行求导,然后消去任意常数,找到未知函数所满足的微分方程. 求导的次数与方程的阶数相同,方程的阶数就是积分曲线族中含有独立的任意常数的个数.

1.4 习题 7-1 解答

4. 在下列各题中,确定函数关系式中所含的参数,使函数满足所给的初始条件.

(1) $x^2-y^2=C,y|_{x=0}=5$.

解 代入 $y|_{x=0}=5$,得 $C=-25$,故函数为 $x^2-y^2=-25$.

(2) $y=(C_1+C_2x)e^{2x},y|_{x=0}=0,y'|_{x=0}=1$.

解 代入 $y|_{x=0}=0$,得 $C_1=0$,故函数为 $y=C_2xe^{2x}$,求导得 $y'=C_2(e^{2x}+2xe^{2x})$,代入 $y'|_{x=0}=1$,得 $C_2=1$,故函数为 $y=xe^{2x}$.

(3) $y=C_1\sin(x-C_2),y|_{x=\pi}=1,y'|_{x=\pi}=0$.

解 求导得 $y'=C_1\cos(x-C_2)$,代入 $y|_{x=\pi}=1,y'|_{x=\pi}=0$ 得 $C_1=1,C_2=\frac{\pi}{2}$,故函数为 $y=-\cos x$.

5. 写出由下列条件确定的曲线所满足的微分方程.

(1) 曲线在点 (x,y) 处的切线的斜率等于该点横坐标的平方.

解 设曲线为 $y=y(x)$,则曲线上点 $P(x,y)$ 处的切线斜率为 y',故此曲线所满足的微分方程为 $y'=x^2$.

(2) 曲线上点 $P(x,y)$ 处的法线与 x 轴的交点为 Q,且线段 PQ 被 y 轴平分.

解 设曲线为 $y=y(x)$,则曲线上点 $P(x,y)$ 处的法线斜率为 $-\frac{1}{y'}$,由条件知 PQ 中点的横坐标为 0,所以 Q 的坐标为 $(-x,0)$,从而有

$$\frac{y-0}{x+x}=-\frac{1}{y'},$$

即 $yy'+2x=0$,故此曲线所满足的微分方程为 $yy'+2x=0$.

6. 用微分方程表示一物理命题:某种气体的压强 p 对于温度 T 的变化率与压强成正比,与温度的平方成反比.

解 $\frac{dp}{dT}=k\frac{p}{T^2}$(其中 k 为比例常数).

第二节 可分离变量的微分方程

2.1 学习目标

掌握可分离变量的微分方程的解法.

2.2 内容提要

1. 可分离变量的微分方程的概念

如果一个一阶微分方程能表示成 $g(y)\mathrm{d}y=f(x)\mathrm{d}x$ 的形式,则该方程就称为可分离变量的微分方程. 其特点是:能把微分方程写成一端只含 y 的函数和 $\mathrm{d}y$,另一端只含 x 的函数和 $\mathrm{d}x$.

2. 可分离变量的微分方程的解法

将 $g(y)\mathrm{d}y=f(x)\mathrm{d}x$ 两边积分,得到 $\int g(y)\mathrm{d}y=\int f(x)\mathrm{d}x$,设 $G(y)$、$F(x)$ 分别为 $g(y)$ 和 $f(x)$ 的原函数,则有 $G(y)=F(x)+C$,这就是可分离变量的微分方程的隐式通解.

3. 微分方程的简单应用

运用微分方程解决实际问题,就是根据题目所给的已知条件,利用客观原理和规律,建立实际问题所满足的微分方程,求解方程并利用所得的解对实际问题进行分析. 利用微分方程解决实际问题的一般步骤为:

第一步,对实际问题进行分析,设出自变量和未知函数;

第二步,根据题目所给的条件,利用已知的一些原理和规律,建立微分方程并寻找初始条件;

第三步,求解微分方程;

第四步,利用所求得的解对实际问题进行分析.

2.3 典型例题与方法

基本题型Ⅰ:可直接分离变量的微分方程求解

例1 求下列方程的通解:

(1) $xy\mathrm{d}x+(x^2+1)\mathrm{d}y=0$; (2) $x\sqrt{1+y^2}+yy'\sqrt{1+x^2}=0$.

解 (1) 该方程为变量可分离方程,当 $y\neq 0$ 时,分离变量,

$$\frac{\mathrm{d}y}{y}=-\frac{x\mathrm{d}x}{x^2+1},$$

注意不要丢解

两端积分,得 $\ln|y|=-\frac{1}{2}\ln(x^2+1)+\ln C_1$,即 $y\sqrt{x^2+1}=C$.

显然,$y=0$ 也是方程的解. 故原方程的通解为 $y\sqrt{x^2+1}=C$(C 为任意常数).

(2) 该方程为变量可分离方程,分离变量,得

$$\frac{y\mathrm{d}y}{\sqrt{1+y^2}}=-\frac{x\mathrm{d}x}{\sqrt{1+x^2}},$$

两端积分,得 $\sqrt{1+y^2}+\sqrt{1+x^2}=C$,这就是所求方程的通解.

【方法点击】 ① 变量可分离方程 $\frac{dy}{dx}=f(x)g(y)$ 变形为 $\frac{dy}{g(y)}=f(x)dx$ 时,要求 $g(y)\neq 0$,此时要注意可能丢解,需要补上;②分离变量后,积分所得通常是隐式解.

基本题型Ⅱ:通过变量代换化为变量可分离方程求解

例 2 求下列方程的通解:

(1) $y'=(x+y+1)^2$;　　(2) $x dy - y dx = x\sqrt{x^2+y^2}dx$.

【分析】 方程无法直接求解,可以进行适当代换,将其化为变量可分离方程求解.

解 (1) 令 $u=x+y+1$,则 $\frac{du}{dx}=1+\frac{dy}{dx}$,原方程化为

$$\frac{du}{dx}=1+u^2.$$

这是一个变量可分离方程,分离变量得 $\frac{du}{1+u^2}=dx$,两边积分得 $\arctan u=x+C$,故原方程的通解为 $\arctan(x+y+1)=x+C$.

(2) 将原方程 $x dy - y dx = x\sqrt{x^2+y^2}dx$ 变形,得

$$\frac{dy}{dx}=\sqrt{x^2+y^2}+\frac{y}{x}.$$

令 $u=\frac{y}{x}$,则 $\frac{dy}{dx}=u+x\frac{du}{dx}$,于是,方程化为

$$x\frac{du}{dx}=\sqrt{x^2+x^2u^2}.$$

当 $x>0$ 时,分离变量得 $\frac{du}{\sqrt{1+u^2}}=dx$,两端积分得 $\ln(u+\sqrt{1+u^2})=x+C_1$,将 $u=\frac{y}{x}$ 代入,得原方程的解为 $y+\sqrt{x^2+y^2}=Cxe^x$ (C 为任意正常数).

当 $x<0$ 时,分离变量得 $\frac{du}{\sqrt{1+u^2}}=-dx$,两端积分得 $\ln(u+\sqrt{1+u^2})=-x+C_2$,将 $u=\frac{y}{x}$ 代入,得原方程的解为 $y-\sqrt{x^2+y^2}=Cxe^{-x}$ (C 为任意正常数).

【方法点击】 变量代换是求解微分方程的重要方法,问题的关键是找到适当的代换,将方程转化为可求解的类型.

基本题型Ⅲ:初值问题求解

例 3 (1) 求解初值问题 $\begin{cases} y'=\frac{y(1-x)}{x}, \\ y|_{x=1}=1. \end{cases}$

(2) 求过点 $\left(\frac{1}{2},0\right)$ 且满足 $y'\arcsin x+\frac{y}{\sqrt{1-x^2}}=1$ 的曲线方程.

解 (1) 将方程 $y'=\frac{y(1-x)}{x}$ 分离变量,得 $\frac{dy}{y}=\frac{1-x}{x}dx$,两端积分得 $y=Cxe^{-x}$ (C

为任意非零常数). 显然, $y\equiv 0$ 也是方程的解. 故原方程的通解为

$$y=Cx\mathrm{e}^{-x}.$$

将初始条件代入,得 $C=\mathrm{e}$,于是,初值问题的解为 $y=x\mathrm{e}^{1-x}$.

(2) 将方程 $y'\arcsin x+\dfrac{y}{\sqrt{1-x^2}}=1$ 变形,得 $(y\arcsin x)'=1$. 令 $u=y\arcsin x$,方程转化为变量可分离方程

$$\frac{\mathrm{d}u}{\mathrm{d}x}=1,$$

积分得 $u=x+C$,故原方程的通解为 $y\arcsin x=x+C$. 利用初始条件 $y\left(\dfrac{1}{2}\right)=0$,得 $C=-\dfrac{1}{2}$. 于是,所求曲线方程为 $y\arcsin x=x-\dfrac{1}{2}$.

基本题型Ⅳ:应用题

例 4 一质量为 m 的物体在 $t=0$ 时刻由静止开始下落,已知空气的阻力等于瞬时速度的 2 倍.

(1) 求物体的速度及路程函数;

(2) 讨论物体的极限速度.

解 (1) 选取物体的起始位置为坐标原点,铅直向下为 x 轴建立坐标系. 设 t 时刻物体的速度为 $v(t)$,经过的路程为 $x(t)$. 由牛顿第二定律,得

$$\begin{cases} m\dfrac{\mathrm{d}v}{\mathrm{d}t}=mg-2v, \\ v(0)=0, \end{cases}$$

利用已有规律建立方程

这就是物体下落的速度所满足的微分方程. 求解该初值问题,得

$$v=v(t)=\frac{mg}{2}(1-\mathrm{e}^{-\frac{2}{m}t}).$$

又 $\dfrac{\mathrm{d}x}{\mathrm{d}t}=v(t)$ 且 $x(0)=0$,解得 $x=x(t)=\dfrac{mg}{2}\left(t+\dfrac{m}{2}\mathrm{e}^{-\frac{2}{m}t}\right)-\dfrac{m^2g}{4}$.

(2) 由 $\lim\limits_{t\to+\infty}v(t)=\lim\limits_{t\to+\infty}\dfrac{mg}{2}(1-\mathrm{e}^{-\frac{2}{m}t})=\dfrac{1}{2}mg$,得物体的极限速度为 $\dfrac{1}{2}mg$.

【方法点击】 在建立微分方程时,根据题目所给定的条件及实际问题所遵循的定律或原理,在任一时刻(或任一点处)建立未知函数及其导数和自变量之间的关系,从而得到微分方程,这种方法常称为“瞬态法”.

例 5 某湖泊的水量为 V,每年排入湖泊内含污染物 A 的污水量为 $\dfrac{V}{6}$,流入湖泊内不含 A 的水量为 $\dfrac{V}{6}$,流出湖泊的水量为 $\dfrac{V}{3}$. 经专家测定,现在湖泊中 A 的含量为 $5m_0$,严重超过国家规定标准. 为了治理污染,从即日起限定排入湖泊中含 A 污水的浓度不超过 $\dfrac{m_0}{V}$,问:至多需经过多少年,可使湖泊中污染物 A 的含量降至 m_0 以内?(已知湖泊中 A 的浓度是均匀的.)

解 设从即日起,第 t 年湖泊中污染物 A 的含量为 $m=m(t)$,则此时浓度为$\frac{m}{V}$. 选取时间间隔$[t,t+\mathrm{d}t]$,则该时间间隔内排入湖泊中 A 的量为 $\frac{m_0}{V}\cdot\frac{V}{6}\mathrm{d}t=\frac{m_0}{6}\mathrm{d}t$,而流出湖泊的 A 的量为 $\frac{m}{V}\cdot\frac{V}{3}\mathrm{d}t=\frac{m}{3}\mathrm{d}t$. 因此在该时间间隔内,湖泊中污染物 A 的改变量 $\mathrm{d}m=\left(\frac{m_0}{6}-\frac{m}{3}\right)\mathrm{d}t$,于是有

注意微元分析过程

$$\begin{cases}\frac{\mathrm{d}m}{\mathrm{d}t}=\frac{m_0}{6}-\frac{m}{3},\\ m|_{t=0}=5m_0,\end{cases}$$

这就是湖泊中 A 的含量 m 所满足的微分方程. 分离变量,得$\frac{\mathrm{d}m}{\frac{m_0}{6}-\frac{m}{3}}=\mathrm{d}t$,两端积分得

$$m=\frac{m_0}{2}-C\mathrm{e}^{-\frac{1}{3}t},$$

代入初始条件 $m|_{t=0}=5m_0$,得 $C=-\frac{9}{2}m_0$. 于是 $m=\frac{m_0}{2}(1+9\mathrm{e}^{-\frac{1}{3}t})$.

令 $m=\frac{m_0}{2}(1+9\mathrm{e}^{-\frac{1}{3}t})=m_0$,得 $t=6\ln 3$. 故至多需经过 $6\ln 3$ 年,湖泊中污染物 A 的含量可降至 m_0 以内.

【方法点击】 该题在建立微分方程时,选定小的时间间隔(或小区间)来讨论,利用变量的微元来建立微分方程,这种处理问题的方法称为“微元分析法”.

2.4 习题 7-2 解答

1. 求下列微分方程的通解.

(1) $xy'-y\ln y=0$.

解 原方程改写为 $x\frac{\mathrm{d}y}{\mathrm{d}x}-y\ln y=0$,分离变量得$\frac{\mathrm{d}y}{y\ln y}=\frac{\mathrm{d}x}{x}$,积分得 $\ln|\ln y|=\ln|x|+\ln|C|=\ln|Cx|$,故 $y=\mathrm{e}^{Cx}$ 为方程通解.

(2) $3x^2+5x-5y'=0$.

解 原方程改写为 $5\frac{\mathrm{d}y}{\mathrm{d}x}=3x^2+5x$,分离变量得 $5\mathrm{d}y=(3x^2+5x)\mathrm{d}x$,积分得 $5y=x^3+\frac{5}{2}x^2+C_1$,故 $y=\frac{x^3}{5}+\frac{1}{2}x^2+C$ 为方程通解.

(3) $\sqrt{1-x^2}\,y'=\sqrt{1-y^2}$.

解 分离变量,得$\frac{\mathrm{d}y}{\sqrt{1-y^2}}=\frac{\mathrm{d}x}{\sqrt{1-x^2}}$,积分得$\int\frac{\mathrm{d}y}{\sqrt{1-y^2}}=\int\frac{\mathrm{d}x}{\sqrt{1-x^2}}$即 $\arcsin y=\arcsin x+C$ 为方程通解.

(4) $y'-xy'=a(y^2+y')$.

解 原方程改写为$(1-x-a)\frac{\mathrm{d}y}{\mathrm{d}x}=ay^2$,分离变量得$\frac{\mathrm{d}y}{ay^2}=\frac{\mathrm{d}x}{1-x-a}$,积分得

$-\frac{1}{ay}=-\ln|1-a-x|-C_1$，

即$\frac{1}{y}=a\ln|x+a-1|+C\quad(C=aC_1)$为方程通解．

(5) $\sec^2 x\tan y\,dx+\sec^2 y\tan x\,dy=0$.

解　分离变量，得$\frac{\sec^2 y\,dy}{\tan y}=-\frac{\sec^2 x\,dx}{\tan x}$，积分得 $\ln|\tan y|=-\ln|\tan x|+\ln|C|$，即 $\tan x\tan y=C$ 为方程通解．

(6) $\frac{dy}{dx}=10^{x+y}$.

解　分离变量，得 $10^{-y}dy=10^x dx$，积分得$-\frac{10^{-y}}{\ln 10}=\frac{10^x}{\ln 10}+C_1$，即 $10^{-y}+10^x=C$ 为方程通解．

(7) $(e^{x+y}-e^x)dx+(e^{x+y}+e^y)dy=0$.

解　原方程改写为$\frac{e^y dy}{1-e^y}=\frac{e^x dx}{1+e^x}$，积分得$-\ln|e^y-1|=\ln|e^x+1|-\ln|C|$，即 $\ln|e^x+1|+\ln|e^y-1|=\ln|C|$，故通解为$(e^x+1)(e^y-1)=C$.

(8) $\cos x\sin y\,dx+\sin x\cos y\,dy=0$.

解　分离变量，得$\frac{\cos y\,dy}{\sin y}=-\frac{\cos x\,dx}{\sin x}$，积分得 $\ln|\sin y|=-\ln|\sin x|+\ln|C|$，即 $\ln|\sin x\sin y|=\ln|C|$，故通解为 $\sin x\sin y=C$.

(9) $(y+1)^2\frac{dy}{dx}+x^3=0$.

解　分离变量，得$(y+1)^2dy=-x^3dx$，积分得$\frac{1}{3}(y+1)^3=-\frac{1}{4}x^4+C_1$，即 $3x^4+4(y+1)^3=C$ 为方程通解．

(10) $y\,dx+(x^2-4x)dy=0$.

解　分离变量，得$\frac{dx}{x^2-4x}=-\frac{dy}{y}$，即$\frac{1}{4}\left(\frac{1}{x-4}-\frac{1}{x}\right)dx=-\frac{1}{y}dy$，积分得$\frac{1}{4}(\ln|x-4|-\ln|x|)+\ln|y|=C_1$，故通解为$(x-4)y^4=Cx$.

2. 求下列微分方程满足所给初始条件的特解．

(1) $y'=e^{2x-y}$，$y|_{x=0}=0$.

解　分离变量，得 $e^y dy=e^{2x}dx$，积分得 $e^y=\frac{1}{2}e^{2x}+C$. 由 $y|_{x=0}=0$ 知 $C=\frac{1}{2}$，故所求特解为 $e^y=\frac{1}{2}(e^{2x}+1)$.

(2) $\cos x\sin y\,dy=\cos y\sin x\,dx$，$y|_{x=0}=\frac{\pi}{4}$.

解　分离变量，得 $\tan y\,dy=\tan x\,dx$，积分得 $\cos y=C\cos x$. 由 $y|_{x=0}=\frac{\pi}{4}$知 $C=\frac{\sqrt{2}}{2}$，故所求特解为 $\cos y=\frac{\sqrt{2}}{2}\cos x$.

(3) $y'\sin x=y\ln y, y|_{x=\frac{\pi}{2}}=\mathrm{e}$.

解 分离变量,得$\frac{\mathrm{d}y}{y\ln y}=\frac{\mathrm{d}x}{\sin x}$,积分得 $\ln|\ln y|=\ln\left|\tan\frac{x}{2}\right|+\ln|C|$,即 $\ln y=C\tan\frac{x}{2}$.

由 $y|_{x=\frac{\pi}{2}}=\mathrm{e}$ 知 $C=1$,故所求特解为 $\ln y=\tan\frac{x}{2}$.

(4) $\cos y\mathrm{d}x+(1+\mathrm{e}^{-x})\sin y\mathrm{d}y=0, y|_{x=0}=\frac{\pi}{4}$.

解 分离变量,得$\frac{\mathrm{d}x}{1+\mathrm{e}^{-x}}=-\tan y\mathrm{d}y$,积分得 $\mathrm{e}^x+1=C\cos y$,由 $y|_{x=0}=\frac{\pi}{4}$ 知 $C=2\sqrt{2}$,故所求特解为 $\mathrm{e}^x+1=2\sqrt{2}\cos y$.

(5) $x\mathrm{d}y+2y\mathrm{d}x=0, y|_{x=2}=1$.

解 分离变量,得$\frac{\mathrm{d}y}{2y}=-\frac{\mathrm{d}x}{x}$,积分得$\frac{1}{2}\ln|y|=-\ln|x|+C_1$,即 $x^2y=C$. 由 $y|_{x=2}=1$ 知 $C=4$,故所求特解为 $x^2y=4$.

3. 有一盛满了水的圆锥形漏斗,高为 10 cm,顶角为 60°,漏斗下面有面积为 0.5 cm² 的孔,求水面高度变化的规律及水流完所需的时间.

解 设 t 时刻容器中水面的高度为 $x=x(t)$,已流出的水的体积为 $V=V(t)$,则由水力学知道

$$\frac{\mathrm{d}V}{\mathrm{d}t}=0.62S\sqrt{2gh}=0.62\times0.5\times\sqrt{(2\times980)x},$$

其中 $S=0.5$ 为孔口的截面面积,g 为重力加速度. 于是,

$$\mathrm{d}V=0.62\times0.5\times\sqrt{(2\times980)x}\,\mathrm{d}t \quad ①$$

另一方面,设在微小时间间隔$[t,t+\mathrm{d}t]$内,水面高度由 x 降至 $x+\mathrm{d}x$ ($\mathrm{d}x<0$),则

$$\mathrm{d}V=-\pi r^2\mathrm{d}x=-\frac{\pi}{3}x^2\mathrm{d}x \quad ②$$

其中 $r=x\tan\frac{\pi}{6}=\frac{x}{\sqrt{3}}$是 t 时刻的水面半径. 比较①和②两式,得

$$0.62\times0.5\sqrt{(2\times980)}\sqrt{x}\,\mathrm{d}t=-\frac{\pi}{3}x^2\mathrm{d}x,$$

即 $\mathrm{d}t=\frac{-\pi}{3\times0.62\times0.5\sqrt{2\times980}}x^{\frac{3}{2}}\mathrm{d}x$,因此 $t=\frac{-2\pi}{3\times5\times0.62\times0.5\sqrt{2\times980}}x^{\frac{5}{2}}+C$. 又因为 $t=0$时,$x=10$,所以 $C=\frac{2\pi}{3\times5\times0.62\times0.5\sqrt{2\times980}}10^{\frac{5}{2}}$,故水从小孔流出的规律为

$$t=\frac{2\pi}{3\times5\times0.62\times0.5\sqrt{2\times980}}(10^{\frac{5}{2}}-x^{\frac{5}{2}})=-0.030\,5x^{\frac{5}{2}}+9.645.$$

令 $x=0$,得水流完所需的时间约为 10s.

6. 一曲线通过点(2,3),它在两坐标轴间的任一切线线段均被切点所平分,求这曲线方程.

解 设切点为 $P(x,y)$,则切线在 x 轴、y 轴上的截距分别为 $2x$、$2y$,由斜率计算公式,过 $P(x,y)$点的切线斜率为$\frac{2y-0}{0-2x}=-\frac{y}{x}$,故曲线所满足的微分方程为

$$\frac{\mathrm{d}y}{\mathrm{d}x}=-\frac{y}{x},$$

从而$\int\frac{\mathrm{d}y}{y}=-\int\frac{\mathrm{d}x}{x}$，即 $\ln y+\ln x=\ln C$，故 $xy=C$. 由于曲线经过点(2,3)，因此 $C=2\times3=6$，故所求曲线方程为 $xy=6$.

7. 小船从河边 O 点处出发驶向对岸(两岸为平行直线). 设船速为 a，船行方向始终与河岸垂直，又设河宽为 h，河中任一点处的水流速度与该点到两岸距离的乘积成正比(比例系数为 k)，求小船的航行路线.

解　建立坐标系，如图 7-1 所示，取 O 为原点，河岸沿顺水方向为 x 轴，y 轴指向对岸，设 t 时刻船的位置为(x,y)，此时水速为

$$v=\frac{\mathrm{d}x}{\mathrm{d}t}=ky(h-y),$$

故 $\mathrm{d}x=ky(h-y)\mathrm{d}t$. 又由已知 $y=at$，代入得

$$\mathrm{d}x=kat(h-at)\mathrm{d}t,$$

积分得 $x=\frac{1}{2}kaht^2-\frac{1}{3}ka^2t^3+C$. 由初始条件 $x|_{t=0}=0$，得 $C=0$. 故 $x=\frac{1}{2}kaht^2-\frac{1}{3}ka^2t^3$. 因此船运动路线的参数方程为

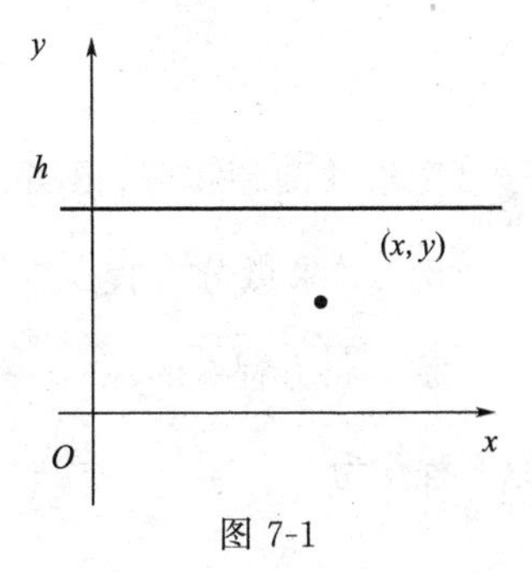

图 7-1

$$\begin{cases}x=\frac{1}{2}kaht^2-\frac{1}{3}ka^2t^3,\\ y=at,\end{cases}$$

消去 t，得小船航行路线的一般方程为 $x=\frac{k}{a}\left(\frac{h}{2}y^2-\frac{1}{3}y^3\right)$，$y\in[0,h]$.

第三节　齐次方程

3.1　学习目标

会解齐次微分方程，会用简单的变量代换解某些微分方程.

3.2　内容提要

1. 齐次微分方程的概念

如果一阶微分方程可以化成 $\frac{\mathrm{d}y}{\mathrm{d}x}=\varphi\left(\frac{y}{x}\right)$ 的形式，则称该方程为齐次微分方程.

2. 齐次微分方程的解法

作变量代换 $u=\frac{y}{x}$，从而 $y=ux$，$\frac{\mathrm{d}y}{\mathrm{d}x}=u+x\frac{\mathrm{d}u}{\mathrm{d}x}$，代入齐次微分方程并整理得

$$x\frac{\mathrm{d}u}{\mathrm{d}x}=\varphi(u)-u,$$

此为可分离变量的微分方程．分离变量并两边积分，得 $\int\frac{\mathrm{d}u}{\varphi(u)-u}=\int\frac{\mathrm{d}x}{x}$，求出积分后再以 $\frac{y}{x}$ 代替 u，便得所给齐次微分方程的通解．

【注】 求解齐次微分方程的关键是变量代换．

3.3 典型例题与方法

基本题型Ⅰ:齐次方程求解

例 1 求微分方程 $\frac{\mathrm{d}y}{\mathrm{d}x}=\frac{y}{x}+\tan\frac{y}{x}$ 的通解．

解 该方程为齐次方程，作变量代换 $u=\frac{y}{x}$，则 $\frac{\mathrm{d}y}{\mathrm{d}x}=u+x\frac{\mathrm{d}u}{\mathrm{d}x}$，原方程化为

$$x\frac{\mathrm{d}u}{\mathrm{d}x}=\tan u,$$

分离变量并两端积分，得 $\sin u=Cx$，即 $\sin\frac{y}{x}=Cx$，这就是所求方程的通解．

例 2 求微分方程 $x^2y'+xy=y^2$ 满足初始条件 $y(1)=1$ 的特解．

解 将方程变形，得 $y'=\left(\frac{y}{x}\right)^2-\frac{y}{x}$，此方程为齐次方程．令 $u=\frac{y}{x}$，则 $\frac{\mathrm{d}y}{\mathrm{d}x}=u+x\frac{\mathrm{d}u}{\mathrm{d}x}$，原方程化为

$$xu'=u^2-2u,$$

这是一个变量可分离方程．当 $u\neq 0$ 且 $u\neq 2$ 时，分离变量，得 $\frac{\mathrm{d}u}{u^2-2u}=\frac{\mathrm{d}x}{x}$，然后积分得 $\frac{u-2}{u}=Cx^2$，即 $\frac{y-2x}{y}=Cx^2$；当 $u=0$ 时，$y=0$ 是原方程的解；当 $u=2$ 时，$y=2x$ 也是原方程的解．故原方程的通解为 $\frac{y-2x}{y}=Cx^2$，$y=0$ 也是原方程的解．由初始条件 $y(1)=1$，得 $C=-1$，故所求方程的特解为

$$y=\frac{2x}{1+x^2}.$$

基本题型Ⅱ:通过变量代换化为齐次方程求解

例 3 求下列方程的通解：

(1) $\frac{\mathrm{d}y}{\mathrm{d}x}=\frac{2x+y+1}{x-2y+1}$； (2) $(2\sin^2y+x^2)\mathrm{d}x-x\sin 2y\,\mathrm{d}y=0$.

解 (1)令 $x=\xi+h$，$y=\eta+k$ (其中 h,k 为待定常数)，代入原方程，得

$$\frac{\mathrm{d}\eta}{\mathrm{d}\xi}=\frac{2\xi+\eta+(2h+k+1)}{\xi-2\eta+(h-2k+1)}.\qquad ①$$

为使方程①转化为齐次方程，需满足 $2h+k+1=0$，$h-2k+1=0$，则 $h=-\frac{3}{5}$，$k=\frac{1}{5}$，此时方程①化为

$$\frac{\mathrm{d}\eta}{\mathrm{d}\xi}=\frac{2\xi+\eta}{\xi-2\eta}.\qquad ②$$

该方程为齐次方程，令 $u=\frac{\eta}{\xi}$ ，则 $\frac{d\eta}{d\xi}=\xi\frac{du}{d\xi}+u$ ，代入②得

$$\xi\frac{du}{d\xi}=\frac{2+2u^2}{1-2u}, \quad ③$$

该方程为变量可分离方程，解得

$$\frac{1}{2}\arctan u-\frac{1}{2}\ln(1+u^2)=\ln C\xi .$$

将 $\xi=x+\frac{3}{5}, u=\frac{\eta}{\xi}=\frac{y-\frac{1}{5}}{x+\frac{3}{5}}$ 代入上式，得原方程的通解为

$$\arctan\frac{5y-1}{5x+3}-\ln\left[1+\left(\frac{5y-1}{5x+3}\right)^2\right]=2\ln C\left(x+\frac{3}{5}\right).$$

(2)将原方程 $(2\sin^2 y+x^2)dx-x\sin 2y\,dy=0$ 变形，得

$$\frac{dy}{dx}=\frac{2\sin^2 y+x^2}{x\sin 2y},$$

该方程不属于可以用初等积分法求解的类型．方程两端乘以 $\cos y$ ，得

$$\cos y\frac{dy}{dx}=\frac{2\sin^2 y+x^2}{2x\sin y}.$$

同解变形

令 $z=\sin y$ ，方程化为

$$\frac{dz}{dx}=\frac{2z^2+x^2}{2xz}, \quad ①$$

第一次代换化为齐次方程

该方程为齐次方程．令 $u=\frac{z}{x}$ ，则 $\frac{dz}{dx}=x\frac{du}{dx}+u$ ，代入①得

$$x\frac{du}{dx}=\frac{1}{2u}, \quad ②$$

第二次代换化为变量可分离方程

方程②为变量可分离方程，解得 $u^2=\ln Cx$ ．而 $u=\frac{z}{x}=\frac{\sin y}{x}$ ，故原方程的通解为

$$\frac{\sin^2 y}{x^2}=\ln Cx .$$

【方法点击】 方程两端同乘因子 $\mu=\mu(x,y)$ ，将方程转化为可求解的类型．

3.4　习题 7-3 解答

1．求下列齐次方程的通解．

(1) $xy'-y-\sqrt{y^2-x^2}=0$.

解　当 $x>0$ 时，方程化为 $\frac{dy}{dx}=\frac{y}{x}+\sqrt{\left(\frac{y}{x}\right)^2-1}$，令 $u=\frac{y}{x}$，方程化为 $\frac{du}{(u^2-1)^{\frac{1}{2}}}=\frac{dx}{x}$，

解得 $u+\sqrt{u^2-1}=Cx$，故通解为 $y+\sqrt{y^2-x^2}=Cx^2$.

当 $x<0$ 时,同理得通解为 $y+\sqrt{y^2-x^2}=Cx^2$.

(2) $x\dfrac{dy}{dx}=y\ln\dfrac{y}{x}$.

解 方程化为 $\dfrac{dy}{dx}=\dfrac{y}{x}\ln\dfrac{y}{x}$. 令 $u=\dfrac{y}{x}$,方程化为 $u+x\dfrac{du}{dx}=u\ln u$,分离变量得 $\dfrac{du}{u(\ln u-1)}=\dfrac{dx}{x}$,即 $\dfrac{d(\ln u-1)}{\ln u-1}=\dfrac{dx}{x}$,积分得 $\ln|\ln u-1|=\ln|x|+\ln|C|$,即 $\ln u-1=Cx$. 代入 $u=\dfrac{y}{x}$,即 $y=xe^{Cx+1}$ 为方程通解.

(3) $(x^2+y^2)dx-xydy=0$.

解 原方程变为 $\dfrac{dy}{dx}=\dfrac{1+\left(\dfrac{y}{x}\right)^2}{\dfrac{y}{x}}$,令 $u=\dfrac{y}{x}$,则方程化为 $u+x\dfrac{du}{dx}=\dfrac{1+u^2}{u}$,即 $u\,du=\dfrac{dx}{x}$.

积分得 $\dfrac{1}{2}u^2=\ln|x|+C_1$,代入 $u=\dfrac{y}{x}$,即 $y^2=x^2(2\ln|x|+C)$ 为原方程的通解.

(4) $(x^3+y^3)dx-3xy^2dy=0$.

解 原方程变为 $\dfrac{dy}{dx}=\dfrac{1+\left(\dfrac{y}{x}\right)^3}{3\left(\dfrac{y}{x}\right)^2}$,令 $u=\dfrac{y}{x}$,则方程化为 $u+x\dfrac{du}{dx}=\dfrac{1+u^3}{3u^2}$,即 $\dfrac{3u^2}{1-2u^3}du=\dfrac{dx}{x}$,

积分得 $-\dfrac{1}{2}\ln|1-2u^3|=\ln|x|+\ln|C_1|$,即 $2u^3=1-\dfrac{C}{x^2}$,代入 $u=\dfrac{y}{x}$,即 $x^3-2y^3=Cx$ 为原方程的通解.

(5) $\left(2x\sin\dfrac{y}{x}+3y\cos\dfrac{y}{x}\right)dx-3x\cos\dfrac{y}{x}dy=0$.

解 原方程变为 $\dfrac{dy}{dx}=\dfrac{y}{x}+\dfrac{2}{3}\tan\dfrac{y}{x}$,令 $u=\dfrac{y}{x}$,则方程化为 $u+x\dfrac{du}{dx}=u+\dfrac{2}{3}\tan u$,即 $\dfrac{3}{2}\cdot\dfrac{du}{\tan u}=\dfrac{dx}{x}$,积分得 $\sin^3u=Cx^2$,代入 $u=\dfrac{y}{x}$,即 $\sin^3\dfrac{y}{x}=Cx^2$ 为原方程的通解.

(6) $(1+2e^{\frac{x}{y}})dx+2e^{\frac{x}{y}}\left(1-\dfrac{x}{y}\right)dy=0$.

解 原方程变为 $\dfrac{dx}{dy}=\dfrac{\left(\dfrac{x}{y}-1\right)2e^{\frac{x}{y}}}{1+2e^{\frac{x}{y}}}$,令 $u=\dfrac{x}{y}$,则方程化为 $u+y\dfrac{du}{dy}=\dfrac{2(u-1)e^u}{1+2e^u}$,即 $y\dfrac{du}{dy}=-\dfrac{u+2e^u}{1+2e^u}$. 分离变量可得 $\dfrac{(1+2e^u)du}{u+2e^u}+\dfrac{dy}{y}=0$,两边积分得 $\ln(u+2e^u)+\ln y=\ln C$, $y(u+2e^u)=C$. 将 $u=\dfrac{x}{y}$ 代入上式得通解 $y\left(\dfrac{x}{y}+2e^{\frac{x}{y}}\right)=C$,即 $x+2ye^{\frac{x}{y}}=C$ 为原方程的通解.

2. 求下列齐次方程满足所给初始条件的特解.

(1) $(y^2-3x^2)dy+2xydx=0$, $y|_{x=0}=1$.

解　原方程化为$\frac{\mathrm{d}y}{\mathrm{d}x}=-\frac{\frac{2y}{x}}{\left(\frac{y}{x}\right)^2-3}$，令$u=\frac{y}{x}$，则方程化为$u+x\frac{\mathrm{d}u}{\mathrm{d}x}=-\frac{2u}{u^2-3}$，即$\frac{u^2-3}{u-u^3}\mathrm{d}u=\frac{\mathrm{d}x}{x}$. 由于$\frac{u^2-3}{u-u^3}=-\frac{3}{u}+\frac{1}{u+1}+\frac{1}{u-1}$，方程两边积分得

$-3\ln|u|+\ln|u+1|+\ln|u-1|=\ln|x|+\ln|C|$，即$\ln\left|\frac{u^2-1}{u^3}\right|=\ln|Cx|$，故$\frac{u^2-1}{u^3}=Cx$，将$u=\frac{y}{x}$代入，得原方程的通解为$y^2-x^2=Cy^3$.

由初始条件$y|_{x=0}=1$，得$C=1$，因而特解为$y^2-x^2=y^3$.

(2)$y'=\frac{x}{y}+\frac{y}{x}$，$y|_{x=1}=2$.

解　令$u=\frac{y}{x}$，则方程化为$u+x\frac{\mathrm{d}u}{\mathrm{d}x}=u+\frac{1}{u}$，即$u\mathrm{d}u=\frac{\mathrm{d}x}{x}$. 积分得$\frac{1}{2}u^2=\ln|x|+C$. 将$u=\frac{y}{x}$代入，得原方程的通解为$\frac{1}{2}\left(\frac{y}{x}\right)^2=\ln|x|+C$.

由初始条件$y|_{x=1}=2$，得$C=2$且$x>0$，因而特解为$y^2=2x^2(\ln x+2)$.

(3)$(x^2+2xy-y^2)\mathrm{d}x+(y^2+2xy-x^2)\mathrm{d}y=0$，$y|_{x=1}=1$.

解　原方程化为$\frac{\mathrm{d}y}{\mathrm{d}x}=\frac{(y/x)^2-2(y/x)-1}{(y/x)^2+2(y/x)-1}$，令$u=y/x$，得$u+x\frac{\mathrm{d}u}{\mathrm{d}x}=\frac{u^2-2u-1}{u^2+2u-1}$，即$\frac{\mathrm{d}x}{x}=-\frac{u^2+2u-1}{u^3+u^2+u+1}\mathrm{d}u$，亦即$\frac{\mathrm{d}x}{x}=\left(\frac{1}{u+1}-\frac{2u}{u^2+1}\right)\mathrm{d}u$，积分得$\ln|x|+\ln|C|=\ln\left|\frac{u+1}{u^2+1}\right|$，即$u+1=Cx(u^2+1)$. 代入$u=\frac{y}{x}$，得原方程的通解为$x+y=C(x^2+y^2)$.

由初始条件$y|_{x=1}=1$，得$C=1$，因而特解为$x+y=x^2+y^2$.

第四节　一阶线性微分方程

4.1　学习目标

掌握一阶线性微分方程的解法，会解伯努利方程.

4.2　内容提要

1. 一阶线性微分方程

(1)一阶线性微分方程的概念

形如$\frac{\mathrm{d}y}{\mathrm{d}x}+P(x)y=Q(x)$的方程称为一阶线性微分方程. 如果$Q(x)\equiv 0$，则$\frac{\mathrm{d}y}{\mathrm{d}x}+P(x)y=0$称为一阶线性齐次微分方程；当$Q(x)$不恒等于零时，$\frac{\mathrm{d}y}{\mathrm{d}x}+P(x)y=Q(x)$称为一阶线性非齐次微分方程.

其特点是:未知函数 y 及其导数 y' 都是一次幂,即 $a(x)y'+b(x)y+c(x)=0$. $\frac{\mathrm{d}y}{\mathrm{d}x}+P(x)y=Q(x)$ 是其标准形式.

(2)一阶线性微分方程的解法

首先,考虑一阶线性齐次方程 $\frac{\mathrm{d}y}{\mathrm{d}x}+P(x)y=0$. 很显然,这是一个变量可分离的微分方程,其通解为 $y=C\mathrm{e}^{-\int P(x)\mathrm{d}x}$,其中 C 为任意常数, $\int P(x)\mathrm{d}x$ 表示 $P(x)$ 的某一个确定的原函数.

其次,求解一阶线性非齐次方程 $\frac{\mathrm{d}y}{\mathrm{d}x}+P(x)y=Q(x)$. 使用常数变易法,把对应齐次方程通解中的常数 C 换成 x 的函数 $u(x)$,即设 $y=u(x)\mathrm{e}^{-\int P(x)\mathrm{d}x}$ 为非齐次方程的解,代入 $\frac{\mathrm{d}y}{\mathrm{d}x}+P(x)y=Q(x)$,整理得 $u'=Q(x)\mathrm{e}^{\int P(x)\mathrm{d}x}$,所以 $u(x)=\int Q(x)\mathrm{e}^{\int P(x)\mathrm{d}x}\mathrm{d}x+C$,于是 $\frac{\mathrm{d}y}{\mathrm{d}x}+P(x)y=Q(x)$ 的通解为

$$y=\mathrm{e}^{-\int P(x)\mathrm{d}x}\left[\int Q(x)\mathrm{e}^{\int P(x)\mathrm{d}x}\mathrm{d}x+C\right].$$

【注】 对于一阶线性非齐次方程 $y'+P(x)y=Q(x)$ 满足初始条件 $y(x_0)=y_0$ 的特解,有求解公式

$$y(x)=\mathrm{e}^{-\int_{x_0}^{x}P(t)\mathrm{d}t}\left(y_0+\int_{x_0}^{x}Q(t)\mathrm{e}^{\int_{x_0}^{t}P(\tau)\mathrm{d}\tau}\mathrm{d}t\right).$$

(3)一阶线性微分方程解的结构

一阶线性非齐次微分方程 $\frac{\mathrm{d}y}{\mathrm{d}x}+P(x)y=Q(x)$ 的通解可以写成两项之和

$$y=C\mathrm{e}^{-\int P(x)\mathrm{d}x}+\mathrm{e}^{-\int P(x)\mathrm{d}x}\int Q(x)\mathrm{e}^{\int P(x)\mathrm{d}x}\mathrm{d}x,$$

上式右端第一项是对应齐次方程 $\frac{\mathrm{d}y}{\mathrm{d}x}+P(x)y=0$ 的通解,第二项是非齐次微分方程 $\frac{\mathrm{d}y}{\mathrm{d}x}+P(x)y=Q(x)$ 自身的一个特解. 由此可知,一阶线性非齐次方程的通解等于对应的齐次方程的通解与非齐次方程的一个特解之和. 这一结论对于高阶线性微分方程同样成立.

2. 伯努利方程

(1)伯努利方程的概念

形如 $\frac{\mathrm{d}y}{\mathrm{d}x}+P(x)y=Q(x)y^n(n\neq 0,1)$ 的一阶微分方程称为伯努利方程.

(2)伯努利方程的解法

当 $n\neq 0,n\neq 1$ 时,伯努利方程可化为 $\frac{1}{1-n}(y^{1-n})'+P(x)y^{1-n}=Q(x)$,令 $u=y^{1-n}$,则伯努利方程化为 $u'+(1-n)P(x)u=(1-n)Q(x)$,这是关于未知函数 $u=u(x)$ 的一阶线性微分方程,解得

$$u=\mathrm{e}^{-\int(1-n)P(x)\mathrm{d}x}\left[\int(1-n)Q(x)\mathrm{e}^{\int(1-n)P(x)\mathrm{d}x}\mathrm{d}x+C\right],$$

从而得伯努利方程的通解为

$$y^{1-n}=\mathrm{e}^{-\int(1-n)P(x)\mathrm{d}x}\left[\int(1-n)Q(x)\mathrm{e}^{\int(1-n)P(x)\mathrm{d}x}\mathrm{d}x+C\right].$$

4.3 典型例题与方法

基本题型Ⅰ:一阶线性微分方程求解

例1 求下列方程的通解：

(1) $\frac{\mathrm{d}y}{\mathrm{d}x}=-\frac{y}{x}$; (2) $(y\sin x-1)\mathrm{d}x-\cos x\mathrm{d}y=0$.

解 (1)解法一:将方程变形为 $\frac{\mathrm{d}y}{\mathrm{d}x}+\frac{1}{x}y=0$,此为一阶线性齐次方程. 由求解公式得 $y=C\mathrm{e}^{-\int\frac{1}{x}\mathrm{d}x}=\frac{C}{x}$,即 $xy=C$.

解法二:视为变量可分离方程,得 $\frac{\mathrm{d}y}{y}=-\frac{\mathrm{d}x}{x}$,积分得 $xy=C$.

解法三:视为齐次方程,令 $u=\frac{y}{x}$,方程化为 $\frac{\mathrm{d}u}{u}=-\frac{2\mathrm{d}x}{x}$,积分得 $x^2u=C$,即 $xy=C$.

【方法点击】 同一个方程视为不同类型,可以有不同的解法.

(2)将方程化为标准形式:

$$\frac{\mathrm{d}y}{\mathrm{d}x}-y\tan x=-\sec x,$$

需化为标准方程

此方程为一阶线性微分方程. 利用求解公式得

$$y=\mathrm{e}^{\int\tan x\mathrm{d}x}\left[\int(-\sec x)\mathrm{e}^{-\int\tan x\mathrm{d}x}\mathrm{d}x+C\right]=\frac{1}{\cos x}(-x+C).$$

【方法点击】 在上述求解公式中计算积分时,只需选取一个确定的原函数即可,如 $\int\tan x\mathrm{d}x=-\ln\cos x$.

例2 求方程 $xy'=y-x^2\sin x+xy\cot x$ 的通解.

解 将方程变形为 $\frac{\mathrm{d}y}{\mathrm{d}x}-\frac{1}{x}(1+x\cot x)y=-x\sin x$,此方程为一阶线性微分方程.

解法一:利用常数变易法求解.

首先,求对应齐次方程 $\frac{\mathrm{d}y}{\mathrm{d}x}-\frac{1}{x}(1+x\cot x)y=0$ 的通解,分离变量得

$\frac{\mathrm{d}y}{y}=\frac{1}{x}(1+x\cot x)\mathrm{d}x$,积分得 $y=Cx\sin x$.

其次,求非齐次方程的通解,设 $y=C(x)x\sin x$ 是非齐次方程的解,代入原方程,得

$$C'(x)x\sin x+C(x)\sin x+C(x)x\cos x-\frac{1}{x}(1+x\cot x)C(x)x\sin x=-x\sin x,$$

整理得 $C'(x)=-1$, $C(x)=-x+C$,故原方程的通解为 $y=(-x+C)x\sin x$.

解法二:利用一阶线性微分方程的通解公式直接求解.

在方程 $\frac{\mathrm{d}y}{\mathrm{d}x}-\frac{1}{x}(1+x\cot x)y=-x\sin x$ 中, $P(x)=-\frac{1}{x}(1+x\cot x)$, $Q(x)=-x\sin x$,

由求解公式 $y=\mathrm{e}^{-\int P(x)\mathrm{d}x}\left[\int Q(x)\mathrm{e}^{\int P(x)\mathrm{d}x}\mathrm{d}x+C\right]$ 得

$$y=\mathrm{e}^{\int \frac{1}{x}(1+x\cot x)\mathrm{d}x}\left[-\int x\sin x\,\mathrm{e}^{-\int \frac{1}{x}(1+x\cot x)\mathrm{d}x}\mathrm{d}x+C\right]=x\sin x(-x+C).$$

【方法点击】 一阶线性非齐次方程 $y'+P(x)y=Q(x)$ 通常有两种解法:常数变易法和公式法.需要特别注意的是,利用公式法求解时要将方程化为标准形式.

例 3 求方程 $(x-2xy-y^2)\dfrac{\mathrm{d}y}{\mathrm{d}x}+y^2=0$ 的通解.

【分析】 将方程 $(x-2xy-y^2)\dfrac{\mathrm{d}y}{\mathrm{d}x}+y^2=0$ 变形,得

$$\frac{\mathrm{d}y}{\mathrm{d}x}=-\frac{y^2}{x-2xy-y^2},$$

该方程不属于已有的类型,因而无法直接求解.若将 y 看作自变量,将 x 看作因变量,则方程可化为

$$\frac{\mathrm{d}x}{\mathrm{d}y}=-\frac{x-2xy-y^2}{y^2},$$

y 也可以作为自变量

即

$$\frac{\mathrm{d}x}{\mathrm{d}y}+\frac{1-2y}{y^2}x=1,$$

该方程为一阶线性微分方程.

解 将方程变形,得

$$\frac{\mathrm{d}x}{\mathrm{d}y}+\frac{1-2y}{y^2}x=1,$$

该方程为一阶线性微分方程,$P(y)=\dfrac{1-2y}{y^2}$,$Q(y)=1$.由通解公式,得

$$x=\mathrm{e}^{-\int P(y)\mathrm{d}y}\left[\int Q(y)\mathrm{e}^{\int P(y)\mathrm{d}y}\mathrm{d}y+C\right]=\mathrm{e}^{-\int\frac{1-2y}{y^2}\mathrm{d}y}\left(\int \mathrm{e}^{\int\frac{1-2y}{y^2}\mathrm{d}y}\mathrm{d}y+C\right)=y^2\mathrm{e}^{\frac{1}{y}}(\mathrm{e}^{-\frac{1}{y}}+C).$$

故原方程的通解为

$$x=y^2+Cy^2\mathrm{e}^{\frac{1}{y}}.$$

【方法点击】 若一阶方程 $\dfrac{\mathrm{d}y}{\mathrm{d}x}=f(x,y)$ 不能按已知类型求解,可以考虑将 y 看作自变量,求解方程 $\dfrac{\mathrm{d}x}{\mathrm{d}y}=\dfrac{1}{f(x,y)}$.在微分方程中,通常将 x,y 两个变量视为平等的.

基本题型Ⅱ:伯努利方程求解

例 4 求下列方程的通解:

(1) $\dfrac{1}{x}\cdot\dfrac{\mathrm{d}y}{\mathrm{d}x}-x^2y^3+y=0$;　　(2) $\dfrac{1}{\sqrt{y}}y'-\dfrac{4x}{x^2+1}\sqrt{y}=x$.

解 (1)将方程 $\dfrac{1}{x}\cdot\dfrac{\mathrm{d}y}{\mathrm{d}x}-x^2y^3+y=0$ 变形,得 $\dfrac{\mathrm{d}y}{\mathrm{d}x}+xy=x^3y^3$,该方程为伯努利方程.方程两端同乘以 y^{-3},得 $-\dfrac{1}{2}\cdot\dfrac{\mathrm{d}y^{-2}}{\mathrm{d}x}+xy^{-2}=x^3$.令 $z=y^{-2}$,方程化为

$$\frac{dz}{dx}-2xz=-2x^3,$$

该方程为一阶线性方程,解得

$$z=e^{-\int(-2x)dx}\left[\int(-2x^3)e^{\int(-2x)dx}dx+C\right]=e^{x^2}[e^{-x^2}(1+x^2)+C]=Ce^{x^2}+1+x^2.$$

所以原方程的通解为 $\frac{1}{y^2}=Ce^{x^2}+1+x^2$.

(2)将原方程变形,得

$$\frac{dy}{dx}-\frac{4x}{x^2+1}y=x\sqrt{y},$$

这是一个伯努利方程. 令 $z=\sqrt{y}$,则原方程化为

$$\frac{dz}{dx}-\frac{2x}{x^2+1}z=\frac{x}{2}.$$

该方程为一阶线性方程,解得

$$z=\frac{1}{4}(1+x^2)[C+\ln(1+x^2)],$$

所以原方程的通解为

$$\sqrt{y}=\frac{1}{4}(1+x^2)[C+\ln(1+x^2)].$$

【方法点击】 求解伯努利方程,本质是通过变量代换 $u=y^{1-n}$,化为一阶线性方程求解.

基本题型Ⅲ:通过变量代换化为已知类型求解

例5 求方程 $y'\cos y+\sin y=x+1$ 的通解.

解 作代换 $u=\sin y$,方程化为 $u'+u=x+1$,此为一阶线性方程. 由求解公式,得

$$u=e^{-\int dx}\left[\int(x+1)e^{\int dx}dx+C\right]=e^{-x}\left[\int(x+1)e^x dx+C\right]=e^{-x}(xe^x+C)=x+Ce^{-x},$$

故原方程的通解为 $\sin y=x+Ce^{-x}$.

【方法点击】 若方程 $y'\cos y+\sin y=x+1$ 两边同乘因子 $\mu=e^x$,方程化为 $y'\cos ye^x+e^x\sin y=(x+1)e^x$,即 $(e^x\sin y)'=e^x(x+1)$,积分得方程的通解为 $e^x\sin y=xe^x+C$.

4.4 习题7-4解答

1. 求下列微分方程的通解.

(1) $\frac{dy}{dx}+y=e^{-x}$.

解 $P(x)=1,Q(x)=e^{-x}$,故 $y=e^{-\int P(x)dx}\left[\int Q(x)e^{\int P(x)dx}dx+C\right]=e^{-x}(x+C)$ 为原方程的通解.

(2) $xy'+y=x^2+3x+2$.

解 将原方程化为标准形式 $y'+\frac{y}{x}=x+3+\frac{2}{x}$,$P(x)=\frac{1}{x}$,$Q(x)=x+3+\frac{2}{x}$,故

$y=e^{-\int P(x)dx}\left[\int Q(x)e^{\int P(x)dx}dx+C\right]=\frac{x^2}{3}+\frac{3}{2}x+2+\frac{C}{x}$ 为原方程的通解.

(3) $y'+y\cos x=\mathrm{e}^{-\sin x}$.

解 $P(x)=\cos x, Q(x)=\mathrm{e}^{-\sin x}$,

故 $y=\mathrm{e}^{-\int P(x)\mathrm{d}x}\left[\int Q(x)\mathrm{e}^{\int P(x)\mathrm{d}x}\mathrm{d}x+C\right]=\mathrm{e}^{-\sin x}(x+C)$ 为原方程的通解.

(4) $y'+y\tan x-\sin 2x$.

解 $P(x)=\tan x, Q(x)=\sin 2x$,故 $y=\mathrm{e}^{-\int P(x)\mathrm{d}x}\left[\int Q(x)\mathrm{e}^{\int P(x)\mathrm{d}x}\mathrm{d}x+C\right]=\cos x(-2\cos x+C)$ 为原方程的通解.

(5) $(x^2-1)y'+2xy-\cos x=0$.

解 原方程变形为 $y'+\dfrac{2x}{x^2-1}y=\dfrac{\cos x}{x^2-1}$,$P(x)=\dfrac{2x}{x^2-1}$,$Q(x)=\dfrac{\cos x}{x^2-1}$,故 $y=\mathrm{e}^{-\int P(x)\mathrm{d}x}\left[\int Q(x)\mathrm{e}^{\int P(x)\mathrm{d}x}\mathrm{d}x+C\right]=\dfrac{1}{x^2-1}(\sin x+C)$ 为原方程的通解.

(6) $\dfrac{\mathrm{d}\rho}{\mathrm{d}\theta}+3\rho=2$.

解 $P(\theta)=3, Q(\theta)=2$,

故 $\rho=\mathrm{e}^{-\int 3\mathrm{d}\theta}\left(\int 2\mathrm{e}^{\int 3\mathrm{d}\theta}\mathrm{d}\theta+C\right)=\mathrm{e}^{-3\theta}\left(\dfrac{2}{3}\mathrm{e}^{3\theta}+C\right)=\dfrac{2}{3}+C\mathrm{e}^{-3\theta}$ 为原方程的通解.

(7) $\dfrac{\mathrm{d}y}{\mathrm{d}x}+2xy=4x$.

解 $P(x)=2x, Q(x)=4x$,

故 $y=\mathrm{e}^{-\int P(x)\mathrm{d}x}\left[\int Q(x)\mathrm{e}^{\int P(x)\mathrm{d}x}\mathrm{d}x+C\right]=\mathrm{e}^{-x^2}(2\mathrm{e}^{x^2}+C)=2+C\mathrm{e}^{-x^2}$ 为原方程的通解.

(8) $y\ln y\mathrm{d}x+(x-\ln y)\mathrm{d}y=0$.

解 原方程变形为$\dfrac{\mathrm{d}x}{\mathrm{d}y}+\dfrac{x}{y\ln y}=\dfrac{1}{y}$,此时看作以 y 为自变量,以 x 为函数的一阶线性方程,故

$$x=\mathrm{e}^{-\int\frac{\mathrm{d}y}{y\ln y}}\left(\int\frac{1}{y}\mathrm{e}^{\int\frac{\mathrm{d}y}{y\ln y}}\mathrm{d}y+C_1\right)=\mathrm{e}^{-\ln(\ln y)}\left(\int\frac{1}{y}\ln y\mathrm{d}y+C_1\right)=\frac{1}{\ln y}\left(\frac{1}{2}\ln^2 y+C_1\right),$$

故 $2x\ln y=\ln^2 y+C(C=2C_1)$ 为原方程的通解.

(9) $(x-2)\dfrac{\mathrm{d}y}{\mathrm{d}x}=y+2(x-2)^3$.

解 原方程变形为 $y'-\dfrac{1}{x-2}y=2(x-2)^2$,$P(x)=-\dfrac{1}{x-2}$,$Q(x)=2(x-2)^2$,故 $y=\mathrm{e}^{-\int P(x)\mathrm{d}x}\left[\int Q(x)\mathrm{e}^{\int P(x)\mathrm{d}x}\mathrm{d}x+C\right]=(x-2)[(x-2)^2+C]=(x-2)^3+C(x-2)$ 为原方程的通解.

(10) $(y^2-6x)\dfrac{\mathrm{d}y}{\mathrm{d}x}+2y=0$.

解 原方程变形为$\dfrac{\mathrm{d}x}{\mathrm{d}y}-\dfrac{3}{y}x=-\dfrac{1}{2}y$,此时看作以 y 为自变量、以 x 为函数的一阶线性方程,故

$$x=\mathrm{e}^{\int\frac{3}{y}\mathrm{d}y}\left(\int\left(-\frac{y}{2}\right)\mathrm{e}^{-\int\frac{3}{y}\mathrm{d}y}\mathrm{d}y+C\right)=y^3\left(\frac{1}{2y}+C\right)=\frac{1}{2}y^2+Cy^3 \text{ 为原方程的通解}.$$

2. 求下列微分方程满足所给初始条件的特解.

(1) $\frac{dy}{dx}-y\tan x=\sec x, y|_{x=0}=0$.

解 $y=e^{-\int P(x)dx}\left[\int Q(x)e^{\int P(x)dx}dx+C\right]=\frac{1}{\cos x}(x+C)$,

由初始条件 $y|_{x=0}=0$,得 $C=0$,因而特解为 $y=\frac{x}{\cos x}$.

(2) $\frac{dy}{dx}+\frac{y}{x}=\frac{\sin x}{x}, y|_{x=\pi}=1$.

解 $y=e^{-\int P(x)dx}\left[\int Q(x)e^{\int P(x)dx}dx+C\right]=\frac{1}{x}\left(\int \sin x dx+C\right)=\frac{1}{x}(-\cos x+C)$,

由初始条件 $y|_{x=\pi}=1$,得 $C=\pi-1$,因而特解为 $y=\frac{1}{x}(\pi-1-\cos x)$.

(3) $\frac{dy}{dx}+y\cot x=5e^{\cos x}, y|_{x=\frac{\pi}{2}}=-4$.

解 $y=e^{-\int P(x)dx}\left[\int Q(x)e^{\int P(x)dx}dx+C\right]=\frac{1}{\sin x}\left(5\int e^{\cos x}\sin x dx+C\right)=\frac{1}{\sin x}(-5e^{\cos x}+C)$,

由初始条件 $y|_{x=\frac{\pi}{2}}=-4$,得 $C=1$,因而特解为 $y=\frac{1}{\sin x}(-5e^{\cos x}+1)$.

(4) $\frac{dy}{dx}+3y=8, y|_{x=0}=2$.

解 $y=e^{-\int P(x)dx}\left[\int Q(x)e^{\int P(x)dx}dx+C\right]=e^{-3x}\left(8\int e^{3x}dx+C\right)=e^{-3x}\left(\frac{8}{3}e^{3x}+C\right)=\frac{8}{3}+Ce^{-3x}$,

由初始条件 $y|_{x=0}=2$,得 $C=-\frac{2}{3}$,因而特解为 $y=\frac{8}{3}-\frac{2}{3}e^{-3x}=\frac{2}{3}(4-e^{-3x})$.

(5) $\frac{dy}{dx}+\frac{2-3x^2}{x^3}y=1, y|_{x=1}=0$.

解 $y=e^{-\int\frac{2-3x^2}{x^3}dx}\left(\int e^{\int\frac{2-3x^2}{x^3}dx}dx+C\right)$,

因为$\int\frac{2-3x^2}{x^3}dx=\int\frac{2}{x^3}dx-\int\frac{3}{x}dx=-\frac{1}{x^2}-3\ln x+C_1$,所以

$$y=e^{\frac{1}{x^2}+3\ln x}\left(\int e^{-\frac{1}{x^2}-3\ln x}dx+C\right)=x^3e^{\frac{1}{x^2}}\left(\int e^{-\frac{1}{x^2}}x^{-3}dx+C\right)$$

$$=x^3e^{\frac{1}{x^2}}\left[\frac{1}{2}\int e^{-\frac{1}{x^2}}d\left(-\frac{1}{x^2}\right)+C\right]=x^3e^{\frac{1}{x^2}}\left(\frac{1}{2}e^{-\frac{1}{x^2}}+C\right),$$

由初始条件 $y|_{x=1}=0$,得 $C=-\frac{1}{2}e^{-1}$,因而特解为 $y=\frac{1}{2}x^3e^{\frac{1}{x^2}}(e^{-\frac{1}{x^2}}-e^{-1})$.

3. 求一曲线的方程,这曲线通过原点,并且它在点 (x,y) 处的切线斜率等于 $2x+y$.

解 设所求曲线的方程为 $y=y(x)$,由题意得

$$\begin{cases}\frac{dy}{dx}=2x+y,\\ y(0)=0,\end{cases}$$

这是一个一阶线性方程，其通解为 $y=\mathrm{e}^{-\int(-1)\mathrm{d}x}\left[\int 2x\mathrm{e}^{\int(-1)\mathrm{d}x}\mathrm{d}x+C\right]=\mathrm{e}^{x}(-2x\mathrm{e}^{-x}-2\mathrm{e}^{-x}+C)$，由初始条件 $y|_{x=0}=0$，得 $C=2$，故所求曲线的方程为 $y=2(\mathrm{e}^{x}-x-1)$.

5. 设有一个由电阻 $R=10\ \Omega$、电感 $L=2\ H$ 和电源电压 $E=20\sin5tV$ 串联组成的电路．开关 S 合上后，电路中有电流通过．求电流 i 与时间 t 的函数关系．

解 设所求电流 i 与时间 t 的函数关系为 $i=i(t)$，由回路电压定律知 $2\frac{\mathrm{d}i}{\mathrm{d}t}+10i=20\sin5t$，即

$$\frac{\mathrm{d}i}{\mathrm{d}t}+5i=10\sin5t\ ,$$

这是一个一阶线性方程，其通解为

$$i=\mathrm{e}^{-\int5\mathrm{d}t}\left(\int 10\sin5t\,\mathrm{e}^{\int5\mathrm{d}t}\mathrm{d}t+C\right)=\sin5t-\cos5t+C\mathrm{e}^{-5t}\ .$$

当 $t=0$ 时，$i=0$，代入得 $C=1$，故

$$i=\sin5t-\cos5t+\mathrm{e}^{-5t}=\mathrm{e}^{-5t}+\sqrt{2}\sin(5t-\frac{\pi}{4}).$$

7. 用适当的变量代换将下列方程化为可分离变量的方程，然后求出通解．

(3) $xy'+y=y(\ln x+\ln y)$.

解 令 $u=xy$，则 $y=\frac{u}{x},\frac{\mathrm{d}y}{\mathrm{d}x}=\frac{1}{x}\cdot\frac{\mathrm{d}u}{\mathrm{d}x}-\frac{u}{x^2}$，原方程化为 $x\left(\frac{1}{x}\cdot\frac{\mathrm{d}u}{\mathrm{d}x}-\frac{u}{x^2}\right)+\frac{u}{x}=\frac{u}{x}\ln u$，即

$$\frac{\mathrm{d}x}{x}=\frac{\mathrm{d}u}{u\ln u},$$

两边积分得 $\ln C+\ln x=\ln(\ln u)$，即 $u=\mathrm{e}^{Cx}$，将 $u=xy$ 代入，得原方程的通解为 $y=\frac{1}{x}\mathrm{e}^{Cx}$.

(4) $y'=y^2+2(\sin x-1)y+\sin^2x-2\sin x-\cos x+1$.

解 原方程变形为 $y'=(y+\sin x-1)^2-\cos x$，令 $u=y+\sin x-1$，则 $\frac{\mathrm{d}y}{\mathrm{d}x}=\frac{\mathrm{d}u}{\mathrm{d}x}-\cos x$，原方程变为 $\frac{\mathrm{d}u}{\mathrm{d}x}-\cos x=u^2-\cos x$，即 $u^{-2}\mathrm{d}u=\mathrm{d}x$，积分得 $x+C=-\frac{1}{u}$，将 $u=y+\sin x-1$ 代入，得原方程的通解为 $y=1-\sin x-\frac{1}{x+C}$.

第五节 可降阶的高阶微分方程

5.1 学习目标

会用降阶法解下列形式的微分方程：$y^{(n)}=f(x)$，$y''=f(x,y')$，和 $y''=f(y,y')$.

5.2 内容提要

一般的高阶微分方程并没有通用解法，求解的基本思路是降阶，通过变量替换把高阶的方程转化为可以求解的低阶微分方程．在降阶的时候，选择恰当的变量替换是解决问题的关键．

1. $y^{(n)}=f(x)$型

该方程的特点是方程右端仅含有自变量 x，将方程两边连续积分 n 次，得到含有 n 个任意常数的通解．

2. $y''=f(x,y')$型

该方程的特点是方程中不显含未知函数 y，作变量代换，设 $y'=p$，那么 $y''=\frac{\mathrm{d}p}{\mathrm{d}x}=p'$，原方程化为 $p'=f(x,p)$，这是一阶微分方程．设其通解为 $p=\varphi(x,C_1)$，即$\frac{\mathrm{d}y}{\mathrm{d}x}=\varphi(x,C_1)$，两边积分得原方程的通解为

$$y=\int\varphi(x,C_1)\mathrm{d}x+C_2 .$$

3. $y''=f(y,y')$型

该方程的特点是方程中不显含自变量 x，作变量代换，设 $y'=p$，那么

$$y''=\frac{\mathrm{d}p}{\mathrm{d}x}=\frac{\mathrm{d}p}{\mathrm{d}y}\cdot\frac{\mathrm{d}y}{\mathrm{d}x}=p\frac{\mathrm{d}p}{\mathrm{d}y},$$

原方程化为 $p\frac{\mathrm{d}p}{\mathrm{d}y}=f(y,p)$，这是一阶微分方程．

注意以y为自变量

设其通解为 $y'=p=\varphi(y,C_1)$，分离变量并积分得原方程的通解为

$$\int\frac{\mathrm{d}y}{\varphi(y,C_1)}=x+C_2 .$$

5.3　典型例题与方法

基本题型Ⅰ：$y^{(n)}=f(x)$型方程的求解

例 1　求下列方程的通解：

(1) $y^{(3)}=\mathrm{e}^{ax}+x^b$；　　(2) $\frac{\mathrm{d}^5x}{\mathrm{d}t^5}-\frac{1}{t}\cdot\frac{\mathrm{d}^4x}{\mathrm{d}t^4}=0.$

解　(1)将 $y^{(3)}=\mathrm{e}^{ax}+x^b$ 连续积分三次，得方程的通解为

$$y=\frac{1}{a^3}\mathrm{e}^{ax}+\frac{1}{(b+1)(b+2)(b+3)}x^{b+3}+C_1x^2+C_2x+C_3 .$$

(2)令 $y=\frac{\mathrm{d}^4x}{\mathrm{d}t^4}$，则方程化为 $\frac{\mathrm{d}y}{\mathrm{d}t}-\frac{1}{t}y=0$，这是一个变量可分离方程，解得 $y=Ct$，于是，

$$\frac{\mathrm{d}^4x}{\mathrm{d}t^4}=Ct ,$$

连续积分，得原方程的通解为

$$x=C_1t^5+C_2t^3+C_3t^2+C_4t+C_5.$$

基本题型Ⅱ：$y''=f(x,y')$型方程的求解

例 2　求微分方程 $x^2y''=(y')^2+2xy'$ 的通解．

【分析】　该方程为 $y''=f(x,y')$ 型，不显含 y，令 $y'=p$，进行降阶．

解　令 $y'=p$，则 $y''=p'$，原方程化为 $x^2p'=2xp+p^2$，整理得

$$p'-\frac{2}{x}p=\frac{1}{x^2}p^2 ,$$

此方程为伯努利方程．作变换 $z=p^{-1}$，则有 $\frac{\mathrm{d}z}{\mathrm{d}x}+\frac{2}{x}z=-\frac{1}{x^2}$，用公式求解得

$$z=e^{-\int\frac{2}{x}\mathrm{d}x}\left[\int\left(-\frac{1}{x^2}\right)\mathrm{e}^{\int\frac{2}{x}\mathrm{d}x}\mathrm{d}x+C_1\right]=\frac{1}{x^2}(-x+C_1),$$

于是，$y'=\frac{x^2}{C_1-x}=-(C_1+x)-\frac{C_1^2}{x-C_1}$，故原方程的通解为

$$y=-\frac{1}{2}(x+C_1)^2-C_1^2\ln|x-C_1|+C_2.$$

基本题型Ⅲ：$y''=f(y,y')$ 型方程的求解．

例 3 求微分方程 $yy''+y'^2=0$ 的通解．

【分析】 该方程为 $y''=f(y,y')$ 型，不显含 x，令 $y'=p$，进行降阶．若直接将 $y''=p'=\frac{\mathrm{d}p}{\mathrm{d}x}$ 代入方程，此时方程化为 $\frac{\mathrm{d}p}{\mathrm{d}x}=f(y,p)$，含有三个变量，无法求解．这时把 p 看作 $p[y(x)]$，则 $y''=\frac{\mathrm{d}p}{\mathrm{d}x}=\frac{\mathrm{d}p}{\mathrm{d}y}\cdot\frac{\mathrm{d}y}{\mathrm{d}x}=p\frac{\mathrm{d}p}{\mathrm{d}y}$，方程化为 $p\frac{\mathrm{d}p}{\mathrm{d}y}=f(y,p)$，以 y 为自变量求解．

解 令 $y'=p$，则 $y''=p\frac{\mathrm{d}p}{\mathrm{d}y}$，代入方程得 $yp\frac{\mathrm{d}p}{\mathrm{d}y}+p^2=0$，于是，$p=0$ 或 $y\frac{\mathrm{d}p}{\mathrm{d}y}+p=0$．由 $p=0$ 得 $y=C$，它是所给方程的解．

由 $y\frac{\mathrm{d}p}{\mathrm{d}y}+p=0$ 得 $p=\frac{C}{y}$，即 $y'=\frac{C}{y}$，分离变量，得 $y\mathrm{d}y=C\mathrm{d}x$，积分得 $y^2=C_1x+C_2$．故原方程的通解为 $y^2=C_1x+C_2$（包含解 $y=C$）．

【方法点击】 若将原方程 $yy''+y'^2=0$ 化为 $(yy')'=0$，积分得 $yy'=C$，分离变量得 $y\mathrm{d}y=C\mathrm{d}x$，于是 $y^2=C_1x+C_2$ 即为方程的通解．显然，该方法更为简便．

例 4 求微分方程 $y^3y''+1=0$ 满足初始条件 $y(1)=1,y'(1)=0$ 的特解．

解 令 $y'=p$，则 $y''=p\frac{\mathrm{d}p}{\mathrm{d}y}$，代入方程得 $y^3p\frac{\mathrm{d}p}{\mathrm{d}y}+1=0$，

分离变量得 $p\mathrm{d}p=-\frac{1}{y^3}\mathrm{d}y$，积分得 $p^2=\frac{1}{y^2}+C_1$．由初始条件 $y(1)=1$，$p(1)=y'(1)=0$ 知，$C_1=-1$，于是 $y'=\pm\frac{1}{y}\sqrt{1-y^2}$，分离变量得 $\frac{y\mathrm{d}y}{\sqrt{1-y^2}}=\pm\mathrm{d}x$，积分得 $y^2=1-(x+C_2)^2$．由初始条件 $y(1)=1$ 知 $C_2=-1$，$y^2=1-(x-1)^2$，故满足初始条件的特解为

$$y=\sqrt{2x-x^2}.$$

因 $y(1)=1>0$，取正

基本题型Ⅳ：其他可降阶的微分方程求解

例 5 **求方程 $y'''+y''=x^2+1$ 的通解．**

【分析】 该方程为高阶方程，首先进行降阶．

解 令 $y''=z$，则原方程化为 $\frac{\mathrm{d}z}{\mathrm{d}x}+z=x^2+1$，该方程为一阶线性方程，其通解为

$$z = x^2 - 2x + 3 + C_1 e^{-x}.$$

于是，$y'' = x^2 - 2x + 3 + C_1 e^{-x}$，积分两次得原方程的通解为

$$y = \frac{x^4}{12} - \frac{x^3}{3} + \frac{3x^2}{2} + C_1 e^{-x} + C_2 x + C_3.$$

例 6 求微分方程 $xyy'' + x(y')^2 - yy' = 0$ 的通解．

【分析】 该方程中含 x, y，不属于上述类型．对方程进行变形，得

$x[yy'' + (y')^2] - yy' = 0$，即 $x(yy')' - yy' = 0$．令 $u = yy'$，可以降阶．

解 令 $u = yy'$，原方程化为 $x\frac{du}{dx} = u$，分离变量并求解，得 $u = C_1 x$，于是

$$yy' = C_1 x,$$

解得原方程的通解为

$$y^2 = C_1 x^2 + C_2\ (C_1, C_2 \text{ 是任意常数}).$$

基本题型 V：应用题

例 7 设函数 $y(x)(x \geqslant 0)$ 二阶可导且 $y'(x) > 0$，$y(0) = 1$，过曲线 $y = y(x)$ 上任意一点 $P(x, y)$ 作该曲线的切线及 x 轴的垂线，上述两直线与 x 轴所围成的三角形面积记为 S_1，区间 $[0, x]$ 上以 $y = y(x)$ 为曲边的曲边梯形面积记为 S_2，并设 $2S_1 - S_2$ 恒为 1，求此曲线 $y = y(x)$ 的方程．

解 曲线 $y = y(x)$ 上任意一点 $P(x, y)$ 处的切线方程为 $Y - y = y'(x)(X - x)$，它与 x 轴的交点为 $\left(x - \frac{y}{y'}, 0\right)$．由 $y'(x) > 0$，$y(0) = 1$ 知，曲线 $y = y(x)$ 在 $[0, +\infty)$ 上单调增加且 $y(x) \geqslant 1$，从而

$$S_1 = \frac{1}{2}y\left|x - (x - \frac{y}{y'})\right| = \frac{y^2}{2y'}.$$

又 $S_2 = \int_0^x y(t)dt$，利用条件 $2S_1 - S_2 = 1$，得

$$\frac{y^2}{y'} - \int_0^x y(t)dt = 1, \qquad ①$$

这是一个微分积分方程．两端对 x 求导，得曲线 $y = y(x)$ 所满足的微分方程为

$$yy'' = (y')^2 \qquad ②$$

且满足初始条件 $y(0) = 1$，$y'(0) = 1$.

可由方程①得到

在方程②中，令 $y' = P$，则 $y'' = P\frac{dP}{dy}$，方程②化为 $y\frac{dP}{dy} = P$，解得 $P = C_1 y$，即 $y' = C_1 y$，代入初始条件得 $C_1 = 1$，于是

$$y' = y. \qquad ③$$

求解方程③得 $y = C_2 e^x$．由 $y(0) = 1$ 知 $C_2 = 1$，故所求曲线的方程为 $y = e^x$．

5.4 习题 7-5 解答

1. 求下列各微分方程的通解：

(1) $y'' = x + \sin x$.

解 积分得 $y'=\frac{1}{2}x^2-\cos x+C_1$,再次积分得 $y=\frac{1}{6}x^3-\sin x+C_1x+C_2$

(2) $y'''=xe^x$.

解 积分得 $y''=\int xe^x\mathrm{d}x=xe^x-e^x+C_0$,再次积分得

$y'=\int(xe^x-e^x+C_0)\mathrm{d}x=xe^x-2e^x+C_0x+C_2$,继续积分得

$y=\int(xe^x-2e^x+C_0x+C_2)\mathrm{d}x=(x-3)e^x+C_1x^2+C_2x+C_3$.

(3) $y''=\frac{1}{1+x^2}$.

解 积分得 $y'=\arctan x+C_1$,再次积分得

$$y=\int(\arctan x+C_1)\mathrm{d}x=x\arctan x-\frac{1}{2}\ln(1+x^2)+C_1x+C_2.$$

(4) $y''=1+y'^2$.

解 方程不显含 y,故设 $y'=p$,则方程化为 $p'=1+p^2$,分离变量得 $\frac{\mathrm{d}p}{1+p^2}=\mathrm{d}x$,积分得 $\arctan p=x+C_1$,故 $p=\tan(x+C_1)$,即 $y'=\tan(x+C_1)$,积分得原方程通解为 $y=-\ln|\cos(x+C_1)|+C_2$.

(5) $y''=y'+x$.

解 方程不显含 y,故设 $y'=p$,则方程化为 $p'=p+x$,即一阶线性微分方程 $p'-p=x$,解得 $p=e^{\int\mathrm{d}x}\left(\int xe^{-\int\mathrm{d}x}\mathrm{d}x+C_1\right)=e^x\left(\int xe^{-x}\mathrm{d}x+C_1\right)=C_1e^x-x-1$,

故 $y=\int(C_1e^x-x-1)\mathrm{d}x=C_1e^x-\frac{1}{2}x^2-x+C_2$.

(6) $xy''+y'=0$.

解 方程不显含 y,故设 $y'=p$,则方程化为 $p'+\frac{1}{x}p=0$,即 $\frac{\mathrm{d}p}{p}=-\frac{\mathrm{d}x}{x}$,解得

$$\ln|p|=-\ln|x|+\ln|C_1|=\ln\left|\frac{C_1}{x}\right|,$$

即 $y'=\frac{C_1}{x}$,则 $y=\int\frac{C_1}{x}\mathrm{d}x=C_1\ln|x|+C_2$.

(7) $yy''+2y'^2=0$.

解 方程不显含 x,故设 $y'=p$,则 $y''=p\frac{\mathrm{d}p}{\mathrm{d}y}$,则方程化为 $yp\frac{\mathrm{d}p}{\mathrm{d}y}+2p^2=0$.

当 $p=0$ 时,$y=C$ 是原方程的解;当 $p\neq0$ 时,分离变量得 $\frac{\mathrm{d}p}{p}=-\frac{2}{y}\mathrm{d}y$,积分得 $\ln|p|=\ln\left|\frac{1}{y^2}\right|+\ln|C|$,即 $p=\frac{C}{y^2}$,于是 $\frac{\mathrm{d}y}{\mathrm{d}x}=\frac{C}{y^2}$,解得 $y^3=3Cx+C_2=C_1x+C_2$,包含常数解 $y=C$. 故原方程的通解为 $y^3=C_1x+C_2$.

(8) $y^3y''-1=0$.

解 方程不显含 x,故设 $y'=p$,则 $y''=p\frac{\mathrm{d}p}{\mathrm{d}y}$,则方程化为 $y^3p\frac{\mathrm{d}p}{\mathrm{d}y}-1=0$,

$p\mathrm{d}p=\frac{1}{y^3}\mathrm{d}y$，积分得 $p^2=-\frac{1}{y^2}+C_1$，故 $y'=p=\pm\sqrt{C_1-\frac{1}{y^2}}=\pm\frac{1}{y}\sqrt{C_1y^2-1}$，即
$\frac{y\mathrm{d}y}{\sqrt{C_1y^2-1}}=\frac{1}{2C_1}\cdot\frac{\mathrm{d}(C_1y^2-1)}{\sqrt{C_1y^2-1}}=\pm\mathrm{d}x$，积分得 $\frac{1}{2C_1}2(C_1y^2-1)^{\frac{1}{2}}=\pm x+C_2'$，故

$$(C_1y^2-1)^{\frac{1}{2}}=\pm C_1x+C_1C_2',$$

即 $C_1y^2-1=(\pm C_1x+C_1C_2')^2=(C_1x+C_2)^2$（其中 $C_2=\pm C_1C_2'$）.

(9) $y''=\frac{1}{\sqrt{y}}$.

解　方程不显含 x，故设 $y'=p$，则 $y''=p\frac{\mathrm{d}p}{\mathrm{d}y}$，则方程化为 $p\frac{\mathrm{d}p}{\mathrm{d}y}=y^{-\frac{1}{2}}$，积分得 $p^2=4(\sqrt{y}+C_1)$，即 $y'=\pm\sqrt{4(\sqrt{y}+C_1)}=\pm2\sqrt{\sqrt{y}+C_1}$，分离变量得

$$\frac{\mathrm{d}y}{\sqrt{\sqrt{y}+C_1}}=\pm2\mathrm{d}x. \quad ①$$

令 $t=\sqrt{\sqrt{y}+C_1}$，则 $y=(t^2-C_1)^2$，$\mathrm{d}y=4t(t^2-C_1)\mathrm{d}t$，于是，方程①化为

$$\pm2(t^2-C_1)\mathrm{d}t=\mathrm{d}x, \quad ②$$

积分得 $x+C_2=\pm2\left(\frac{t^3}{3}-C_1t\right)$，将 $t=\sqrt{\sqrt{y}+C_1}$ 代入得原方程通解为

$$x+C_2=\pm\left[\frac{2}{3}(\sqrt{y}+C_1)^{\frac{3}{2}}-2C_1\sqrt{\sqrt{y}+C_1}\right].$$

(10) $y''=(y')^3+y'$.

解　方程不显含 x，故设 $y'=p$，则 $y''=p\frac{\mathrm{d}p}{\mathrm{d}y}$，原方程化为 $p\frac{\mathrm{d}p}{\mathrm{d}y}=p^3+p$. 当 $p=0$ 时，$y=C$ 为原方程的解；当 $p\neq0$ 时，$\frac{\mathrm{d}p}{\mathrm{d}y}=1+p^2$，分离变量并积分得 $\arctan p=y-C_1$，即 $y'=\tan(y-C_1)$，分离变量并积分得 $\ln|\sin(y-C_1)|=x+\ln|C_2|$，故 $\sin(y-C_1)=C_2\mathrm{e}^x$，即 $y=\arcsin(C_2\mathrm{e}^x)+C_1$ 为方程的通解 .

2. 求下列各微分方程满足所给初始条件的特解 .

(2) $y''-ay'^2=0$，$y|_{x=0}=0$，　$y'|_{x=0}=-1$.

解　令 $y'=p$，则 $y''=\frac{\mathrm{d}p}{\mathrm{d}x}$，原方程变为 $\frac{\mathrm{d}p}{\mathrm{d}x}-ap^2=0$，即 $\frac{\mathrm{d}p}{p^2}=a\mathrm{d}x$，积分得 $-\frac{1}{p}=ax+C_1$，即 $-\frac{1}{y'}=ax+C_1$. 由 $y'|_{x=0}=-1$ 得 $C_1=1$，从而 $-\frac{1}{y'}=ax+1$，故 $y'=-\frac{1}{ax+1}$，积分得

$$y=-\frac{1}{a}\ln(ax+1)+C_2.$$

由 $y|_{x=0}=0$ 得 $C_2=0$，故 $y=-\frac{1}{a}\ln(ax+1)$ 为原方程的特解 .

(3) $y'''=\mathrm{e}^{ax}$，$y|_{x=1}=y'|_{x=1}=y''|_{x=1}=0$.

解　积分得 $y''=\frac{1}{a}\mathrm{e}^{ax}+C_1$，由 $y''|_{x=1}=0$ 得 $C_1=-\frac{1}{a}\mathrm{e}^a$，故 $y''=\frac{1}{a}\mathrm{e}^{ax}-\frac{1}{a}\mathrm{e}^a$，积分得

$$y'=\frac{1}{a^2}e^{ax}-\frac{1}{a}e^a x+C_2.$$

由 $y'|_{x=1}=0$ 得 $C_2=\frac{1}{a}e^a-\frac{1}{a^2}e^a$，$y'=\frac{1}{a^2}e^{ax}-\frac{1}{a}e^a x+\frac{1}{a}e^a-\frac{1}{a^2}e^a$，积分得

$$y=\frac{1}{a^3}e^{ax}-\frac{1}{2a}e^a x^2+\left(\frac{1}{a}e^a-\frac{1}{a^2}e^a\right)x+C_3.$$

由 $y|_{x=1}=0$ 得 $C_3=-\frac{1}{a^3}e^a+\frac{1}{2a}e^a-\frac{1}{a}e^a+\frac{1}{a^2}e^a$，故所求方程的特解为

$$y=\frac{1}{a^3}e^{ax}-\frac{1}{2a}e^a x^2+\frac{e^a}{a^2}(a-1)x+\frac{e^a}{2a^3}(2a-a^2-2).$$

(4) $y''=e^{2y}$，$y|_{x=0}=y'|_{x=0}=0$.

解 令 $y'=p$，则 $y''=p\frac{dp}{dy}$，原方程变为 $p\frac{dp}{dy}=e^{2y}$，即 $p\,dp=e^{2y}dy$，积分得 $\frac{1}{2}p^2=\frac{1}{2}e^{2y}+C_1$. 由 $y|_{x=0}=y'|_{x=0}=0$ 得 $C_1=-\frac{1}{2}$，故 $\frac{1}{2}p^2=\frac{1}{2}e^{2y}-\frac{1}{2}$，即 $y'^2=e^{2y}-1$，$y'=\pm\sqrt{e^{2y}-1}$，分离变量得 $\frac{dy}{\sqrt{e^{2y}-1}}=\pm dx$，变形为 $\frac{e^{-y}dy}{\sqrt{1-e^{-2y}}}=\frac{-d(e^{-y})}{\sqrt{1-e^{-2y}}}=\pm dx$，积分得 $-\arcsin e^{-y}=\pm x+C_2$. 由 $y|_{x=0}=0$，得 $C_2=-\frac{\pi}{2}$，故

$$-\arcsin e^{-y}=\pm x-\frac{\pi}{2},$$

即 $e^{-y}=\sin\left(\pm x+\frac{\pi}{2}\right)=\cos x$，故 $y=\ln\sec x$ 为原方程的特解.

(5) $y''=3\sqrt{y}$，$y|_{x=0}=1$，$y'|_{x=0}=2$.

解 令 $y'=p$，则 $y''=p\frac{dp}{dy}$，原方程变为 $p\frac{dp}{dy}=3y^{\frac{1}{2}}$，即 $p\,dp=3\sqrt{y}\,dy$，积分得 $\frac{1}{2}p^2=2y^{\frac{3}{2}}+C_1$. 由 $y|_{x=0}=1$，$y'|_{x=0}=2$ 得 $C_1=0$，故 $y'=p=\pm 2y^{\frac{3}{4}}$. 又由 $y'|_{x=0}=2>0$ 可知 $y'=2y^{\frac{3}{4}}$，即 $\frac{dy}{y^{\frac{3}{4}}}=2dx$，积分得 $4y^{\frac{1}{4}}=2x+C_2$. 由 $y|_{x=0}=1$ 得 $C_2=4$，故 $y^{\frac{1}{4}}=\frac{1}{2}x+1$，即 $y=(\frac{1}{2}x+1)^4$ 为原方程的特解.

(6) $y''+y'^2=1$，$y|_{x=0}=0$，$y'|_{x=0}=0$.

解 令 $y'=p$，则 $y''=p\frac{dp}{dy}$，原方程变为 $p\frac{dp}{dy}+p^2=1$，即 $\frac{p}{1-p^2}dp=dy$，积分得 $\frac{1}{2}\ln|p^2-1|=-y+C$，即 $p^2-1=C_1e^{-2y}$. 由 $y|_{x=0}=0$，$y'|_{x=0}=0$ 得 $C_1=-1$，故 $p^2=1-e^{-2y}$，即 $\frac{dy}{dx}=\pm\sqrt{1-e^{-2y}}$，积分得 $\pm x+C_2=\int\frac{d(e^y)}{\sqrt{e^{2y}-1}}=\ln\left(e^y+\sqrt{e^{2y}-1}\right)$.
由 $y|_{x=0}=0$ 得 $C_2=0$，故

$$\pm x=\ln\left(e^y+\sqrt{e^{2y}-1}\right),$$

即 $e^y+\sqrt{e^{2y}-1}=e^{\pm x}$. 另一方面，$e^y-\sqrt{e^{2y}-1}=\dfrac{1}{e^y+\sqrt{e^{2y}-1}}=e^{\mp x}$ ，两式相加，得 $2e^y=e^{\pm x}+e^{\mp x}$ ，故有 $y=\ln\left(\dfrac{e^x+e^{-x}}{2}\right)$，这就是所求方程的特解 .

3. 试求 $y''=x$ 的经过点 $M(0,1)$ 且在此点与直线 $y=\dfrac{x}{2}+1$ 相切的积分曲线 .

解 由条件知，$y|_{x=0}=1$，$y'|_{x=0}=\dfrac{1}{2}$，对 $y''=x$ 积分得 $y'=\dfrac{1}{2}x^2+C_1$，代入 $y'|_{x=0}=\dfrac{1}{2}$ 得 $C_1=\dfrac{1}{2}$，再次积分得 $y=\dfrac{1}{6}x^3+\dfrac{1}{2}x+C_2$，代入 $y|_{x=0}=1$ 得 $C_2=1$，故 $y=\dfrac{1}{6}x^3+\dfrac{1}{2}x+1$.

4. 设有一质量为 m 的物体，在空中由静止开始下落，如果空气阻力为 $R=cv$（其中 c 为常数，v 为物体运动的速度），试求物体下落的距离 s 与时间 t 的函数关系 .

解 设 $t=0$ 对应的物体位置为原点，垂直向下的直线为 s 正轴，建立坐标系，如图 7-2 所示，由题设得 $m\dfrac{d^2s}{dt^2}=mg-c\dfrac{ds}{dt}$. 当 $t=0$ 时，$s=0$，$v=0$. 由于 $v=\dfrac{ds}{dt}$ ，方程化为 $m\dfrac{dv}{dt}=mg-cv$ ，变形得 $\dfrac{dv}{g-\frac{c}{m}v}=dt$，积分得 $-\dfrac{m}{c}\ln\left(g-\dfrac{c}{m}v\right)=t+\widetilde{C}_1$，即 $\ln\left(g-\dfrac{c}{m}v\right)=-\dfrac{c}{m}t+C_1$. 由 $v|_{t=0}=0$ 得 $C_1=\ln g$，故 $v=\dfrac{ds}{dt}=\dfrac{mg}{c}(1-e^{-\frac{c}{m}t})$ ，两边积分得 $s=\dfrac{mg}{c}\left(t+\dfrac{m}{c}e^{-\frac{c}{m}t}\right)+C_2$.

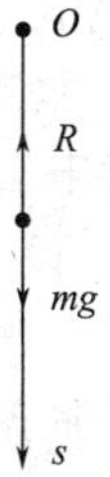

图 7-2

由 $s|_{t=0}=0$ 得 $C_2=-\dfrac{m^2g}{c^2}$，故 s 与时间 t 的函数关系为 $s=\dfrac{mg}{c}\left(t+\dfrac{m}{c}e^{-\frac{c}{m}t}-\dfrac{m}{c}\right)$.

第六节 高阶线性微分方程

6.1 学习目标

理解线性微分方程解的性质及解的结构 .

6.2 内容提要

1. 线性微分方程的概念

形如 $y^{(n)}+a_1(x)y^{(n-1)}+\cdots+a_{n-1}(x)y'+a_n(x)y=f(x)$ 的方程称为 n 阶线性微分方程 .

若 $f(x)\equiv 0$，则 $y^{(n)}+a_1(x)y^{(n-1)}+\cdots+a_{n-1}(x)y'+a_n(x)y=0$ 称为 n 阶齐次线性微分方程 .

若 $f(x)\not\equiv 0$，则 $y^{(n)}+a_1(x)y^{(n-1)}+\cdots+a_{n-1}(x)y'+a_n(x)y=f(x)$ 称为 n 阶非齐次线性微分方程 .

【注】 线性微分方程中未知函数及其各阶导数都是一次幂 .

2. 齐次线性微分方程解的结构

以二阶线性微分方程为例给出线性微分方程解的性质及结构定理，所得结论可以推广到 n 阶线性微分方程.

对于二阶齐次线性微分方程 $y''+P(x)y'+Q(x)y=0$, ①

(1)如果 $y_1(x)$ 与 $y_2(x)$ 是方程①的两个解，那么 $y=C_1y_1(x)+C_2y_2(x)$ 也是①的解，其中 C_1、C_2 是任意常数.

(2)如果 $y_1(x)$ 与 $y_2(x)$ 是方程①的两个线性无关的特解，则 $y=C_1y_1(x)+C_2y_2(x)$ (C_1、C_2 是任意常数)是方程①的通解.

(3)如果 $y_1(x),y_2(x),\cdots,y_n(x)$ 是 n 阶齐次线性微分方程

$$y^{(n)}+a_1(x)y^{(n-1)}+\cdots+a_{n-1}(x)y'+a_n(x)y=0$$

的 n 个线性无关的特解，则此方程的通解为

$$y=C_1y_1(x)+C_2y_2(x)+\cdots+C_ny_n(x),$$

其中 $C_1,C_2,\cdots,C_n$ 为任意常数.

3. 非齐次线性微分方程解的结构

对于二阶非齐次线性微分方程 $y''+P(x)y'+Q(x)y=f(x)$, ②

(1)设 $y^*(x)$ 是二阶非齐次线性方程②的一个特解，$Y(x)$ 为对应的齐次方程①的通解，那么

$$y=Y(x)+y^*(x)$$

是二阶非齐次线性微分方程②的通解.

(2)(叠加原理)设二阶非齐次线性方程②的右端 $f(x)$ 是两个函数之和，

$$y''+P(x)y'+Q(x)y=f_1(x)+f_2(x), \quad ③$$

而 $y_1^*(x)$、$y_2^*(x)$ 分别是方程

$$y''+P(x)y'+Q(x)y=f_1(x),\ y''+P(x)y'+Q(x)y=f_2(x)$$

的特解，那么 $y_1^*(x)+y_2^*(x)$ 是方程③的特解.

【注】 函数组的线性相关概念：设 $y_1(x),y_2(x),\cdots,y_n(x)$ 是定义在区间 I 上的 n 个函数，若存在 n 个不全为零的常数 $k_1,k_2,\cdots,k_n$，使得

$$k_1y_1(x)+k_2y_2(x)+\cdots+k_ny_n(x)=0$$

在 I 上恒成立，则称这 n 个函数在 I 上线性相关，否则称它们线性无关.

特别地，两个函数 $y_1(x),y_2(x)$ 线性相关的充分必要条件是 $\dfrac{y_1(x)}{y_2(x)}\equiv k$，其中 k 为常数，即两函数之比为常数时线性相关，两函数之比不是常数时线性无关.

6.3 典型例题与方法

基本题型Ⅰ:讨论函数组的线性相关性

例 1 研究函数组 $\sin\omega x,\cos\omega x$ 是否线性相关.

解 显然，$\dfrac{\sin\omega x}{\cos\omega x}$ 不是常数，因而函数组 $\sin\omega x,\cos\omega x$ 线性无关.

基本题型Ⅱ:利用线性方程解的结构求解方程

例 2 已知 $y_1=3,y_2=3+x^2,y_3=3+x^2+e^x$ 都是微分方程

$$(x^2-2x)y''-(x^2-2)y'+2(x-1)y=6(x-1)$$

的解，求该方程的通解.

解　因为 $y_2 - y_1 = x^2, y_3 - y_2 = e^x$ 均为对应齐次方程的特解，且线性无关，所以

$$Y(x) = C_1x^2 + C_2e^x$$

是对应齐次方程的通解，故原方程的通解为

重要结论

$$y = C_1x^2 + C_2e^x + 3.$$

【方法点击】　非齐次线性微分方程的两个解之差是对应齐次方程的一个解．

例 3　设线性无关的函数 y_1, y_2, y_3 是二阶非齐次线性方程

$$y'' + P(x)y' + Q(x)y = f(x)$$

的解，C_1、C_2 是任意常数，则该非齐次线性方程的通解为(　　).

A. $C_1y_1 + C_2y_2 + y_3$　　　　B. $C_1y_1 + C_2y_2 - (C_1 + C_2)y_3$

C. $C_1y_1 + C_2y_2 - (1 - C_1 - C_2)y_3$　　D. $C_1y_1 + C_2y_2 + (1 - C_1 - C_2)y_3$

解　因为 $y_1 - y_3, y_2 - y_3$ 均为对应齐次方程的特解，且线性无关，所以

$$Y(x) = C_1(y_1 - y_3) + C_2(y_2 - y_3)$$

利用三个函数的无关性可得

是对应齐次方程的通解．于是，原方程的通解为

$$y = C_1(y_1 - y_3) + C_2(y_2 - y_3) + y_3.$$

故选 D.

6.4　习题 7-6 解答

1. 下列函数组在其定义区间内哪些线性无关？

(1) x, x^2.

解　由于 $\frac{x}{x^2} = \frac{1}{x} \neq$ 常数，故 x, x^2 线性无关．

(4) e^{-x}, e^x.

解　由于 $\frac{e^{-x}}{e^x} = e^{-2x} \neq$ 常数，故 e^{-x}, e^x 线性无关．

(7) $\sin 2x, \cos x \sin x$.

解　由于 $\frac{\sin 2x}{\cos x \sin x} = 2 \equiv$ 常数，故 $\sin 2x, \cos x \sin x$ 线性相关.

(10) $e^{ax}, e^{bx} (a \neq b)$.

解　由于 $\frac{e^{ax}}{e^{bx}} = e^{(a-b)x} \neq$ 常数，故 e^{ax}, e^{bx} 线性无关．

2. 验证 $y_1 = \cos\omega x, y_2 = \sin\omega x$ 都是 $y'' + \omega^2 y = 0$ 的解，并写出该方程的通解．

解　将 $y_1 = \cos\omega x, y_2 = \sin\omega x$ 代入 $y'' + \omega^2 y = 0$ 中均成立，因而 $y_1 = \cos\omega x, y_2 = \sin\omega x$ 都是 $y'' + \omega^2 y = 0$ 的解．

又由于 $\frac{y_1}{y_2} = \frac{\cos\omega x}{\sin\omega x} = \cot\omega x \neq$ 常数，故 $\cos\omega x, \sin\omega x$ 线性无关，故 $y = C_1\cos\omega x + C_2\sin\omega x$ 为方程的通解．

3. 验证 $y_1 - e^{x^2}, y_2 - xe^{x^2}$ 都是 $y'' - 4xy' + (4x^2 - 2)y = 0$ 的解，并写出该方程的通解．

解　将 $y_1 = e^{x^2}, y_2 = xe^{x^2}$ 代入 $y'' - 4xy' + (4x^2 - 2)y = 0$ 中均成立，故 $y_1 = e^{x^2}$, $y_2 = xe^{x^2}$ 都是 $y'' - 4xy' + (4x^2 - 2)y = 0$ 的解．

又由于$\frac{y_1}{y_2}=\frac{e^{x^2}}{xe^{x^2}}=\frac{1}{x}\neq$常数,故$e^{x^2}$,$xe^{x^2}$线性无关,故$y=C_1e^{x^2}+C_2xe^{x^2}$为方程的通解.

4. 验证:

(6) $y=C_1e^x+C_2e^{-x}+C_3\cos x+C_4\sin x-x^2$($C_1,C_2,C_3,C_4$是任意常数)是方程$y^{(4)}-y=x^2$的通解.

证 将$y_1=e^x,y_2=e^{-x},y_3=\cos x,y_4=\sin x$代入$y^{(4)}-y=0$方程,易验证它们均为方程$y^{(4)}-y=0$的解,而它们显然是线性无关的,所以方程$y^{(4)}-y=0$的通解为

$$Y=C_1e^x+C_2e^{-x}+C_3\cos x+C_4\sin x.$$

又$y^*=-x^2$是方程$y^{(4)}-y=x^2$的一个特解,故原方程$y^{(4)}-y=x^2$的通解为

$$y=Y+y^*=C_1e^x+C_2e^{-x}+C_3\cos x+C_4\sin x-x^2.$$

第七节　常系数齐次线性微分方程

7.1　学习目标

掌握二阶常系数齐次线性微分方程的解法,并会解某些高于二阶的常系数齐次线性微分方程.

7.2　内容提要

1. 二阶常系数齐次线性微分方程的解法

(1)形如$y''+py'+qy=0$的方程称为二阶常系数齐次线性微分方程,其中p、q是常数.

(2)求解方法:

第一步　写出其特征方程$r^2+pr+q=0$;

第二步　求出特征方程的两个特征根r_1,r_2;

第三步　根据两个根r_1,r_2的不同情形,按照下表写出微分方程的通解:

特征方程$r^2+pr+q=0$的两个特征根r_1,r_2	微分方程$y''+py'+qy=0$的通解
两个不相等的实根r_1,r_2	$y=C_1e^{r_1x}+C_2e^{r_2x}$
两个相等的实根$r_1=r_2$	$y=(C_1+C_2x)e^{r_1x}$
一对共轭复根$r_{1,2}=\alpha\pm\beta i$	$y=e^{\alpha x}(C_1\cos\beta x+C_2\sin\beta x)$

2. n阶常系数齐次线性微分方程的解法

(1)n阶常系数齐次线性微分方程的一般形式是

$$y^{(n)}+p_1y^{(n-1)}+\cdots+p_{n-1}y'+p_ny=0,$$

其中$p_1,p_2,\cdots,p_n$都是常数.

(2)求解方法:

第一步　写出其特征方程$r^n+p_1r^{n-1}+\cdots+p_{n-1}r+p_n=0$;

第二步　求出特征方程的n个特征根$r_1,r_2,\cdots,r_n$(重根按重数计算);

第三步　根据n个特征根$r_1,r_2,\cdots,r_n$的不同情形,每个根对应通解中的一项,且每项各含一个任意常数,从而得到微分方程的通解:

$$y=C_1y_1(x)+C_2y_2(x)+\cdots+C_ny_n(x).$$

特征方程的根	微分方程的通解中的对应项
单实根 r	给出一项：Ce^{rx}
一对单复根 $r_{1,2}=\alpha\pm\beta i$	给出两项：$e^{\alpha x}(C_1\cos\beta x+C_2\sin\beta x)$
k 重实根 r	给出 k 项：$e^{rx}(C_1+C_2x+\cdots+C_kx^{k-1})$
一对 k 重复根 $r_{1,2}=\alpha\pm\beta i$	给出 $2k$ 项：$e^{\alpha x}[(C_1+C_2x+\cdots+C_kx^{k-1})\cos\beta x$ $+(D_1+D_2x+\cdots+D_kx^{k-1})\sin\beta x]$

7.3　典型例题与方法

基本题型Ⅰ:求解二阶常系数齐次线性微分方程

例 1　求下列方程的通解：

(1) $y''-7y'+12y=0$；　(2) $y''+10y'+25y=0$；　(3) $y''+y'+y=0$；

(4)　$y''+4y=0$.

解　(1)特征方程为 $r^2-7r+12=0$,其根为 $r_1=3,r_2=4$,于是,所求方程的通解为

$$y=C_1e^{3x}+C_2e^{4x}\ (C_1,C_2\ 是任意常数).$$

(2)特征方程为 $r^2+10r+25=0$,其根为 $r_1=r_2=-5$,于是,所求方程的通解为

$$y=(C_1+C_2x)e^{-5x}\ (C_1,C_2\ 是任意常数).$$

(3)特征方程为 $r^2+r+1=0$,其根为 $r_{1,2}=\dfrac{-1\pm i\sqrt{3}}{2}$,于是,所求方程的通解为

$$y=\left(C_1\cos\frac{\sqrt{3}}{2}x+C_2\sin\frac{\sqrt{3}}{2}x\right)e^{-\frac{x}{2}}\ (C_1,C_2\ 是任意常数).$$

(4)特征方程为 $r^2+4=0$,其根为 $r_{1,2}=\pm 2i$,于是,所求方程的通解为

$$y=C_1\cos 2x+C_2\sin 2x\ (C_1,C_2\ 是任意常数).$$

【注】　第(4)小题中,容易将特征方程错写为 $r^2+4r=0$,须注意.

基本题型Ⅱ:求解高阶常系数齐次线性微分方程

例 2　求下列方程的通解：

(1) $y'''+8y''+16y'=0$；　(2) $y'''-3y''+3y'-y=0$；　(3) $y^{(4)}-y''-2y=0$；

(4) $y^{(4)}+y=0$.

解　(1)特征方程为 $r^3+8r^2+16r=0$,其根为 $r_1=0,r_2=r_3=-4$,于是,所求方程的通解为

$$y=C_1+(C_2+C_3x)e^{-4x}\ (C_1,C_2,C_3\ 是任意常数).$$

(2)特征方程为 $r^3-3r^2+3r-1=0$,即 $(r-1)^3=0$,其根为 $r_1=r_2=r_3=1$,于是,所求方程的通解为

$$y=(C_1+C_2x+C_3x^2)e^x\ (C_1,C_2,C_3\ 是任意常数).$$

(3)特征方程为 $r^4-r^2-2=0$,即 $(r^2+1)(r^2-2)=0$,其根为 $r_{1,2}=\pm i$, $r_{3,4}=\pm\sqrt{2}$,于是,所求方程的通解为

$$y=C_1\cos x+C_2\sin x+C_3e^{\sqrt{2}x}+C_4e^{-\sqrt{2}x}\ (C_1,C_2,C_3,C_4\ 是任意常数).$$

(4)特征方程为 $r^4+1=0$,即 $r^4=-1=\cos\pi+i\sin\pi$,其根为

$$r_k=\cos\frac{\pi+2k\pi}{4}+\mathrm{i}\sin\frac{\pi+2k\pi}{4}(k=0,1,2,3),$$

从而 $r_0=\frac{\sqrt{2}}{2}(1+\mathrm{i}),r_1=\frac{\sqrt{2}}{2}(-1+\mathrm{i}),r_2=\frac{\sqrt{2}}{2}(-1-\mathrm{i}),r_3=\frac{\sqrt{2}}{2}(1-\mathrm{i})$，故所求方程的通解为 $y=\mathrm{e}^{\frac{\sqrt{2}}{2}x}\left(C_1\cos\frac{\sqrt{2}}{2}x+C_2\sin\frac{\sqrt{2}}{2}x\right)+\mathrm{e}^{-\frac{\sqrt{2}}{2}x}\left(C_3\cos\frac{\sqrt{2}}{2}x+C_4\sin\frac{\sqrt{2}}{2}x\right)$($C_1,C_2,C_3,C_4$ 是任意常数).

【方法点击】 对于高阶代数方程，通常借助因式分解求根．若方程为 $r^n+a=0$，也可以利用复数开 n 次方根求解．

基本题型Ⅲ：由已知解反过来确定微分方程

例3 求满足下列条件的二阶常系数齐次线性微分方程：

(1) $y=(C_1+C_2x)\mathrm{e}^{2x}$ 是所求方程的通解；

(2) $y=(C_1\cos\sqrt{2}x+C_2\sin\sqrt{2}x)\mathrm{e}^x$ 是所求方程的通解；

(3) $y_1=\mathrm{e}^{2x}\cos x$ 是所求方程的一个特解．

【分析】 对于常系数齐次线性方程，只要求得特征方程就能求出对应的微分方程．

解 (1)由二阶常系数齐次线性微分方程的通解公式，特征根为 $r_1=r_2=2$，于是，特征方程为

$$r^2-4r+4=0,$$

微分方程与特征方程一一对应

故所求微分方程是 $y''-4y'+4y=0$.

(2)由二阶常系数齐次线性微分方程的通解公式，特征根为 $r_{1,2}=1\pm\mathrm{i}\sqrt{2}$，于是，特征方程为

$$r^2-2r+3=0,$$

故所求微分方程是 $y''-2y'+3y=0$.

(3)因为 $y_1=\mathrm{e}^{2x}\cos x$ 是所求方程的一个特解，所以特征方程必有一个特征根 $r_1=2+\mathrm{i}$，复根必共轭成对出现，于是另一个特征根为 $r_2=2-\mathrm{i}$，从而特征方程为 $[r-(2+\mathrm{i})][r-(2-i)]=0$，即

$$r^2-4r+5=0,$$

故所求微分方程是 $y''-4y'+5y=0$.

【方法点击】 对于常系数齐次线性微分方程，由于其通解完全由特征方程的根确定，因而可以通过解的表达式求得特征根．

基本题型Ⅳ：综合应用

例4 已知悬挂着的弹簧振动系统的运动满足下面的微分方程：

$$\frac{\mathrm{d}^2x}{\mathrm{d}t^2}+2\frac{\mathrm{d}x}{\mathrm{d}t}+k^2x=0,$$

其中 k 为正常数，x 表示质点离开平衡位置的位移，开始时 $(t=0)$ 弹簧被压缩，质点在位置 $x_0=1$.

(1) k 取何值时，系统将不产生振动？

(2)设初始速度为 v_0，$k>1$，记 $k^2=1+a^2(a>0)$，求质点的运动规律 $x=x(t)$．

解 (1)微分方程对应的特征方程为 $r^2+2r+k^2=0$,其特征根为 $r_{1,2}=-1\pm\sqrt{1-k^2}$.

特征根与 k 有关

若 $1-k^2>0$,即 $0<k<1$,此时 $r_1\neq r_2$,方程的解为

$$x=C_1\mathrm{e}^{-(1+\sqrt{1-k^2})t}+C_2\mathrm{e}^{-(1-\sqrt{1-k^2})t},$$

当 $t\to+\infty$ 时,$x=x(t)\to 0$,系统不产生振动.

若 $1-k^2=0$,即 $k=1$,此时 $r_1=r_2=-1$,方程的解为

$$x=(C_1+C_2t)\mathrm{e}^{-t},$$

显然,当 $t\to+\infty$ 时,$x=x(t)\to 0$,系统不产生振动.

综上,当 $0<k\leqslant 1$ 时,弹簧的恢复系数不超过阻尼系数,质点最多越过平衡位置一次,随着时间 t 的增大而趋于平衡位置.

(2)若 $k^2=1+a^2>1$,此时 $r_{1,2}=-1\pm a\mathrm{i}$,方程的通解为

$$x=\mathrm{e}^{-t}(C_1\cos at+C_2\sin at).$$

由初始条件 $x(0)=1,x'(0)=v_0$,得 $C_1=1,C_2=\dfrac{v_0+1}{a}$,故所求质点的运动规律为

$$x(t)=\mathrm{e}^{-t}\left(\cos at+\frac{v_0+1}{a}\sin at\right).$$

7.4 习题 7-7 解答

1. 求下列微分方程的通解.

(1)$y''+y'-2y=0$.

解 特征方程为 $r^2+r-2=0$,特征根为 $r_1=-2,r_2=1$,故方程的通解为 $y=C_1\mathrm{e}^x+C_2\mathrm{e}^{-2x}$.

(2)$y''-4y'=0$.

解 特征方程为 $r^2-4r=0$,特征根为 $r_1=0,r_2=4$,故方程的通解为 $y=C_1+C_2\mathrm{e}^{4x}$.

(3)$y''+y=0$.

解 特征方程为 $r^2+1=0$,特征根为 $r_1=\mathrm{i},r_2=-\mathrm{i}$,故方程的通解为 $y=C_1\cos x+C_2\sin x$.

(4)$y''+6y'+13y=0$.

解 特征方程为 $r^2+6r+13=0$,特征根为 $r_{1,2}=-3\pm 2\mathrm{i}$,故方程的通解为

$$y=\mathrm{e}^{-3x}(C_1\cos 2x+C_2\sin 2x).$$

(5)$4\dfrac{\mathrm{d}^2x}{\mathrm{d}^2t}-20\dfrac{\mathrm{d}x}{\mathrm{d}t}+25x=0$.

解 特征方程为 $4r^2-20r+25=0$,特征根为 $r_{1,2}=\dfrac{5}{2}$,故方程的通解为 $x=\mathrm{e}^{\frac{5}{2}t}(C_1+C_2t)$.

(6) $y''-4y'+5y=0$.

解 特征方程为 $r^2-4r+5=0$,特征根为 $r_{1,2}=2\pm\mathrm{i}$,故方程的通解为

$$y=\mathrm{e}^{2x}(C_1\cos x+C_2\sin x).$$

(7)$y^{(4)}-y=0$.

解 特征方程为 $r^4=1$,特征根为 $r_1=1,r_2=-1,r_3=\mathrm{i},r_4=-\mathrm{i}$,故方程的通解为

$$y=C_1\mathrm{e}^x+C_2\mathrm{e}^{-x}+C_3\cos x+C_4\sin x.$$

(8) $y^{(4)}+2y''+y=0$.

解 特征方程为 $r^4+2r^2+1=0$,即$(r^2+1)^2=0$,特征根为 $r_1=r_2=\mathrm{i},r_3=r_4=-\mathrm{i}$,故方程的通解为

$$y=(C_1+C_2x)\cos x+(C_3+C_4x)\sin x.$$

(9) $y^{(4)}-2y'''+y''=0$.

解 特征方程为 $r^4-2r^3+r^2=0$,特征根为 $r_1=r_2=0,r_3=r_4=1$,故方程的通解为

$$y=(C_1+C_2x)+(C_3+C_4x)\mathrm{e}^x.$$

(10) $y^{(4)}+5y''-36y=0$.

解 特征方程为 $r^4+5r^2-36=0$,特征根为 $r_1=2,r_2=-2,r_3=3\mathrm{i},r_4=-3\mathrm{i}$,故方程的通解为

$$y=C_1\mathrm{e}^{2x}+C_2\mathrm{e}^{-2x}+C_3\cos 3x+C_4\sin 3x.$$

2. 求下列微分方程的特解.

(1) $y''-4y'+3y=0,y|_{x=0}=6,y'|_{x=0}=10$.

解 特征方程为 $r^2-4r+3=0$,特征根为 $r_1=3,r_2=1$,故方程的通解为 $y=C_1\mathrm{e}^x+C_2\mathrm{e}^{3x}$. 代入 $y|_{x=0}=6,y'|_{x=0}=10$ 得,$C_1=4,C_2=2$,故方程的特解为 $y=4\mathrm{e}^x+2\mathrm{e}^{3x}$.

(2) $4y''+4y'+y=0,y|_{x=0}=2,y'|_{x=0}=0$.

解 特征方程为 $4r^2+4r+1=0$,特征根为 $r_{1,2}=-\dfrac{1}{2}$,故方程的通解为 $y=(C_1+C_2x)\mathrm{e}^{-\frac{1}{2}x}$. 代入 $y|_{x=0}=2,y'|_{x=0}=0$ 得,$C_1=2,C_2=1$,故方程的特解为 $y=(2+x)\mathrm{e}^{-\frac{1}{2}x}$.

(3) $y''-3y'-4y=0,y|_{x=0}=0,y'|_{x=0}=-5$.

解 特征方程为$r^2-3r-4=0$,特征根为$r_1=-1,r_2=4$,故方程的通解为$y=C_1\mathrm{e}^{-x}+C_2\mathrm{e}^{4x}$. 代入 $y|_{x=0}=0,y'|_{x=0}=-5$ 得,$C_1=1,C_2=-1$,故方程的特解为 $y=\mathrm{e}^{-x}-\mathrm{e}^{4x}$.

(4) $y''+4y'+29y=0,y|_{x=0}=0,y'|_{x=0}=15$.

解 特征方程为 $r^2+4r+29=0$,特征根为 $r_{1,2}=-2\pm 5\mathrm{i}$,故方程的通解为 $y=\mathrm{e}^{-2x}(C_1\cos 5x+C_2\sin 5x)$. 代入 $y|_{x=0}=0,y'|_{x=0}=15$ 得,$C_1=0,C_2=3$,故方程的特解为 $y=3\mathrm{e}^{-2x}\sin 5x$.

(5) $y''+25y=0,y|_{x=0}=2,y'|_{x=0}=5$.

解 特征方程为 $r^2+25=0$,特征根为 $r_{1,2}=\pm 5\mathrm{i}$,故方程的通解为 $y=C_1\cos 5x+C_2\sin 5x$. 代入 $y|_{x=0}=2,y'|_{x=0}=5$ 得,$C_1=2,C_2=1$,故方程的特解为 $y=2\cos 5x+\sin 5x$.

(6) $y''-4y'+13y=0,y|_{x=0}=0,y'|_{x=0}=3$.

解 特征方程为 $r^2-4r+13=0$,特征根为 $r_{1,2}=2\pm 3\mathrm{i}$,故方程的通解为

$$y=\mathrm{e}^{2x}(C_1\cos 3x+C_2\sin 3x).$$

代入 $y|_{x=0}=0,y'|_{x=0}=3$ 得 $C_1=0,C_2=1$,故方程的特解为 $y=\mathrm{e}^{2x}\sin 3x$.

4. 在如图 7-3 所示的电路中先将开关 S 拨向 A,达到稳定状态后再将开关 S 拨向 B,求电压 $u_C(t)$ 及电流 $i(t)$. 已知 $E=20$ V,$C=0.5\times10^{-6}$F(法),$L=0.1$ H(亨),$R=2\,000\Omega$.

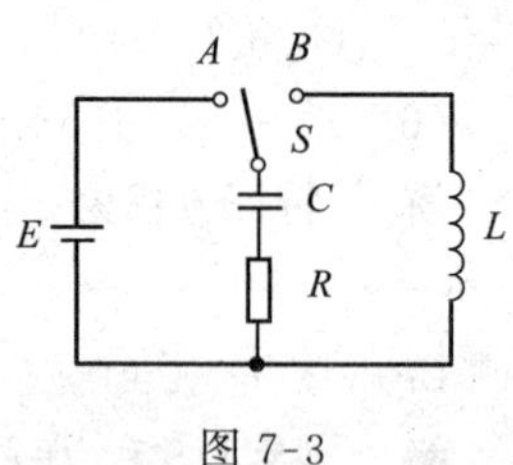

图 7-3

解　当开关 S 拨向 B 后，由回路电压定律得 $L\frac{\mathrm{d}i}{\mathrm{d}t}+\frac{q}{C}+Ri=0$. 由于 $q=Cu_C$，因而 $i=\frac{\mathrm{d}q}{\mathrm{d}t}=C\frac{\mathrm{d}u_C}{\mathrm{d}t}$，$\frac{\mathrm{d}i}{\mathrm{d}t}=C\frac{\mathrm{d}^2u_C}{\mathrm{d}t^2}$，故电压 $u_C(t)$ 满足的微分方程为 $LC\frac{\mathrm{d}^2u_C}{\mathrm{d}t^2}+RC\frac{\mathrm{d}u_C}{\mathrm{d}t}+u_C=0$，即

$$\frac{\mathrm{d}^2u_C}{\mathrm{d}t^2}+\frac{R}{L}\cdot\frac{\mathrm{d}u_C}{\mathrm{d}t}+\frac{1}{LC}u_C=0.$$

已知 $\frac{R}{L}=\frac{2000}{0.1}=2\times10^4$，$\frac{1}{LC}=\frac{1}{0.1\times0.5\times10^{-6}}=\frac{1}{5}\times10^8$，故 $\frac{\mathrm{d}^2u_C}{\mathrm{d}t^2}+2\times10^4\frac{\mathrm{d}u_C}{\mathrm{d}t}+\frac{1}{5}\times10^8u_C=0$，其特征方程为 $r^2+2\times10^4r+\frac{1}{5}\times10^8=0$，特征根为 $r_1=-1.9\times10^4$，$r_2=-10^3$，因此微分方程的通解为 $u_C=C_1\mathrm{e}^{-1.9\times10^4t}+C_2\mathrm{e}^{-10^3t}$. 又 $\frac{\mathrm{d}u_C}{\mathrm{d}t}=-1.9\times10^4C_1\mathrm{e}^{-1.9\times10^4t}-10^3C_2\mathrm{e}^{-10^3t}$，由初始条件，当 $t=0$ 时，$u_C=20$，$\frac{\mathrm{d}u_C}{\mathrm{d}t}=0$，代入得 $C_1+C_2=20$ 且 $-1.9\times10^4C_1-10^3C_2=0$，解得 $C_1=-\frac{10}{9}$，$C_2=\frac{190}{9}$，故

$$u_C(t)=\frac{10}{9}(19\mathrm{e}^{-10^3t}-\mathrm{e}^{-1.9\times10^4t}),$$

$$i(t)=C\frac{\mathrm{d}u_C}{\mathrm{d}t}=\frac{19}{18}\times10^{-2}(\mathrm{e}^{-1.9\times10^4t}-\mathrm{e}^{-10^3t}).$$

5. 设圆柱形浮筒直径为 0.5 m，铅直放在水中，当稍向下压后突然放开，浮筒在水中上下振动的周期为 2 s，求浮筒的质量.

解　设平衡状态下浮筒处于水平面上的点在 t 时刻的位移为 $x=x(t)$，ρ 为水的密度，S 为浮筒的横截面积，D 为浮筒的直径，如图 7-4 所示，则浮筒所受的力为 $f=-\rho gS\cdot x$. 由牛顿第二定律，浮筒的振动所满足的微分方程为

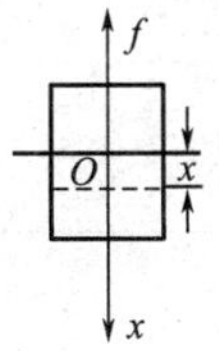

$$m\frac{\mathrm{d}^2x}{\mathrm{d}t^2}+\rho gS\cdot x=0,$$

图 7-4

其中浮筒的横截面积 $S=\pi\left(\frac{D}{2}\right)^2=\pi\left(\frac{0.5}{2}\right)^2$，此方程的特征方程为 $mr^2+\rho gS=0$，特征根为 $r_{1,2}=\pm\sqrt{\frac{\rho gS}{m}}\mathrm{i}$，故方程的通解为

$$x=C_1\cos\sqrt{\frac{\rho gS}{m}}t+C_2\sin\sqrt{\frac{\rho gS}{m}}t=A\sin\left(\sqrt{\frac{\rho gS}{m}}t+\varphi\right),$$

因而浮筒振动的频率 $\omega=\sqrt{\frac{\rho gS}{m}}$，周期 $T=\frac{2\pi}{\omega}=2\pi\sqrt{\frac{m}{\rho gS}}$，由 $T=2$ 得 $2=2\pi\sqrt{\frac{m}{\rho gS}}$，即 $m=\frac{\rho gS}{\pi^2}$，而 $\rho=1\,000\ \mathrm{kg/m^3}$，$g=9.8\ \mathrm{m/s^2}$，$D=0.5$ m，因此 $m=\frac{\rho gS}{\pi^2}=\frac{1000\times9.8\times0.5^2}{4\pi}=195$ kg.

第八节　常系数非齐次线性微分方程

8.1　学习目标

会解自由项为多项式、指数函数、正弦函数、余弦函数以及它们的和与积的二阶常系数非齐次线性微分方程.

8.2　内容提要

1. 二阶常系数非齐次线性微分方程的概念

形如 $y''+py'+qy=f(x)$ 的方程称为二阶常系数非齐次线性微分方程,其中 p 、q 是常数,$f(x)\neq 0$.

2. 二阶常系数非齐次线性微分方程的解法

由二阶非齐次线性微分方程通解的结构定理可知,$y''+py'+qy=f(x)$ 的通解为

$$y=Y(x)+y^*(x),$$

其中 $Y(x)$ 为对应齐次方程 $y''+py'+qy=0$ 的通解,$y^*(x)$ 为 $y''+py'+qy=f(x)$ 的一个特解 .$Y(x)$ 由特征根法可以求出;而 $y^*(x)$ 常用待定系数法求解,其中的关键是正确写出 $y^*(x)$ 的形式,参见下表 .

$f(x)$ 的类型	是否为特征根	特解 $y^*(x)$ 的形式	说明
$e^{\lambda x}P_m(x)$	λ 不是特征根	$e^{\lambda x}Q_m(x)$	$Q_m(x)$ 是 m 次待定多项式
	λ 是单特征根	$xe^{\lambda x}Q_m(x)$	
	λ 是二重特征根	$x^2e^{\lambda x}Q_m(x)$	
$e^{\lambda x}[P_l(x)\cos\omega x+P_n(x)\sin\omega x]$	$\lambda\pm\omega i$ 不是特征根	$e^{\lambda x}[R_m^{(1)}(x)\cos\omega x+R_m^{(2)}(x)\sin\omega x]$	$R_m^{(1)}(x),R_m^{(2)}(x)$是 m 次待定多项式,$m=\max\{l,n\}$
	$\lambda\pm\omega i$ 是特征根	$xe^{\lambda x}[R_m^{(1)}(x)\cos\omega x+R_m^{(2)}(x)\sin\omega x]$	

8.3　典型例题与方法

基本题型Ⅰ:求解非齐次线性微分方程

例 1　求微分方程 $y''-2y'-3y=xe^{-x}$ 的通解.

解　第一步,求对应齐次方程的通解.$y''-2y'-3y=0$ 对应的特征方程为 $r^2-2r-3=0$,其根为 $r_1=3,r_2=-1$,于是,对应齐次方程的通解为

$$Y(x)=C_1e^{3x}+C_2e^{-x}(C_1,C_2\text{ 是任意常数}).$$

第二步,用待定系数法求非齐次方程的一个特解 . 因为 $f(x)=xe^{-x},\lambda=-1$ 是特征方程的单根,设原方程的特解为

$$y^*(x)=x(ax+b)e^{-x}.$$

将 $y^*(x)$代入原方程并化简,得

$$-8ax+2a-4b=x,$$

比较两端同次幂的系数,有

$$-8a=1,2a-4b=0,$$

解得 $a=-\frac{1}{8}$，$b=-\frac{1}{16}$从而 $y^*(x)=-\frac{x}{16}(2x+1)e^{-x}$.

第三步，写出非齐次方程的通解，

$$y=Y(x)+y^*(x)=C_1e^{3x}+C_2e^{-x}-\frac{x}{16}(2x+1)e^{-x}.$$

【方法点击】 对于 $f(x)=e^{\lambda x}P_m(x)$，特解 $y^*(x)$中的 $Q_m(x)$是与 $P_m(x)$同次的完全多项式，不能缺项．该题中 $P_m(x)=x$，若将特解设为 $y^*(x)=x\cdot axe^{-x}$，则导致错误．

例 2　求微分方程 $y''+4y'+4y=\cos 2x$ 的一个特解.

解　齐次方程 $y''+4y'+4y=0$ 的特征方程为 $r^2+4r+4=0$，其根为 $r_1=r_2=-2$. 因为 $f(x)=\cos 2x$，$\lambda\pm i\omega=\pm 2i$ 不是特征方程的根，故可设原方程的特解为

$$y^*(x)=a\cos 2x+b\sin 2x.$$

将 $y^*(x)$代入原方程并化简，得

$$-8a\sin 2x+8b\cos 2x=\cos 2x,$$

注意同类项进行比较

比较两端同类项的系数，有

$-8a=0$，$8b=1$，

于是，$a=0$，$b=\frac{1}{8}$，故原方程的一个特解为 $y^*(x)=\frac{1}{8}\sin 2x$.

【方法点击】 对于 $f(x)=e^{\lambda x}[P_l(x)\cos\omega x+P_n(x)\sin\omega x]$，不论 $f(x)$是否同时含有正、余弦项，对特解 $y^*(x)$进行假设时不能缺项，否则会导致错误．该题若设特解 $y^*(x)=a\cos 2x$ 会导致错误.

例 3　求微分方程 $y''+y=x+\cos x$ 的通解.

【分析】 方程的自由项为两类不同的函数之和，求非齐次方程的特解时，需要分别求 $y''+y=x$ 与 $y''+y=\cos x$ 的特解，然后相加．

解　特征方程为 $r^2+1=0$，其根为 $r_{1,2}=\pm i$，故对应齐次方程的通解为

$$Y(x)=C_1\cos x+C_2\sin x\ (C_1, C_2 \text{ 是任意常数}).$$

对于非齐次方程 $y''+y=x$，$\lambda=0$ 不是特征方程的根，故可设特解为 $y_1^*(x)=ax+b$.将 $y_1^*(x)$代入方程 $y''+y=x$，由待定系数法得 $a=1$，$b=0$，从而 $y_1^*(x)=x$.

对于非齐次方程 $y''+y=\cos x$，$\lambda\pm i\omega=\pm i$ 是特征方程的根，故可设特解为 $y_2^*(x)=x(c\cos x+d\sin x)$.将 $y_2^*(x)$代入方程 $y''+y=\cos x$ 并化简，得 $c=0$，$d=\frac{1}{2}$，从而 $y_2^*(x)=\frac{1}{2}x\sin x$.

由叠加原理，$y^*(x)=y_1^*(x)+y_2^*(x)=x+\frac{1}{2}x\sin x$ 是原方程的一个特解，故原方程的通解为

$$y=Y(x)+y^*(x)=C_1\cos x+C_2\sin x+x+\frac{1}{2}x\sin x.$$

基本题型Ⅱ：综合应用

例 4　设 $f(x)=\sin x-\int_0^x(x-t)f(t)\,dt$，其中 $f(x)$连续，求 $f(x)$.

解 该方程为积分方程，$f(x)=\sin x-x\int_0^x f(t)\mathrm{d}t+\int_0^x tf(t)\mathrm{d}t$，求导得

$$f'(x)=\cos x-\int_0^x f(t)\mathrm{d}t\ ,$$

再次求导，得 $f''(x)=-\sin x-f(x)$，即

$$f''(x)+f(x)=-\sin x.$$

思考：为什么函数二阶可导?

这就是 $f(x)$所满足的微分方程，并注意积分方程蕴含的初始条件：$f(0)=0,f'(0)=1$.

容易求得，对应齐次方程的通解为 $Y(x)=C_1\cos x+C_2\sin x$. 由于 $\lambda\pm \mathrm{i}\omega=\pm\mathrm{i}$ 是特征方程的根，故可设特解为 $f^*(x)=x(a\cos x+b\sin x)$. 将 $f^*(x)$代入方程$f''(x)+f(x)=-\sin x$并化简，得 $a=\frac{1}{2},b=0$，从而 $f^*(x)=\frac{1}{2}x\cos x$，故微分方程的通解为

$$f(x)=C_1\cos x+C_2\sin x+\frac{1}{2}x\cos x.$$

利用初始条件，得 $C_1=0,C_2=\frac{1}{2}$所以 $f(x)=\frac{1}{2}\sin x+\frac{1}{2}x\cos x$.

【方法点击】 对于积分方程，一般需要化为微分方程进行求解，但要注意题目蕴含的初始条件.

例 5 设函数 $y=y(x)$满足微分方程 $y''-3y'+2y=2\mathrm{e}^x$，其图形在点(0,1)处的切线与曲线 $y=x^2-x+1$ 在该点的切线重合，求函数 $y=y(x)$的解析表达式.

解 原方程对应齐次方程 $y''-3y'+2y=0$，其特征方程为 $r^2-3r+2=0$，特征根为 $r_1=1,r_2=2$，故对应齐次方程的通解为

$$Y(x)=C_1\mathrm{e}^x+C_2\mathrm{e}^{2x}.$$

因为 $f(x)=2\mathrm{e}^x$，$\lambda=1$ 是特征方程的单根，故可设原方程的特解为 $y^*(x)=ax\mathrm{e}^x$. 将 $y^*(x)$代入原方程并化简，得 $a=-2$，从而 $y^*(x)=-2x\mathrm{e}^x$. 于是原方程的通解为

$$y=Y(x)+y^*(x)=C_1\mathrm{e}^x+C_2\mathrm{e}^{2x}-2x\mathrm{e}^x.$$

由题意，初始条件为 $y(0)=1,y'(0)=(x^2-x+1)'|_{x=0}=-1$，代入通解公式，得 $C_1=1,C_2=0$，故所求函数为 $y=\mathrm{e}^x-2x\mathrm{e}^x=(1-2x)\mathrm{e}^x$.

8.4 习题 7-8 解答

1. 求下列各微分方程的通解.

(1) $2y''+y'-y=2\mathrm{e}^x$.

解 对应的齐次方程为 $2y''+y'-y=0$，其特征方程为 $2r^2+r-1=0$，特征根为 $r_1=-1$，$r_2=\frac{1}{2}$，故对应的齐次方程的通解为$Y=C_1\mathrm{e}^{\frac{x}{2}}+C_2\mathrm{e}^{-x}$. 又因为方程 $2y''+y'-y=2\mathrm{e}^x$ 具有 $y^*=A\mathrm{e}^x$ 形式的特解，代入原方程得 $A=1$，从而原方程的通解为 $y=C_1\mathrm{e}^{\frac{x}{2}}+C_2\mathrm{e}^{-x}+\mathrm{e}^x$.

(2) $y''+a^2y=\mathrm{e}^x$.

解 对应的齐次方程为 $y''+a^2y=0$，其特征方程为 $r^2+a^2=0$，特征根为 $r_{1,2}=\pm a\mathrm{i}$，故对应的齐次方程的通解为 $Y=C_1\cos ax+C_2\sin ax$. 又因为方程 $y''+a^2y=\mathrm{e}^x$ 具有 $y^*=A\mathrm{e}^x$

形式的特解，代入原方程得 $A=\frac{1}{1+a^2}$，从而原方程的通解为

$$y=C_1\cos ax+C_2\sin ax+\frac{1}{1+a^2}e^x.$$

(3) $2y''+5y'=5x^2-2x-1$.

解　对应的齐次方程为 $2y''+5y'=0$，其特征方程为 $2r^2+5r=0$，特征根为 $r_1=0,r_2=-\frac{5}{2}$，故对应的齐次方程的通解为 $Y=C_1+C_2e^{-\frac{5}{2}x}$. 又因为方程 $2y''+5y'=5x^2-2x-1$ 具有 $y^*=x(Ax^2+Bx+C)$ 形式的特解，代入原方程得 $A=\frac{1}{3},B=-\frac{3}{5},C=\frac{7}{25}$，从而原方程的通解为 $y=C_1+C_2e^{-\frac{5}{2}x}+\frac{1}{3}x^3-\frac{3}{5}x^2+\frac{7}{25}x$.

(4) $y''+3y'+2y=3xe^{-x}$.

解　对应的齐次方程为 $y''+3y'+2y=0$，其特征方程为 $r^2+3r+2=0$，特征根为 $r_1=-1,r_2=-2$，故对应的齐次方程的通解为 $Y=C_1e^{-x}+C_2e^{-2x}$. 又因为方程 $y''+3y'+2y=3xe^{-x}$ 具有 $y^*=x(Ax+B)e^{-x}$ 形式的特解，代入原方程得 $A=\frac{3}{2},B=-3$，从而原方程的通解为 $y=C_1e^{-x}+C_2e^{-2x}+\left(\frac{3}{2}x^2-3x\right)e^{-x}$.

(5) $y''-2y'+5y=e^x\sin 2x$.

解　对应的齐次方程为 $y''-2y'+5y=0$，其特征方程为 $r^2-2r+5=0$，特征根为 $r_{1,2}=1\pm 2i$，故对应的齐次方程的通解为 $Y=e^x(C_1\cos 2x+C_2\sin 2x)$. 又因为方程具有 $y^*=xe^x(A\cos 2x+B\sin 2x)$ 形式的特解，代入原方程得 $A=-\frac{1}{4},B=0$，从而原方程的通解为 $y=e^x(C_1\cos 2x+C_2\sin 2x)-\frac{1}{4}xe^x\cos 2x$.

(6) $y''-6y'+9y=(x+1)e^{3x}$.

解　对应的齐次方程为 $y''-6y'+9y=0$，其特征方程为 $r^2-6r+9=0$，特征根为 $r_{1,2}=3$，故对应的齐次方程的通解为 $Y=e^{3x}(C_1+C_2x)$. 又因为方程具有 $y^*=x^2e^{3x}(Ax+B)$ 形式的特解，代入原方程得 $A=\frac{1}{6},B=\frac{1}{2}$，从而原方程的通解为 $y=e^{3x}(C_1+C_2x)+x^2e^{3x}\left(\frac{1}{6}x+\frac{1}{2}\right)$.

(7) $y''+5y'+4y=3-2x$.

解　对应的齐次方程为 $y''+5y'+4y=0$，其特征方程为 $r^2+5r+4=0$，特征根为 $r_1=-1$，$r_2=-4$，故对应的齐次方程的通解为 $Y=C_1e^{-4x}+C_2e^{-x}$. 又因为方程具有 $y^*=Ax+B$ 形式的特解，代入原方程得 $A=-\frac{1}{2}$，$B=\frac{11}{8}$，从而原方程的通解为 $y=C_1e^{-4x}+C_2e^{-x}-\frac{1}{2}x+\frac{11}{8}$.

(8) $y''+4y=x\cos x$.

解 对应的齐次方程为 $y''+4y=0$,其特征方程为 $r^2+4=0$,特征根为 $r_{1,2}=\pm 2\mathrm{i}$,故对应的齐次方程的通解为 $Y=C_1\cos 2x+C_2\sin 2x$. 又因为方程具有

$$y^*=(Ax+B)\cos x+(Cx+D)\sin x$$

形式的特解,代入原方程得 $A=\frac{1}{3}$,$B=0$,$C=0$,$D=\frac{2}{9}$,从而原方程的通解为

$$y=C_1\cos 2x+C_2\sin 2x+\frac{1}{3}x\cos x+\frac{2}{9}\sin x.$$

(9) $y''+y=\mathrm{e}^x+\cos x$.

解 对应的齐次方程为 $y''+y=0$,其特征方程为 $r^2+1=0$,特征根为 $r_{1,2}=\pm\mathrm{i}$,故对应的齐次方程的通解为 $Y=C_1\cos x+C_2\sin x$. 又因为方程 $y''+y=\mathrm{e}^x$ 具有 $A\mathrm{e}^x$ 形式的特解,方程 $y''+y=\cos x$ 具有 $x(B\cos x+C\sin x)$形式的特解,故不妨设

$$y^*=A\mathrm{e}^x+x(B\cos x+C\sin x)$$

为原方程的一个特解. 代入原方程得 $2A\mathrm{e}^x+2C\cos x-2B\sin x=\mathrm{e}^x+\cos x$,比较两端同类项的系数,得 $A=\frac{1}{2}$,$C=\frac{1}{2}$,$B=0$,因此 $y^*=\frac{\mathrm{e}^x}{2}+\frac{x}{2}\sin x$,从而原方程的通解为 $y=(C_1\cos x+C_2\sin x)+\frac{\mathrm{e}^x}{2}+\frac{x}{2}\sin x$.

(10) $y''-y=\sin^2 x$.

解 原方程可变为 $y''-y=\frac{1}{2}-\frac{\cos 2x}{2}$,对应的齐次方程为 $y''-y=0$,特征方程为 $r^2-1=0$,特征根为 $r_{1,2}=\pm 1$,故对应的齐次方程的通解为 $Y=C_1\mathrm{e}^x+C_2\mathrm{e}^{-x}$. 因为方程 $y''-y=\frac{1}{2}$具有 A 形式的特解,方程 $y''-y=-\frac{1}{2}\cos 2x$ 具有 $B\cos 2x+C\sin 2x$ 形式的特解,故不妨设 $y^*=A+B\cos 2x+C\sin 2x$ 为原方程的一个特解. 代入原方程,比较系数,得 $A=-\frac{1}{2}$,$B=\frac{1}{10}$,$C=0$,从而原方程的通解为

$$y=C_1\mathrm{e}^x+C_2\mathrm{e}^{-x}-\frac{1}{2}+\frac{1}{10}\cos 2x.$$

2. 求下列各微分方程的特解.

(1) $y''+y+\sin 2x=0$,$y|_{x=\pi}=1$,$y'|_{x=\pi}=1$.

解 对应的齐次方程为 $y''+y=0$,其特征方程为 $r^2+1=0$,特征根为 $r_{1,2}=\pm\mathrm{i}$,故对应的齐次方程的通解为 $Y=C_1\cos x+C_2\sin x$. 又因为方程 $y''+y=-\sin 2x$ 具有 $y^*=A\cos 2x+B\sin 2x$ 形式的特解,代入原方程得 $A=0$,$B=\frac{1}{3}$,从而原方程的通解为 $y=C_1\cos x+C_2\sin x+\frac{1}{3}\sin 2x$. 代入 $y|_{x=\pi}=1$,$y'|_{x=\pi}=1$,得,$C_1=-1$,$C_2=-\frac{1}{3}$,故原方程的特解为$y=-\cos x-\frac{1}{3}\sin x+\frac{1}{3}\sin 2x$.

(2) $y''-3y'+2y=5$,$y|_{x=0}=1$,$y'|_{x=0}=2$.

解 对应的齐次方程为 $y''-3y'+2y=0$,其特征方程为 $r^2-3r+2=0$,特征根为

$r_1=1,r_2=2$，故对应的齐次方程的通解为 $Y=C_1\mathrm{e}^{x}+C_2\mathrm{e}^{2x}$．又因为方程 $y''-3y'+2y=5$ 具有 $y^*=A$ 形式的特解，代入原方程得 $A=\frac{5}{2}$，从而原方程的通解为 $y=C_1\mathrm{e}^{x}+C_2\mathrm{e}^{2x}+\frac{5}{2}$．代入 $y|_{x=0}=1,y'|_{x=0}=2$，得 $C_1=-5,C_2=\frac{7}{2}$，故原方程的特解为 $y=-5\mathrm{e}^{x}+\frac{7}{2}\mathrm{e}^{2x}+\frac{5}{2}$．

(3) $y''-10y'+9y=\mathrm{e}^{2x},y|_{x=0}=\frac{6}{7},y'|_{x=0}=\frac{33}{7}$．

解 对应的齐次方程为 $y''-10y'+9y=0$，其特征方程为 $r^2-10r+9=0$，特征根为 $r_1=1,r_2=9$，故对应的齐次方程的通解为 $Y=C_1\mathrm{e}^{x}+C_2\mathrm{e}^{9x}$．又因为方程 $y''-10y'+9y=\mathrm{e}^{2x}$ 具有 $y^*=A\mathrm{e}^{2x}$ 形式的特解，代入原方程得 $A=-\frac{1}{7}$，从而原方程的通解为 $y=C_1\mathrm{e}^{x}+C_2\mathrm{e}^{9x}-\frac{1}{7}\mathrm{e}^{2x}$．代入 $y|_{x=0}=\frac{6}{7},y'|_{x=0}=\frac{33}{7}$，得 $C_1=\frac{1}{2},C_2=\frac{1}{2}$ 故原方程的特解为 $y=\frac{1}{2}(\mathrm{e}^{x}+\mathrm{e}^{9x})-\frac{1}{7}\mathrm{e}^{2x}$．

(4) $y''-y=4x\mathrm{e}^{x},y|_{x=0}=0,y'|_{x=0}=1$．

解 对应的齐次方程为 $y''-y=0$，其特征方程为 $r^2-1=0$，特征根为 $r_1=1,r_2=-1$，故对应的齐次方程的通解为 $Y=C_1\mathrm{e}^{x}+C_2\mathrm{e}^{-x}$．又因为方程 $y''-y=4x\mathrm{e}^{x}$ 具有 $y^*=x(Ax+B)\mathrm{e}^{x}$ 形式的特解，代入原方程得 $A=1,B=-1$，故原方程的通解为 $y=C_1\mathrm{e}^{x}+C_2\mathrm{e}^{-x}+(x^2-x)\mathrm{e}^{x}$．代入 $y|_{x=0}=0,y'|_{x=0}=1$，得 $C_1=1,C_2=-1$，故原方程的特解为 $y=\mathrm{e}^{x}-\mathrm{e}^{-x}+(x^2-x)\mathrm{e}^{x}$．

(5) $y''-4y'=5,y|_{x=0}=1,y'|_{x=0}=0$．

解 对应的齐次方程为 $y''-4y'=0$，其特征方程为 $r^2-4r=0$，特征根为 $r_1=0,r_2=4$，于是对应的齐次方程的通解为 $Y=C_1+C_2\mathrm{e}^{4x}$．又因为方程 $y''-4y'=5$ 具有 $y^*=Ax$ 形式的特解，代入原方程得 $A=-\frac{5}{4}$，从而原方程的通解为 $y=C_1+C_2\mathrm{e}^{4x}-\frac{5}{4}x$．代入 $y|_{x=0}=1,y'|_{x=0}=0$，得 $C_1=\frac{11}{16},C_2=\frac{5}{16}$，故原方程的特解为 $y=\frac{11}{16}+\frac{5}{16}\mathrm{e}^{4x}-\frac{5}{4}x$．

5. 一链条悬挂在一钉子上，起动时一端离开钉子 8 m，另一端离开钉子 12 m，分别在以下两种情况下求链条滑下来所需要的时间：

(1) 若不计钉子对链条所产生的摩擦力；

(2) 若摩擦力的大小等于 1 m 长的链条所受重力的大小．

解 (1) 设在时刻 t 时，链条上较长的一段垂下 $x=x(t)$，且设链条的密度为 ρ，则向下拉链条下滑的作用力

这里是线密度

$$F=x\rho g-(20-x)\rho g=2\rho g(x-10).$$

由牛顿第二定律，

$$20\rho\frac{\mathrm{d}^2x}{\mathrm{d}t^2}=2\rho g(x-10)，即\frac{\mathrm{d}^2x}{\mathrm{d}t^2}-\frac{g}{10}x=-g，$$

其特征方程为 $r^2-\frac{g}{10}=0$，特征根为 $r_{1,2}=\pm\sqrt{\frac{g}{10}}$，故对应的齐次方程的通解为

$$X=C_1\exp\left(-\sqrt{\frac{g}{10}}t\right)+C_2\exp\left(\sqrt{\frac{g}{10}}t\right).$$

由观察法易知，$x^*=10$ 为非齐次方程的一个特解，因而方程的通解为

$$x=C_1\exp\left(-\sqrt{\frac{g}{10}}t\right)+C_2\exp\left(\sqrt{\frac{g}{10}}t\right)+10.$$

由初始条件 $x(0)=12, x'(0)=0$，得 $C_1+C_2=2, -C_1+C_2=0$，从而 $C_1=C_2=1$，因此

$$x=\exp\left(-\sqrt{\frac{g}{10}}t\right)+\exp\left(\sqrt{\frac{g}{10}}t\right)+10.$$

当 $x=20$，即链条完全滑下来时，有 $20=\exp\left(-\sqrt{\frac{g}{10}}t\right)+\exp\left(\sqrt{\frac{g}{10}}t\right)+10$，解得所需时间

$$t=\sqrt{\frac{10}{g}}\ln(5+2\sqrt{6})\,\mathrm{s}.$$

(2)此时向下拉链条的作用力变为 $F=x\rho g-(20-x)\rho g-1\rho g$. 由牛顿第二定律知

$$x''-\frac{g}{10}x=-1.05g,$$

类似于(1)求解此方程，得通解为 $x=C_1\exp\left(-\sqrt{\frac{g}{10}}t\right)+C_2\exp\left(\sqrt{\frac{g}{10}}t\right)+10.5$. 代入初始条件可得 $C_1=C_2=\frac{3}{4}$，故有

$$x=\frac{3}{4}\exp\left(-\sqrt{\frac{g}{10}}t\right)+\frac{3}{4}\exp\left(\sqrt{\frac{g}{10}}t\right)+10.5.$$

当 $x=20$ 时，$9.5=\frac{3}{4}\left[\exp\left(-\sqrt{\frac{g}{10}}t\right)+\exp\left(\sqrt{\frac{g}{10}}t\right)\right]$，解得所需时间

$$t=\sqrt{\frac{10}{\mathrm{g}}}\ln\left(\frac{19}{3}+\frac{4\sqrt{22}}{3}\right)\mathrm{s}.$$

6. 设函数 $\varphi(x)$ 连续，且满足 $\varphi(x)=\mathrm{e}^x+\int_0^x t\varphi(t)\mathrm{d}t-x\int_0^x\varphi(t)\mathrm{d}t$，求 $\varphi(x)$.

解 对方程 $\varphi(x)=\mathrm{e}^x+\int_0^x t\varphi(t)\mathrm{d}t-x\int_0^x\varphi(t)\mathrm{d}t$ 两边求导，得 $\varphi'(x)=\mathrm{e}^x-\int_0^x\varphi(t)\mathrm{d}t$，$\varphi''(x)=\mathrm{e}^x-\varphi(x)$，故

$$\varphi''(x)+\varphi(x)=\mathrm{e}^x,$$

这就是函数 $\varphi(x)$ 满足的微分方程. 再由题设可知 $\varphi(0)=1, \varphi'(0)=1$，此方程对应的齐次方程的通解为 $\Phi=C_1\cos x+C_2\sin x$. 又不难观察出 $\varphi^*=\frac{1}{2}\mathrm{e}^x$ 为方程的一个特解，因此原方程的通解为

$$\varphi(x)=C_1\cos x+C_2\sin x+\frac{1}{2}\mathrm{e}^x.$$

又 $\varphi'(x)=-C_1\sin x+C_2\cos x+\frac{1}{2}e^x$，由初始条件 $\varphi(0)=1,\varphi'(0)=1$，得 $C_1=\frac{1}{2}$，$C_2=\frac{1}{2}$，故

$$\varphi(x)=\frac{1}{2}(\cos x+\sin x+e^x).$$

第九节　欧拉方程

9.1　学习目标

会解欧拉方程．

9.2　内容提要

1. 欧拉方程的概念

形如

$$x^n y^{(n)}+p_1x^{n-1}y^{(n-1)}+\cdots+p_{n-1}xy'+p_ny=f(x) \qquad ①$$

的方程(其中 $p_1,p_2,\cdots,p_n$ 为常数)，叫作欧拉方程．

2. 欧拉方程的解法

当 $x>0$ 时，作变换 $x=e^t$ 或 $t=\ln x$，引进算子 $D=\frac{d}{dt},D^k=\frac{d^k}{dt^k}$，使得 $Dy=\frac{dy}{dt},D^ky=\frac{d^ky}{dt^k}$，则 $x^ky^{(k)}=D(D-1)\cdots(D-k+1)y$，于是欧拉方程①变为

$$D(D-1)\cdots(D-n+1)y+p_1D(D-1)\cdots(D-n+2)y+\cdots+p_{n-1}Dy+p_ny=f(e^t), \qquad ②$$

这是一个以 t 为自变量、y 为未知函数的 n 阶常系数线性微分方程，求出②的通解 $y=y(t)$，则欧拉方程①的通解为 $y=y(\ln x)$.

【注】 如果要在 $x<0$ 范围内求解，可作变换 $x=-e^t$ 或 $t=\ln(-x)$，所得结论类似．

9.3　典型例题与方法

基本题型：求解欧拉方程

例 1　求欧拉方程 $x^2\frac{d^2y}{dx^2}+3x\frac{dy}{dx}+5y=0$ 的通解．

解　作变换 $x=e^t$ 或 $t=\ln x$，则

$$\frac{dy}{dx}=\frac{dy}{dt}\cdot\frac{dt}{dx}=\frac{1}{x}\cdot\frac{dy}{dt},$$

$$\frac{d^2y}{dx^2}=\frac{d}{dx}\left(\frac{1}{x}\frac{dy}{dt}\right)=\frac{1}{x^2}\left(\frac{d^2y}{dt^2}-\frac{dy}{dt}\right),$$

即 $x\frac{dy}{dx}=\frac{dy}{dt},x^2\frac{d^2y}{dx^2}=\frac{d^2y}{dt^2}-\frac{dy}{dt}$，代入欧拉方程，得

$$\frac{d^2y}{dt^2}+2\frac{dy}{dt}+5y=0.$$

这是一个二阶常系数线性微分方程,特征根为 $r_{1,2}=-1\pm 2i$,该方程的通解为

$$y=e^{-t}(C_1\cos 2t+C_2\sin 2t).$$

将 $t=\ln x$ 代回,得原方程的通解为

$$y=\frac{1}{x}[C_1\cos(2\ln x)+C_2\sin(2\ln x)].$$

例 2 求欧拉方程 $x^3y'''+3x^2y''+xy'-y=x\ln x$ 的通解.

解 作变换 $x=e^t$ 或 $t=\ln x$,则

$$\frac{dy}{dx}=\frac{dy}{dt}\cdot\frac{dt}{dx}=\frac{1}{x}\cdot\frac{dy}{dt},$$

$$\frac{d^2y}{dx^2}=\frac{d}{dx}\left(\frac{1}{x}\cdot\frac{dy}{dt}\right)=\frac{1}{x^2}\left(\frac{d^2y}{dt^2}-\frac{dy}{dt}\right),$$

$$\frac{d^3y}{dx^3}=\frac{d}{dx}\left[\frac{1}{x^2}\left(\frac{d^2y}{dt^2}-\frac{dy}{dt}\right)\right]=\frac{1}{x^3}\left(\frac{d^3y}{dt^3}-3\frac{d^2y}{dt^2}+2\frac{dy}{dt}\right),$$

即 $x\frac{dy}{dx}=\frac{dy}{dt}$,$x^2\frac{d^2y}{dx^2}=\frac{d^2y}{dt^2}-\frac{dy}{dt}$,$x^3\frac{d^3y}{dx^3}=\frac{d^3y}{dt^3}-3\frac{d^2y}{dt^2}+2\frac{dy}{dt}$,代入欧拉方程,得

$$\frac{d^3y}{dt^3}-y=te^t. \quad ①$$

这是一个三阶常系数非齐次线性微分方程,特征根为 $r_1=1$,$r_{2,3}=-\frac{1}{2}\pm\frac{\sqrt{3}}{2}i$,于是,①对应齐次方程的通解为

$$Y(t)=C_1e^t+e^{-\frac{t}{2}}\left(C_2\cos\frac{\sqrt{3}}{2}t+C_3\sin\frac{\sqrt{3}}{2}t\right).$$

因为 $f(t)=te^t$,$\lambda=1$ 是单特征根,故可设方程①的特解为 $y^*(t)=t(at+b)e^t$. 代入①得 $6at+6a+3b=t$,比较两端同次幂的系数,得 $a=\frac{1}{6}$,$b=-\frac{1}{3}$,则 $y^*(t)=\frac{1}{6}t(t-2)e^t$,故①的通解为

$$y=Y(t)+y^*(t)=C_1e^t+e^{-\frac{t}{2}}\left(C_2\cos\frac{\sqrt{3}}{2}t+C_3\sin\frac{\sqrt{3}}{2}t\right)+\frac{1}{6}t(t-2)e^t.$$

将 $t=\ln x$ 代回,得原方程的通解为

$$y=x\left(C_1-\frac{1}{3}\ln x+\frac{1}{6}\ln^2x\right)+\frac{1}{\sqrt{x}}\left[C_2\cos\left(\frac{\sqrt{3}}{2}\ln x\right)+C_3\sin\left(\frac{\sqrt{3}}{2}\ln x\right)\right].$$

9.4 习题 7-9 解答

求下列欧拉方程的通解.

(1) $x^2y''+xy'-y=0$.

解 令 $x=e^t$,$t=\ln x$,则原方程化为 $D(D-1)y+Dy-y=0$,即 $D^2y-y=0$. 其特征方程为 $r^2-1=0$,特征根为 $r_1=1$,$r_2=-1$,故通解为 $y=C_1e^t+C_2e^{-t}$. 代回原变量,得原方程的通解为 $y=C_1x+C_2\frac{1}{x}$.

(2) $y''-\frac{y'}{x}+\frac{y}{x^2}=\frac{2}{x}$.

解　将原方程化为标准式：$x^2y''-xy'+y=2x$. 令 $t=\ln x$，则原方程化为 $\mathrm{D}(\mathrm{D}-1)y-\mathrm{D}y+y=2\mathrm{e}^t$，即

$$\mathrm{D}^2y-2\mathrm{D}y+y=2\mathrm{e}^t.$$

对应的齐次方程为 $\mathrm{D}^2y-2\mathrm{D}y+y=0$，特征方程为 $r^2-2r+1=0$，特征根为 $r_1=1$，$r_2=1$，故齐次方程的通解为 $Y=(C_1+C_2t)\mathrm{e}^t$. 设非齐次方程的特解为 $y^*=At^2\mathrm{e}^t$，代入得 $A=1$，故方程的通解为 $y=(C_1+C_2t)\mathrm{e}^t+t^2\mathrm{e}^t$，代回原变量，得原方程的通解为

$$y=x\ (C_1+C_2\ln x)+x\ln^2x.$$

(3) $x^3y'''+3x^2y''-2xy'+2y=0$.

解　令 $t=\ln x$，则原方程化为 $\mathrm{D}(\mathrm{D}-1)(\mathrm{D}-2)y+3\mathrm{D}(\mathrm{D}-1)y-2\mathrm{D}y+2y=0$，即

$$\mathrm{D}^3y-3\mathrm{D}y+2y=0.$$

其特征方程为 $r^3-3r+2=0$，特征根为 $r_{1,2}=1$，$r_3=-2$，故方程的通解为

$$y=(C_1+C_2t)\mathrm{e}^t+C_3\mathrm{e}^{-2t}.$$

代回原变量，得原方程的通解为 $y=x\ (C_1+C_2\ln x)+C_3x^{-2}$.

(4) $x^2y''-2xy'+2y=\ln^2x-2\ln x$.

解　令 $t=\ln x$，则原方程化为 $\mathrm{D}(\mathrm{D}-1)y-2\mathrm{D}y+2y=t^2-2t$ 即

$$\mathrm{D}^2y-3\mathrm{D}y+2y=t^2-2t,$$

对应的齐次方程为 $\mathrm{D}^2y-3\mathrm{D}y+2y=0$，特征方程为 $r^2-3r+2=0$，特征根为 $r_1=1$，$r_2=2$，故齐次方程的通解为 $Y=C_1\mathrm{e}^t+C_2\mathrm{e}^{2t}$. 设 $y^*=At^2+Bt+C$ 为非齐次方程的特解，代入得 $A=\frac{1}{2}$，$B=\frac{1}{2}$，$C=\frac{1}{4}$，故方程的通解为 $y=C_1\mathrm{e}^t+C_2\mathrm{e}^{2t}+\frac{1}{2}t^2+\frac{1}{2}t+\frac{1}{4}$，代回原变量，得原方程的通解为

$$y=C_1x+C_2x^2+\frac{1}{2}(\ln x+\ln^2x)+\frac{1}{4}.$$

(5) $x^2y''+xy'-4y=x^3$.

解　令 $t=\ln x$，则原方程化为 $\mathrm{D}(\mathrm{D}-1)y+\mathrm{D}y-4y=\mathrm{e}^{3t}$，即 $\mathrm{D}^2y-4y=\mathrm{e}^{3t}$，对应的齐次方程为 $\mathrm{D}^2y-4y=0$，特征方程为 $r^2-4=0$，特征根为 $r_1=-2$，$r_2=2$，故齐次方程的通解为 $Y=C_1\mathrm{e}^{-2t}+C_2\mathrm{e}^{2t}$. 设 $y^*=A\mathrm{e}^{3t}$ 为非齐次方程的特解，代入得 $A=\frac{1}{5}$，故方程的通解为 $Y=C_1\mathrm{e}^{-2t}+C_2\mathrm{e}^{2t}+\frac{1}{5}\mathrm{e}^{3t}$，代回原变量，得原方程的通解为 $y=C_1x^{-2}+C_2x^2+\frac{1}{5}x^3$.

(6) $x^2y''-xy'+4y=x\sin(\ln x)$.

解　令 $t=\ln x$，则原方程化为 $\mathrm{D}(\mathrm{D}-1)y-\mathrm{D}y+4y=\mathrm{e}^t\sin t$，即 $\mathrm{D}^2y-2\mathrm{D}y+4y=\mathrm{e}^t\sin t$，对应的齐次方程为 $\mathrm{D}^2y-2\mathrm{D}y+4y=0$，特征方程为 $r^2-2r+4=0$，特征根为 $r_1=1+\sqrt{3}\,\mathrm{i}$，$r_2=1-\sqrt{3}\,\mathrm{i}$，故齐次方程的通解为 $Y=\mathrm{e}^t(C_1\cos\sqrt{3}t+C_2\sin\sqrt{3}t)$. 设 $y^*=\mathrm{e}^t(A\cos t+B\sin t)$ 为非齐次方程的特解，代入得 $A=0$，$B=\frac{1}{2}$，故方程的通解为 $y=\mathrm{e}^t(C_1\cos\sqrt{3}t+C_2\sin\sqrt{3}t)+\frac{1}{2}\mathrm{e}^t\sin t$，代回原变

量,得原方程的通解为

$$y=x\left[C_1\cos(\sqrt{3}\ln x)+C_2\sin(\sqrt{3}\ln x)\right]+\frac{1}{2}x\sin(\ln x).$$

第十节　常系数线性微分方程组解法举例

10.1　学习目标

了解简单的常系数线性微分方程组的解法.

10.2　内容提要

1. 微分方程组的概念

由几个微分方程联立起来构成的方程组,称为微分方程组. 如果微分方程组中的每一个微分方程都是常系数线性微分方程,那么,这种微分方程组就叫作常系数线性微分方程组.

2. 常系数线性微分方程组的解法

第一步　从方程组中消去一些未知函数及其导数,得到只含一个未知函数的高阶常系数线性微分方程.

第二步　解此高阶微分方程,求出满足该方程的未知函数.

第三步　把已求得的函数代入原方程组,通过求导等步骤求出其余未知函数.

10.3　典型例题与方法

基本题型Ⅰ:用消元法求解线性微分方程组

例1　解方程组

$$\begin{cases}\dfrac{dx}{dt}+y=e^t, & ①\\ \dfrac{dy}{dt}-x=-t. & ②\end{cases}$$

解　由①得 $y=-\frac{dx}{dt}+e^t$,两端对 t 求导,得 $\frac{dy}{dt}=-\frac{d^2x}{dt^2}+e^t$,代入②得

$$\frac{d^2x}{dt^2}+x=t+e^t. \quad ③$$

该方程为二阶常系数非齐次线性方程,其通解为

$$x=C_1\cos t+C_2\sin t+\frac{1}{2}e^t+t. \quad ④$$

将④代入①得

$$y=C_1\sin t-C_2\cos t+\frac{1}{2}e^t-1,$$

故原方程组的通解为

$$\begin{cases} x = C_1\cos t + C_2\sin t + \dfrac{1}{2}e^t + t, \\ y = C_1\sin t - C_2\cos t + \dfrac{1}{2}e^t - 1. \end{cases}$$

例 2 解方程组

$$\begin{cases} \dfrac{dx}{dt} - 2x + 4y = 4e^{-2t}, & ① \\ \dfrac{dy}{dt} - 2x + 2y = 0. & ② \end{cases}$$

解 引入记号 $D = \dfrac{d}{dt}$，则方程组可以表示为

$$\begin{cases} (D-2)x + 4y = 4e^{-2t}, & ③ \\ -2x + (D+2)y = 0. & ④ \end{cases}$$

利用行列式解方程组，

$$\begin{vmatrix} D-2 & 4 \\ -2 & D+2 \end{vmatrix} x = \begin{vmatrix} 4e^{-2t} & 4 \\ 0 & D+2 \end{vmatrix},$$

于是，$(D^2+4)x = 0$，解得 $x = C_1\cos 2t + C_2\sin 2t$．由③式，

$$y = e^{-2t} - \frac{1}{4}(D-2)x = e^{-2t} + \frac{C_1 - C_2}{2}\cos 2t + \frac{C_1 + C_2}{2}\sin 2t.$$

故原方程组的通解为

$$\begin{cases} x = C_1\cos 2t + C_2\sin 2t, \\ y = e^{-2t} + \dfrac{C_1 - C_2}{2}\cos 2t + \dfrac{C_1 + C_2}{2}\sin 2t. \end{cases}$$

基本题型Ⅱ：求解线性微分方程组的初值问题

例 3 求微分方程组满足所给初始条件的特解：

$$\begin{cases} \dfrac{d^2x}{dt^2} + 2\dfrac{dy}{dt} - x = 0, x|_{t=0} = 1, & ① \\ \dfrac{dx}{dt} + y = 0, y|_{t=0} = 0. & ② \end{cases}$$

解 由②得 $y = -\dfrac{dx}{dt}$. 代入①式，则有

$$\frac{d^2x}{dt^2} + x = 0. \quad ③$$

显然，③的通解为 $x = C_1\cos t + C_2\sin t$，于是，$y = -\dfrac{dx}{dt} = C_1\sin t - C_2\cos t$，故原方程组的通解为

$$\begin{cases} x = C_1\cos t + C_2\sin t, \\ y = C_1\sin t - C_2\cos t. \end{cases}$$

将初始条件代入，得 $C_1 = 1, C_2 = 0$，故满足所给初始条件的特解为

$$\begin{cases} x = \cos t, \\ y = \sin t. \end{cases}$$

10.4 习题 7-10 解答

1. 求下列微分方程组的通解.

(1) $\begin{cases}\dfrac{dy}{dx}=z,\\ \dfrac{dz}{dx}=y;\end{cases}$ (2) $\begin{cases}\dfrac{d^2x}{dt^2}=y,\\ \dfrac{d^2y}{dt^2}=x;\end{cases}$ (3) $\begin{cases}\dfrac{dx}{dt}+\dfrac{dy}{dt}=-x+y+3,\\ \dfrac{dx}{dt}-\dfrac{dy}{dt}=x+y-3.\end{cases}$

解 在下面的求解过程中,①和②分别表示方程组的第一、二个方程.

(1) 对①求导,代入②得 $\dfrac{d^2y}{dx^2}-y=0$,其特征方程为 $r^2-1=0$,特征根为 $r_1=1$, $r_2=-1$,故通解为 $y=C_1e^x+C_2e^{-x}$. 代入①得 $z=C_1e^x-C_2e^{-x}$,因此原方程组的通解为

$$\begin{cases}y=C_1e^x+C_2e^{-x},\\ z=C_1e^x-C_2e^{-x}.\end{cases}$$

(2) 对①求导,代入②得 $\dfrac{d^4x}{dt^4}-x=0$,其特征方程为 $r^4-1=0$,特征根为 $r_1=1$, $r_2=-1,r_3=i,r_4=-i$,故通解为 $x=C_1e^t+C_2e^{-t}+C_3\cos t+C_4\sin t$,代入①得 $y=C_1e^t+C_2e^{-t}-C_3\cos t-C_4\sin t$,因此原方程组的通解为

$$\begin{cases}x=C_1e^t+C_2e^{-t}+C_3\cos t+C_4\sin t,\\ y=C_1e^t+C_2e^{-t}-C_3\cos t-C_4\sin t.\end{cases}$$

(3) ①+②得 $\dfrac{dx}{dt}=y$,①-②得 $\dfrac{dy}{dt}=-x+3$,即 $\dfrac{d^2x}{dt^2}+x=3$,其特征方程为 $r^2+1=0$,特征根为 $r_1=i,r_2=-i$,故齐次方程的通解为 $x=C_1\cos t+C_2\sin t$,而 $x^*=3$ 为方程的特解,故方程的通解为 $x=C_1\cos t+C_2\sin t+3$,因此原方程组的通解为

$$\begin{cases}x=C_1\cos t+C_2\sin t+3,\\ y=-C_1\sin t+C_2\cos t.\end{cases}$$

2. 求下列微分方程组满足初始条件的特解.

(1) $\begin{cases}\dfrac{dx}{dt}=y,x|_{t=0}=0,\\ \dfrac{dy}{dt}=-x,y|_{t=0}=1;\end{cases}$ (3) $\begin{cases}\dfrac{dx}{dt}+3x-y=0,x|_{t=0}=1,\\ \dfrac{dy}{dt}-8x+y=0,y|_{t=0}=4.\end{cases}$

解 在下面的求解过程中,①和②分别表示方程组的第一、二个方程.

(1) 对①求导,代入②得 $\dfrac{d^2x}{dt^2}+x=0$,其特征方程为 $r^2+1=0$,特征根为 $r_1=i,r_2=-i$,故通解为 $x=C_1\cos t+C_2\sin t$. 代入①得 $y=-C_1\sin t+C_2\cos t$,由初始条件得 $C_1=0$, $C_2=1$,因此原方程组的特解为

$$\begin{cases}x=\sin t,\\ y=\cos t.\end{cases}$$

(3) 记 $D=\dfrac{d}{dt}$,则方程组改写为

$$\begin{cases}(D+3)x-y=0,\\-8x+(D+1)y=0,\end{cases}$$

解得$(D^2+4D-5)x=0$，其特征方程为$r^2+4r-5=0$，特征根为$r_1=1,r_2=-5$，故通解为$x=C_1e^t+C_2e^{-5t}$. 代入①得$y=4C_1e^t-2C_2e^{-5t}$，代入初始条件得$C_1=1,C_2=0$，因此原方程组的特解为

$$\begin{cases}x=e^t,\\y=4e^t.\end{cases}$$

本章综合例题解析

例 1 填空题

(1) 若函数$y=e^{2x}$是微分方程$y'+p(x)y=0$的一个特解，则该方程满足初始条件$y(0)=2$的解为$y=$________.

答案 $2e^{2x}$.

【分析】 该方程为变量可分离方程．将$y=e^{2x}$代入方程，得$p(x)=-2$，于是微分方程化为$y'-2y=0$，解得$y=Ce^{2x}$．由初始条件$y(0)=2$，得$C=2$，故所求特解为$y=2e^{2x}$．

【方法点击】 该方程也可以看作一阶齐次线性方程．由一阶齐次线性方程解的结构定理，$y=e^{2x}$是一个线性无关的特解，从而方程的通解为$y=Ce^{2x}$，同样求得特解为$y=2e^{2x}$．

(2) 设$y=e^{2x}+(1+x)e^x$是二阶常系数线性微分方程$y''+\alpha y'+\beta y=\gamma e^x$的一个特解，则该方程的通解为________.

答案 $y=C_1e^x+C_2e^{2x}+e^{2x}+(1+x)e^x$.

【分析】 该题的关键是确定系数α,β,γ的值．将$y=e^{2x}+(1+x)e^x$代入方程，得

$$(4+2\alpha+\beta)e^{2x}+(3+2\alpha+\beta)e^x+(1+\alpha+\beta)xe^x=\gamma e^x,$$

比较两端同类项的系数，有

$$\begin{cases}4+2\alpha+\beta=0,\\3+2\alpha+\beta=\gamma,\\1+\alpha+\beta=0,\end{cases}\tag{*}$$

解得$\alpha=-3,\beta=2,\gamma=-1$. 于是，原方程为$y''-3y'+2y=-e^x$，其特征方程为$r^2-3r+2=0$，特征根为$r_1=1,r_2=2$，故所求方程的通解为

$$y=C_1e^x+C_2e^{2x}+e^{2x}+(1+x)e^x.$$

【注】 (*)式的本质是，函数组e^{2x},e^x,xe^x线性无关．

例 2 选择题

(1) 设$y=f(x)$是微分方程$y''+y'-e^{\sin x}=0$的解，且$f'(x_0)=0$，则$f(x)$在(　　).

A. x_0的某邻域内单调增加　　B. x_0的某邻域内单调减少

C. x_0处取得极小值　　D. x_0处取得极大值

【分析】 由$f'(x_0)=0$知x_0是$f(x)$的驻点．因为$y=f(x)$是微分方程$y''+y'-e^{\sin x}=0$的解，所以$f''(x_0)-e^{\sin x_0}=0$，于是$f''(x_0)=e^{\sin x_0}>0$. 根据函数在一点处取得极值的条件，$f(x)$在驻点x_0处取得极小值．故选C.

【方法点击】 微分方程本质上反映的是函数及其各阶导数之间的等量关系．该题以微

分方程为载体,利用导数研究函数的单调性与极值.

(2) 已知函数 $y=y(x)$ 在任意点 x 处的增量 $\Delta y=\dfrac{y\Delta x}{1+x^2}+\alpha$,且当 $\Delta x\to 0$ 时,α 是 Δx 的高阶无穷小,$y(0)=\pi$,则 $y(1)$ 等于(　　).

A. 2π　　B. π　　C. $e^{\frac{\pi}{4}}$　　D. $\pi e^{\frac{\pi}{4}}$

【分析】 要计算函数 $y=y(x)$ 在 $x=1$ 处的函数值,当然应当先求出函数的表达式.题目给出了函数的增量与自变量的增量之间的关系,反映这两者之间关系的基本概念是导数,因而考虑利用微分方程求解.

由题设,$y'=\lim\limits_{\Delta x\to 0}\dfrac{\Delta y}{\Delta x}=\lim\limits_{\Delta x\to 0}\left(\dfrac{y}{1+x^2}+\dfrac{\alpha}{\Delta x}\right)=\dfrac{y}{1+x^2}$,

利用导数定义建立微分方程

这是一个变量可分离方程.分离变量得 $\dfrac{dy}{y}=\dfrac{dx}{1+x^2}$,

两边积分得 $\ln|y|=\arctan x+C_1$, $y=Ce^{\arctan x}$.由已知 $y(0)=\pi$ 得 $C=\pi$,所以 $y=\pi e^{\arctan x}$,$y(1)=\pi e^{\frac{\pi}{4}}$.故选 D.

(3) 设 $y=y(x)$ 是二阶常系数非齐次线性方程 $y''+2y'+y=e^{3x}$ 满足条件 $y(0)=y'(0)=0$ 的解,则极限 $\lim\limits_{x\to 0}\dfrac{\ln(1+x^2)}{y(x)}$ 等于(　　).

A. 1　　B. 2　　C. 3　　D. 不存在

【分析】 这是一个未定式$\left(\dfrac{0}{0}\text{型}\right)$的极限问题,利用洛必达法则求解.

因为 $y=y(x)$ 是微分方程 $y''+2y'+y=e^{3x}$ 满足条件 $y(0)=y'(0)=0$ 的解,所以

$$\lim_{x\to 0}y(x)=y(0)=0\ ,\ \lim_{x\to 0}y'(x)=y'(0)=0\ ,$$

利用连续性

$$\lim_{x\to 0}y''(x)=\lim_{x\to 0}[e^{3x}-2y'(x)-y(x)]=1\ .$$

根据洛必达法则,$\lim\limits_{x\to 0}\dfrac{\ln(1+x^2)}{y(x)}=\lim\limits_{x\to 0}\dfrac{\frac{2x}{1+x^2}}{y'(x)}=\lim\limits_{x\to 0}\dfrac{2x}{y'(x)}=\lim\limits_{x\to 0}\dfrac{2}{y''(x)}=2$. 故选 B.

【方法点击】 该题的一个直接想法是求出方程 $y''+2y'+y=e^{3x}$ 满足条件 $y(0)=y'(0)=0$ 的特解 $y=y(x)$,然后求极限.仔细分析发现,在使用洛必达法则求极限时,仅需要 $\lim\limits_{x\to 0}y'(x)$ 与 $\lim\limits_{x\to 0}y''(x)$,而这两个极限可以由方程本身直接获得,从而避免了解方程的麻烦.

(4) 假设 $y_1(x)$,$y_2(x)$ 是二阶齐次线性方程 $y''+p(x)y'+q(x)y=0$ 的两个解,则由 $y_1(x)$ 与 $y_2(x)$ 能构成该方程的通解的充分条件为(　　).

A. $y_1y_2'-y_2y_1'=0$　　B. $y_1y_2'-y_2y_1'\neq 0$

C. $y_1y_2'+y_2y_1'=0$　　D. $y_1y_2'+y_2y'_1\neq 0$

【分析】 若 $y_1(x)$,$y_2(x)$线性无关,则 $y=C_1y_1(x)+C_2y_2(x)$即为方程的通解.由选项 B 可知$\dfrac{y_2'(x)}{y_2(x)}\neq\dfrac{y_1'(x)}{y_1(x)}$,即 $\ln y_2(x)\neq\ln y_1(x)+\ln c$,则$\dfrac{y_2(x)}{y_1(x)}\neq c$,所以 $y_1(x)$,$y_2(x)$线性无

关，故应选 B.

例 3　判断下列微分方程的类型.

(1) $y\dfrac{dy}{dx}=1+x^2+y^2+x^2y^2$；　　(2) $\dfrac{dy}{dx}=3x(y+4)$；

(3) $y'\cos x+3y\sin x-\sqrt[3]{y^2}\sin 2x=0$；　　(4) $y^2dx+(xy-1)dy=0$；

(5) $(2x+y)dx+(x+4y)dy=0$；　　(6) $x^2ydx-(x^3+y^4)dy=0$.

解　(1) 方程可变形为$\dfrac{dy}{dx}=(1+x^2)\dfrac{1+y^2}{y}$，故此方程为变量可分离方程.

(2) $\dfrac{dy}{dx}=3x(y+4)$显然是变量可分离方程. 若将其变形为$\dfrac{dy}{dx}-3xy=12x$，则又是一阶线性微分方程.

(3) 将方程变形，得 $y'+3y\tan x=2y^{\frac{2}{3}}\sin x$，故此方程为 $n=\dfrac{2}{3}$的伯努利方程.

(4) 将方程变形，得$\dfrac{dx}{dy}+\dfrac{1}{y}x=\dfrac{1}{y^2}$，故此方程是以 y 为自变量的一阶线性微分方程.

(5) 将方程变形，得$\dfrac{dy}{dx}=-\dfrac{2+\dfrac{y}{x}}{1+4\cdot\dfrac{y}{x}}$，故此方程是齐次方程.

(6) 将方程变形，得$\dfrac{dx}{dy}-\dfrac{1}{y}\cdot x=y^3x^{-2}$，故此方程是以 y 为自变量、$n=-2$ 的伯努利方程.

【方法点击】　(1) 由于绝大多数微分方程是无法用初等积分法求解的，只有变量可分离方程等少数几类一阶常微分方程可以用初等积分法求解，且每种方程有相对固定的解法，因而正确判断方程的类型是求解方程的前提.

(2) 识别方程的类型时，也可以将 x 看作 y 的函数去判断.

例 4　求微分方程 $2x^3y'=y(2x^2-y^2)$的通解.

解　将方程变形为$\dfrac{dy}{dx}=\dfrac{y}{x}-\dfrac{1}{2}\left(\dfrac{y}{x}\right)^3$，该方程为齐次方程. 令 $u=\dfrac{y}{x}$，则$\dfrac{dy}{dx}=u+x\dfrac{du}{dx}$，原方程化为 $x\dfrac{du}{dx}=-\dfrac{1}{2}u^3$. 分离变量后积分得$\dfrac{1}{u^2}=\ln|x|+C_1$，即$\dfrac{x^2}{y^2}=\ln|x|+C_1$，故原方程的通解为 $e^{\frac{x^2}{y^2}}=Cx\,(C\neq 0)$.

例 5　求微分方程$(y^3x^2+xy)y'=1$ 的通解.

解　将方程变形为$\dfrac{dy}{dx}=\dfrac{1}{y^3x^2+xy}$，方程不是已知类型，无法处理. 考虑将 y 看作自变量，x 看作未知函数，将方程变形为$\dfrac{dx}{dy}=y^3x^2+xy$，即$\dfrac{dx}{dy}-yx=y^3x^2$，此方程为 $n=2$ 的伯努利方程. 令 $z=x^{-1}$，则$\dfrac{dz}{dy}+yz=-y^3$. 利用一阶线性微分方程求解公式得

$$z=e^{-\int y\,dy}\left(-\int y^3e^{\int y\,dy}dy+C\right)=e^{-\frac{y^2}{2}}\left(-\int y^3e^{\frac{y^2}{2}}dy+C\right)=Ce^{-\frac{y^2}{2}}-y^2+2,$$

故原方程的通解为$\frac{1}{x}=Ce^{-\frac{y^2}{2}}-y^2+2$.

【方法点击】 该题若按常规将 x 看作自变量，y 看作未知函数，则无法处理．

例 6 考虑一阶线性微分方程 $y'+ay=f(x)$，其中 $a>0$ 为常数，$f(x)$ 连续且满足 $|f(x)|\leqslant K$(K 为常数)，$0\leqslant x<+\infty$.

(1) 求满足初始条件 $y(0)=0$ 的特解 $y(x)$；

(2) 证明上述解满足不等式 $|y(x)|\leqslant\frac{K}{a}(1-e^{-ax})$，$0\leqslant x<+\infty$.

解 (1) 由非齐次线性方程求解公式，

$$y=e^{-\int a\mathrm{d}x}\left[\int f(x)e^{\int a\mathrm{d}x}\mathrm{d}x+C\right]=e^{-ax}\left[\int f(x)e^{ax}\mathrm{d}x+C\right]=e^{-ax}\left[\int_0^x f(t)e^{at}\mathrm{d}t+C_1\right].$$

代入初始条件 $y(0)=0$，得 $C_1=0$，故所求特解为 $y(x)=e^{-ax}\int_0^x f(t)e^{at}\mathrm{d}t=\int_0^x f(t)e^{-a(x-t)}\mathrm{d}t$.

(2) 当 $0\leqslant x<+\infty$ 时，有 $|f(x)|\leqslant K$，于是

$$|y(x)|\leqslant\int_0^x|f(t)|e^{-a(x-t)}\mathrm{d}t\leqslant K\int_0^x e^{-a(x-t)}\mathrm{d}t=\frac{K}{a}e^{-a(x-t)}\Big|_0^x=\frac{K}{a}(1-e^{-ax}).$$

【方法点击】 这个题目的关键是求满足初始条件的特解，困难在于，微分方程等号右边是抽象函数 $f(x)$. 对于一阶线性非齐次方程 $y'+P(x)y=Q(x)$ 满足初始条件 $y(x_0)=y_0$ 的特解，有求解公式

$$y(x)=e^{-\int_{x_0}^x P(t)\mathrm{d}t}\left[y_0+\int_{x_0}^x Q(t)e^{\int_{x_0}^t P(\tau)\mathrm{d}\tau}\mathrm{d}t\right].$$

例 7 设有微分方程 $y'-2y=\varphi(x)$，其中 $\varphi(x)=\begin{cases}2, x<1,\\0, x>1.\end{cases}$

试求在 $(-\infty,+\infty)$ 内的连续函数 $y=y(x)$，使之在 $(-\infty,1)$ 和 $(1,+\infty)$ 内均满足所给方程，且满足条件 $y(0)=0$.

解 当 $x<1$ 时，方程为 $y'-2y=2$，由一阶线性方程求解公式得

$$y=e^{\int 2\mathrm{d}x}\left(\int 2e^{-\int 2\mathrm{d}x}\mathrm{d}x+C\right)=e^{2x}(-e^{-2x}+C).$$

代入初始条件 $y(0)=0$，得 $C=1$，此时，$y=e^{2x}(-e^{-2x}+1)=e^{2x}-1$.

当 $x>1$ 时，方程为 $y'-2y=0$，解得 $y=C_1e^{2x}$.

综合上述讨论，$y=y(x)=\begin{cases}e^{2x}-1, x<1,\\C_1e^{2x}, x>1.\end{cases}$

要使 $y=y(x)$ 在 $(-\infty,+\infty)$ 内连续，只需在 $x=1$ 处连续即可．由此得，$C_1=1-e^{-2}$，补充 $y(1)=e^2-1$，则 $y=y(x)$ 在 $x=1$ 处连续．故所求函数为

$$y=y(x)=\begin{cases}e^{2x}-1, x\leqslant 1,\\(1-e^{-2})e^{2x}, x>1.\end{cases}$$

【注】 微分方程的解与区间有关，提醒读者注意．

例 8 在 xOy 坐标平面上，连续曲线 L 过点 $M(1,0)$，其上任意点 $P(x,y)(x\neq 0)$ 处的切线斜率与直线 OP 的斜率之差等于 $ax(a>0)$.

(1) 求 L 的方程；

(2) 当 L 与直线 $y=ax$ 所围成平面图形的面积为 $\frac{8}{3}$ 时，确定 a 的值．

解 (1) 设曲线 L 的方程为 $y=y(x)$，由题意得

$$y'-\frac{1}{x}y=ax \text{ 且 } y(1)=0.$$

利用题目给出的等量关系建立微分方程

该方程为一阶线性方程，解得

$$y=\mathrm{e}^{\int\frac{1}{x}\mathrm{d}x}\left(\int ax\mathrm{e}^{-\int\frac{1}{x}\mathrm{d}x}\mathrm{d}x+C\right)=x\left(\int a\,\mathrm{d}x+C\right)=ax^2+Cx.$$

由 $y(1)=0$ 得 $C=-a$，故曲线 L 的方程为 $y=a(x^2-x)$.

(2) L 与直线 $y=ax$ 的交点为 $(0,0)$，$(2,2a)$ 于是所围成平面图形的面积为

$$S=\int_0^2[ax-(-ax+ax^2)]\mathrm{d}x=a\int_0^2(2x-x^2)\mathrm{d}x=\frac{4}{3}a\ ,$$

于是，当 $S=\frac{8}{3}$ 时，$a=2$.

例 9 已知连接点 $O(0,0)$ 和 $A(1,1)$ 的曲线弧 OA 为凸弧，且对于 OA 上任一点 $P(x,y)$，曲线弧 OP 与直线段 $\overline{OP}$ 所围图形的面积为 x^2，求曲线弧 OA 的方程．

解 如图 7-5 所示，设曲线弧 OA 的方程为 $y=y(x)$. 由于曲线弧 OA 为凸弧，于是弧 OP 与弦 $\overline{OP}$ 所围成图形的面积为 $\int_0^x y(t)\mathrm{d}t-\frac{1}{2}xy$. 由题意可知

$$\int_0^x y(t)\mathrm{d}t-\frac{1}{2}xy=x^2 .$$

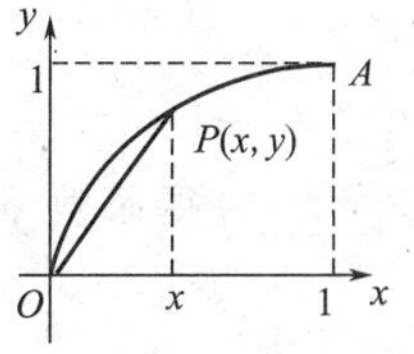

两端对 x 求导，得

$$y-xy'=4x ,$$

图 7-5

这就是曲线弧 OA 所满足的微分方程，且有初始条件 $y|_{x=1}=1$. 将方程变形，得 $y'-\frac{y}{x}=-4$. 利用一阶线性非齐次方程的通解公式，求得微分方程的通解为

$$y=\mathrm{e}^{\int\frac{1}{x}\mathrm{d}x}\left[\int(-4)\mathrm{e}^{-\int\frac{1}{x}\mathrm{d}x}\mathrm{d}x+\mathrm{C}\right]=x(-4\ln x+\mathrm{C}) ,$$

把初始条件 $y|_{x=1}=1$ 代入，得 $C=1$，故所求曲线弧 OA 的方程为 $y=x-4x\ln x$.

例 10 求微分方程 $yy''-y'^2=y^2\ln y$ 的通解．

解 这是不显含 x 的方程，且 $y\neq0$，原方程可化为 $\left(\frac{y'}{y}\right)'=\ln y$，于是

$$(\ln y)''=\ln y.$$

令 $\ln y=z$，则方程化为 $z''=z$，这是二阶常系数齐次方程．特征方程为 $r^2=1$，特征根为 $r=\pm1$，方程 $z''=z$ 的通解为 $z=c_1\mathrm{e}^x+c_2\mathrm{e}^{-x}$，故原方程的通解为 $\ln y=c_1\mathrm{e}^x+c_2\mathrm{e}^{-x}$.

【方法点击】 该题属于 $y''=f(y,y')$ 型，也可以利用变量代换进行降阶．

例 11 设 $y=y(x)$ 是一上凸的连续曲线，其上任一点 (x,y) 处的曲率为 $\frac{1}{\sqrt{1+(y')^2}}$，且

此曲线上(0,1)点处的切线方程为 $y=x+1$,求该曲线方程,并求函数 $y=y(x)$ 的极值.

解 因为曲线上凸,故 $y''<0$,由题设得 $\frac{-y''}{\sqrt{(1+y'^2)^3}}=\frac{1}{\sqrt{1+y'^2}}$,于是 $\frac{y''}{1+y'^2}=-1$,即

$$y''=-1-y'^2, \qquad ①$$

这就是曲线所满足的微分方程.由于曲线上点(0,1)处的切线方程为 $y=x+1$,故有初始条件

$$y|_{x=0}=1, y'|_{x=0}=1. \qquad ②$$

方程①为 $y''=f(x,y')$ 型,令 $y'=P$,则 $y''=P'=\frac{dP}{dx}$,代入方程①得 $\frac{dP}{dx}=-(1+P^2)$,分离变量并积分得 $\arctan P=C_1-x$,把 $y'|_{x=0}=1$ 代入,得 $C_1=\frac{\pi}{4}$,从而 $\arctan P=\frac{\pi}{4}-x$,即 $y'=\tan\left(\frac{\pi}{4}-x\right)$,积分得 $y=\ln\left|\cos\left(\frac{\pi}{4}-x\right)\right|+C_2$.把 $y|_{x=0}=1$ 代入,得 $C_2=1+\frac{1}{2}\ln2$,于是

$$y=\ln\left|\cos\left(\frac{\pi}{4}-x\right)\right|+1+\frac{1}{2}\ln2.$$

因曲线是过点(0,1)的连续曲线,故所求曲线的方程为

$$y=\ln\cos\left(x-\frac{\pi}{4}\right)+1+\frac{1}{2}\ln2, x\in\left(-\frac{\pi}{4},\frac{3\pi}{4}\right).$$

下面求 $y=y(x)$ 的极值.显然,

$$y'=\tan\left(\frac{\pi}{4}-x\right), y''=-\sec^2\left(\frac{\pi}{4}-x\right).$$

令 $y'=0$,得函数 $y=y(x)$ 在 $\left(-\frac{\pi}{4},\frac{3\pi}{4}\right)$ 内有唯一驻点 $x=\frac{\pi}{4}$.因为 $y''\left(\frac{\pi}{4}\right)=-1<0$,所以 $y\left(\frac{\pi}{4}\right)=1+\frac{1}{2}\ln2$ 是函数 $y=y(x)$ 的极大值.

【方法点击】 方程①既不显含 x,又不显含 y,因而也可以按 $y''=f(y,y')$ 型求解,但按 $y''=f(x,y')$ 较简单些.

例 12 已知 $y_1=xe^x+e^{2x}$,$y_2=xe^x+e^{-x}$,$y_3=xe^x+e^{2x}-e^{-x}$ 是某二阶常系数非齐次线性微分方程的三个解,求此微分方程及其通解.

【分析】 由线性方程解的结构定理,只要求出相应齐次线性方程的两个线性无关的特解,就可以得到方程的通解.

解 由于 y_1,y_2,y_3 是所给非齐次方程的解,所以 $y_1-y_3=e^{-x}$,$y_1-y_2=e^{2x}-e^{-x}$ 都是对应的齐次方程的解.由齐次线性方程解的性质,$(y_1-y_3)+(y_1-y_2)=e^{2x}$ 也是对应的齐次方程的解.因而,特征根为 $r_1=-1,r_2=2$,特征方程为 $r^2-r-2=0$.

这是该题的关键

于是对应的齐次方程为

$$y''-y'-2y=0.$$

设非齐次方程为 $y''-y'-2y=f(x)$,$y_1=xe^x+e^{2x}$ 是该方程的解,代入得 $f(x)=(1-2x)e^x$,故所求方程为

$$y''-y'-2y=(1-2x)e^x.$$

该方程的通解为 $y=C_1e^{-x}+C_2e^{2x}+xe^x+e^{2x}$.

例 13　求微分方程 $y''-y'=2\cos^2 4x$ 的通解.

【分析】　此方程为二阶常系数非齐次线性方程,其特点是自由项不是典型的形式,应先通过三角变形化为典型形式后再求特解.

解　利用三角恒等式,方程可化为

$$y''-y'=1+\cos 8x,$$

其特征方程为 $r^2-r=0$,特征根为 $r_1=0,r_2=1$,于是,对应的齐次方程的通解为 $Y(x)=C_1+C_2e^x$.

对于方程 $y''-y'=1$,观察可得 $y_1^*=-x$ 是一个特解.

对于方程 $y''-y'=\cos 8x$,由于 8i 不是特征方程的根,所以其特解形式为 $y_2^*=A\cos 8x+B\sin 8x$,代入方程并化简得

$$(-64A-8B)\cos 8x+(-64B+8A)\sin 8x=\cos 8x,$$

比较两端同类项的系数,得

$$\begin{cases}-64A-8B=1,\\-64B+8A=0,\end{cases}$$

从而有 $A=-\dfrac{1}{65},B=-\dfrac{1}{520}$,于是

$$y_2^*=-\frac{1}{65}\cos 8x-\frac{1}{520}\sin 8x.$$

根据解的叠加原理,原方程的通解为 $y=Y+y^*=C_1+C_2e^x-x-\dfrac{1}{65}\cos 8x-\dfrac{1}{520}\sin 8x$.

例 14　设 $p(x)$ 为连续函数,证明齐次方程 $y'+p(x)y=0$ 的所有积分曲线上横坐标相同的点的切线交于一点.

【分析】　该方程的积分曲线有无穷多条:$y=Ce^{-\int p(x)dx}$,需证明交点坐标与 C 无关.

证　记 $y=y_1(x)$ 是方程 $y'+p(x)y=0$ 的一条积分曲线,则该方程的任意一条积分曲线可记为 $y=Cy_1(x)$. 曲线 $y=y_1(x)$ 在点 $(x_0,y_1(x_0))$ 处的切线方程为

$$y-y_1(x_0)=y_1'(x_0)(x-x_0),$$

曲线 $y=Cy_1(x)$ 在点 $(x_0,Cy_1(x_0))$ 处的切线方程为

$$y-Cy_1(x_0)=Cy_1'(x_0)(x-x_0).$$

解方程组

$$\begin{cases}y-y_1(x_0)=y_1'(x_0)(x-x_0),\\y-Cy_1(x_0)=Cy_1'(x_0)(x-x_0),\end{cases}$$

得 $x=x_0-\dfrac{y_1(x_0)}{y_1'(x_0)},y=0$. 所以,任意一条积分曲线 $y=Cy_1(x)$ 与 $y=y_1(x)$ 在横坐标为 x_0 的点处的切线相交于点 $\left(x_0-\dfrac{y_1(x_0)}{y_1'(x_0)},0\right)$,与 C 无关,故方程 $y'+p(x)y=0$ 的所有积分曲线上横坐标相同的点的切线交于一点.

例 15　设 $p(x)$ 在 $[0,+\infty)$ 上连续非负,证明方程 $y'+p(x)y=0$ 的任意非零解 $y(x)$

在 $x\to+\infty$ 时收敛于零的充要条件是广义积分 $\int_0^{+\infty}p(x)\mathrm{d}x$ 发散．

证 设 $y(x)$是方程 $y'+p(x)y=0$ 满足初始条件 $y(x_0)=y_0$ 的任一非零解，则

$$y(x)=y_0\mathrm{e}^{-\int_{x_0}^{x}p(t)\mathrm{d}t}=C_0\mathrm{e}^{-\int_0^x p(t)\mathrm{d}t}\quad(C_0\text{ 是非零常数}),$$

故极限

$$\lim_{x\to+\infty}y(x)=\lim_{x\to+\infty}C_0\mathrm{e}^{-\int_0^x p(t)\mathrm{d}t}=0$$

的充要条件是

注意被积函数连续非负

$$\lim_{x\to+\infty}\int_0^x p(t)\mathrm{d}t=+\infty.$$

于是，$\lim\limits_{x\to+\infty}y(x)=0$ 的充要条件是广义积分 $\int_0^{+\infty}p(x)\mathrm{d}t$ 发散．

总习题七解答

1. 填空：

(4) 已知 $y=1$、$y=x$、$y=x^2$ 是某二阶非齐次线性微分方程的三个解，则该方程的通解为______________.

解 因为 $x-1$ 与 x^2-1 为其对应的齐次线性微分方程的两个特解，$Y(x)=C_1(x-1)+C_2(x^2-1)$为其对应的齐次线性微分方程的通解，故 $y=C_1(x-1)+C_2(x^2-1)+1$ 为非齐次线性微分方程的通解．

3. 求以下列各式所表示的函数为通解的微分方程．

(1) $(x+C)^2+y^2=1$(其中 C 为任意常数)；

解 将方程$(x+C)^2+y^2=1$ 两边对 x 求导，得 $2(x+C)+2yy'=0$，解出 $C=-x-yy'$，代入原方程，得 $y^2(1+y'^2)=1$. 故所求的微分方程为 $y^2(1+y'^2)=1$.

(2) $y=C_1\mathrm{e}^x+C_2\mathrm{e}^{2x}$(其中 C_1,C_2 为任意常数).

解 将 $y=C_1\mathrm{e}^x+C_2\mathrm{e}^{2x}$ 对 x 求导，得 $y'=C_1\mathrm{e}^x+2C_2\mathrm{e}^{2x}$，$y''=C_1\mathrm{e}^x+4C_2\mathrm{e}^{2x}$，因此 $2C_2\mathrm{e}^{2x}=y''-y'$，$C_2=\frac{1}{2}(y''-y')\mathrm{e}^{-2x}$. 又 $2y'-y''=C_1\mathrm{e}^x$，$C_1=(2y'-y'')\mathrm{e}^{-x}$. 将 C_1 与 C_2 代回原方程，得 $y''-3y'+2y=0$. 故所求的微分方程为 $y''-3y'+2y=0$.

【注】 显然，$y=C_1\mathrm{e}^x+C_2\mathrm{e}^{2x}$是某二阶常系数齐次线性微分方程的通解，对应的特征根为 $r_1=1,r_2=2$. 于是，特征方程为 $r^2-3r+2=0$，对应的微分方程为 $y''-3y'+2y=0$.

4. 求下列微分方程的通解．

(3) $\frac{\mathrm{d}y}{\mathrm{d}x}=\frac{y}{2(\ln y-x)}$.

解 变形为$\frac{\mathrm{d}x}{\mathrm{d}y}+\frac{2}{y}x=\frac{2}{y}\ln y$，解得 $x=\mathrm{e}^{-\int\frac{2}{y}\mathrm{d}y}\left(\int\frac{2}{y}\ln y\,\mathrm{e}^{\int\frac{2}{y}\mathrm{d}y}\mathrm{d}y\right)=\ln y-\frac{1}{2}+\frac{C}{y^2}$.

(5) $y''+y'^2+1=0$.

解 令 $y'=p$，则 $p'+p^2+1=0$，分离变量得 $\frac{dp}{1+p^2}=-dx$，积分得 $\arctan p=-x+C_1$，即 $y'=\tan(-x+C_1)$，故 $y=\ln|\cos(x-C_1)|+C_2$.

(10) $y'+x=\sqrt{x^2+y}$.

解 令 $u=\sqrt{x^2+y}$，则 $y=u^2-x^2$，$\frac{dy}{dx}=2u\frac{du}{dx}-2x$，故原方程化为

$$2u\frac{du}{dx}-x=u，即\frac{du}{dx}=\frac{x}{2u}+\frac{1}{2}, \quad ①$$

该方程为齐次方程．令 $\frac{u}{x}=z$，则 $u=xz$，$\frac{du}{dx}=z+x\frac{dz}{dx}$，则方程①化为 $z+x\frac{dz}{dx}=\frac{1}{2z}+\frac{1}{2}$，即

$$x\frac{dz}{dx}=\frac{1+z-2z^2}{2z}. \quad ②$$

方程②为变量可分离方程，分离变量得 $\frac{z\,dz}{2z^2-z-1}=-\frac{1}{2}\cdot\frac{dx}{x}$，积分得

$$\frac{1}{6}\ln|2z^3-3z^2+1|=-\frac{1}{2}\ln|x|+C_1,$$

即 $2z^3-3z^2+1=Cx^{-3}$. 将 $z=\frac{u}{x}$ 代入上式，得①的通解为

$$2u^3-3xu^2+x^3=C,$$

再代入 $u=\sqrt{x^2+y}$，得原方程的通解为 $2\sqrt{(x^2+y)^3}-2x^3-3xy=C$.

6. 已知某曲线经过点(1,1)，它的切线在纵轴上的截距等于切点的横坐标，求它的方程．

解 设曲线的方程为 $y=y(x)$，$P(x,y)$ 为曲线上任一点，则过此点的切线方程为 $Y-y=y'(X-x)$，它在纵轴上的截距为 $y-xy'$. 依题意建立微分方程

$$\begin{cases} y-xy'=x, \\ y(1)=1, \end{cases}$$

该方程为一阶线性方程，通解为 $y=e^{\int\frac{1}{x}dx}\left[\int(-1)e^{-\int\frac{1}{x}dx}dx+C\right]=x(C-\ln x)$. 代入 $y(1)=1$，得 $C=1$. 所求曲线方程为 $y=x(1-\ln x)$.

7. 已知某车间的容积为 $30\times30\times6\ m^3$，其中的空气含 0.12%的 CO_2（以容积计算）. 现以含 CO_2 0.04%的新鲜空气输入，问每分钟应输入多少，才能在 30 min 后使车间空气中 CO_2 的含量不超过 0.06%？（假定输入的新鲜空气与原有空气很快混合均匀后，以相同的流量排出）

解 设每分钟输入新鲜空气 $a\ m^3$，t 时刻车间内 CO_2 的浓度为 $x=x(t)$，选取小区间 $[t,t+dt]$，则车间内 CO_2 的含量在 $[t,t+dt]$ 内的改变量为

$$5\,400dx=0.000\,4a\,dt-ax\,dt,$$

分离变量，得

$$\frac{1}{x-0.000\,4}dx=-\frac{a}{5\,400}dt,$$

两边积分，得

$$\ln|x-0.000\,4|=-\frac{a}{5\,400}t+C_1,$$

即 $x=0.000\,4+Ce^{-\frac{a}{5\,400}t}$,代入 $x(0)=0.001\,2$,得 $C=0.000\,8$,于是

$$x=0.000\,4+0.000\,8e^{-\frac{a}{5\,400}t}.$$

要使当 $t=30$ 时,$x(30)\leqslant 0.000\,6$,解得 $a=180\ln 4\approx 250$. 故当 $a\geqslant 250\mathrm{m}^3$ 时,可保证车间内 CO_2 含量不超过 0.06%.

8. 设可导函数 $\varphi(x)$ 满足 $\varphi(x)\cos x+2\int_0^x\varphi(t)\sin t\,dt=x+1$,求 $\varphi(x)$.

解 对方程 $\varphi(x)\cos x+2\int_0^x\varphi(t)\sin t\,dt=x+1$ 两边关于 x 求导,得

$$\varphi'(x)\cos x+\varphi(x)\sin x=1,$$

即

$$\varphi'(x)+\tan x\cdot\varphi(x)=\sec x,$$

该方程为一阶线性方程,通解为

$$\varphi(x)=e^{-\int\tan x dx}\left(\int\sec x\cdot e^{\int\tan x dx}dx+C\right)=\cos x\cdot\left(\int\sec^2 x\,dx+C\right)=\sin x+C\cos x.$$

代入 $\varphi(0)=1$ 得 $C=1$,故所求函数 $\varphi(x)=\sin x+\cos x$.

9. 设光滑曲线 $y=\varphi(x)$ 过原点,且当 $x>0$ 时 $\varphi(x)>0$. 对应于 $[0,x]$ 一段曲线的弧长为 e^x-1,求 $\varphi(x)$.

解 由题意,曲线 $y=\varphi(x)$ 所满足的方程为

$$\int_0^x\sqrt{1+y'^2}\,dx=e^x-1\text{,且 }y|_{x=0}=0,$$

两端对 x 求导,得 $\sqrt{1+y'^2}=e^x$,即 $y'=\pm\sqrt{e^{2x}-1}$. 由于曲线过原点,且 $x>0$ 时,$y>0$,故取 $y'=\sqrt{e^{2x}-1}$,积分得 $y=\sqrt{e^{2x}-1}-\arctan\sqrt{e^{2x}-1}+C$. 又 $y|_{x=0}=0$,得 $C=0$,故所求函数 $y=\varphi(x)=\sqrt{e^{2x}-1}-\arctan\sqrt{e^{2x}-1}$.

10. 设 $y_1(x)$、$y_2(x)$ 是二阶齐次线性方程 $y''+p(x)y'+q(x)y=0$ 的两个解,令

$$W(x)=\begin{vmatrix}y_1(x) & y_2(x)\\ y_1'(x) & y_2'(x)\end{vmatrix}=y_1(x)y_2'(x)-y_1'(x)y_2(x),$$

证明:(1) $W(x)$ 满足方程 $W'+p(x)W=0$;(2) $W(x)=W(x_0)e^{-\int_{x_0}^x p(t)dt}$.

证 (1) 因为 $y_1(x)$、$y_2(x)$ 都是原方程的解,故有

$$y_1''+p(x)y_1'+q(x)y_1=0,\ y_2''+p(x)y_2'+q(x)y_2=0,$$

所以
$$\begin{aligned}W'(x)+p(x)W(x)&=(y_1'y_2'+y_1y_2''-y_1''y_2-y_1'y_2')+p(x)(y_1y_2'-y_1'y_2)\\&=y_1[y_2''+p(x)y_2']-y_2[y_1''+p(x)y_1']\\&=y_1[-q(x)y_2]-y_2[-q(x)y_1]=0.\end{aligned}$$

故 $W(x)$ 满足方程 $W'(x)+p(x)W(x)=0$.

(2) 由方程 $W'(x)+p(x)W(x)=0$ 分离变量得 $\frac{dW}{W}=-p(x)dx$,两边积分得

$$\int_{x_0}^x\frac{dW}{W}=\int_{x_0}^x[-p(t)]dt,$$

即 $\ln W(x)-\ln W(x_0)=-\int_{x_0}^x p(t)dt$,故有 $W(x)=W(x_0)e^{-\int_{x_0}^x p(t)dt}$.

第七章同步测试题

一、填空题(每小题 3 分,共 15 分)

1. 在微分方程$\frac{dy}{dx}=x\tan y$的所有积分曲线中,与 x 轴平行的水平积分曲线是______.

2. 若 $y=y_1(x)$,$y=y_2(x)$是一阶非齐次线性微分方程的两个不同的解,则该方程的通解为________.

3. 微分方程 $xy'+y=3$ 满足初始条件 $y|_{x=1}=0$ 的特解是________.

4. 微分方程 $x\frac{dy}{dx}=y+x^2\sin x$ 的通解为________.

5. 用待定系数法求微分方程 $y''+y'-2y=e^x(3\cos x-4\sin x)$的一个特解时,特解的形式应设为 $y^*=$________.

二、单项选择题(每小题 3 分,共 15 分)

1. 下列方程中是一阶线性方程的是(　　).

A. $(y^2-3)\ln x\,dx-x\,dy=0$　　B. $\frac{dy}{dx}=\frac{y^2}{1-2xy}$

C. $xy'=y^2+x^2\sin x$　　D. $y''+y'-2y=0$

2. 若函数 $y(x)$满足方程 $xy'+y-y^2\ln x=0$,且在 $x=1$ 时 $y=1$,则在 $x=e$ 时 $y=$(　　).

A. $\frac{1}{e}$　　B. $\frac{1}{2}$　　C. 2　　D. e

3. 若连续函数满足关系式 $f(x)=\int_0^{3x}f\left(\frac{t}{3}\right)dt+3x-3$,则 $f(x)=$(　　).

A. $-3e^{-3x}+1$　　B. $-e^{3x}-2$

C. $-2e^{3x}-1$　　D. $-3e^{-3x}-1$

4. 具有特解 $y_1=e^{-x}$,$y_2=2xe^{-x}$,$y_3=3e^x$ 的三阶常系数齐次线性微分方程是(　　).

A. $y'''+y''-y'-y=0$　　B. $y'''-y''-y'+y=0$

C. $y'''-6y''+11y'-6y=0$　　D. $y'''-2y''-y'+2y=0$

5. 已知 $y=\frac{x}{\ln x}$是微分方程 $y'=\frac{y}{x}+\varphi\left(\frac{x}{y}\right)$的解,则 $\varphi\left(\frac{x}{y}\right)$的表达式为(　　).

A. $-\frac{y^2}{x^2}$　　B. $\frac{y^2}{x^2}$　　C. $-\frac{x^2}{y^2}$　　D. $\frac{x^2}{y^2}$

三、计算题(每小题 8 分,共 40 分)

1. 求微分方程 $xy'=y\ln\frac{y}{x}$的通解.

2. 求微分方程 $y'=\sin^2(x-y+1)$的通解.

3. 求解微分方程初值问题$\begin{cases}y''=y'y,\\ y|_{x=0}=0,y'|_{x=0}=2.\end{cases}$

4. 设 $f(x)$满足方程 $f'(x)+xf'(-x)=x$,求 $f(x)$.

5. 设二阶可微函数 $f(x)$满足 $\int_0^x(x+1-t)f'(t)dt=e^x+x^2-f(x)$,求 $f(x)$.

四、综合题(每小题 10 分,共 30 分)

1. 求经过点(0,2)的曲线,使对应于区间$[0,x]$上曲边梯形的面积等于该段弧长的 2 倍.

2. 设对任意 $x>0$,曲线 $y=f(x)$上点$(x,f(x))$处的切线在 y 轴上的截距等于 $\frac{1}{x}\int_0^x f(t)\mathrm{d}t$,求 $f(x)$的表达式.

3. 某种飞机在机场降落时,为了减少滑行距离,在触地的瞬间,飞机尾部张开减速伞,以增大阻力,使飞机迅速减速并停下. 现有一质量为 9 000 kg 的飞机,着陆时的水平速度为 700 km/h. 经测试,减速伞打开后,飞机所受的总阻力与飞机的速度成正比(比例系数为 $k=6.0\times10^6$). 问:从着陆点算起,飞机滑行的最长距离是多少?

第七章同步测试题答案

一、填空题

1. $y=k\pi(k=0,\pm1,\pm2,\cdots)$; 2. $y=C[y_1(x)-y_2(x)]+y_1(x)$;

3. $y=3\left(1-\frac{1}{x}\right)$; 4. $y=x(-\cos x+C)$; 5. $\mathrm{e}^x(a\cos x+b\sin x)$.

二、单项选择题

1. B; 2. B; 3. C; 4. A; 5. A.

三、计算题

1. **解** 此方程为齐次方程,令 $y=xu$,则 $y'=u+xu'$,代入原方程可得

$$xu'=u(\ln u-1).$$

当 $u\neq0$,$u\neq\mathrm{e}$ 时,分离变量得$\frac{\mathrm{d}u}{u(\ln u-1)}=\frac{\mathrm{d}x}{x}$,两端积分得 $\ln u-1=Cx$,于是 $y=x\mathrm{e}^{1+Cx}$;当 $u=0$ 时,$y=0$ 不是原方程的解;当 $u=\mathrm{e}$ 时,$y=\mathrm{e}x$ 是原方程的解,故原方程的通解为 $y=x\mathrm{e}^{1+Cx}$(C 为任意常数).

2. **解** 令 $u=x-y+1$,则 $u'=1-y'$,原方程化为 $1-u'=\sin^2u$,即$\frac{\mathrm{d}u}{\mathrm{d}x}=\cos^2u$. 当 $u\neq k\pi+\frac{\pi}{2}$(k 为整数)时,分离变量得 $\sec^2u\mathrm{d}u=\mathrm{d}x$,两端积分得 $\tan u=x+C$,于是,$\tan(x-y+1)=x+C$;当 $u=k\pi+\frac{\pi}{2}$时,$x-y+1=k\pi+\frac{\pi}{2}$,即 $y=x+1-k\pi-\frac{\pi}{2}$是原方程的解,故原方程的通解为 $\tan(x-y+1)=x+C$,且 $y=x+1-k\pi-\frac{\pi}{2}$也是原方程的解.

3. **解** 令 $y'=p$,则 $y''=p\frac{\mathrm{d}p}{\mathrm{d}y}$,原方程化为 $p\frac{\mathrm{d}p}{\mathrm{d}y}=py$. 由初值知 $p>0$,故$\frac{\mathrm{d}p}{\mathrm{d}y}=y$,所以 $p=\frac{1}{2}y^2+C_1$. 由 $y|_{x=0}=0$ 且 $p|_{x=0}=2$,得 $C_1=2$. 所以$\frac{\mathrm{d}y}{\mathrm{d}x}=\frac{1}{2}y^2+2$,这是一个变量可分离方程,解得 $\arctan\frac{y}{2}=x+C_2$. 由 $y|_{x=0}=0$ 得 $C_2=0$. 故所求初值问题的解为 $y=2\tan x$.

4. **解** 在等式 $f'(x)+xf'(-x)=x$ 中,用 $-x$ 替换 x,得 $f'(-x)-xf'(x)=-x$. 两边乘以 x,得 $xf'(-x)-x^2f'(x)=-x^2$. 两式相减,得 $f'(x)(1+x^2)=x(x+1)$,于是

$$f'(x)=\frac{x(x+1)}{1+x^2},$$

两边积分得 $f(x)=x-\arctan x+\frac{1}{2}\ln(1+x^2)+C$.

5. **解** 将方程 $\int_0^x(x+1-t)f'(t)\mathrm{d}t=\mathrm{e}^x+x^2-f(x)$ 变形,得

$$(x+1)\int_0^x f'(t)\mathrm{d}t-\int_0^x tf'(t)\mathrm{d}t=\mathrm{e}^x+x^2-f(x),$$

两边关于 x 求导,得

$$\int_0^x f'(t)\mathrm{d}t+2f'(x)=\mathrm{e}^x+2x,$$

继续对 x 求导,得到定解问题

$$\begin{cases}f''(x)+\frac{1}{2}f'(x)=1+\frac{1}{2}\mathrm{e}^x\\ f(0)=1,f'(0)=\frac{1}{2}.\end{cases}$$

这是一个二阶常系数非齐次线性方程,特征方程为 $r^2+\frac{1}{2}r=0$,特征根为 $r_1=0,r_2=-\frac{1}{2}$,对应的齐次方程的通解为 $Y(x)=C_1+C_2\mathrm{e}^{-\frac{1}{2}x}$. 由待定系数法求得方程的一个特解 $f^*(x)=2x+\frac{1}{3}\mathrm{e}^x$,于是,非齐次线性方程的通解为 $f(x)=C_1+C_2\mathrm{e}^{-\frac{1}{2}x}+2x+\frac{1}{3}\mathrm{e}^x$. 利用初始条件得 $C_1=\frac{11}{3},C_2=-3$,所以 $f(x)=\frac{11}{3}-3\mathrm{e}^{-\frac{1}{2}x}+2x+\frac{1}{3}\mathrm{e}^x$.

四、综合题

1. **解** 设所求曲线的方程为 $y=y(x)$,由题意得

$$\int_0^x y\,\mathrm{d}x=2\int_0^x\sqrt{1+y'^2}\,\mathrm{d}x$$

且满足初始条件 $y(0)=2$. 方程两端关于 x 求导,得

$$y=2\sqrt{1+y'^2},$$

于是,$y'=\pm\frac{\sqrt{y^2-4}}{2}$,这是一个变量可分离方程. 分离变量,得 $\frac{\mathrm{d}y}{\sqrt{y^2-4}}=\pm\frac{1}{2}\mathrm{d}x$. 积分得 $\ln|y+\sqrt{y^2-4}|=\pm\frac{1}{2}x+C_1$,即 $y+\sqrt{y^2-4}=C\mathrm{e}^{\pm\frac{x}{2}}$. 由 $y(0)=2$ 得 $C=2$,于是

$$y+\sqrt{y^2-4}=2\mathrm{e}^{\pm\frac{x}{2}},$$

而 $y-\sqrt{y^2-4}=\frac{4}{y+\sqrt{y^2-4}}=2\mathrm{e}^{\mp\frac{x}{2}}$,两式相加得 $y=\mathrm{e}^{\frac{x}{2}}+\mathrm{e}^{-\frac{x}{2}}$,这就是所求曲线的方程.

2. **解** 曲线 $y=f(x)$ 上的点 $(x,f(x))$ 处的切线方程为 $Y-f(x)=f'(x)(X-x)$. 令 $X=0$,得切线在 y 轴上的截距为 $Y=f(x)-xf'(x)$. 根据题意,有

$$\frac{1}{x}\int_0^x f(t)\mathrm{d}t = f(x) - xf'(x),$$

即 $\int_0^x f(t)\mathrm{d}t = xf(x) - x^2 f'(x)$. 方程两边同时对 x 求导,得

$$xf''(x) + f'(x) = 0,$$

即 $\frac{\mathrm{d}}{\mathrm{d}x}[xf'(x)] = 0$,解得 $f(x) = C_1\ln x + C_2$(C_1,C_2 为任意常数).

3. **解** 由题设,飞机的质量 $m = 9\ 000$ kg,着陆时的水平速度 $v_0 = 700$ km/h,从飞机接触跑道开始计时,设 t 时刻飞机的滑行距离为 $x(t)$,速度为 $v(t)$. 由牛顿第二定律可得

$$m\frac{\mathrm{d}v}{\mathrm{d}t} = -kv,$$

分离变量得 $\frac{\mathrm{d}v}{v} = -\frac{k}{m}\mathrm{d}t$,积分得

$$v = C\mathrm{e}^{-\frac{k}{m}t}.$$

由已知条件 $v|_{t=0} = v_0$,$C = v_0$,故 $v = v_0\mathrm{e}^{-\frac{k}{m}t}$,这就是飞机滑行的速度函数.

由于 $t\to\infty$ 时,$v\to 0$,所以飞机滑行的最长距离为

$$x = \int_0^{+\infty} v(t)\mathrm{d}t = -\frac{mv_0}{k}\mathrm{e}^{-\frac{k}{m}t}\Big|_0^{+\infty} = \frac{mv_0}{k} = 1.05(\mathrm{km}).$$